はじめに

　本書を手に取ったあなた……

　人工知能について知りたいけれど，誰に聞いてよいか分からないといったモヤモヤを抱えていませんか．

　本書は周りに先生が居なくても，体験しながら人工知能を学べることに徹しました．

　パソコンがあれば，他には何も要りません．ブラウザで［Google Colab］と検索すれば，もう，あなたの目の前には，人工知能の世界が広がっているのです．

　このGoogle ColabはPythonのプログラムが動きます．Pythonの豊富なライブラリを利用すれば，個人で世界の研究者と同じレベルの人工知能を動かせます．

　ぜひ，自宅で楽しみながら自習してみてください．

　本書では，章ごとに別々のアルゴリズムを扱います．そして，章ごとの構成は基本的に以下にしてあります．

- 紹介するアルゴリズムでできること
- やってみよう
- 原理の説明
- 例題

　勉強の本ではありませんから，最初の1ページで興味を持てたアルゴリズムを試すだけで十分です．まずは人工知能のすごさに触れていただき，少しずつ，いろいろなアルゴリズムに触れてみてください．

　そのうちニュースで取り上げている「すごいものに見える人工知能」も，だんだん「あ，原型はあれね……」などと思えるようになってくるでしょう．

2024年3月

牧野 浩二

＜本書サポートページのご案内＞
試すためのプログラムや誤記訂正，追加情報はこちら
https://interface.cqpub.co.jp/bookai2024/

Pythonが動くGoogle ColabでAI自習ドリル

第2部　これだけ知っていれば大丈夫「ディープ・ラーニング」

本書は月刊『Interface』誌2021年1月号〜2023年5月号に掲載された，連載「AI自習ドリル」の内容を再編集，加筆しまとめたものです．

本書の読み方…AIアルゴリズムを使いこなすために

牧野 浩二

本書を読むとできるようになること

図1 AIはいろいろな可能性を秘めている

AIの未来と現在

AI（Artificial Intelligence，人工知能）と言うと，ロボットが人間と話したり，治療薬を自動的に見つけたりなど，雲の上の技術に感じるかもしれません（**図1**）.

AIと言えば，現在はディープ・ラーニング（深層学習）が一番有望な技術として考えられているようですが，機械学習やデータ分析などと呼ばれる手法も，AI技術の一部です.この機械学習やデータ分析の方法はとてもたくさんあり，社会人ならば会社の業務，学生ならば実験データの解析に使えるものばかりです.そして，これらはデータ・サイエンスやビッグデータ，IoTの技術とも密接に関わっています.

本書の目指す AI の学び

● 完全理解よりもとりあえず正しいイメージをもって使えることを目指す

本書は，AI の最先端を作る研究者向けではなく，AI を使いこなしたいと考えている人向けです．AI は高度な数学を使うことが多く，完全に理解するまでには相当な学習量が必要です．AI を学びたい，使えるようになりたいと思っても，以下のような点がハードルとなることが多いようです．

- AI を使ってみたいがどこから手を付けてよいか分からない
- AI の数学でいきづまった
- 教科書のアルゴリズムは動かせたが，自分のデータにはどう適用すればよいのか分からない

そこで本書では，読者の方が AI を使いこなせるようになるために，以下の点に注力して解説しました．

本書のポイント 1…これ 1 冊で AI アルゴリズム全体を概観できる

AI にはいろいろな技術があります．よく知られているところとしては，機械学習，ディープ・ラーニングなどです．人工知能学会の資料「AI マップ」[1] によると，AI にはさまざまな技術，さまざまなその分類があります．図 2 に，この「AI マップ」22 ページに掲載されている図を基にして本書で扱う技術をまとめました．本書では以下の 4 つから，基本としておさえておきたいアルゴリズムをいくつか抽出して解説します．

- 機械学習
- ディープ・ラーニング
- 強化学習
- 数理モデル（探索・論理・推論アルゴリズム，スケジューリング，群知能，ファジィ理論）注1

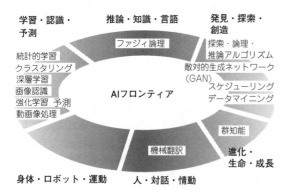

図2[1]　AI にはさまざまな技術が関連している
人工知能学会の AI マップ 22 ページの図を筆者が改変

本書のポイント 2…プログラムを動かしながら学習できる

AI を使いこなすには，以下の観点がが重要です．
① その仕組みを大まかに理解すること
② 実際にやってみること
③ それを応用してみること

本書では，上記の順番で説明を行っていきます．仕組みの説明では，難しい数学を使わずに書いてありますので，読み物のように読み進めていけるようになっています．仕組みを全く知らない状態で動かすと効果的に使いこなすことができなかったり，間違った解釈をしてしまうことになります．効果的にかつしっかり使いこなすには，仕組みを大まかに理解しておくことがとても重要です．

実際にやってみる部分はサンプル・プログラムがダウンロードできるだけでなく，手順と内容を説明することで，どのような仕組みかを動かしながらつかめるような構成としました．

本に書いてあるデータではできるけど，実際に自分のデータで使うときに困ることはよくあります．そこで，改造してご自身のデータで試して応用できるような部分まで説明するようにしました．それぞれの章は独立していますので興味のある所から読み進めてもらえるようになっています．

本書のポイント 3…実行環境は面倒な初期設定が不要な Google Colaboratory

本来，ディープ・ラーニングのプログラムを動かすためには高性能なコンピュータ（計算機）が必要となります．本書では Google Colaboratory を利用します（図 3）．これを使うとウェブ・ブラウザ上でプログラムを書いて，クラウドにあるかなり高速なコンピュータで実行できます．制限はありますが，この本で扱うプログラムは無料の範囲で動かすことができます．

ただし，Google Colaboratory には苦手なことがあったり，インターネットにつないでないと動かせないといった問題もあります．そこで，一部は Windows に Anaconda という統合環境をインストールした環境で動かすことも想定しています．

本書のポイント 4…Python で解説

Python には AI を実装する上で便利なライブラリやフレームワークが豊富にあります．また文法が比較的簡単で処理内容が理解しやすいことから高い人気があります．このため AI の学習には Python がよく使われています．

注1：数理モデル：数学的手法により答えを出す方法．

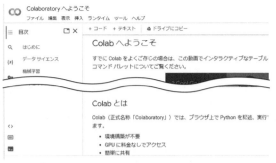

図3　Google Colaboratory の初期画面

記事中のプログラムを試す方法

筆者提供プログラムの入手先

本書では筆者作成のプログラムを実際に動かして学習していきます．次の本書サポート・ページからダウンロードできます．

https://interface.cqpub.co.jp/bookai2024

開発環境…基本は Google Colaboratory

開発環境は主に Google Colaboratory を使います．ネットワークに接続済みの PC 以外に特別なものは必要ありません．

まずは Google の Chrome ブラウザを開き，Google アカウント（Gmail アドレス）でログインします．検索窓に Google Colaboratory と入力し，Google Colaboratory へのリンクを開けば準備完了です．

図4　Google Colaboratory と筆者提供プログラムがあれば，AI が手軽に試せる！

筆者提供プログラムを Google Colaboratory で実行する手順

①Google の Chrome ブラウザで Google Colaboratory のサイトにアクセスします．
②表示されたウィンドウ左の「アップロード」をクリックします（図5）．

図5　筆者提供プログラムのアップロード画面

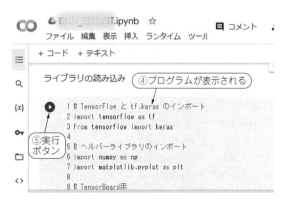

図6　筆者提供プログラムをアップロードした画面

（a）「ファイル」→「ノートブックを新規作成」後に現れる画面

（b）「アップロード」を選択

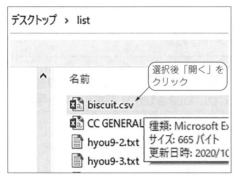

（c）Colaboratory にアップロードするデータを選択

図7　自分のデータをアップロードする

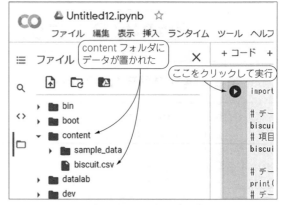

（d）これで Colaboratory の content フォルダ下に
データが置かれた

③ウィンドウ右へ目的のファイルをドラッグするか，
「参照」をクリックして目的のファイルを選択します
（図5）．

④プログラムが表示されます（図6）．

⑤▶ボタンをクリックして実行します（図6）．または
このセルを選択した状態でキーボードの［Ctrl］を押
しながら［Enter］キーを押します.

　アップロードしたファイルはノートブックの接続が
切れると（ブラウザを閉じるなど）削除されることに注
意してください.

分析データをGoogle Colaboratory にアップロードする手順

①図7（a）のように画面左のフォルダ・アイコンをク
リックします．すると上矢印付きのフォルダが現れる
のでクリックします.

②「content」フォルダを右クリックし，「アップロー
ド」を選択します［図7（b）］．

③アップロードしたいデータを選択し［開く］ボタン
をクリックします［図7（c）］．

④アップロードしたいデータがcontentフォルダ下に
追加されます［図7（d）］．

◆参考文献◆
（1）AIマップβ 2.0，2023年5月版，人工知能学会.
　https://www.ai-gakkai.or.jp/pdf/aimap/AIMap_
　JP_20230510.pdf

まきの・こうじ

AI活用事例…シャインマスカットの収穫時期を判断

牧野 浩二, 西崎 博光, Leow Chee Siang, Prawit Buayai, 茅 暁陽

写真A　ブドウの色を5段階に分けるカラーチャート

山梨県総合理工学研究機構

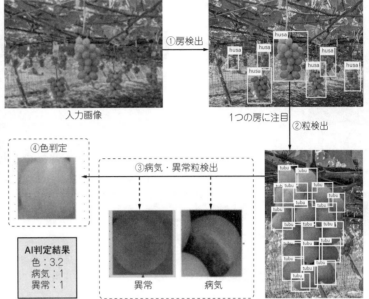

図A　AI判定の手順

AI, IoT, ロボットなどの先端技術を組み合わせて農業革命を起こそうという試みが官民一体で進んでいます. ここではシャインマスカットを対象としたスマート農業注Aを紹介します.

● ブドウ作りは人手が掛かる

シャインマスカットは高価なブドウとして知られています. ブドウの粒を大きく, そして美味しくするための作業として, 「房づくり」というブドウの花を先端4cm程度残して切り取る作業や, 「摘粒」という粒が小さいうちに35 〜 40個の粒になるように数えながら切り落とす作業など, 細かい作業があります. 最終的には, 1番美味しいタイミングで収穫するのですが, いずれの行程も人手が掛かって大変です.

● ブドウの色で収穫期をAI判定する

制作したのは, 「美味しい収穫時期を判定するためのAI」です. 収穫に適した時期は, 山梨県のブドウでは粒の色と強い関係性があるといった研究報告があり, 色を5段階に分けるカラーチャートが開発されています (写真A).

紙面ではその色を伝えられないため, 農林水産省のウェブ・ページ注Bをご覧ください.

色の判定というものは簡単に思うかもしれませんが, 光の当たり方で見え方が変わってしまうため, コンピュータで判定することはとても難しいです. そして, ちょうどよいブドウを探してから収穫するのが望ましいですが, 時間がかかりすぎてしまい, 必ずしもおいしい時期に収穫できるとは限らないという問題があります. そこで, スマートグラスを用いて色を自動的に判定してくれる装置を開発しました (図A). それをロボットに搭載して自動的に圃場を見回って収穫にちょうど良いブドウを教えてくれる装置の開発を行っています (写真B).

写真B　ブドウ収穫期判定AIは, 人間がスマートグラスで利用するだけでなくロボットにも搭載した

注A：「人間・ロボット協働型シャインマスカット栽培体系構築コンソーシアム」実施体制.

注B：ブドウ「シャインマスカット」の専用カラーチャートの開発

この研究は, 農業技術研究機構・生物系特定産業技術研究支援センター「戦略的スマート農業技術等の開発・改良」(課題番号；SAI-108C1)の支援を受けて実施したものです.

## 第 1 章

多くのデータを指定した数の グループに分けてくれる「k平均法」

牧野 浩二, 足立 悠

> k平均法 (k-means) とは, 多くのデータを指定の数に分類するための方法です. 書籍によっては非階層型クラスタ分析として紹介されています.

1　できること

こんなところで使われている

● 売れる商品の配置を見つける

最近はさまざまなポイント・カードがあります. これによって, どんな人がどんな商品を, いつどこで買ったのかをデータ化できます.

このデータを用いて, 一緒に買われやすい商品を近くに配置すると, より買ってもらえることを期待できます (例：カレー粉の横に福神漬け).

複数の業種で使えるカードの場合には, さまざまなデータが含まれていますので, 従来は扱っていなかった商品も一緒に置くなどし, 新たな商品の買い方を提案できそうです.

● 受験生の傾向をデータで分析する

大学では, どのような学生が集まる傾向があるのか, 競合する大学はどこかなどを分類することで, より良い大学を目指しています.

受験生の傾向を分類することで, 宣伝対象とする学生を絞れることが考えられます.

大学ごとの分類にも利用できるので, 特色のある大学にするためにすべきことの検討にも使えそうです. 例えば, 大学ごとにグループ化して, 「改革を行った場合に今のグループとは全く違う分類になるかどうか」を調べることなどに利用できそうです.

● 政府機関が調査に使うことも

実際にk平均法が使われている例として, 内閣府の調査の事例を紹介します.

図1-1では, 企業が抱える人材と, その企業が求め

る職種へのミスマッチがどの程度あるのかを, 「日本的雇用慣行度」という独自の指標を作り, k平均法によって5つに分類しています.

図1-2は日中と夜間の労働者の増減を前年のデータと比較したものです. 産業別の割合を4つのグループに分割することに利用しています.

分類に向くデータと向かない データがある

k平均法では潜在的に分類できる要因がデータに含まれている必要があります. 例を挙げて説明します.

● 工学部と文学部の学生を見分ける

工学部と文学部の学生を見分けることを考えたとき, 入試の国語と数学のデータがあれば2つに分けられそうです. 一方, 学生の身長と体重データを使っても, 意味がないことが分かります.

国語と数学には潜在的な要因が含まれていて, 身長と体重には潜在的な要因が含まれていないことになります.

● ある病気と血液との関係

ある病気を血液検査の結果で分類することを考えましょう. 血液検査で分かるものが多そうですが, 対象とする病気は血液検査に何の影響も与えないものだったとします. この場合, k平均法を使うと, 2つとか3つとか設定した数にデータを分類できますが, 意味のない分類になっています.

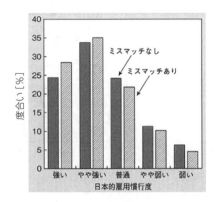

図1-1 k平均法の使用例1…内閣府による調査「企業が求める人材と抱える人材の内部ミスマッチの現状」
https://www5.cao.go.jp/j-j/wp/wp-je19/h06_hz020110.html から引用、「日本的雇用慣行度については、平均勤続年数、離入職率、賃金に年功が大きく考慮される度合いの3変数を用いて、K平均法により5分類に分類するクラスター分析を行った」とする

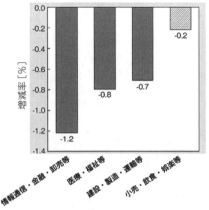

図1-2 k平均法の使用例2…内閣府による調査「地域分類による前年比昼夜差、東京23区合計」
https://www5.cao.go.jp/j-j/wp/wp-je19/h06_hz020212.html から引用

k平均法だけではありませんが、機械学習による分類では、それが本当に正しいかどうかを、結果を見ながら検証する必要があります。k平均法は何でも分類してくれて便利な方法です。仕組を理解し、きちんと検証できるようになれば、普段の研究の効率が飛躍的に向上するでしょう。

2 イメージをつかむ

k平均法はたくさんあるデータを幾つかのグループに分ける手法です。ここではまずグループ分けを行って、視覚的にイメージをつかみ、その結果の見方を紹介します。さらに、新しいデータがどのグループに属するかを調べる方法を示します。そして最後にk平均法を使う利点を紹介します。

イメージが湧きやすいように、扱うデータは、工学部の学生と文学部の学生の入試の国語と数学の点数とします。

グループ分け

● グループ分けの手順

図2-1 (a) は12名の学生の国語と数学の点数の分布を表しています。人間が見ると、右下が文学部、左上が工学部の学生と推測できます。

では、人工知能はどのように演算して、人間が推測したような形にするのでしょうか。手順は全部で6ステップです。

(1) 初期グループ分け

図2-1 (b) のようにデータをAグループとBグループに分けます。ここでは上下で分けました。Aグループのデータは○印で、Bグループのデータは●印で表しました。

人間ならば初期のグループ分けで先ほど述べたように右下と左上に分けられますが、コンピュータは大ざっぱに見分けることが苦手です。そのため、初期グループ分けの方法として、ランダムにグループを振り分ける方法や、ランダムに選んだデータの1つを初期グループの重心とする方法などが用いられます。

(2) 重心位置の計算

白グループと黒グループの重心位置（平均位置とも言う）を計算します。重心位置を示したものが図2-1 (c) です。重心位置はそれぞれ△印と▲印で表しました。

(3) グループのチェック

重心位置と各データの距離を計算し、より近い方のグループにグループを変更します。図2-1 (d) に示すように、距離の近い方のグループになるように更新します。

(4) グループの更新

全部のデータの距離を計算した後、グループを更新します。図2-1 (e) に示すように、1つのデータが白グループ、2つのデータが黒グループに変更になりました。

(5) 重心位置の更新

グループが更新されたので、図2-1 (f) のように重

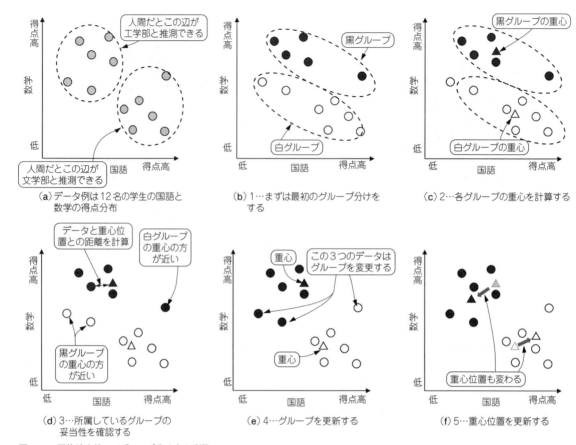

図2-1　k平均法を使ってグループ分けする手順

心位置も更新します．この重心位置を対象として，(3) のグループのチェックを行います．変更がある場合は (4) のグループの更新と，(5) の重心位置の更新を繰り返します．そして，(3) のチェックでグループの変更がなければ，グループ分けは終了となります．

● 結果の見方

上記の手順を行うことで，データが右下と左上のグループに分かれました．この結果を生かすために，この学生がどのような学生だったかを詳しく調べます．例えば，アンケートに答えてもらった学生の学部を調べると，右下の学生は文学部の学生が多く，左上は工学部の学生が多いなどの情報が得られるかもしれません．

新たに入手したデータも分類できる

● 新しいデータの分類

k平均法はデータの分類手法なので，2.1に示したデータの分類だけでも十分役割を果たします．多くの書籍では分類だけを紹介しています．ここではさらに進んだ使い方として，分類結果を使って新しいデータ

を分類してみましょう．数人の学生の国語と数学の結果を基に，未知の学生のデータがどちらのグループに入るかを検証します．これにより，未知の学生が文学部なのか工学部なのかを予想できます．

1名の学生のデータが新たに得られたとします．そのデータの位置を図2-1 (f) に追加すると，図2-2 (a) のようになります．そして，白グループの重心位置までの距離と，黒グループの重心位置までの距離を計算し，どちらに近いかを判定します．この場合は図2-2 (b) のように黒グループのデータとして判定されます．

● k平均法を使う利点

ここまでの例は2次元のデータなので，図2-1のようにプロットすれば人間でも判別できます．例えば図2-3 (a) に示すように英語を加えた3次元データなら，まだ人間が見て分類可能かもしれませんが，英数国理社のように4次元以上になると図示できません [図2-3 (b)]．

k平均法は数学的手法ですので，次元数がどんなに高くても同じように分類できます．人間が分からないほどの大きな次数を持つデータでもうまく処理できることが利点の1つです．

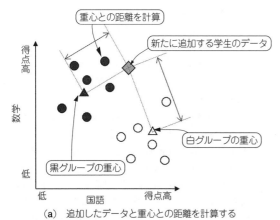

（a）　追加したデータと重心との距離を計算する

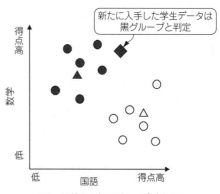

（b）　距離をもとにグループが決まる

図2-2　追加したデータでも新たに所属するグループを判別できる

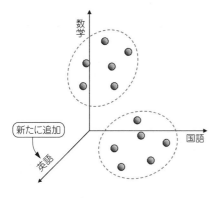

（a）　3次元データはまだ人間の目で分類可能

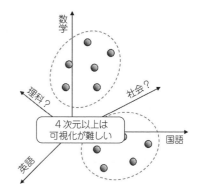

（b）　4次元以上は図示できないので
人間の目では判別できない

図2-3　人間の目でデータを判別できるのは3次元まで

3　プログラムを動かしてみよう

簡単に説明してみましたが，実際はどのようになるか気になる方も多いでしょう．ひとまずk平均法を体験してみましょう．

ステップ1…開発環境の構築

● 開発環境はウェブ上にある

開発環境はGoogle Colaboratoryを使います．PC以外に特別なものは必要ありません．まずはChromeブラウザを開き，Googleアカウント（Gmailアドレス）でログインします．

検索窓にcolaboratoryと入力し，リンクを開けば準備完了です［**図3-1（a）**］．

● プログラムの入手と動かし方

プログラムは本書サポート・ページからダウンロードできます．

ダウンロード・データの中にある`km_peach_base.py`を，Windowsのメモ帳で開きます［**図3-1（b）**］．次に，Ctrl+AとCtrl+Cでプログラムをコピーしておきます．コピーしたらColaboratory（以下，Colab）の画面で「ノートブックを新規作成」を選択します［**図3-1（c）**］．Ctrl+VでColabに貼り付け，最後に実行ボタン（▶）を押すと結果が表示されます［**図3-1（d）**］．

ステップ2…既存のデータを
k平均法で分類

● 桃のアンケート・データ

筆者が作成した9個の桃のアンケート・データ（**表3-1**）をk平均法で分類します．このデータは桃の「甘さ」と「硬さ」からなるデータです．そして、このデータには「甘くて柔らかい桃」と、「硬くて甘さ控えめの桃」を食べたときのデータが含まれているとしています注3-1.

図3-1の手順でkm_peach_base.pyを実行すると**図3-2**が表示されます．○印がデータです．色の違いでグループの違いを表しています．2つに分かれています．なお、グループ分けの数は設定できます．

注3-1：桃が特産品である山梨県には硬くて甘さ控えめの桃（皮は包丁で剥く）が好まれる地域があり、高級桃の1つとして販売されています．

● アヤメ・データ

Pythonのscikit-learnで用意されているアヤメ（iris）データを用いて、k平均法で分類します．Pythonやらscikit-learnやらと、耳慣れない言葉を聞いて難しく感じるかもしれませんが大丈夫です、すぐに慣れます．

アヤメ・データは3種類（setosa, versicolor, virginica）を対象とし、**図3-3**に示すように花弁（petal）と萼片（sepal）の縦と横の長さを調べた4次元のデータとなります．

scikit-learnから提供されるアヤメ・データは、150個の4次元のデータです（**リスト3-1**）．そして、それぞれのデータがどの種類の花なのかも対応付けられています．このデータは、花弁と萼片の長さだけでは花を分類できない特徴があるため、分析や分類のテスト・データとしてよく用いられています．

では、実践です．アヤメ・データの分類はkm_iris_base.py中のプログラムをColabにコピー＆ペーストしてみましょう．実行すると**図3-4**が表示されます．irisデータは4次元のデータのため、グラフ

（a）　検索エンジンでcolaboratoryと検索する

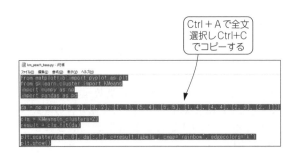

（b）　km_peach_base.pyをメモ帳で開きコピーする

図3-1　Google Colaboratory を使ってプログラムを動かす手順

（c）　Colaboratory上で「ノートブックを新規作成」を選択する

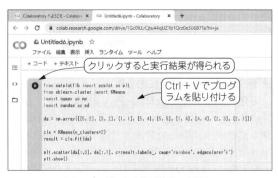

（d）　プログラムを貼り付けて実行する

に表示できないので，横軸にsepal length（萼片の長さ），縦軸にsepal width（萼片の幅）としてグラフを作成しました．

なんとなく3つに分かれていますが，灰色の丸と黒色の丸が少し混ざっていて，うまく分類できていないように見えます．これはデータが4次元で，そのうちの2次元だけをプロットしているからです．4次元データの表示については後述します．

表3-1　桃のアンケート・データ

回答者	甘さ	柔らかさ
A	5	2
B	3	2
C	1	1
D	5	4
E	5	5
F	1	4
G	4	4
H	2	3
I	2	1

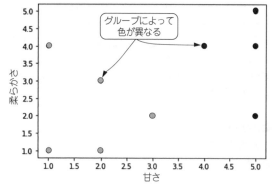

図3-2　得られた実行結果

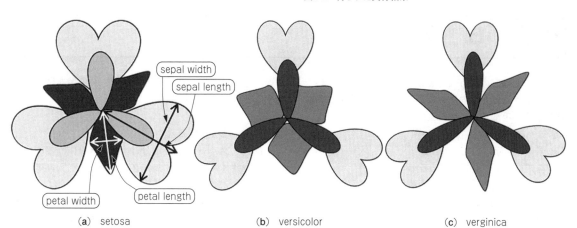

（a）setosa　　　　　（b）versicolor　　　　　（c）verginica

図3-3　データは3種類のアヤメの4次元データを使う

リスト3-1　アヤメ・データは4次元データで150個ある

```
'sepal length (cm)', 'sepal width (cm)', 'petal
length (cm)', 'petal width (cm)'
[5.1, 3.5, 1.4, 0.2],
[4.9, 3. , 1.4, 0.2],
[4.7, 3.2, 1.3, 0.2],
        （中略）
[6.5, 3. , 5.2, 2. ],
[6.2, 3.4, 5.4, 2.3],
[5.9, 3. , 5.1, 1.8]
```

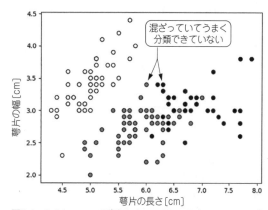

図3-4　Colaboratoryで実行したsepal lengthとsepal widthの散布図

4 結果の読み取り方

桃のアンケート・データの場合

● 桃の種類

アンケート・データは1から5までの数字が2つ並んだ2次元のデータです. 9個の桃のアンケート・データをプロットし分類した結果は図3-2です. 横軸は甘さ (5が甘い), 縦軸は柔らかさ (5が柔らかい) となっています. この結果からアンケートに使った桃は2つの種類が混ざっていたのではないかと推測できます.

● グループ分け

分類結果から, 右上のグループは「甘くて柔らかい桃」のグループ, 左下のグループは「硬くて甘さが控えめな桃」のグループに分けることができます. このように, データから2つのグループを見つけ出すこと

ができます.

このように得られたデータを分類してグループごとの傾向を調査することにも使えますし, その結果を使って新しいデータがどのグループに属するかを予測することもできます.

アヤメ・データの場合

● アヤメの種類

図3-4に示すようにirisデータは花弁と萼片の長さと幅が異なる3種類のデータに分けることができています. ただし, この例では分類するグループの数を3としましたが, プログラム中の設定値を変えると2種類に分類したり4種類に分類したりできます. このさじ加減は何度もやって身に着ける必要があります.

5 原理

ここまではどのようなことができるかの説明でしたが, ここからはk平均法の原理を, 以下の手順で手計算します. 手順そのものは2.1項と同じです.

① データの記入
② グループ分け
③ 各グループの重心を求める
④ 各グループの重心までの距離を求める
⑤ グループの更新

図3-2で用いた桃のアンケート・データを, k平均法で分類する手順を手計算で行います. 図5-1に示すExcelデータ (km_peach.xlsx) を使って計算しています. なお, このkm_peach.xlsxもダウンロードしたフォルダの中に入っています. km_peach.xlsxは無料のウェブ版Officeでも開けます.

計算手順

km_peach.xlsxの計算式を参考にしつつ, 自分で空白のブックを開いて始めてみましょう.

❶ データの記入

図5-1のようにExcelのA列とB列にデータを記入します. そしてC列に「A」と「B」を書いています. 初期グループは適当に作成して問題ありません. ただし, AとBがそれぞれ1つ以上あるようにしてくださ

い. なお, A列とB列に書いたデータの散布図を作成すると図5-2となります.

❷ グループ分け

次に, グループごとに分けた図5-3を作ります. 分かりやすくするために, Aグループは○ (灰丸の丸), Bグループは● (黒丸) としてプロットしました.

D列とE列はAグループのデータが表示され, F列とG列はBグループのデータが表示されています. これは図に示すようにIF文を使って分けています. このようにしておくと, C列のAとBを変えるだけでグラフが変わるようになります.

D列〜G列を散布図で表せば図5-3になるように思いますが, Excelでは空白セルをうまく処理するための自動処理が動いてしまい, 図5-3のような図にはなりませんでした. そこで, D列〜G列の空白のセルに−1を入れたO列〜R列を作成します. このO列〜R列を散布図で表示します.

このとき, (−1, −1) にプロットされますが, 縦軸と横軸の表示範囲を0〜6に変えることで表示しないようにしています.

❸ 各グループの重心を求める

図5-4に示すように, 重心位置を求めてプロットします. これは, 図5-1のD11〜G11のセルに平均を求

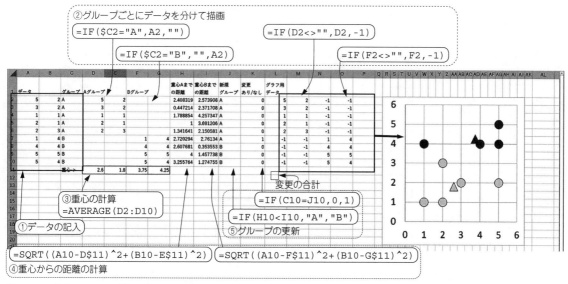

図5-1 k平均法をExcelで計算しデータを分類する手順

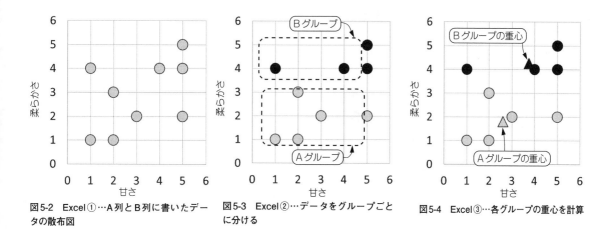

図5-2 Excel①…A列とB列に書いたデータの散布図

図5-3 Excel②…データをグループごとに分ける

図5-4 Excel③…各グループの重心を計算

める関数を入れることで得られます.

❹ 各グループの重心までの距離を求める

各グループの重心までの距離を求めます. まず, Aグループの重心とAグループ各データから重心までの距離をH列にて計算します. 重心位置のセルは変わらないので, **図5-1**に示すように$マークを付けて, 右下の黒い四角を下にドラッグすると, 全ての距離が求められます. Bグループに関しても同じようにI列にて計算します.

❺ グループの更新

A列とB列に記した各データに注目します. それぞれの重心位置までの距離が近い方のグループへグループの変更を行います. H列の方がI列よりも小さければ, Aグループの重心位置までの距離が短いのでAグ

ループとし, そうでない場合はBグループとします.

これも**図5-1**に示すようにIF文で書くことができます(J列).

グループの変更があったかどうかを確認するために, K列にIF文で調べて1, 0を入れています. なお, 変更があった場合を1としました. K11セルにその合計値を表示することで変更したデータの数が分かるようにしてあります.

K列を見ると7行目の(1, 4)のデータをBグループからAグループに変える必要があることが分かります.

ここまでで新しいグループが決まりました. 新しいグループにして, これを繰り返します.

次に, J2～J10セルを選択しC2～C10セルに数値をコピーします. 数値のコピー方法は**図5-5**の通りで, これにより**図5-6**に近いグラフが表示されます.

図5-6は特別に変更前の重心位置も載せています.

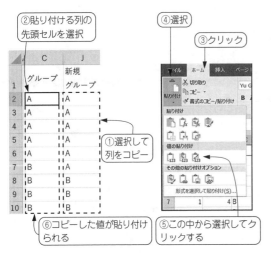

図5-5　列の値をコピーして貼り付ける方法

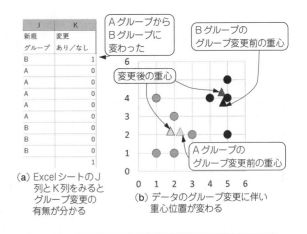

(a) ExcelシートのJ列とK列をみるとグループ変更の有無が分かる

(b) データのグループ変更に伴い重心位置が変わる

重心->	2.33333	2.16667	4.66667	4.33333

(c) グループ変更前の重心位置

図5-6　グループ変更があるので再度グループ更新を実行する必要がある

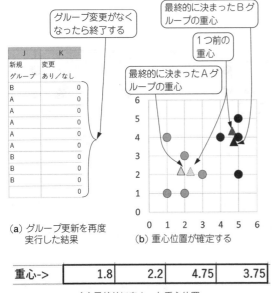

(a) グループ更新を再度実行した結果

(b) 重心位置が確定する

重心->	1.8	2.2	4.75	3.75

(c) 最終的に定まった重心位置

図5-7　グループ変更がなくなったら更新の繰り返しを終了する

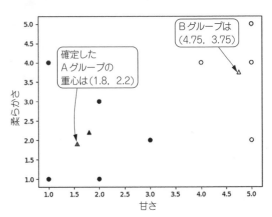

図5-8　Pythonを使ったプロット…Excelで計算した結果と同じ

これはこの手順ではできません．ダウンロード・データの中にこのグラフを描いたときのExcelシートがあります．回りくどい方法を行っています．

ExcelのJ列とK列を見ると2行目の(5, 2)のデータがAグループからBグループに変わったことが分かります．

もう一度同じことを行います．するとExcelの表が**図5-7**のようになり，K列が全て0になりました．これにより変更がなくなったため終了となります．

❻ Pythonで確認

Pythonでは重心位置を取得できます．km_peach_center.pyを実行すると，重心位置が以下のように数字で表示されます．

```
[[1.8  2.2 ]
 [4.75 3.75]]
```

Excelで実行した重心位置と一致していることが分かります．散布図は**図5-8**のようになります．

発展的な内容として幾つかのトピックを紹介します.

多次元データでも見やすく表示する方法

● 横軸／縦軸を変えて一度に表示する

桃のアンケート・データはもともと2次元のデータなので散布図として表しやすいのですが，irisデータのように4次元データの場合は，**図3-4**のようにそのうちの2次元だけ表示しても人間が傾向をつかむことは難しいです．そこで，全ての組み合わせを一度に表示する方法があります（**図6-1**）.

図6-1において，上から2番目，左から3番目のグラフは，横軸がpetal length（花弁の長さ），縦軸が

sepal width（萼片の幅）としたときの散布図となります.

また，同じ軸になるところは散布図ではなく，棒グラフとなっています．これはそれぞれのヒストグラムを示しています．これを見ると特徴がつかみやすくなります.

● 積み重ねグラフの描画

グループごとに，どのような傾向があるのかを**図6-1**から見つけ出すのは難しい場合があります．例えば，次元数が10であれば，**図6-1**のように表示させると100個（＝10×10）のグラフになります.

そこで，各グループの傾向を積み重ねグラフで表す方法があります．**図6-2**はirisデータを積み重ねグラフで表したものになります．irisデータの場合はID1のグループはpetal（花弁）の長さと幅が小さいものが集まっていることが分かり，ID0とID2を比べるとID2の方がpetal length（花弁の長さ）が長い傾向があります.

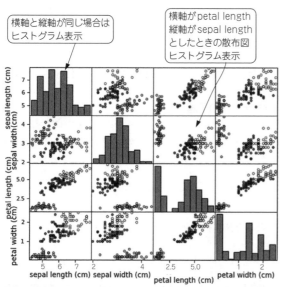

図6-1 多次元データを見る場合のコツ…irisデータの横軸／縦軸の組み合わせ（16通り）を全て見る場合はヒストグラム表示を活用して特徴や傾向をつかむ

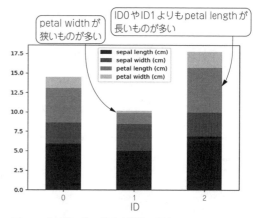

図6-2 次元数が多い場合は横軸／縦軸の組み合わせが多くなるため積み重ねグラフを使うと見やすくなることもある

7 プログラムの説明

これまでに使ってきたPythonプログラムの説明をします.

桃のアンケート・データ

● データの表示

桃のアンケート・データを分類したプログラムが

リスト7-1です．大きく分けると以下の4つの部分になります.

① ライブラリ
② データの読み込み
③ 分類（と予測）
④ 表示

①では4つのライブラリを読み込んでいます．上から，

- Matplotlib（グラフ描画ライブラリ）
- sklearn（機械学習用ライブラリの1つである scikit-learnライブラリ）
- NumPy用（数値計算用ライブラリ．拡張モジュールとも言う）
- pandas用（データ解析を支援するライブラリ）

②のデータの読み込みは9個の2次元データなので直接プログラムに書いています．2次元配列で設定する点がポイントとなります．

③の分類では，KMeans関数で分類の設定をします．このプログラムでは分類数を2に設定しています．そして，その設定した分類用の関数を使って②で設定したデータを分類しています．なお，戻り値のresultは以下の属性が設定されています．

- labers_：各データのラベル（数字で分類）
- cluster_centers_：各グループの重心位置

④の表示ではplt.scatter関数を用いています．c=result.labels_とすることで色分けして表示できます．cmapで塗りつぶし色の設定をしています．ここでは'rainbow'として，カラーで表示できるようにしていますが，白黒で表示したい場合は'Greys'を設定します．edgecolorで枠線の色を設定していて，'k'は黒です．

その後，plt.show()とするとグラフが表示されます．ウェブなどで見つかる解説文ではplt.show()を最後に付けるという指示がないものが多くあります．

リスト7-1　桃のアンケート・データを分類したプログラムkm_peach_base.py

```
#①ライブラリ
from matplotlib import pyplot as plt
from sklearn.cluster import KMeans
import numpy as np
import pandas as pd

#②データの読み込み
da = np.array([[5, 2], [3, 2], [1, 1], [5, 4],
               [5, 5], [1, 4], [4, 4], [2, 3], [2, 1]])

#③分類（と予測）
cls = KMeans(n_clusters=2)
result = cls.fit(da)

#④表示
plt.scatter(da[:,0], da[:,1], c=result.labels_,
                    cmap='rainbow', edgecolors='k')
plt.show()
```

リスト7-2　テスト・データを追加する場合に変更する個所

```
da_test = np.array([[1, 2], [3, 5], [4, 1]])#②に追加

result_test = cls.predict(da_test)          #③に追加

plt.scatter(da_test[:,0], da_test[:,1], c=result_
test, cmap='rainbow', edgecolors='k', marker='D')
                                            #④に追加
```

初心者のうちはこれを実行するのを忘れて，表示されないトラブルで困ることがありますので，覚えておきましょう．

● **データの予測**

予測はリスト7-2のプログラムをリスト7-1に追加することで実現できます．これだけだと分かりにくいかもしれませんので，参考までに完全版をリスト7-3に示します．

アヤメ・データ

● **データの表示**

irisデータを分類するためのプログラムをリスト7-4に示します．irisデータはsklearnライブラリに含まれており，それを使うための設定を①に追加します．そして，②のようにすることでirisデータを読み出すことができます．irisデータは花弁と萼片の大きさデータ以外にもさまざまなデータが含まれています．

③グループの数を3にして，irisデータ中の「大きさのデータ」だけを使って分類しています．グラフ表示では参考までに縦軸と横軸のタイトルを付けています．

● **データの予測**

irisデータの予測を行うためのプログラムをリスト7-5に示します．このプログラムはリスト7-3を基に追加と変更をしています．①と②の追加によってirisデータを2つに分けます．ここでは予測のために使うデータを全体の10%に設定しています．

③で分類用データ（iris_train）を使って分類します．表示方法は桃のアンケート・データと同じです．

リスト7-3　リスト7-2をリスト7-1に追加してできた実行ファイルkm_peach_test.py

```
from matplotlib import pyplot as plt
from sklearn.cluster import KMeans
import numpy as np
import pandas as pd

da = np.array([[5, 2], [3, 2], [1, 1], [5, 4], [5,
5], [1, 4], [4, 4], [2, 3], [2, 1]])
da_test = np.array([[1, 2], [3, 5], [4, 1]])#②に追加

cls = KMeans(n_clusters=2)
result = cls.fit(da)
result_test = cls.predict(da_test)        #③に追加

plt.scatter(da[:,0], da[:,1], c=result.labels_,
                    cmap='rainbow', edgecolors='k')
plt.scatter(da_test[:,0], da_test[:,1], c=result_
test, cmap='rainbow', edgecolors='k', marker='D')
                                          #④に追加
plt.show()
```

リスト7-4　irisデータを分類するためのプログラム `km_iris_base.py`

```
ffrom matplotlib import pyplot as plt
from sklearn.cluster import KMeans
import numpy as np
import pandas as pd
from sklearn.datasets import load_iris    #①に追加

iris = load_iris()                        #②を変更

cls = KMeans(n_clusters=3)                #③を変更
result = cls.fit(iris.data)

plt.xlabel(iris.feature_names[0], fontsize=18)
                                          #④を変更
plt.ylabel(iris.feature_names[1], fontsize=18)
plt.scatter(iris.data[:,0], iris.data[:,1],
c=result.labels_, cmap='rainbow', edgecolors='k')
plt.show()
```

リスト7-5　テスト・データを追加する場合に変更する箇所（変更済みデータは `km_iris_test.py`）

```
from sklearn.model_selection import train_test_split
                                          #①に追加

iris_train, iris_test = train_test_split(iris.data,
test_size=0.1)                            #②に追加

result = cls.fit(iris_train)              #③を変更
result_test = cls.predict(iris_test)      #②に追加

plt.xlabel(iris.feature_names[0], fontsize=18)
                                          #④を変更
plt.ylabel(iris.feature_names[1], fontsize=18)
plt.scatter(iris_train[:,0], iris_train[:,1],
c=result.labels_, cmap='rainbow', edgecolors='k')
plt.scatter(iris_test[:,0], iris_test[:,1],
c=result_test, cmap='rainbow',
                    edgecolors='k', marker='D')
```

リスト7-6　以下のように変更すればirisデータの横軸／縦軸の組み合わせを一気に表示できる（変更済みデータは `km_iris_mul.py`）

```
iris_pd = pd.DataFrame(iris.data, columns=iris.
feature_names)                            #④を変更
pd.plotting.scatter_matrix(iris_pd,
    c=result.labels_, cmap='rainbow', edgecolors='k')
```

リスト7-7　積み重ねグラフを表示するために変更する箇所（変更済みデータは `km_iris_bar.py`）

```
iris_pd = pd.DataFrame
    (iris.data, columns=iris.feature_names)#④を変更
iris_pd['ID'] = result.labels_
iris_pd_mean = iris_pd.groupby('ID').mean()
iris_pd_mean.plot.bar(stacked=True)
```

● データの全データ表示

図6-1に示すグラフはリスト7-6で作成できます. このプログラムはリスト7-3を基に追加と変更をしています. ポイントは `scatter_matrix` 関数を使う点です.

● 積み重ねグラフの表示

図6-2に示すグラフはリスト7-7で作成できます. このプログラムはリスト7-3を基に追加と変更をしています. ポイントは `plot.bar` 関数を使う点です.

8　実践！データセットを自作してk平均法を適用してみる

これまでの内容から, k平均法が実現できることや処理の流れ, サンプル・データを使った実装方法を学びました. ここでは, データセットを自作して, k平均法でグループ分けするところまでを解説します.

動物形ビスケットの分類

データは身の回りのさまざまな事象から自作できます. 例えば, たんぽぽの綿毛の数, なすびの長さ, スマホ・アプリに記録された歩数などは手軽に入手できます. では, 具体的な対象を決めてデータを計測してみましょう.

❶ 高さと幅の2次元データセットを作る

まずは, スーパーマーケットなどで売っていそうな, 動物形ビスケットのデータを収集してみましょう. 各ビスケットの「高さ」と「幅」を定規を使って測り, テキスト・エディタや表計算ソフトウェアなどへ入力します. 高さは頂点と底点の差, 幅は最左点と最右点の差を測ります. また, 計測値の単位はcmとします.

計測値から, 表8-1に示す形式のデータセットを作成しましょう. データセットはCSVファイルとして保存することをお勧めします. 項目は「ID」,「高さ」,「幅」,「種類」の4つで構成します. IDは各ビスケットを一意に識別する番号, 高さと幅は各ビスケットの計測値, 種類は各ビスケットの動物名です. このデー

表8-1　動物型ビスケットの幅と高さの計測データ

ID	高さ	幅	種類
bs01	2.5	3.9	コンゴウインコ
bs02	2.8	4.0	ウシ
bs03	3.5	4.0	ウマ
bs04	2.7	4.0	サイ
bs05	2.9	3.9	ヤマアラシ
bs06	2.9	3.9	ラクダ
bs07	3.2	4.0	カバ
bs08	2.8	3.9	リス
:			

タも，本書サポート・ページから入手できます．

❷ k平均法でグループ分け

これからk平均法を使って，このデータセットをグループへ分けてみましょう．実装環境としてColabのJupyter Notebookを利用します．ノートブックを新規作成し，次の順にコードを作成し実行していきましょう．先にコラム（最終ページ）の方法でbiscuit.csvをアップロードしておきます．

(1) データセットの読み込みと描画

作成したデータセットは，pandasパッケージのread_csv関数を使って読み込みます．関数の第1引き数には読み出す対象のデータセット「biscuit.csv」を，第2引き数には区切り文字「,（半角カンマ）」を指定します（リスト8-1）．

リスト8-1　データを読み込むプログラム

```
import pandas as pd

# データセットの読み込み
biscuit = pd.read_csv('/content/biscuit.csv',
                                      sep=',')

# 項目IDにID属性を付与
biscuit = biscuit.set_index('ID')

# データセットのサイズ（行・列）を確認
print(biscuit.shape)
# データセットの先頭5行を表示
biscuit.head()
```

表8-2　読み込んだ2次元データ

ID	高さ	幅	種　類
bs01	2.5	3.9	コンゴウインコ
bs02	2.8	4.0	ウシ
bs03	3.5	4.0	ウマ
bs04	2.7	4.0	サイ
bs05	2.9	3.9	ヤマアラシ

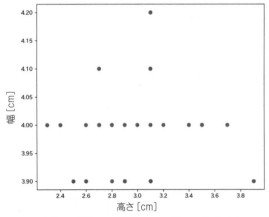

図8-1　本節では横軸は3つ縦軸は2つのグループに分ける

読み込んだデータセット（**表8-2**）から，Matplotlibパッケージのscatter関数を使って散布図を描画します（**図8-1**）．リスト8-2より，関数の第1引き数にはx軸の項目「高さ」を，y軸の項目「幅」を指定します．

図8-1の散布図からデータセットは，

- 幅4cmをしきい値に2つのグループへ分割する
- 高さ2.7cm，3.1cmをしきい値に3つのグループへ分割する

など，さまざまなグループに分けられそうです．

(2) データセットの分割

まず，Scikit-learnパッケージのKMeans関数を使って，データセットを2つのグループへ分けるインスタンスを生成します．そして，fit_predict関数を使って生成したインスタンスをデータセットへ適用します．関数の引数には，「高さ」と「幅」の2項目を指定します（**リスト8-3**）．グループ分けの処理を実行すると**表8-3**のようになります．

(3) 各グループの性質の確認

図8-1の散布図にグループ化した結果を反映させてみましょう．コードは**リスト8-4**に示します．高さにしきい値を設けて，データを2つのグループへ分けると**図8-2**に示す散布図が得られます．

リスト8-2　読み込んだデータを描画するプログラム

```
!pip install japanize-matplotlib
import matplotlib.pyplot as plt
import japanize_matplotlib

# 高さと幅の散布図を描画
plt.scatter(biscuit['高さ'], biscuit['幅'])

# x軸とy軸のラベルを設定
plt.xlabel('高さ')
plt.ylabel('幅')
plt.show()
```

リスト8-3　データをグループ分けするプログラム

```
from sklearn.cluster import KMeans

# データセットを2グループに分割
kcls = KMeans(n_clusters=2)
group = kcls.fit_predict(biscuit[['高さ', '幅']])

# 各データセットのグループIDを確認
print(group)

# データセットにグループIDを結合
biscuit['グループ'] = group
biscuit.head()
```

表8-3　幅と高さからデータをグループ分けする

ID	高さ	幅	種　類	グループ
bs01	2.5	3.9	コンゴウインコ	1
bs02	2.8	4.0	ウシ	1
bs03	3.5	4.0	ウマ	0
bs04	2.7	4.0	サイ	1
bs05	2.9	3.9	ヤマアラシ	1

次に，Pandasのdescribe関数を使って，各グループの代表値を確認してみましょう．**リスト8-5**はグループ0の統計量を，**リスト8-6**はグループ1の統計量を算出します．**表8-4**にグループ0と1の統計量を示します．

続けてMatplotlibのboxplot関数を使って，グループごとの箱ひげ図を描画してみましょう（**リスト8-7**）．

図8-3（a）の箱ひげ図においてグループ0と1には明らかな違いが見られます．この結果から，グループ0は「高さがない動物」，グループ1は「高さがある動物」という名称を付けることができそうです．

リスト8-4　グループ分けしたデータの散布図を描画するプログラム

```
import numpy as np
# グループIDのユニーク値を取得
group_uniq = np.unique(group)

# 散布図のデータ点をグループごとに描画
for g in group_uniq:
    tmp = biscuit[biscuit['グループ']==g]
    plt.scatter(tmp['高さ'], tmp['幅'], label=g)

# 凡例、x軸とy軸のラベルを設定
plt.legend()
plt.xlabel('高さ')
plt.ylabel('幅')
plt.show()
```

リスト8-5　グループ0の統計量を算出するプログラム

```
# クラスタ0の統計量を確認
biscuit[biscuit['グループ']==0].drop('グループ',
                                axis=1).describe()
```

リスト8-6　グループ1の統計量を算出するプログラム

```
# クラスタ1の統計量を確認
biscuit[biscuit['グループ']==1].drop('グループ',
                                axis=1).describe()
```

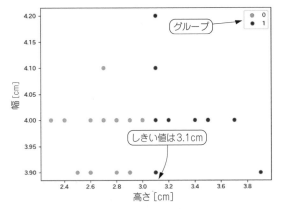

図8-2　高さをしきい値としてグループ化した散布図

柿の種とピーナッツを分類

❸ 3次元以上のデータセットを作る

計測対象を変えて，より多くの項目を取得してみましょう．例えば菓子つながりで，柿の種とピーナッツから「高さ」，「幅」，「厚み」を計測すれば，3次元データを作成できます（**表8-5**）．この表をプロットすると**図8-4**となります．ここから，このデータセットはk平均法を使うまでもなく，2つのグループに分けられます．**表8-5**のデータもkakipee.csvとして提供します．**リスト8-1**～**リスト8-7**のプログラムを改造して試してみてください．

以上の例に挙げたように，データセットを自作するときは，「グループへ分割するために影響を与える項

表8-4　グループ0とグループ1の統計量

項目	高さ	幅
count	16.000000	16.000000
mean	2.700000	3.968750
std	0.193218	0.060208
min	2.300000	3.900000
25%	2.600000	3.900000
50%	2.700000	4.000000
75%	2.825000	4.000000
max	3.000000	4.100000

（a）　グループ0

項目	高さ	幅
count	11.000000	11.000000
mean	3.336364	4.000000
std	0.283805	0.089443
min	3.100000	3.900000
25%	3.100000	3.950000
50%	3.200000	4.000000
75%	3.500000	4.000000
max	3.200000	4.200000

（b）　グループ1

リスト8-7　グループ0と1の箱ひげ図を描画するプログラム

```
# グループ0と1のときの高さを抽出
g0 = biscuit[biscuit['グループ'] == 0]
g1 = biscuit[biscuit['グループ'] == 1]

# 高さのデータをまとめる
g_height = [g0['高さ'], g1['高さ']]
# 幅のデータをまとめる
g_width = [g0['幅'], g1['幅']]

plt.figure(figsize=(12, 4))
plt.subplot(1,2,1)

# 箱ひげ図の描画
plt.boxplot(g_height)
# x軸(横軸)とy軸(縦軸)のラベルを追加
plt.xlabel('グループ')
plt.ylabel('高さ')
ax = plt.gca()
# y軸(縦軸)のラベルを追加
plt.setp(ax, xticklabels = [0, 1])
plt.subplot(1,2,2)
plt.boxplot(g_width)
plt.xlabel('グループ')
plt.ylabel('幅')
ax = plt.gca()
plt.setp(ax, xticklabels = [0, 1])

plt.subplots_adjust(wspace=0.4)
plt.show()
```

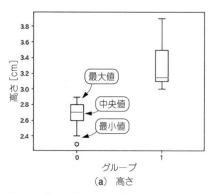

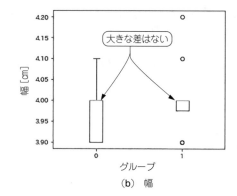

図8-3　グループ0とグループ1を箱ひげ図で比較

表8-5　お菓子「柿の種」を例に作成した3次元データ

ID	高さ	幅	厚み	種類
kp01	2.6	0.8	0.4	柿の種
kp02	2.6	0.7	0.5	柿の種
kp03	2.7	0.8	0.4	柿の種
kp04	2.6	0.7	0.5	柿の種
kp05	2.6	0.8	0.4	柿の種

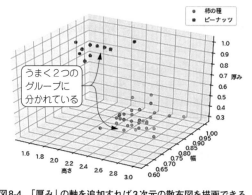

目を含める」ことを意識してください. 例として示した動物ビスケットのデータセット, 柿の種とピーナッツのデータセット, どちらも分割に影響を与える項目を含んでいました.

図8-4　「厚み」の軸を追加すれば3次元の散布図を描画できる

◆引用文献◆
(1) pandas.
  https://pandas.pydata.org/
(2) Matplotlib.
  https://matplotlib.org/
(3) japanize-matplotlib.
  https://github.com/uehara1414/japanize-matplotlib
(4) scikit-learn.
  https://scikit-learn.org/stable/
(5) Numpy.
  https://numpy.org/

まきの・こうじ, あだち・はるか

もっと体験したい方へ
電子版「AI自習ドリル：k平均法」では, より多くの体験サンプルを用意しています. 全27ページ中, 15ページは本章と同じ内容です.
https://cc.cqpub.co.jp/lib/system/dolib_item/1300/

たくさんの項目からなるデータを人間に分かりやすい形で表示してくれる「主成分分析」

牧野 浩二, 足立 悠

主成分分析とは，たくさんの項目からなるデータ（アンケート・データや特徴データ）を人間に分かりやすい形で表示するための方法です．この章では簡単な例題を用いて説明し，イメージをつかむところから始めます．

1 できること

● 例1…選手や生徒の特性を抽出する

▶スポーツ選手

サッカー選手のデータとして，身長，体重の他にも持久走や短距離のタイム，パスやシュートの成功率などが蓄積されていたとします．これらを分類して特性を調べることができます．

▶学生の成績

成績は5教科で評価させることが多くありますし，場合によっては音楽や体育なども含めて評価することもあります．全部の評価を見ても，どの学生がどのような資質があるのか分かりにくいです．簡単な指標でみることで個々の学生の特徴をつかむことができます．

● 例2…ブランドや商品がどう思われているかを知る

▶企業ブランド

例えば腕時計を例に挙げると，セイコー，シチズン，カシオ，ロレックス，タグホイヤー，ノモス，スント，アップルなど多数のメーカがあります．それぞれに使いやすさ，機能，価格，大きさ，重さ，歴史などのアンケートを取って，見やすい形にまとめると，ブランドの傾向がつかめます．

▶ドリンクの味わい

飲み心地や味などについて調べて分類することもできます．その結果から新しいジャンルの飲み物を検討することもできます．本章でも紹介します．

2 イメージをつかむ

例1：ドリンクの味の特徴をつかみたい

主成分分析は複雑なデータを簡単に表現して傾向をつかむための手法です．例えば，表2-1に示す飲み物に関するデータ[注2-1]は，主成分分析を使うと図2-1のように散布図で「うまく」表すことができます．

この図を見ると，

• コーヒは苦くてリラックス効果がある
• エナジ・ドリンクは甘くて元気になる

といったことを推察できます．つまり，表2-1では飲み物の特徴として6個の指標がありましたが，図2-1のように2次元の図で傾向を表せています．なお，図2-1のグラフ右側／上側の目盛りの数値はデータの

表2-1 飲み物のデータ(drink_data.txt)

飲み物/特徴	甘味	苦味	栄養	リラックス	元気	コク
お茶	1	4	1	5	2	2
コーヒ	1	5	1	5	2	3
コーラ	5	1	3	4	4	2
オレンジ・ジュース	4	3	4	3	4	3
リンゴ・ジュース	4	1	4	3	3	4
水	2	2	1	1	2	1
牛乳	2	1	5	3	4	5
エナジ・ドリンク	4	3	4	1	5	4
スポーツ飲料	5	2	4	2	5	3

注2-1：サンプルとして筆者が作成したものです．

平均が0になるようにし，それを正規化したものが左側／下側の目盛りの数値です．Pythonで作りました．作り方は後で説明します．

例2：リンゴの色と甘さの 特徴をつかみたい

　紹介するアルゴリズム「主成分分析」のキー・ポイントは，「横軸と縦軸の項目をうまく選ぶ」ところにあります．まずは，項目を選ぶとはどのようなものか，イメージをつかみましょう．話を簡単にするために，表2-2に示す5個のリンゴの色と甘さをプロットしたデータを使います．

● ステップ1…データの次元数を減らす

　2次元のデータを1次元に直す方法から紹介します．横軸を色，縦軸を甘さにしてプロットしたのが図2-2です．主成分分析のキー・ポイントは少ない次元数で表すことです．図2-2は2次元ですが，1次元で表すことを考えてみましょう．この考え方がたくさんのデータを2次元の散布図に表すときの基礎となります．

　まず，図2-3（a）のように横軸だけで表す方法や，図2-3（b）のように縦軸だけで表す方法が考えられます．これはそれぞれ，色データと甘さデータだけで表現していることになります．

　では，例えば図2-4のように斜めに引いた線に，各点から垂線を下ろして，その位置のデータを1次元のデータとしてみましょう．今度は色と甘さのデータが1対1で混ざったデータとなりました．

　次に，もっと良い線を引いたものが図2-5です．そして，これまでの1次元データを並べたものが図2-6です．一番下の○印は△印とほぼ同じように見えますが，主成分分析では，データの分散（ばらつき）の大きさを評価します．従って，○印の方が△印よりも良い1次元データということになります．

　ここで分散とは値のばらつきを計算して数値で表したものとなります．主成分分析はこのばらつきが最も大きくなる軸を探すことになります．

● ステップ2…次の軸を決める

　さらに，主成分分析はデータの次元数（この場合は2次元）まで軸を順に探していくことになります．次の軸は最初の軸に垂直な軸ですので，2次元の場合は図2-7のように傾きが決まり，次の軸が自動的に決まります．

　このようにして最終的に2次元の散布図に直したのが図2-8です．横軸が第1主成分，縦軸が第2主成分を表しています．よく見ると図2-8は図2-7を回転させた形になっています．ここまでは2次元の話ですが，3次元の場合は図2-9に示す手順で軸を引きます．

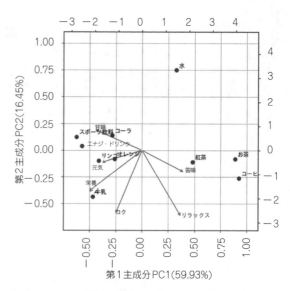

図2-1　主成分分析を使えば多くのデータから傾向が分かる

表2-2　リンゴ5個のデータ（apple_data.txt）

リンゴの種類／特徴	色	甘さ
A	2	2
B	4	3
C	3	4
D	3	2
E	4	5

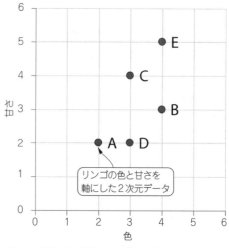

リンゴの色と甘さを軸にした2次元データ

図2-2　この2次元データを1次元にする

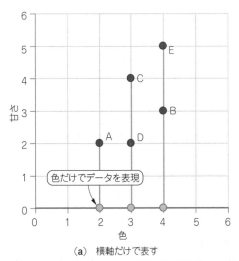

（a） 横軸だけで表す

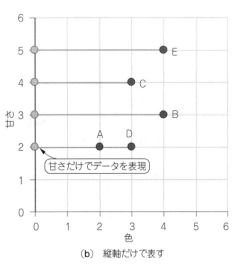

（b） 縦軸だけで表す

図2-3　1次元データにする方法①…どの軸でデータを表現するか決める

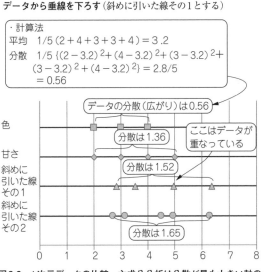

図2-4　1次元データにする方法②…斜めに引いた線に対して
データから垂線を下ろす（斜めに引いた線その1とする）

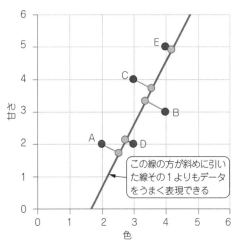

図2-5　斜めに引いた線その2

・計算法
平均　$1/5(2+4+3+3+4)=3.2$
分散　$1/5\{(2-3.2)^2+(4-3.2)^2+(3-3.2)^2+$
　　　$(3-3.2)^2+(4-3.2)^2\}=2.8/5$
　　　$=0.56$

データの分散（広がり）は0.56

分散は1.36

ここはデータが
重なっている

分散は1.52

分散は1.65

図2-6　1次元データの比較…主成分分析は分散が最も大きい軸の
ものが選ばれる

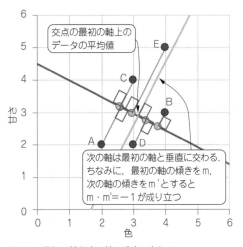

交点の最初の軸上の
データの平均値

次の軸は最初の軸と垂直に交わる．
ちなみに，最初の軸の傾きをm，
次の軸の傾きをm'とすると
$m \cdot m' = -1$ が成り立つ

図2-7　最初の軸と次の軸は垂直に交わる

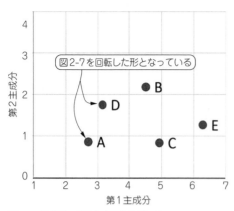

図2-8　最終的に得られた2次元データ

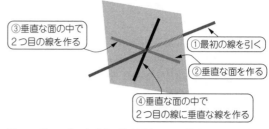

図2-9　第1〜第3主成分の線を引くための手順

● ステップ3…Pythonでプロットする

　図2-7で2つの軸が決まりました．図2-10はそれを
Pythonでプロットし直した図で，矢印も描かれてい
ます．この矢印はもともとの色と甘さの軸となってい
ます．この図から右に行くほど色と甘さが濃くなるこ
とが分かります．

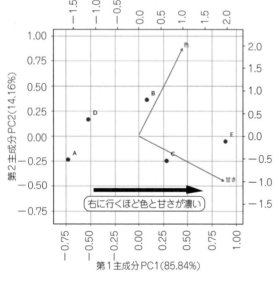

図2-10　主成分分析の結果をPythonでプロット

3 プログラムを動かしてみよう

リンゴの色と甘さを分析

● 主成分分析の実行

表2-2に示したリンゴのデータ（apple_data.txt）を用いて，主成分分析を行います．**リスト3-1**のプログラムを実行すると，**図3-1**（a）〜（c）が表示されます．

図3-1（c）の軸ラベルPC1やPC2の後の括弧内の数値が，**図3-1**（a）に示す寄与率となっています．**図3-1**（b）の横軸は主成分，縦軸は寄与率および累積寄与率です．寄与率と累積寄与率はこの後で説明します．apple_data.txtの値を変えるとまた違ったグラフが表示されます．

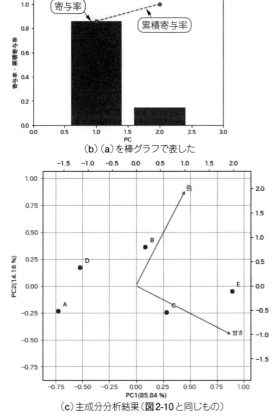

(a)標準偏差や寄与率

(b)(a)を棒グラフで表した

(c)主成分分析結果（図2-10と同じもの）

図3-1 リンゴのデータの分析結果

リスト3-1 リンゴ・データの寄与率と主成分分析結果を表示するプログラム（pca_apple.py）

```
from sklearn.decomposition import PCA
                #①主成分分析を行うためのライブラリ
import pandas as pd
from cq_modules import cq_pca
                #②主成分分析結果を表示するためのライブラリ
                #③データの読み込み
df = pd.read_csv("apple_data.txt", sep="\t",
                                    index_col=0)

                #④主成分分析
pca = PCA()             #主成分分析の準備
pca.fit(df)             #主成分分析の実行
                        #⑤結果の表示
cq_pca.summay(pca)
cq_pca.plot(pca)
cq_pca.biplot(pca, df, 1, 2, scale=0,
                        pc_biplot=True)
```

表3-1 追加する3つのリンゴ・データ
（apple_test_data.txt）

新しいデータ／特徴	色	甘さ
a	1	3
b	4	2
c	5	5

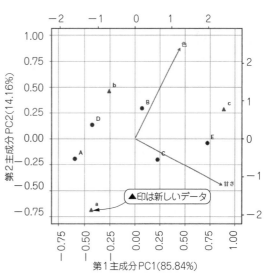

図3-2 新しいデータを追加したプロットもできる

リスト3-2 リスト3-1に新しいリンゴのデータを追加して主成分分析する（pca_apple_test.py）

```
                #⑥テストデータの読み込み
df_test = pd.read_csv("apple_test_data.txt",
                sep="\t", index_col=0)
cq_pca.biplot(pca, df, 1, 2, new_data = df_test,
                scale=0, pc_biplot=True)
```

31

● 新しいデータを追加する

次に，新しいデータ（表3-1）を追加してどの部分にプロットされるかを調べてみましょう．リスト3-1にリスト3-2のプログラムを追加し実行すると図3-2のように表示されます．

飲み物データの分析

筆者が作成した飲み物データ表2-1についても分析してみましょう．リスト3-3のコマンドを実行すると，図3-3（a）～（c）が表示されます．

新しいデータとして，表2-1に対して表3-2に示す3つの飲み物を追加することにします．プログラムとしてはリスト3-3にリスト3-4を追加します．すると，図3-3が表示された後に図3-4が表示されます．この

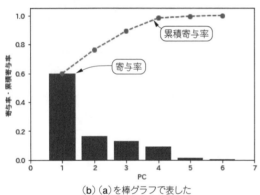

(a)標準偏差や寄与率

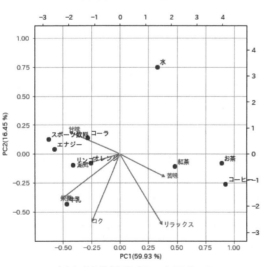

(b)(a)を棒グラフで表した

グラフを詳しく見てみましょう．

麦茶はお茶やコーヒなどと水との中間の特徴があることが見て取れます．ブドウ・ジュースはリンゴ・ジュースやオレンジ・ジュースと同じような特徴があり，イチゴ牛乳は牛乳と似たような特徴がありますが，ちょっと甘さがあります．

表3-2　追加する3つの飲み物のデータ（drink_test_data.txt）

飲み物/特徴	甘味	苦味	栄養	リラックス	元気	コク
麦茶	1	3	2	2	1	2
ブドウ・ジュース	4	1	3	4	2	4
イチゴ牛乳	5	1	4	4	4	5

リスト3-3　飲み物データの寄与率と主成分分析結果を表示するプログラム（pca_drink.py）

```
from sklearn.decomposition import PCA
                    #①主成分分析を行うためのライブラリ
import pandas as pd
from cq_modules import cq_pca
                    #②主成分分析結果を表示するためのライブラリ
                    #③データの読み込み
df = pd.read_csv("drink_data.txt", sep="\t",
                                    index_col=0)

                    #④主成分分析
pca = PCA()         #主成分分析の準備
pca.fit(df)         #主成分分析の実行
                    #⑤結果の表示
cq_pca.summay(pca)                3に変えると
cq_pca.plot(pca)                  第3主成分が表示される
cq_pca.biplot(pca, df, 1, 2, scale=0,
                        pc_biplot=True)
```

リスト3-4　テスト・データを追加する（pca_drink_test.py）

```
#⑥テストデータの読み込み
df_test = pd.read_csv("drink_test_data.txt",
                    sep="\t", index_col=0)
cq_pca.biplot(pca, df, 1, 2, new_data =
                df_test, scale=0, pc_biplot=True)
```

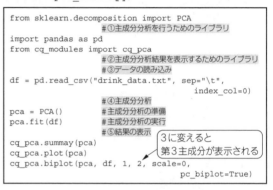

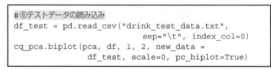

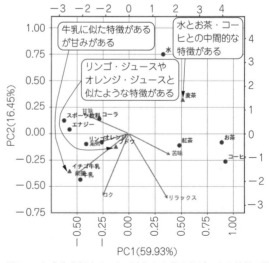

(c)主成分分析結果（図2-1と同じもの）

図3-3 飲み物データの分析結果

図3-4　主成分分析することで追加した飲み物データの特徴が推測できる

4 結果の読み取り方

寄与率と累積寄与率

● 寄与率は軸に含まれる情報量

飲み物データに焦点を当てて，結果を読み取る方法を詳しく説明します．まず，実行したときに表示される寄与率［図3-3（b）で示した棒グラフ］について説明します．

寄与率とは，その軸にどのくらいの情報量があるかを示しています．飲み物データの場合は，約60％が第1主成分（図2-1の横軸）に含まれていて，約16％が第2主成分（図2-1の縦軸）に含まれています．第3主成分以降は図2-1のグラフに表していませんが，計算はできます．

リスト3-3に示すpca_drink.pyの最終行の数値を1，2から1，3に変更します．図4-1（a）に示す実行結果から，飲み物の例では第3主成分の寄与率は約13％ですので，第2主成分と近い情報量が含まれています．これを数字だけで読み取るのは大変なので，グラフに表したものが図3-3（b）となります．

● 累積寄与率を見れば必要な主成分の数が分かる

累積寄与率は，寄与率を合計した「折れ線グラフ」となります．第1主成分は約60％，第2主成分は約16％が含まれていますので，第2主成分までの累積寄与率は約76％となります．最後の主成分まで合計すると100％になります．このグラフを見ることで，幾つの主成分まで考慮したらよいのかが分かります．

別の主成分を横軸と縦軸にして グラフを作ってみる

図2-1に示した飲み物データについて，第1と第3主成分のグラフを作ると図4-1（a）となります．第3主成分と第2主成分のグラフを作ると図4-1（b）となります．図2-1に示した第1主成分と第2主成分のグラフだけでなく，この2つも分析に加えると，より詳しく分析できるようになります．

図4-1（b）はリスト3-3の最終行にある1，2を3，2に変えることで表示できます．

ここまでの知識を元に図2-1の 結果を読み取る

さて，読み取るべき図2-1の結果について説明します．横軸，縦軸はそれぞれ第1主成分，第2主成分を表しています．そして黒い点は主成分得点と呼ばれるもので，それぞれの軸へ写像したものとなります．一方，矢印は主成分の方向を示しています．

● 味の特徴
▶苦み成分

どの順番で考えてもよいのですが，ここではまず，苦味の矢印に着目しながら考えてみます．右に行くと苦み成分が強くなることを示しています．確かに紅茶，お茶，コーヒは苦み成分がありますね．

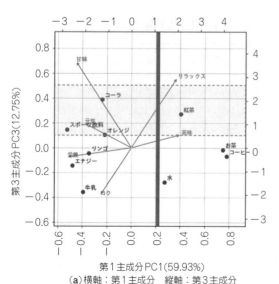

（a）横軸：第1主成分　縦軸：第3主成分

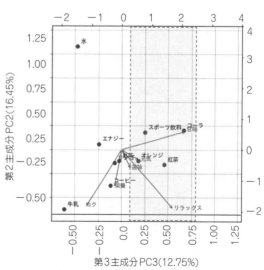

（b）横軸：第3主成分　縦軸：第2主成分

図4-1　横軸/縦軸を別の主成分にしてグラフ化すると詳細な分析ができる

▶甘み成分

苦味と逆方向にあるのが甘み成分の矢印です．確かにその方向の飲み物は甘いものが多いですね．そして，甘いものが苦いものに対極にあることは飲み物データを分析して得られた結果となります．

▶リラックス成分

リラックス成分は苦み成分とほぼ同じ方向を向いていますね．多くの場合，甘いものを飲むときよりも苦みのある飲み物の方が，リラックス効果が高いという分析となります注4-1．

ところが，**表2-1**のコーラは，リラックス点が4となっています．つまり，矢印の逆方向は必ずしもそうではないというわけではなく，あくまで総合評価となっている点に注意が必要です．

● 飲み物の味を分析
▶牛乳

ここまでは矢印に着目しましたが，今度は飲み物に着目してみます．牛乳は栄養とコクが強いことが分かります．そして，甘くも苦くもない飲み物であり，他

注4-1：**表2-1**は筆者が作った仮想データであることを忘れないでください．あくまでも分析の一例として解説しています．

の飲み物と異なる特徴を持っていると分析します．
▶水

水も1つだけ，他と離れた位置に存在します．水は苦くも甘くもありませんし，それ自体にコクも栄養もありません．そのため，他の飲み物と異なる性質を持つことが分かります．

▶麦茶

表3-2に示す新たなデータを追加した**図3-4**に関しても説明します．麦茶は紅茶やお茶などの苦みのある飲み物と水の間くらいにプロットされました．確かにお茶よりも「ごくごく飲める」もので，水よりはコクとかリラックス効果がお茶に近い感じですね．ただ，**表2-1**にある6項目のデータから水とお茶の間にあるとはすぐには判別は難しいですね．

▶ブドウ・ジュース

リンゴ・ジュースやオレンジ・ジュースに近い位置にプロットされました．確かに果汁ですので近い傾向が出ました．

▶イチゴ牛乳

牛乳よりちょっと甘い飲み物という位置づけでした．

以上の3つを追加データとして分析したのですが，なんだか妙に納得してしまいますね．

5 　発展的な内容…商品開発に生かす

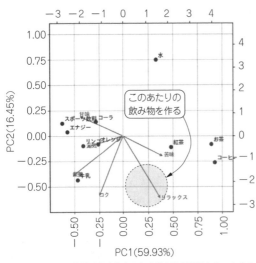

図5-1 リラックス効果が高く苦味のある飲み物を開発したいとする

表5-1 この飲み物データでは目的の範囲内に入らない

飲み物/特徴	甘味	苦味	栄養	リラックス	元気	コク
新商品	1	5	1	5	1	5

表2-1と**表3-2**に示した飲み物データを使います．主成分分析を行い，ユーザにどのような飲み物が求められているのかを分析してみます．

作りたい商品を決める

主成分分析のプロットを見てどの商品を作りたいか決めます．例えば，**図5-1**の破線で囲んだ丸には，飲み物のプロット点がありません．つまり，そのような飲み物はないということになります．この部分にプロットされる飲み物を作れば，競合がなく，商品開発に有利に働きます．

ちなみに破線の丸の中は，リラックス効果が高く，苦くてコクのある飲み物が該当するのではないかと仮定できます．だからといって**表5-1**のデータを作って，それを**図3-4**と同じように分析しても，**図5-2**のように，目的とした破線の丸からははずれてしまいます．ちゃんと甘味や元気，栄養の点数も必要となります．簡単ではないですね．だから開発の仕事は楽しいのかもしれません．

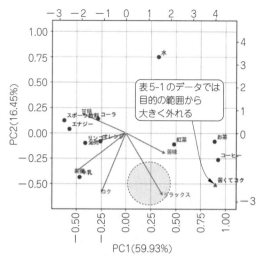

図5-2 リラックス/苦味のファクタが大きいデータを作成するだけではうまくいかない

作りたい商品のプロット点から飲み物の特徴を推定する

● 円の中心座標からデータを探して作る

主成分分析の結果を表す**図5-1**をもう一度確認します．新しい飲み物は破線の丸の中に入る飲み物ですので，その飲み物のPC1とPC2は丸の中心である$(1, -2)$付近の値になってほしいですね．

なお，この$(1, -2)$ですが，1は**図5-1**の横軸（上側），-2は**図5-1**の縦軸（右側）の目盛りの値を前提に話をしています．

そこで，最終的な主成分得点が以下のようになるデータを探す方法を示します．

$(1, -2, 0, 0, 0, 0)$

この並びは（PC1, 2, 3, 4, 5, 6）となっています．とりあえずPC3以降は無視しますので0にします．

● Pythonで確認

この位置にプロットされる元データは`pca.inverse_transform`関数で得ることができます．そこで，**リスト5-1**を実行すると元データが以下のように得られます．

```
[2.25951505  3.41565894  3.17503635
4.82287429  3.24086201  3.84530138]
```

このデータを小数点1桁にしてデータを作りました

表5-2 図5-1の破線の丸の中心からデータを探し目的の範囲内にプロットできたデータ

飲み物/特徴	甘味	苦味	栄養	リラックス	元気	コク
新商品 （PC2まで）	2.3	3.4	3.2	4.8	3.2	3.8

リスト5-1 破線の丸の中心座標から目的範囲内に入るデータを作るプログラム（`pca_drink_predict2.py`）

```python
from sklearn.decomposition import PCA
import pandas as pd
from cq_modules import cq_pca
#データの読み込み
df = pd.read_csv("drink_data.txt", sep="\t",
                                   index_col=0)

#主成分分析の実行
pca = PCA()
pca.fit(df)

print(pca.inverse_transform([1, -2, 0,   0, 0, 0]))

#結果の表示
#cq_cpa.summay(pca)
#cq_cpa.cp_plot(pca)
#cq_cpa.biplot(pca, df, 1, 2, scale=1,
                         pc_biplot=True)

new_df = pd.read_csv("drink_predict_data2.txt",
                     sep="\t", index_col=0)
cq_pca.biplot(pca, df, 1, 2, new_data=new_df,
                      scale=0, pc_biplot=True)
```

（**表5-2**）．このデータを実行すると**図5-3**となり，望み通りの位置にプロットされました．

精度アップのために分析に用いる主成分を増やす

● 主成分の数を決める

寄与率を示す**図3-3（b）**を確認します．第2主成分の寄与率は，第3，第4主成分と同じくらいです．第3，第4主成分まで考えてデータを作った方がよさそうです．

まずは第3主成分まで考えてデータを作る方法を紹介します．**図4-1（a）**と**図4-1（b）**は，それぞれ第1と第3主成分，第3と第2主成分のグラフです．まず，**図4-1（a）**の第1主成分の値を1にしたとき，第3主成分が0.5〜2.5くらいの範囲であれば，苦味とリラックスが両立したものになります．

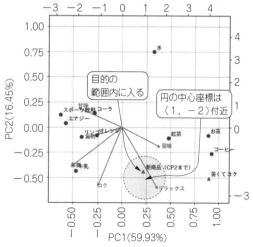

図5-3 うまくいく方法1…円の中心座標を元にデータを探す

表5-3 主成分を増やすことで目的の範囲内にプロットできたデータ

飲み物 / 特徴	甘味	苦味	栄養	リラックス	元気	コク
新商品 (PC3まで)	2.8	3.5	3.1	5	3.4	3.5

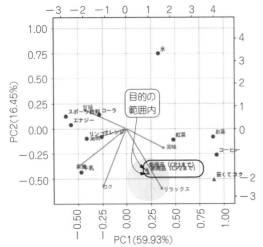

図5-4 うまくいく方法2…主成分を増やしてデータを作成する (pca_drink_predict3.py)

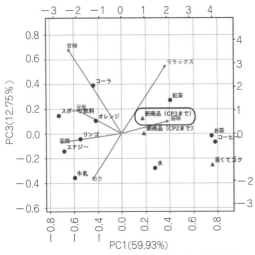

図5-5 図5-4から第1主成分と第3主成分に表示を変更(pca_drink_predict4.py)
第3主成分まで考慮した方がさらに良い主成分得点が得られることが分かった

表5-4 紅茶のデータ

飲み物 / 特徴	甘味	苦味	栄養	リラックス	元気	コク
紅茶	3	4	2	5	3	2

表5-5 牛乳のデータ

飲み物 / 特徴	甘味	苦味	栄養	リラックス	元気	コク
牛乳	2	1	5	3	4	5

● 第3主成分の主成分得点を求める

次に図4-1(b)の第2主成分の値を−2にしたときの第3主成分の値を確認してみましょう. 図4-1(a)で範囲が決まりましたので, その中で選ぶことにします. リラックスの要素を強くするには2くらいがよさそうですが, その場合は甘味も大きくなります. そこで, やはり0.8くらいがよさそうと判定します.

以上から第3主成分得点は0.8がよさそうですので, 主成分得点は以下に設定します.

```
(1, -2, 0.8, 0, 0, 0)
```

● Pythonで確認

先ほどと同じことをPython(pca_drink_predict3.py)で行うと以下が得られます.

```
[2.81528562 3.49956118 3.11512881
5.27245151 3.39764726 3.53905101]
```

このデータを小数点1桁にしてデータを作りました(表5-3). これをプロットすると図5-4が得られます. ほぼ同じ位置にプロットされています.

さらに, 第3主成分まで表示(pca_drink_predict4.py)すると図5-5となりました. このことから, 第3主成分まで考慮した方がより望ましい主成分得点が得られています.

結論…新商品はこれ

以上の結果から, 望みの飲み物は, 甘みと苦みが混在しつつ, 栄養とコクをプラスした飲み物となります. さて, この点数に近いものを, 使用したデータから探すと表5-4のように紅茶があります. 足りないのは栄養とコクです. そこで, 栄養とコクがある飲み物をプラスすればよさそうです. この条件に近いものは表5-5のように牛乳です. これを混ぜるとミルク・ティーになりますね. ミルク・ティーはストレート・ティーに比べて苦味が緩和されて, コクがプラスされますね. 牛乳をたっぷり入れると栄養もプラスされそうです. 結果として, 望みの新商品はミルク・ティーでした. このようにして新商品を探す手もあります

◆参考文献◆
(1) 平成22年度 年次経済財政報告, 第1-3-24図, 第1-3-25図, 内閣府.
https://www5.cao.go.jp/j-j/wp/wp-je10/10b00000.html
(2) 平成16年度 年次経済財政報告, 第1-5-15図.
https://www5.cao.go.jp/j-j/wp/wp-je04/04.html
(3) 日本経済2017−2018, コラム2-2図, 付注2-4.
https://www5.cao.go.jp/keizai3/2017/0118nk/index.html

まきの・こうじ

Appendix　主成分分析で画像分類

構造化データと非構造化データ

● 前項までで紹介したのは構造化データ

データの種類には大きく分けて，構造化データと非構造化データがあります．構造化データの例には，顧客情報やアンケートなどがあります．前項までで紹介してきたのが構造化データです．非構造化データの例には，画像や音声などがあります．これらの違いは，構造化データはRDB（Relational Database，関係データベース）のテーブル構造を持ち，非構造データはテーブル構造のような構造を持たないことです．

一般的に構造化データは非構造化データよりも次元が少ないため，計算処理が少なく，結果に対する根拠を説明しやすい傾向があります．

● 以降で紹介するのは非構造化データ

前項までの例題では，構造化データを対象に主成分分析を実装し，結果を読み解いてきました．主成分分析の基本をおさえたところで，ここからは非構造化データを対象に主成分分析を実装し，その効果を確認してみましょう．

利用するデータ・セット

さまざまな種類の犬や猫が写った画像セット「The Oxford-IIIT Pet Dataset」をダウンロードして利用しましょう(1)．この画像セットのうち，サモエド犬（samoyed）と柴犬（shiba_inu）の画像を100枚ずつ取り出します．そして，取り出した画像は，Googleドライブの任意の場所へアップロードします．

図A-1　Pythonで画像を読み込んで表示した例

画像の性質

画像といえば，カラー画像が頭に浮かぶことが多いでしょう．図A-1は，薄茶色の毛を持つ柴犬が写っている画像です．

人間は過去の経験から，少なくとも画像の被写体が犬であることが分かります．犬種に詳しければ，被写体は柴犬であると分かります．コンピュータにとっては，被写体を含む画像は数値の集合体でしかありません．その集合体は，カラー画像であれば，R（赤），G（緑），B（青）の3つのチャネルに0 ～ 255の値が格納されています．

画像データへの理解を深めるために，Colabで新規ノートブックを作成し，以降の操作を試していきましょう．

最初にColabから，Googleドライブのマイドライブに保存したデータを呼び出せるようにしておきます．この手順は本書イントロダクションを参照してください．

● カラー画像の読み込み

Colabのコード入力エリアにおいて，
`pip install japanize-matplotlib`
を実行しておきます．

画像の読み込みには，OpenCV注A-1のimread関数を利用します（リストA-1）．

画像サイズはリストA-1中のshape関数を実行すれば分かります．リストA-1のプログラムを実行すると，（332，500，3）と確認でき，左から順に高さ，幅，カラー・チャネル数を表しています．

注A-1：OpenCVを初めて聞いた方も多いでしょう．OpenCVは，さまざまな画像処理に役立つ関数を提供するパッケージです．

リストA-1　画像を読み込んで表示するプログラム

```
import cv2
import matplotlib.pyplot as plt

# 画像を読み込み
img = cv2.imread('/content/drive/My Drive/Colab
Notebooks/data/cv/shiba_inu/shiba_inu_34.jpg')

# 画像のサイズの確認
print(img.shape)

# 画像ファイルの表示
plt.imshow(cv2.cvtColor(img, cv2.COLOR_BGR2RGB))
plt.show()
```

● ピクセル値の確認

画像の各ピクセル値を確認してみましょう．ピクセル値は，3次元のNumpy配列に格納されます．リストA-1の最終行に，

`print(img)`

を追加して実行し，3次元配列の中から1次元の配列を取り出してみると，

```
[[[ 33 100 115]
  [ 31  92 102]
  [ 40  85  89]
  ...
  [164 175 149]
  [163 174 148]
  [163 174 148]]
 [[ 32 103 117]
  [ 31  96 105]
  [ 41  89  93]
```

のように値を確認できます．これらは左から順にB（青），G（緑），R（赤）の値を表しています．RGBの順ではないことに注意してください．従って，カラー画像のピクセル配列は図A-2のような構造を持つとイメージできるでしょう．

画像にはカラーの他，グレー・スケールで表現されるものもあります．カラー画像がRGBの3チャネルで表現するものに対して，グレー・スケール画像は輝度のみの1チャネルで表現します．輝度は0～255の値を取ります．グレー・スケール画像のピクセル配列は図A-3のような構造を持ちます．

私たちが普段から慣れ親しむ見え方は，ピクセル値の配列によって左右されます．

画像セットの前処理

先に準備した画像セットは，サモエド犬と柴犬の画像をそれぞれフォルダに分けています．つまり，犬種によって画像をグループに分けていることになります．ここでは画像の特徴量によってグループに分けることに挑戦しましょう．

● 柴犬の特徴量作成

柴犬の画像を1枚ずつ処理し，特徴量を作成していきます．ここでは特徴量として，1枚の画像の各ピクセル値（RGB）を利用します．

リストA-2に示すコード中の①では，3次元の配列を2次元の配列へ分割します．②では，分割した各2次元配列を1次元のフラットな形へ並び変えます（図A-4）．

その結果，1枚1行のデータ・セットを作成できます．各ピクセル値を255で割って，値が取る範囲を0～1の間に収めて正規化します（リストA-3，図A-5）．

リストA-2　柴犬の画像データ（3次元配列）を1次元配列にするプログラム

```
import os
import cv2
import pandas as pd

# ファイルの取得
files = os.listdir('/content/drive/My Drive/Colab
Notebooks/data/cv/shiba_inu/')
pixels_shiba = []

for f in files:
    # 画像をカラーで読み込み
    img = cv2.imread('/content/drive/My Drive/Colab
Notebooks/data/cv/shiba_inu/' + f)

    # 画像をリサイズ
    img = cv2.resize(img, (128, 128))
    # ピクセル配列をB, G, Rごとに分割…①
    b, g, r = cv2.split(img)
    # ピクセル値の格納
    b = np.array(b).flatten().tolist()…②
    g = np.array(g).flatten().tolist()…②
    r = np.array(r).flatten().tolist()…②
    tmp = b + g + r
    pixels_shiba.append(tmp)
```

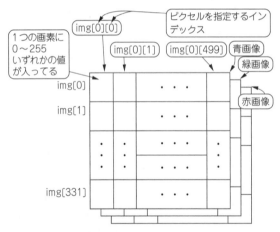

図A-2　カラー画像の配列構造は3層構造で上からBGRの順番となる

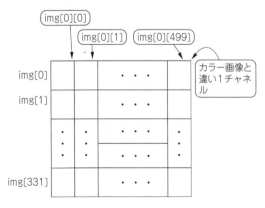

図A-3　モノクロ画像の配列構造は1層のみ

　第2章　たくさんの項目からなるデータを人間に分かりやすい形で表示してくれる「主成分分析」

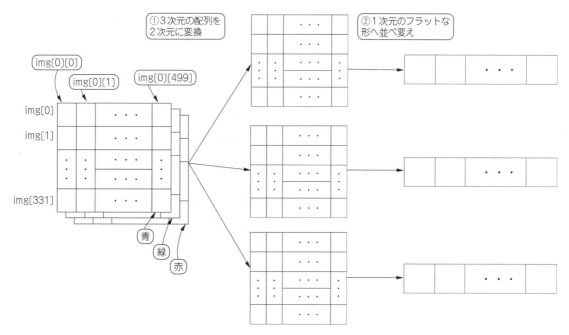

①3次元の配列を2次元に変換

②1次元のフラットな形へ並べ変え

img[0][0]
img[0][1]
img[0][499]

img[0]
img[1]
img[331]

青
緑
赤

図A-4　1枚の画像を1行のデータで表せる（リストA-2で実行する）

　作成したデータセットのサイズは（100，49512）です．つまり，サンプル数100，特徴量（次元）数49512（＝128×128×3）と読み取れます．

● **サモエド犬の特徴量作成**

　柴犬と同じように，サモエド犬の画像も1枚ずつ処理し，特徴量を作成していきます．

　リストA-4にピクセル配列の整列プログラムを，リストA-5にピクセル値の正規化プログラムを示します．リストA-5を実行すると図A-6のような情報が表示されます．

● **2つのデータセットを結合**

　柴犬とサモエド犬の特徴量を縦に結合します（リストA-6）．リストA-6を実行すると図A-7のような情報が表示されます．これでデータ・セットはサンプル数が200となります．

画像セットの次元削減

　前処理した画像セットは，リストA-7に示すように主成分分析にかけて次元を圧縮してみましょう．特徴量には結果に対して影響の大きいもの／少ないものがあります．まとめて学習してしまうと処理に時間がかかるうえ，影響の小さい特徴量が結果の質を下げてしまう可能性があります．従って次元を圧縮して画像の本質的な特徴，つまり影響の大きい特徴量を残すこと

リストA-3　ピクセル値を正規化するプログラム

```
# ピクセル値をデータフレーム形式へ変換
pixels_shiba = pd.DataFrame(pixels_shiba)
pixels_shiba = pixels_shiba/255 # 正規化

print(pixels_shiba.shape)
pixels_shiba.head()
```

```
(100, 49152)
        0         1         2         3    ...    49147     49148     49149     49150     49151
0  0.611765  0.603922  0.600000  0.592157  ...  0.756863  0.749020  0.729412  0.760784  0.745098
1  0.000000  0.000000  0.000000  0.000000  ...  0.000000  0.000000  0.000000  0.000000  0.000000
2  0.090196  0.082353  0.082353  0.066667  ...  0.313725  0.290196  0.282353  0.298039  0.294118
3  0.309804  0.913725  0.062745  0.203922  ...  0.368627  0.345098  0.341176  0.384314  0.376471
4  0.176471  0.215686  0.376471  0.443137  ...  0.713725  0.709804  0.713725  0.725490  0.752941
5 rows × 49152 columns
```

図A-5　柴犬データのピクセル値を正規化した結果

リストA-4　サモエド犬の画像データも1次元配列にするプログラム

```
# ファイルの取得
files = os.listdir('/content/drive/My Drive/Colab
Notebooks/data/cv/samoyed/')

pixels_samo = []

for f in files:
    # 画像を読み込み
    img = cv2.imread('/content/drive/My Drive/Colab
Notebooks/data/cv/samoyed/' + f)
    # 画像をリサイズ
    img = cv2.resize(img, (128, 128))
    # ピクセル配列をB, G, Rごとに分割
    b, g, r = cv2.split(img)
    # ピクセル値の格納
    b = np.array(b).flatten().tolist()
    g = np.array(g).flatten().tolist()
    r = np.array(r).flatten().tolist()
    tmp = b + g + r
    pixels_samo.append(tmp)
```

リストA-5　柴犬のデータと同様にピクセル値は正規化する

```
# ピクセル値をデータフレーム形式へ変換
pixels_samo = pd.DataFrame(pixels_samo)
pixels_samo = pixels_samo/255 # 正規化

print(pixels_samo.shape)
pixels_samo.head()
```

リストA-6　柴犬とサモエド犬の特徴量を縦に結合するプログラム

```
pixels_set = pd.concat([pixels_shiba, pixels_samo])

print(pixels_set.shape)
pixels_set.head()
```

リストA-7　主成分分析を行い寄与率が80%までの主成分の数を求める

```
# PCAの読み込み
from sklearn.decomposition import PCA

# 主成分を累積寄与率80%まで抽出
pca = PCA(0.80)
pixels_pca = pca.fit_transform(pixels_set)

# 主成分数を確認
print(pca.n_components_)

# 次元圧縮したデータセットのサイズを確認
print(pixels_pca.shape)

# 寄与率
pca.explained_variance_ratio_
```

```
(100, 49152)
           0         1         2         3
0   0.000000  0.000000  0.000000  0.000000
1   0.137255  0.137255  0.129412  0.156863
2   0.254902  0.121569  0.011765  0.062745
3   0.000000  0.000000  0.000000  0.000000
4   0.023529  0.011765  0.023529  0.027451
5 rows × 49152 columns
```

図A-6　サモエド犬データのピクセル値を正規化した結果

```
(200, 49152)
           0         1         2         3
0   0.611765  0.603922  0.600000  0.592157
1   0.000000  0.000000  0.000000  0.000000
2   0.090196  0.082353  0.082353  0.066667
3   0.309804  0.913725  0.062745  0.203922
4   0.176471  0.215686  0.376471  0.443137
5 rows × 49152 columns
```

図A-7　柴犬とサモエド犬の配列データを結合したピクセル値

にしましょう．特徴量として累積寄与率80%までの軸を取り出します．

　実行すると特徴量は49512から34へ削減できることが分かりました（**図A-8**）．

　つまり，本節の画像セットの本質は34次元で表現できることになります．

　ある1枚の画像49512次元を34次元で可視化した結果を**図A-9**に示します．この図から次元を削減しても犬の特徴は残っています．

画像のグループ化

　次元削減した特徴量にk平均法を適用し，画像をグループへ分割してみましょう．まず，最適なグループ数を調べます．

　リストA-8を実行し得られたエルボー図（**図A-10**）

から，画像は2つのグループへ分割するとよさそうなことが分かります．再度，**リストA-9**のようにk平均法を実行し，画像を2グループへ分離します．

　次元削減した特徴量から第1，第2主成分を取り出し，グループ0と1の画像を散布図で描画（**リストA-10**）すると**図A-11**のようになります．2つの領域にきれいに分かれています．

　一般的に，次元数が多くなればなるほど，意味のある特徴量を抽出してから学習しなければ，良い結果は得られません．次元の多いデータの代表例として，ここでは画像を取り上げました．

　また，本節はカラー画像を対象に次元を圧縮しましたが，グレー画像を対象に次元圧縮し，グループ化の結果を比較してみても面白いでしょう．試してみてください．

```
34
(200, 34)
array([[0.26966258, 0.09240579, 0.0651
        0.02771528, 0.02567452, 0.0203
        0.01456838, 0.01328539, 0.0130
        0.00855573, 0.00798446, 0.0078
        0.00647151, 0.00636629, 0.0061
        0.00512758, 0.00476673, 0.0043
```

図A-8　リストA-7の実行結果

リストA-8　エルボー図を描画する

```python
from sklearn.cluster import KMeans

distortions = []

# 最適なkを探す
for i in range(1, 11):
  km = KMeans(n_clusters=i, init="k-means++",
n_init=10, max_iter=300, random_state=0)
  km.fit(pixels_pca)
  distortions.append(km.inertia_)

# 各グループのSSEを描画
plt.plot(range(1, 11), distortions, marker="o")
plt.xticks(np.arange(1, 11, 1))
plt.xlabel("Number of groups")
plt.ylabel("SSE")
plt.show()
```

(a) 49512次元

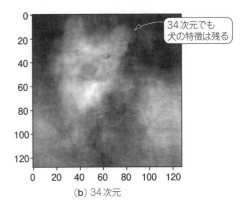

34次元でも犬の特徴は残る

(b) 34次元

図A-9　画像の次元削減の例

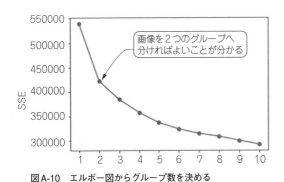

画像を2つのグループへ分ければよいことが分かる

図A-10　エルボー図からグループ数を決める

リストA-9　画像を2つのグループへ分離する

```python
km = KMeans(n_clusters=2, init="k-means++",
        n_init=10, max_iter=300, random_state=0)
img_group = km.fit_predict(pixels_pca)
print(img_group)
```

リスト A-10　データをグループ分けした散布図を描画する

```
pixels_pca = pd.DataFrame(pixels_pca)
img_group = pd.DataFrame(img_group).
rename(columns={0:'label'})

# 第1，第2主成分を取り出す
pixels_pca_label = pd.concat
            ([pixels_pca, img_group], axis=1)
pixels_pca_label =
            pixels_pca_label[[0, 1, 'label']]

# グループ0の描画
pixels_pca_0 = pixels_pca_label
            [pixels_pca_label['label']==0]
plt.scatter(pixels_pca_0[0], pixels_pca_0[1],
c='red', label=0)

# グループ1の描画
pixels_pca_1 = pixels_pca_label
            [pixels_pca_label['label']==1]
plt.scatter(pixels_pca_1[0], pixels_pca_1[1],
            c='blue', label=1)

plt.xlabel('1st-comp')
plt.ylabel('2nd-comp')
plt.legend()
plt.grid()
plt.show()
```

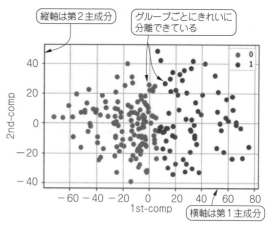

図A-11　画像を2つのグループにうまく分けられた

◆参考文献◆

(1) O. M. Parkhi, A. Vedaldi, A. Zisserman, C. V. Jawahar；The Oxford-IIIT Pet Dataset.
　　https://www.robots.ox.ac.uk/~vgg/data/pets/
(2) OpenCV.
　　https://opencv.org/
(3) Matplotlib.
　　https://matplotlib.org/
(4) Numpy.
　　https://numpy.org/
(5) pandas.
　　https://pandas.pydata.org/
(6) scikit-learn.
　　https://scikit-learn.org/stable/

あだち・はるか

もっと体験したい方へ
電子版「AI自習ドリル：主成分分析」では，より多くの体験サンプルを用意しています．全27ページ中，16ページは本章と同じ内容です．
https://cc.cqpub.co.jp/lib/system/dolib_item/1303/

分類の難しそうなデータを直線や曲線でグループ分けしてくれる「サポート・ベクタ・マシン」

牧野 浩二, 足立 悠

サポート・ベクタ・マシン (Support Vector Machine, SVM) とは, 答えの分かっているデータを幾つかのグループに分類するための手法です. これは教師あり学習の一種で, 現在用いられている教師あり学習の中で, かなり良い性能を発揮する分類法です.

この原理が分かると, どのようなデータの分類に適した方法なのかが分かるだけでなく, 得られた結果をうまく評価できるようになります. ぜひ使いこなしたい分類方法の1つです.

1 できること

医療分野での活用例

医療分野では, なぜその結果がでたのかをはっきりと説明できない分類法の使用は敬遠されがちです. サポート・ベクタ・マシンは, 判定基準を調べることは難しいのですが, 判定基準を可視化できます. そのため, 医療への応用の研究や試みが多く行われています.

● 血液検査の結果から病気の有無

血液検査からは多くの情報(中性脂肪, ヘモグロビン, アミラーゼなど)が得られます. 実際に医師はこの情報を基に病気の診断を行っています. サポート・ベクタ・マシンは, これらの情報をうまく組み合わせることで, 特定の病気かどうかを判定します.

● 心電図から病気の有無

心電図の波形は病気かどうかの判定に利用されます. 連続する時系列データを周波数成分に分解するなどして波形の特徴量を数値化し, サポート・ベクタ・マシンで判定します.

● 薬の化学構造から効果の分類

薬の効能は実際に飲んでみないと分からないのですが, これには大きなリスクが伴います. そこで薬の化学構造を情報として, 薬の効果を分類する方法が研究されています. これができると, ある病気に効くと予想される薬の化学構造を判定できるかもしれません.

情報技術分野での活用例

サポート・ベクタ・マシンは, 情報の特徴をうまく抽出して分類することが得意です. この特性を利用して検出や判定に利用されています.

● 顔検出

デジカメやスマートフォンで人を写すと, 顔の部分に枠が出ることがあります. 画像の特徴量をサポート・ベクタ・マシンで仕分け, 顔を見つけています.

● 迷惑メールの判定

メール・ソフトウェアによっては, 迷惑メールを自動的に仕分けてくれるものがあります. これにもサポート・ベクタ・マシンが利用されています.

コンピュータは単語を数字に置き換えています. 迷惑メールによく用いられている単語に相当する数字が含まれていたり, その数字の並びに特定のパターンが含まれていたりすることで判定しています.

● 飲食店推薦システム

口コミサイトにはお店に関する情報がたくさん書きこまれています. 上記の迷惑メールの判定と同じように文章を解析し, サポート・ベクタ・マシンで判定し, お店を選ぶシステムがあります.

異常検知にも使える

● 商品の不良

　正常な製品の写真をたくさん学習することで，見たことのない不良品を判別できるようになります．例えば，正常なねじの写真を多数撮影して，サポート・ベクタ・マシンで学習しておくと，傷があったりねじ山がつぶれていたりする品を検出できます．

● 故障診断

　機械の調子が悪くなると，ガタガタと振動や異音が生じます．正常時の音や振動を学習しておくと，通常とは異なる音や振動が生じた際に検出できます．

2　イメージをつかむ

　サポート・ベクタ・マシンは，図2-1に示すように，分類の難しそうなデータを分ける境界線を引いてくれます．2つに分けるだけでなく，4つにも分けることができます．

お客さんの動きのデータから
買う人／買わない人を分類

● まずデータの分布を見てみる

　ここではサポート・ベクタ・マシンの活用例として，お店に入ってきて，何かを買う客と見るだけで帰る客を分類する問題を考えます．客の特徴データとして入店時の歩く速さと目線の角度としましょう．これはカメラで録画してそれを解析すると分かるデータです．そして，その客が買ったかどうかを調べることを繰り返せば，数日間で大量のデータが手に入ります．

　購入した客は○，購入しなかった客は×として，散布図で表すと図2-2となります．このデータを基にして，次に入店した客が購入するかどうか予測が立てられれば，接客に役立ちそうです．

　予測するためには，図2-3（a）のように○と×の2つを区切る線を引いて，次の客のデータがどちらの領域に入っているかをプロットすることで予測できそうです．この考え方がサポート・ベクタ・マシンの応用例の1つになります．

● データを分類してみる

　この線を筆者が主観で引くと図2-3（b）となりました．しかし，「なぜこのように線を引いたのか」と聞かれると「何となく」としか答えられない線となっています．これでは説得力がないですね．また，これは2次元平面にプロットすることができるデータなので人間が線を引くことができましたが，入店時間や客のバッグの大きさといったデータを追加して4次元のデータにすると，図で表すことができなくなります．すると，人間にはデータを分ける線を引くことが難しくなります．

　では，この区切りの線をサポート・ベクタ・マシンで作成してみましょう．実は図2-3（a）はサポート・ベクタ・マシンで分けた線でした．サポート・ベクタ・マシンはある規則に従って線を引いていますので，相手を説得しやすいです．さらに，サポート・ベクタ・マシンは数学的な手法ですので，3次元以上のデータであっても分類できます．

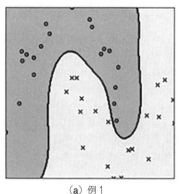 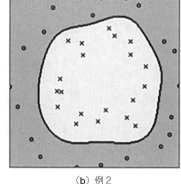 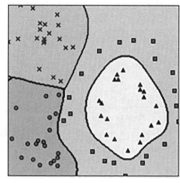

（a）例1　　　　　　　　　　（b）例2　　　　　　　　　　（c）例3

図2-1　分けるのが難しそうなデータ

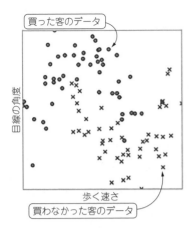

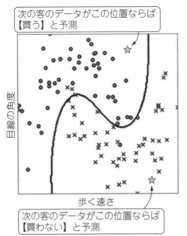

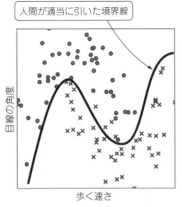

（b）筆者の主観で引いた境界線

図2-2　購入した客は〇，購入しなかった客は×として散布図で表す
歩く速さと目線の角度の2軸でプロット

（a）サポート・ベクタ・マシンで作成した境界線

図2-3　買った客と買わなかった客を線で分ける

3　プログラムを動かしてみよう

ゾウの体長や体重などの特徴データを例に，サポート・ベクタ・マシンでの分類を体験してみましょう．World Wide Fund for Nature（WWF）のホームページ（`https://www.wwf.or.jp/activities/basicinfo/4291.html`）によると，ゾウの種類によって**表3-1**の違いがあるようです．本章は Colab で試すことを前提としています．使い方は本書イントロダクションを参照してください．

レベル1…体長と体重データからゾウの種類を判定

まずは2次元のデータ（ゾウの体長と体重）で2種類（アフリカゾウとアジアゾウ）を分類してみましょう．

● 学習用のデータを作る

このデータを基にして筆者が適当に体重と体長のデータ（elephant_data.txt）を作成しました（**リスト3-1**）．このファイルは体長，体重，ラベルの順にタブ

で区切られています．ラベルとしてアフリカゾウを0，アジアゾウを1としています．データ数はそれぞれ50個ずつ合計100個のデータとしました．なお，このデータを散布図で表すと**図3-1**となります．

表3-1　ゾウの種類と特徴

	アフリカゾウ	アジアゾウ	マルミミゾウ
体長 [m]	6 ～ 7.5	5.5 ～ 6.4	6 ～ 7.5
尾長 [m]	1 ～ 1.5	1.2 ～ 1.5	1 ～ 1.5
肩高 [m]	3.2(オス)，2.6(メス)	2.7(オス)，2.4(メス)	1.6 ～ 2.86(オス)，1.6 ～ 2.4(メス)
体重 [t]	6(オス)，2.8(メス)	3.6(オス)，2.72(メス)	2.7 ～ 6
生息環境	サバンナ，半砂漠，乾燥した木の少ない林など	熱帯林，乾燥林，サバンナなど	熱帯林

リスト3-1　2種類のゾウの特徴データ
elephant_data.txtの一部

```
6.169218778    2.937933228    0
6.964035805    2.476942262    0

（中略）

6.373021732    2.281475857    1
5.563461196    2.323852936    1

（合計100個）
```

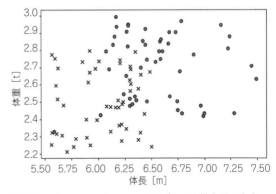

図3-1　`elephant_data.txt`のデータを散布図で表す

45

リスト3-2　ゾウを特徴で仕分ける`elephant.ipynb`の一部

```
 9 def min_max(x1, x2, axis=1):
10     x1 = x1.T
11     x2 = x2.T
12     min = x2.min(axis=axis, keepdims=True)
13     max = x2.max(axis=axis, keepdims=True)
14     result = (x1-min)/(max-min)
15     return result.T
16
17 d = np.loadtxt
          ("elephant_data.txt",delimiter="\t",
                            dtype='float')
18 Xd = d[:,0:-1]
19 yd = d[:,-1]
21 fig = plt.figure(1, figsize=(8, 5))
22 plt.clf()
23 markers = ['o', 'x', ',', '^', 'v', '*', '+', 'D']
24 colors = ['r', 'b', 'g', 'k', 'c', 'm', 'y', 'grey']
25 m = 0
26 for i in set(yd):
27     n = np.where(yd==i)
28     plt.scatter(Xd[n, 0], Xd[n, 1],
   marker=markers[m], c=colors[m],
                    zorder=10,edgecolors='k')
29     m=m+1
30 plt.show()
33
34 X_train, X_test, y_train, y_test =
          train_test_split(Xd, yd, test_size=0.2,
                            random_state=5)
36 X = min_max(X_train,X_train)
37 y = y_train
39 clf = svm.SVC()
40 result = clf.fit(X, y)
41 y_pred = clf.predict(X)
42 accuracy_score(y_pred,y)
44 fig = plt.figure(1, figsize=(5, 5))
45 plt.clf()
49 m = 0
50 for i in set(y):
51     n = np.where(y==i)
```

左から，●，×，■…とマーカの形を指定

左から，red，blue，green，…のようにマーカの色を指定

```
52     plt.scatter(X[n, 0], X[n, 1],
   marker=markers[m], c=colors[m],
                    zorder=10,edgecolors='k')
53     m=m+1
55 plt.axis('tight')
56 x_min = min(X[:,0])
57 x_max = max(X[:,0])
58 y_min = min(X[:,1])
59 y_max = max(X[:,1])
61 XX, YY = np.mgrid[x_min:x_max:200j,
                      y_min:y_max:200j]
63 Z = clf.predict(np.c_[XX.ravel(), YY.ravel()])
66 Z = Z.reshape(XX.shape)
68 plt.pcolormesh(XX, YY, Z, cmap=plt.cm.Pastel1)
69 plt.contour(XX, YY, Z, colors='k')
71 plt.xlim(x_min, x_max)
72 plt.ylim(y_min, y_max)
77 plt.show()
80
81 X = min_max(X_test,X_train,axis=1)
82 y = y_test
85 y_pred = clf.predict(X)
86 accuracy_score(y_pred,y)
88 fig = plt.figure(1, figsize=(5, 5))
89 plt.clf()
93 m = 0
94 for i in set(y):
95     n = np.where(y==i)
96     plt.scatter(X[n, 0], X[n, 1],
   marker=markers[m], c=colors[m],
                    zorder=10,edgecolors='k')
97     m=m+1
99 plt.axis('tight')
105 XX, YY = np.mgrid[x_min:x_max:200j,
                      y_min:y_max:200j]
112 plt.pcolormesh(XX, YY, Z,cmap=plt.cm.Pastel1)
113 plt.contour(XX, YY, Z, colors='k')
115 plt.xlim(x_min, x_max)
116 plt.ylim(y_min, y_max)
```

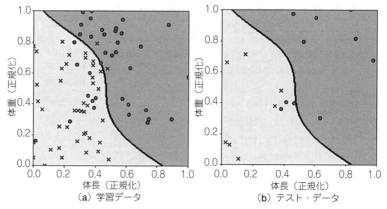

図3-2　サポート・ベクタ・マシンによる2次元2種類のデータの仕分け例
（アフリカゾウとアジアゾウ）

（a）学習データ　　　（b）テスト・データ

● Pythonプログラムで分類する

　このデータを`elephant.ipynb`（リスト3-2）を実行して分類します．

　なお，`elephant_data.txt`（リスト3-1）に書かれた2次元のデータ＋ラベルを読み込んで，そのうちの80％のデータを学習に，20％のデータをテスト・デ

ータとして学習して分類しています．

　実行すると，コンソールに0.8625と表示された後に図3-2（a）が，0.85と表示された後に図3-2（b）が表示されます．図3-1と縦横比が異なるのは，データを正規化しているためです．

　○印と×印のマーカが黒い太い線で分かれています．

リスト3-3　3種類のゾウの特徴データ
elephant_data_3k.txtの一部

```
6.169218778        2.937933228        0
6.964035805        2.476942262        0

(中略)

6.373021732        2.281475857        1
5.563461196        2.323852936        1

(中略)

7.479230614        3.0319477          2
6.624055173        3.157502936        2

(合計 150 個)
```

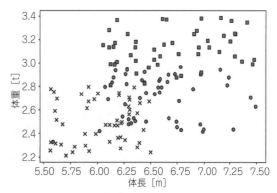

図3-3　3種類のゾウの特徴データ
elephant_data_3k.txtを散布図で表す

そして，それぞれの数字は学習データが正しく分類できた割合とテスト・データが正しく分類できた割合を示しています．おおよそ85％くらいは分類できていることとなります．この詳しい読み取り方は次の4項で解説します．

● 自分のデータでもやってみよう

　elephant_data.txtを変更することで，いろいろな分類ができるようになります．イメージを持てるようになるために，自分で好きなデータを作って試してみましょう．リスト3-2のプログラムは，markersとcolorsという変数に8種類のマーカの形とマーカの色を設定しているため，8種類までの異なるラベルが自動的に付きます．本項では2種類のゾウを分類しますが，9種類以上のデータを分類する場合はこの変数を変更してください．

　例えば，工学部，医学部，教育学部の3学部の学生のデータを分類する場合はこのまま使えますが，経済学部や理学部，薬学部など合計で9学部の学生データを分類する場合はmarkersとcolorsに形と色を追加してください．

レベル2…ゾウを3種類にしても分類できるか

● ゾウを1種類加える

　次に3種類のデータを分類してみましょう．例えばマルミミゾウ（WWFのホームページに詳しく解説がある）を加えると，3種類のデータになります．

　このデータを基にして，先ほどのデータ（elephant_data.txt）にマルミミゾウを加えたデータを（elephant_data_3k.txt，リスト3-3）作成しました．ラベルとしてマルミミゾウを2としています．マルミミゾウのデータ数も50個とし，合計150個のデータとしました．先ほどと同じように3種類のゾウのデータの散布図を示すと図3-3となります．

● 分類の実行

　リスト3-2 17行目のelephant_data.txtを，elephant_data_3k.txtに変更します．実行するとコンソールに学習データとテスト・データの分類精度が次のように表示された後に，図3-4のように，2つの図が表示されます．

```
0.8167
0.8
```

　マルミミゾウのデータは，他のゾウのデータと似ているため分類は難しいのですが，それでもテスト・データでは80％の分類精度となりました．

レベル3…ゾウの特徴を4種類にしても分類できるか

　最後に3次元以上のデータを用いてみましょう．例えば，アフリカゾウとアジアゾウのデータ（elephant_data.txt，リスト3-1）に，尾長（しっぽの長さ）と体高（地面から頭までの高さ）を追加すると，4次元のデータになります．

　4次元に拡張したデータ elephant_data_4d.txt（リスト3-4）を，先ほどと同じようにサポート・ベクタ・マシンで分類します．リスト3-2 の17行目のelephant_data.txt を，elephant_data_4d.txtに変更します．実行するとコンソールに学習データとテスト・データの分類精度が表示されます．すると，学習データの分類精度は0.925に，テスト・データの分類精度は1.0（なんと100％）に向上しました．

　なお，3次元以上のデータを使用した場合には散布図は表示されません．17行目に変更を入れ，かつ図3-2のような描画を行わないelephant_4d.ipynbもダウンロード・データとして提供します．

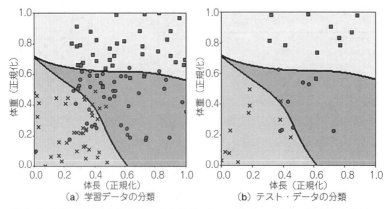

図3-4　3種類のゾウの特徴データをサポート・ベクタ・マシンで分類した結果

リスト3-4　　4次元に拡張したデータ elephant_data_4d.txtの一部

6.169218778	2.937933228	1.403639558	2.351992432	0
6.964035805	2.476942262	1.19848506	2.55874245	0
(中略)				
6.373021732	2.281475857	1.335980267	2.37838765	1
5.563461196	2.323852936	1.446025865	2.326919563	1
(合計 100 個)				

4　結果の読み取り方

`elephant.ipynb`(リスト3-2)を実行すると，コンソールに以下が表示されました．これについて解説します．

0.8625
0.85

● 学習データの分類精度

最初の0.8625は，サポート・ベクタ・マシンの学習に用いたデータの分類精度(正しく分類できたデータの割合)を表しています．この図を作るために80個のデータを用いましたので，69個(80×0.8625)のデータを正しく分類できたことを示しています．

図3-2(a)は学習した境界線と学習に用いたデータを分類した結果を表しています．図3-2(a)を見ると，

確かに11個(線上にあるように見える○印のデータのうちの1つが境界を越えている)のデータが境界線を越えていることが分かります．

● テスト・データの分類精度

次の0.85は学習済みのサポート・ベクタ・マシンで，テスト・データ(学習に使わずに別に取っておいたデータ)を分類したときの分類精度を示しています．このプログラムでは20個のテスト・データを使いました．

図3-2(b)がテスト・データを分類した結果を表しています．3個のデータが境界線を越えているため，確かに正確に分類できた割合は0.85 [= (20-3)/20]となっていることが確認できます．85％のデータが正しく分類できました．

5　原理

サポート・ベクタ・マシンの数学的な説明は非常に難しいです．図を用いてイメージで理解できるくらいに解説します．

ステップ1…直線で2つに分ける

サポート・ベクタ・マシンは，図2-1に示すような曲線で分類する手法がよく用いられますが，元をたどると図5-1のように，直線で2つに分ける方法から始まっています．そして，新しいデータ（×，☆，△の3つのデータ）を入力したとき，その線より上または下にプロットされるかで，そのデータの特性を判断します．

● データを完全に2つに分けられるハード・マージン

図5-1のデータを2つに分ける直線の引き方を考えてみましょう．2つに分ける線は図5-2（a）に示すように異なる傾きの線を引くことができます．この線に平行な線を引いて，それぞれのデータにぶつかるまで移動した線（図中の破線）を描きます．サポート・ベクタ・マシンでは，この破線の幅（マージン量）が広い方がよい境界線となります．この例では，図5-2（b）のように分割する線が最も良い答えとなります．このようにデータを完全に2つに分割するように分ける方法をハード・マージンと呼びます．

● データを完全には分けないソフト・マージン

では，図5-3のように混ざっている場合はどうなるのでしょうか．先ほどの考え方だと，分けることはできないという答えになってしまいます．そこで，ソフ

ト・マージンと呼ばれる方法を用います．これは混ざってもよい指標を設定することで解決しています．これにより幾つかは混ざってしまいますが，完全に分離できないようなデータでも分けるための線を引くことができます．

ソフト・マージンを用いて分割する良い点はもう1つあります．例えば，図5-1に1つだけデータが追加された図5-4（a）を，ソフト・マージンを用いずに直線で分けることを考えます．この場合は最も良い分け方となる図5-1の線とはかなり異なる線になります．たった1点のためにうまく分けられなくなってしまいました．ソフト・マージンを用いて分けるとそのデータを含まないことを許容できるようになります．そのため図5-4（b）のように，図5-3とほぼ同じ境界線を作ることができます．

ステップ2…曲線で2つに分ける

サポート・ベクタ・マシンは，図2-1に示したように曲線で2つに分けることができます．曲線に分ける場合は全く異なるアルゴリズムを使っているのではなく，直線（3次元の場合は平面，4次元以上は超平面）で分けやすくなるようにデータのプロットの仕方を変えるということを行っています．

ただし，直線で2つに分ける方法は直感的で分かりやすかったのですが，曲線で2つに分ける方法は複雑ですので正確に伝えようとすると分かりにくくなります．ここでは曲線で分けるための概念を幾つか示します．読者のイメージしやすい方法で内容を理解していただければと思います．

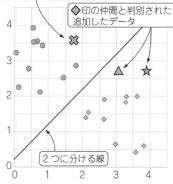

図5-1　原理の理解はデータを直線でスパッと分けるところから始まる

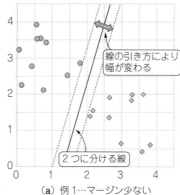

（a）例1…マージン少ない

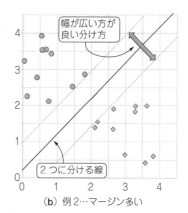

（b）例2…マージン多い

図5-2　ハード・マージンによる線の引き方

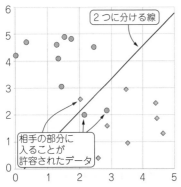

図5-3　こんな境界線を引けると良いが相手方にデータが入ってしまう例

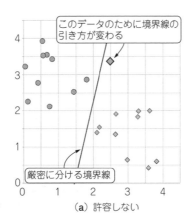

（a）許容しない

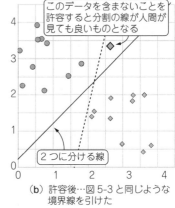

（b）許容後…図5-3と同じような境界線を引けた

図5-4　ソフト・マージンで外れ値を許容するとマージンの大きい境界線が引ける

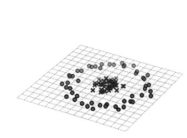

（a）こんなデータがあったとする

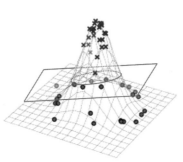

（b）中央を盛り上げて平面で切る

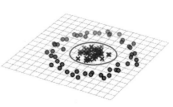

（c）最初の状態に戻ると楕円に近い境界線が引かれている

図5-5　次元数を増やす（2次元から3次元）

● 分割例1…2次元から3次元にして考える

例えば図5-5（a）のように，中心に×印のデータがあり，その周りに〇印のデータがあるとしましょう．これを2つに分けるには，図5-5（b）に示すように中央を盛り上げてその平面で切ればよいことになります．そして，この境界線を最初のグラフに書くと，楕円に近い境界線となります［図5-5（c）］．

● 分割例2…軸を曲げる

図5-6（a）に示したデータは，直線で分けることはできませんでした．例えば図5-6（b）のように，軸をぐにゃっと曲げると直線でうまく分けることができます．このぐにゃっと曲げた軸を元に戻すと，今度は2つに分けるための直線が曲線になります．なお，対応関係が分かりやすくなるように補助線の1つを黒い線で描いています．

● 分割例3…1次元から2次元に

図5-7（a）のように，直線状に並んだデータがあったとします．中央付近は×印，その周りは〇印のデータがあったとしましょう．このデータを2乗してそれを縦軸にすると，図5-7（b）のように放物線で表すこ

とができます．この場合は2つのデータを分けるための1本の線が引けますね．これを戻すと図5-7（c）の位置でデータを分けることになります．

*　　　　　*

幾つかの例を挙げて2つに分ける方法を示しました．どれもデータを変換して直線（または平面）で分けることを行っています．曲線で2つに分けるポイントは，「どのようにデータを変換するか」になります．この変換する方法はカーネル法と呼ばれ，Pythonのサポート・ベクタ・マシンのライブラリを用いつつ，カーネルを設定することで選択できます．

サポート・ベクタ・マシンを使うときに注意すべきこと

● AIの判定結果が正しいのかを人間が判断できないことがある

サポート・ベクタ・マシンは，設定によってどんなデータでも分けられます．それによって意味のない結果が出ることもあります．ここではその実例と対処方法を示します．

図5-8に示すように，ランダムな値で作った2種類の2次元のデータを50個ずつ用いて，サポート・ベク

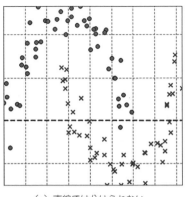
(a) 直線では分けられない

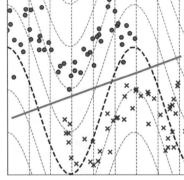
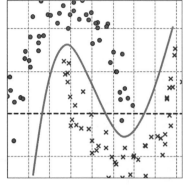
(b) 軸を曲げると直線で分けられるようになる

図5-6　軸を曲げる

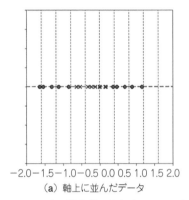
(a) 軸上に並んだデータ

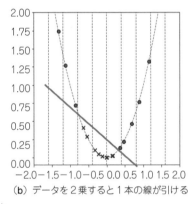
(b) データを2乗すると1本の線が引ける

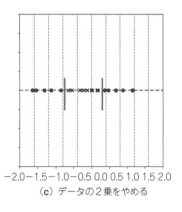
(c) データの2乗をやめる

図5-7　次元数を増やす（1次元から2次元）

タ・マシンで分類（**リスト5-1**，`random_plot.ipynb`）
すると，ほぼ完全に分類できます．

そして，その分類精度（正解数の割合）は，

0.99

が得られます．つまり，99％分類できたと答えます．
しかし，これは過学習と呼ばれるもので，学習に用い
たデータだけに対応した分け方になっています．グラ
フを見ることでデータの傾向を表していないことが確
認できます．

2次元のデータは，見れば分類の良否が直感的に判
断できますが，5次元のデータではどうでしょうか．
筆者が適当に作ったランダムな5次元のデータを，サ
ポート・ベクタ・マシンで分類（`random_plot_5d.`
`ipynb`）すると，答えとして1.0が得られます．しかし
5次元のデータですので，プロットして確認できません．

これは実際にも起きる問題です．例えば，血液検査
のように，たくさんの項目の値を得ることができるデ
ータを使って，ある病気かどうかを分類することにも
サポート・ベクタ・マシンは応用できます．そして，
設定値を変えることで，学習に用いたデータを2つに
分類することができます．パラメータを調整すれば，

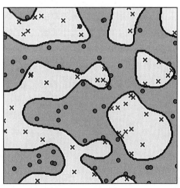

**図5-8　あるデータを無理やり分けたっぽいけど正しいの
か人間には分からない**

100％の分類精度となるように学習することもできま
す．しかし，その結果は意味のないものとなってしま
います．これを防ぐためには，サポート・ベクタ・マ
シンを実行するときの引数の意味をちゃんと知ってお
けば，意味のない分類をしているかどうかが分かりま
す．使いこなすためには，サポート・ベクタ・マシン
の意味を知っておきましょう．

```
24 np.random.seed(0)
25 n = 50
26 X1 = np.random.uniform(low=-1, high=1, size=(n, 2))
27 y1 = np.zeros(n)
28 X2 = np.random.uniform(low=-1, high=1, size=(n, 2))

29 y2 = np.zeros(n)+1
30 Xd = np.append(X1,X2, axis=0)
31 yd = np.append(y1,y2, axis=0)
33 X = Xd
34 y = yd
35 clf = svm.SVC(C=100.0, gamma=20.0)
36 result = clf.fit(X, y)
37 y_pred = clf.predict(X)
38 accuracy_score(y_pred,y)
40 fig = plt.figure(1, figsize=(5, 5))
41 plt.clf()
43 markers = ['o', 'x', ',', '^', 'v', '*', '+', 'D']
44 colors = ['r', 'b', 'g', 'k', 'c', 'm', 'y', 'grey']
45 m = 0
46 for i in set(y):
47     n = np.where(y==i)
48     plt.scatter(X[n, 0], X[n, 1],
     marker=markers[m], c=colors[m],
                   zorder=10, edgecolors='k')
49     m=m+1
51 plt.axis('tight')
```

```
52 x_min = min(X[:,0])
53 x_max = max(X[:,0])
54 y_min = min(X[:,1])
55 y_max = max(X[:,1])
57 XX, YY = np.mgrid[x_min:x_max:200j,
                     y_min:y_max:200j]
59 Z = clf.predict(np.c_[XX.ravel(), YY.ravel()])
62 Z = Z.reshape(XX.shape)
64 plt.pcolormesh(XX, YY, Z, cmap=plt.cm.Pastel1)
65 plt.contour(XX, YY, Z, colors='k')
67 plt.xlim(x_min, x_max)
68 plt.ylim(y_min, y_max)
70 plt.xticks(())
71 plt.yticks(())
73 plt.show()
76
77 X_train, X_test, y_train, y_test =
     train_test_split(Xd, yd, test_size=0.2,
                      random_state=5)
79 X = X_train
80 y = y_train
81 clf = svm.SVC(C=100.0, gamma=20.0)
82 result = clf.fit(X, y)
83 y_pred = clf.predict(X_train)
84 print(accuracy_score(y_pred,y_train))
85 y_pred = clf.predict(X_test)
86 print(accuracy_score(y_pred,y_test))
```

● テスト・データを用いて過学習していないか確認を
する

　また，これを防ぐ方法として，データを学習データ
とテスト・データに分けておき，学習データでサポー
ト・ベクタ・マシンを学習させ，テスト・データが分
類できていることを確認することが重要となります．

　例えば，**図5-8**で用いたデータの80％を学習データ，
20％をテスト・データとして，学習データの分類精
度が98.75％となった学習結果を用いて，テスト・デ
ータを分類すると，その分類精度は60％となってい
ました．2つに分類する問題ですので，あてずっぽう

に答えた場合は正答率は50％ですので，ほとんど意
味のない分類となっていることが分かります．

　また，5次元のデータで同じように行った場合，学
習データの分類精度が100％となった学習結果を用い
てテスト・データを分類すると，その分類精度は35
％でした．あてずっぽうに答えたときよりも低い分類
精度となっていました．学習データとテスト・データ
に分けて分類して，過学習を起こしていないことを確
認することが重要ですね．

まきの・こうじ

Appendix　サポート・ベクタ・マシンで画像分類

　サポート・ベクタ・マシンは画像分類でも活用できることを紹介します.

　さまざまな種類の犬や猫が写った画像セット The Oxford-IIIT Pet Dataset[1] をダウンロードして利用します.

　この画像セットのうち, サモエド犬(samoyed)と柴犬(shiba_inu)の画像を100枚ずつ取り出します. そして, 取り出した画像は, Google Drive の任意の場所へアップロードしましょう. アップロードの具体的な手順は本書サポート・ページを参照してください.

画像の性質

　人間は過去の経験から, 少なくとも画像の被写体が犬であることが分かります. 犬種に関して詳しければ, 被写体は柴犬であることが分かります.

　コンピュータにとって, 被写体を含む画像は数値の集合体でしかありません. その集合体は, カラー画像であれば一般的に, R(赤)G(緑)B(青)の3つのチャネルに0〜255の値が格納されています.

　画像データへの理解を深めるために, Colabで新規ノートブックを作成し, 以降の操作を試していきましょう. 筆者提供の`cq05_imgc_hist_svm.ipynb`を

読み込んでも試せます. 本書サポート・ページから入手できます.

● カラー画像の読み込み (リストA-1)

　画像の読み込みには, OpenCV の imread 関数を利用します. OpenCV は, さまざまな画像処理に役立つ関数を提供するパッケージです. shape関数を実行すれば, 画像のサイズが分かります. ここでは(332, 500, 3)と確認できます(図A-1). 左から順に, 1枚の画像の高さ, 幅, カラー・チャネル数を表しています.

● ピクセル値の確認

　画像の各ピクセルの値を確認してみましょう. ここでは1ピクセル＝1画素とします. ピクセル値は, 3次元のNumpy配列に格納されます.

```
print(img)
```

と入力すると, 図A-2の表示が得られます. 3次元配列の中から1次元の配列だけを取り出してみると, [33 100 115] のように値を確認できます. これらの値は左から順に, B, G, Rの値を表しています. RGBの順ではないことに注意してください. 従ってカラー画像のピクセル配列は図A-3のような構造を持つとイメージできます.

リストA-1　画像データの読み込み(cq05_imgc_hist_svm.ipynbの一部)

```
import cv2
import matplotlib.pyplot as plt

# 画像を読み込み
img = cv2.imread('/content/drive/My Drive/
            Colab Notebooks/data/cv/shiba_inu/
                    shiba_inu_34.jpg')

# 画像のサイズの確認
print(img.shape)

# 画像ファイルの表示
plt.imshow(cv2.cvtColor(img,
cv2.COLOR_BGR2RGB))
plt.show()
```

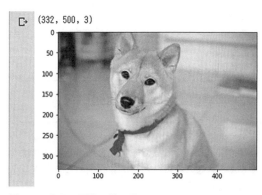

図A-1　カラー画像の読み込み

コラム　第1部第2章でも犬の画像をグループ分けしたけれど…ここが違う　　　　足立 悠

　第1部第2章では, 画像セットを主成分分析によって次元圧縮し, k平均法を利用して画像をグループ分けしました. ここでは, 第1部第2章と同じ画像セットを, RGBヒストグラムによって次元圧縮し, サポート・ベクタ・マシンを利用して分類します.

　第1部第2章では教師なし学習による画像のグループ化でした. 本章では教師あり学習による画像のグループ化です. どのような違いがあるか, 動かして確認しましょう.

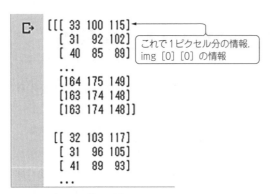

図A-2 ピクセル値の確認

リストA-2 画像サイズを固定する

```
# 画像の大きさを固定する
img = cv2.resize(img, (256, 256))

# 画像のサイズの確認
print(img.shape)

# 画像ファイルの表示
plt.imshow(cv2.cvtColo(img,cv2.COLOR_BGR2RGB))
plt.show()
```

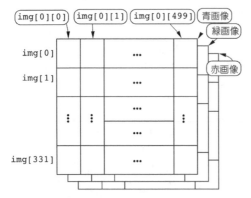

図A-3 カラー画像の配列構造

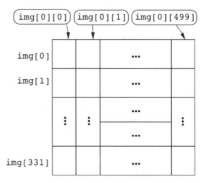

図A-4 グレー・スケール画像の配列構造

画像にはカラーのほか，グレー・スケールで表現されるものもあります．カラー画像がRGBの3チャネルで表現するのに対して，グレー・スケール画像は輝度のみの1チャネルで表現します．輝度は0～255の値を取ります．従ってグレー・スケール画像のピクセル配列は**図A-4**のような構造を持ちます．

画像セットの前処理

サポート・ベクタ・マシンによって画像を仕分けるためには，対象となる画像の特徴を抽出しなければなりません．画像の特徴量として各画像のヒストグラムを抽出しましょう．

● ヒストグラムを生成する

1枚の画像の特徴は画像中の各ピクセルのヒストグラムで表現できます．このヒストグラムは，例えばR値に着目すると，R＝0のピクセル数，R＝1のピクセル数，…R＝255のピクセル数が格納されています．つまり特徴量の個数は，256個×3(RGB) = 768個(次元)となります．

柴犬の画像を1枚ずつ処理し，特徴量を作成していきます．**リストA-2**では，画像のサイズを固定します．

縦横ともに256ピクセルにしています(**図A-5**)．

リストA-3でヒストグラムを生成します．①ではピクセル値をRGBへ分割し，②ではそれぞれヒストグラムへ変換します．**リストA-4**でヒストグラムを描画します．

● 柴犬の特徴量とラベル作成

上記は1枚だけの処理でした．柴犬画像は100枚あります．そこで全画像を取り込んで特徴を抽出しておきます．柴犬のラベル値を0として，柴犬の画像セットと同じ長さの配列を作成します(**リストA-5**)．

結果を確認するため，**リストA-6**でヒストグラム配列をデータ・フレーム形式へ変換して表示します．1行につき画像1枚の特徴量セットであることが分かります(**図A-6**)．作成した特徴量セットのサイズは(100, 768)です．つまり，サンプル数100，特徴量(次元)数768(= 256×3)と読み取れます．

● サモエド犬の特徴量とラベル作成

柴犬と同じように，サモエド犬の画像も1枚ずつ処理し，特徴量を作成していきます(**リストA-7**)．また，サモエド犬のラベル値を1として，サモエド犬の画像セットと同じ長さの配列を作成します．結果をデー

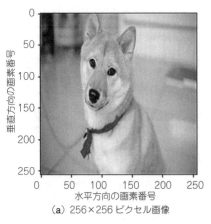

（a）256×256 ピクセル画像

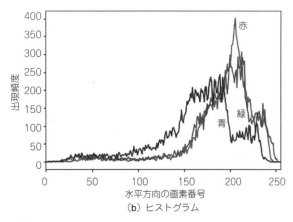

（b）ヒストグラム

図A-5　縦横256ピクセルに変換してからヒストグラムへ変換する

リストA-3　ヒストグラムを生成する

```
import numpy as np

# RGB ヒストグラムの作成
b, g, r = img[:,:,0], img[:,:,1], img[:,:,2] ①
hist_b, bins = np.histogram(b.ravel(), 256,
                                   [0,256]) ②
hist_r, bins = np.histogram(r.ravel(), 256,
                                   [0,256])
hist_g, bins = np.histogram(g.ravel(), 256,
                                   [0,256])

print(hist_b)
print(hist_g)
print(hist_r)
```

リストA-4　ヒストグラムを描画する

```
# RGB ヒストグラムの描画
plt.xlim(0, 255)
plt.plot(hist_r, '-r', label='red')
plt.plot(hist_g, '-g', label='green')
plt.plot(hist_b, '-b', label='blue')
plt.xlabel('pixel value')
plt.ylabel('number of pixels')
plt.legend()
plt.show()
```

	0	1	2	3	4	5	6	7	8	9	10	11
0	1	7	11	13	17	24	16	28	14	25	33	35
1	15660	692	695	461	428	546	453	453	386	406	351	381
2	96	401	961	2019	2469	2176	1567	1364	1261	1040	803	657
3	0	0	0	0	0	0	0	0	0	0	0	0
4	3178	1563	1077	848	686	702	624	641	586	582	469	501

`(100, 768)`

`5 rows × 768 columns`

図A-6　リスト6-6の実行結果

タ・フレーム形式へ変換して確認しておきましょう
（リストA-8）.

リストA-5　柴犬の全画像を取り込んで特徴を抽出

```
import os
import cv2
import numpy as np

# ファイルの取得
files = os.listdir('/content/drive/My Drive/
        Colab Notebooks/data/cv/shiba_inu/')

pixels_shiba = []

for f in files:
  # 画像をカラーで読み込み
    img = cv2.imread('/content/drive/My Drive/
        Colab Notebooks/data/cv/shiba_inu/' + f)

  # 画像をリサイズ
    img = cv2.resize(img, (256, 256))
  # RGB ヒストグラムの作成
    b, g, r = img[:,:,0], img[:,:,1], img[:,:,2]
    hist_b, bins = np.histogram(b.ravel(), 256,
                                     [0,256])
    hist_r, bins = np.histogram(r.ravel(), 256,
                                     [0,256])
    hist_g, bins = np.histogram(g.ravel(), 256,
                                     [0,256])
    tmp = hist_b.tolist() + hist_g.tolist() +
                            hist_r.tolist()
    pixels_shiba.append(tmp)

# ラベル作成
labels_shiba = [0] * len(pixels_shiba)
labels_shiba = np.array(labels_shiba)
```

リストA-6　ヒストグラム配列をデータ・フレーム形式へ
変換して表示する（柴犬）

```
import pandas as pd

# ピクセル値をデータ・フレーム形式へ変換
pixels_shiba = pd.DataFrame(pixels_shiba)

print(pixels_shiba.shape)
pixels_shiba.head()
```

リストA-7　サモエド犬の全画像を取り込んで特徴を抽出

```
# ファイルの取得
files = os.listdir('/content/drive/My Drive/
          Colab Notebooks/data/cv/samoyed/')

pixels_samo = []

for f in files:
    # 画像を読み込み
    img = cv2.imread('/content/drive/My Drive/
        Colab Notebooks/data/cv/samoyed/' + f)

    # 画像をリサイズ
    img = cv2.resize(img, (256, 256))
    # RGB ヒストグラムの作成
    b, g, r = img[:,:,0], img[:,:,1],
                                  img [:,:,2]
    hist_b, bins = np.histogram(b.ravel(), 256,
                                      [0,256])
    hist_r, bins = np.histogram(r.ravel(), 256,
                                      [0,256])
    hist_g, bins = np.histogram(g.ravel(), 256,
                                      [0,256])
    tmp = hist_b.tolist() + hist_g.tolist() +
                            hist_r.tolist()
    pixels_samo.append(tmp)

# ラベル作成
labels_samo = [1] * len(pixels_samo)
labels_samo = np.array(labels_samo)
```

リストA-8　ヒストグラム配列をデータ・フレーム形式へ変換して表示する（サモエド犬）

```
# ピクセル値をデータフレーム形式へ変換
pixels_samo = pd.DataFrame(pixels_samo)

print(pixels_samo.shape)
pixels_samo.head()
```

● 2つの特徴量とラベルセットを結合

　柴犬とサモエド犬の特徴量を縦に結合します（リストA-9）．これで，特徴量とラベルセットはサンプル数200となります．また，これらのデータセットは，全体の8割を学習データとして，残り2割を評価データとして分割しておきます．

精度の高い画像の分類モデルを目指す

　160サンプルの学習データを使って，サポート・ベクタ・マシンによる分類モデルを学習してみましょう．モデルは交差検証法を利用して，複数回の訓練とテストを繰り返して精度を高めていきます．

● 精度を高めるために利用する交差検証法

　交差検証法ではまず，データをランダムに分割して，訓練（トレーニング）データとテスト・データに分けます．例えば，5回交差検証するとき，データは重複なし同一サイズの5個のサブセットに分割し，4個を訓

リストA-9　柴犬とサモエド犬の特徴量を縦に結合する

```
from sklearn import model_selection

# 柴犬とサモエド犬の特徴量セットを結合
pixels_set = pd.concat([pixels_shiba,
                            pixels_samo])
pixels_set = np.array(pixels_set)

# 柴犬とサモエド犬のラベルセットを結合
labels_set = np.concatenate([labels_shiba,
                            labels_samo])

# データセットを学習と評価用に分割
trainX, testX, trainY, testY =
model_selection.train_test_split(
        pixels_set, labels_set, test_size=0.2)

print(trainX.shape, trainY.shape)
                        # 学習データのサイズ
print(testX.shape, testY.shape)
                        # 評価データのサイズ
```

リストA-10　画像の分類モデル学習

```
from sklearn.preprocessing import
                          StandardScaler
from sklearn.model_selection import KFold
from sklearn import svm
from sklearn.metrics import accuracy_score

# 特徴量セットを標準化
sc = StandardScaler()
sc.fit(trainX)
trainX = sc.transform(trainX)

# K-Fold 交差検定
kf = KFold(n_splits=5, shuffle=True)
# モデル精度を格納する準備
scores = []
# データをシャッフルし、訓練データとテスト・データに分割
for train_id, test_id in kf.split(trainX):
    # 訓練データを使ってモデルを作成
    x = trainX[train_id]
    y = trainY[train_id]              (1)
    clf = svm.SVC()
    clf.fit(x,y)
    # テスト・データにモデルを適用
    pred_y = clf.predict(trainX[test_id])  (2)
    # モデル精度を計算して格納
    score = accuracy_score(trainY[test_id],
                              pred_y)     (3)
    scores.append(score)

# モデルの平均精度、標準偏差を確認
scores = np.array(scores)
print(scores.mean(), scores.std())
```

練データとし，1個をテスト・データとして使います（リストA-10）．

　検証1回目では，左から4個の訓練データを使ってモデルを作成します．そして，そのモデルを1個のテスト・データへ適用します．テスト・データは正解（ラベル）を持っているため，正解（実際値）と適用した値（予測値）を使って，モデルの精度を計算します．モデルの精度の計算には，混同行列（Confusion Matrix）を使います．

表A-1 分類モデルの性能を評価する混同行列

実際＼分類モデルによる予測値	positive	negative	Recall
positive	TP	FN	$\dfrac{TP}{TP+FN}$
negative	FP	TN	$\dfrac{TN}{FP+TN}$
Precision	$\dfrac{TP}{TP+FP}$	$\dfrac{TN}{FN+TN}$	

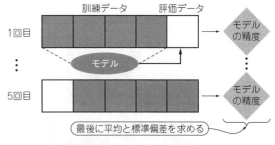

図A-7 5回交差検証

● 分類モデルの性能を評価する混同行列

混同行列は，分類モデルの性能を評価するための表です．**表A-1**から，分類モデルの精度，再現率（Recall），適合率（Precision）の評価指標を計算できます．

データをpositiveとnegativeの2値へ分類することを想定し，混同行列の読み方と各性能指標について理解しましょう．**表A-1**については下記のように表しています．

TP：実際と予測値がpositiveで一致するサンプル数
TN：実際と予測値がnegativeで一致するサンプル数
FN：実際がpositiveであるのに予測がnegativeの値を取り一致しないサンプル数
FP：実際がnegativeであるのに予測がpositiveの値を取り一致しないサンプル数

▶精度

分類モデルの精度は，全てのサンプル数のうち，実際値と予測値が一致している，つまり正しく分類できたサンプル数の割合となります．精度は表から，$(TP + TN)/(TP + FN + FP + TN)$によって計算できます．

▶再現率

分類モデルの性能は，精度の他，再現率（Recall）と適合率（Precision）にも着目して評価します．再現率は，実際を重視しサンプルを正しく分類できる能力を測る指標です．表を行方向に見て，実際のpositiveに対する再現率は$TP/(TP + FN)$によって計算でき，実際のnegativeに対する再現率は$TN/(FP + TN)$によって計算できます．

▶適合率

適合率は，予測を重視し，正しく予測できる能力を測る指標です．表を列方向に見て，予測値のpositiveに対する適合率は$TP/(TP + FP)$によって計算でき，予測値のnegativeに対する適合率は$TN/(FN + TN)$によって計算できます．

交差検証を2回目，3回目と繰り返し，5回目の検証が終わったら全てのモデル精度の平均を取って，それを最終的な結果とします．このとき，モデルの標準偏差も計算でき，これはモデルの安定性を示す指標となります．

リスト A-11 画像の分類モデルの精度を確かめる

```
from sklearn.metrics import
                     ConfusionMatrixDisplay
import matplotlib.pyplot as plt

# 特徴量セットを標準化
sc = StandardScaler()
sc.fit(testX)
testX = sc.transform(testX)

# 評価データにモデルを適用
pred = clf.predict(testX)
# 評価データの精度を計算
score = accuracy_score(testY, pred)
print(score)

# 混同行列の描画
ConfusionMatrixDisplay.from_predictions
                            (testY,pred)
plt.show()
```

● 画像の分類モデル学習

画像の被写体が柴犬とサモエド犬のどちらであるか，画像を分類するモデルは5回交差検証によって学習します．**リストA-10**の(1)では，訓練データを使ってサポート・ベクタ・マシンによる分類モデルを作成します．(2)ではテスト・データへ(1)で作成したモデルを適用し，予測値を得ます．(3)では正解値と予測値からモデルの精度を計算します．

(1)～(3)の処理を5回繰り返して，最後にモデルの平均精度と標準偏差を計算します（**図A-7**）．

画像の分類モデルの精度を確かめる

40サンプルの評価データを使って，学習した分類モデルの精度を確認してみましょう（**リストA-11**）．評価データに学習したモデルを適用した予測値と，評価データがもともと持っている正解値から，分類精度を計算します．併せて，柴犬とサモエド犬のどちらが分類しやすいか，混同行列を描画して確認します（**図A-8**）．

ここでは，柴犬（ラベル0）は21枚中14枚正しく分類でき，サモエド犬（ラベル1）は19枚中9枚正しく分類できています．柴犬はサモエド犬より正しく分類できていますが，全体的に分類精度は低いです．

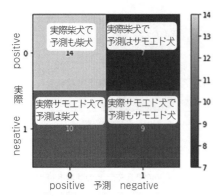

図A-8 柴犬とサモエド犬のどちらが分類しやすいか，混同行列を描画して確認する

リストA-12 wanwanフォルダに格納した画像から特徴量セットを作成する

```
# 新規画像ファイルを指定
files = ['shiba_inu_122.jpg',
    'shiba_inu_139.jpg', 'shiba_inu_153.jpg',
    'samoyed_137.jpg','samoyed_145.jpg']
```
近所の犬を撮影したら，'wan_01.jpg','wan_02.jpg'
などと変更する．筆者は上記画像で試した

```
# RGBヒストグラムを格納するリスト
pixels_new = []

# 画像ファイルを1枚ずつ読み込みRGBヒストグラム作成
for f in files:
  # 画像を読み込み
  img = cv2.imread('/content/drive/My Drive/
      Colab Notebooks/data/cv/wanwan/' + f)

  # 画像をリサイズ
  img = cv2.resize(img, (256, 256))
  # RGBヒストグラムの作成
  b, g, r = img[:,:,0], img[:,:,1], img
                                    [:,:,2]
  hist_b, bins = np.histogram(b.ravel(), 256,
                                    [0,256])
  hist_r, bins = np.histogram(r.ravel(), 256,
                                    [0,256])
  hist_g, bins = np.histogram(g.ravel(), 256,
                                    [0,256])
  tmp = hist_b.tolist() + hist_g.tolist() +
                          hist_r.tolist()
  pixels_new.append(tmp)

# RGBヒストグラムをデータフレーム形式へ変換
pixels_new = pd.DataFrame(pixels_new)

print(pixels_new.shape)
pixels_new.head()
```

リストA-13 自宅/近所の犬で分類を試す

```
# 特徴量セット（RGBヒストグラム）を標準化
sc = StandardScaler()
sc.fit(pixels_new)
pixels_new = sc.transform(pixels_new)

# 新規画像にモデルを適用して予測
pred = clf.predict(pixels_new)
print(pred)
        # 予測結果が0なら柴犬、1ならサモエド犬
```

● 自分のデータでもやってみよう

　自宅または近所の犬は，柴犬またはサモエド犬のどちらに近いでしょうか．試してみましょう．そのためのプログラムを**リストA-12**に示します．ここでは近所の犬の画像ファイル名をwan_01.jpg，wan_02.jpgとしています．この画像は，wanwanフォルダに格納し，Colab Notebooks/data/cv/直下に置きました．

　柴犬やサモエド犬の画像から特徴量を作成したときと同じ手順で，wanwanフォルダに格納した画像から特徴量セットを作成します（**リストA-12**）．そして，特徴量をモデルへ適用して予測結果を出力します（**リストA-13**）．予測結果は，0か1の値を持つ配列形式で出力します．値が0なら柴犬，1ならサモエド犬に近いことを意味します．

　　　　　　＊　　　　　　＊

　カラー画像を対象に，ピクセル値から得たヒストグラムによる特徴量を作成し，サポート・ベクタ・マシンによる分類モデルを作成しました．一通りの処理の流れを理解できたら，どのようにして分類精度が高めるか考えてみてください．例えば，学習データ量を増やしたり，特徴量の作り方を変えてみたり，アルゴリズムのパラメータを調整するなどがあります．

◆参考文献◆
(1) O. M. Parkhi, A. Vedaldi, A. Zisserman, C. V. Jawahar；The Oxford-IIIT Pet Dataset.
　https://www.robots.ox.ac.uk/~vgg/data/pets/
(2) OpenCV.
　https://opencv.org/
(3) Matplotlib.
　https://matplotlib.org/
(4) Numpy.
　https://numpy.org/
(5) pandas.
　https://pandas.pydata.org/
(6) scikit-learn.
　https://scikit-learn.org/stable/

あだち・はるか

もっと体験したい方へ
電子版「AI自習ドリル：サポート・ベクタ・マシン」
では，より多くの体験サンプルを用意しています．
全27ページ中，16ページは本章と同じ内容です．
https://cc.cqpub.co.jp/lib/system/
dolib_item/1329/

次の状態を予測，その根拠を数学的に示す「時系列データ解析」

牧野 浩二

身の回りには気温，心電図，株価データなど，直前までの状態が次の状態に影響する事象がたくさんあります．時系列データ解析とは，これまでの情報をうまく利用しつつ，未来予想に応用できるアルゴリズムです．

1 できること

● 飛行機の乗客数の予測

1949 ～ 1960年の飛行機の乗客数は，年々増えていました．1959年までのデータを使って1960年の乗客数を予測をすることに時系列解析を使うことができます．

● 来季の花粉の飛散量の予測

花粉の飛散量は毎年話題になっています．例えば「言葉の人気度」という独自の指数を時系列でグラフにしてくれるサイトがあります．Googleトレンドと言います．ここで「スギ花粉」と入力すると図1-1となります．毎年，3月ごろから多くなり，5月ごろには

少なくなることを繰り返していて，確かに周期性を持っていそうです．

飛散量が大きいと話題に上ることも多いと考えられます．このことから，このデータの未来を予測することで花粉の飛散量を予測できそうです．

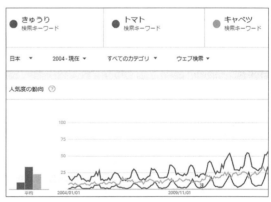

図1-2 トマト，キャベツの人気度

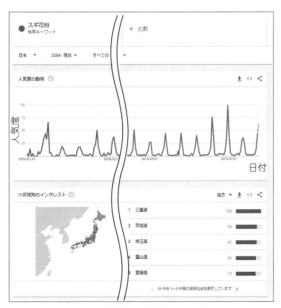

図1-1 Googleトレンドで「スギ花粉」と入力した

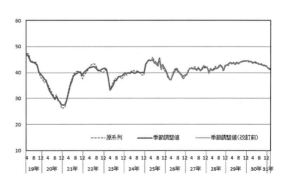

図1-3[2] 消費者態度指数の推移と改定幅

● 野菜の消費量の予測

野菜作りでは，来年どのくらいの需要があるかを知ることはとても重要です．Googleトレンドを使って，きゅうり，トマト，キャベツの人気度を調べると，図1-2となります．野菜は旬があるので周期性があることは予想がつきましたが，さらに，毎年人気度が上がっていることも分かりました．人気度と消費量に関係があるとした場合，このデータをうまく使えば来年の需要を予測することができそうです．

● 内閣府の調査

内閣府の調査結果は基本的にはデータベースとして示されます．例えば消費者意識指標として「暮らし向き」や「収入の増え方」などのデータを対象とした時系列データ解析に利用されています．

一例として，図1-3に「消費者態度指数の推移と改定幅」を示します．過去のデータをうまくモデル化できているようです．

2 イメージをつかむ

予測は人間の得意分野です．例えば図2-1の「これまでのデータ」を見たら，右側の予測をしたくなりませんか．しかし，そのように予測する明確な理由はありません．本章で取り上げる時系列解析は，この予測を数学的に示すものです．このような時系列データは，以下のような傾向が見られます．

● 時系列データの変動の傾向

▶ 短期的な変化

短期的に見ると以下があります．

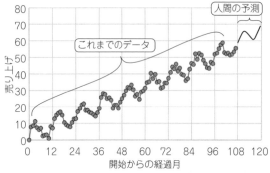

図2-1　この時系列データは過去の推移から今後の推移を予想できるかもしれないと思わせる

- 周期的な変動をするもの［図2-2（a）］
- 周期性が見られないもの［図2-2（b）］
- 上記2つが混ざっているもの［図2-2（c）］

▶ 長期的な変化

長期的に見ると以下があります．

- 変動のないもの［図2-3（a）］
- 徐々に増加するもの［図2-3（b）］
- 周期的に変動するもの［図2-3（c）］
- 上記の混ざったもの

例えば図2-4（a）は，長期的に周期的な変動をするもの［図2-3（c）］と，徐々に増加するもの［図2-3（b）］が合わさったものとなります．さらに図2-2（a），図2-2（b）に示すような短期的な変動を図2-4（a）に組み合わせると，図2-4（b），図2-4（c）のグラフができます．

● 時系列データの挙動をモデルで表す

時系列解析では，日常にあふれるデータは長期的な変動と短期的な変動が組み合わさったものと捉えられると仮定します．そして，短期的な挙動と長期的な挙動をうまく表すような「モデル」というものを作り，そのモデルを用いて未来を予測します．本章はSARIMAXモデルというものを使います．これは次から成り立つ造語です．

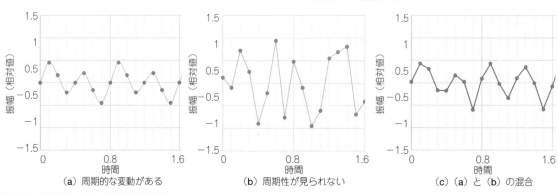

図2-2　時系列データの短期的な変化例

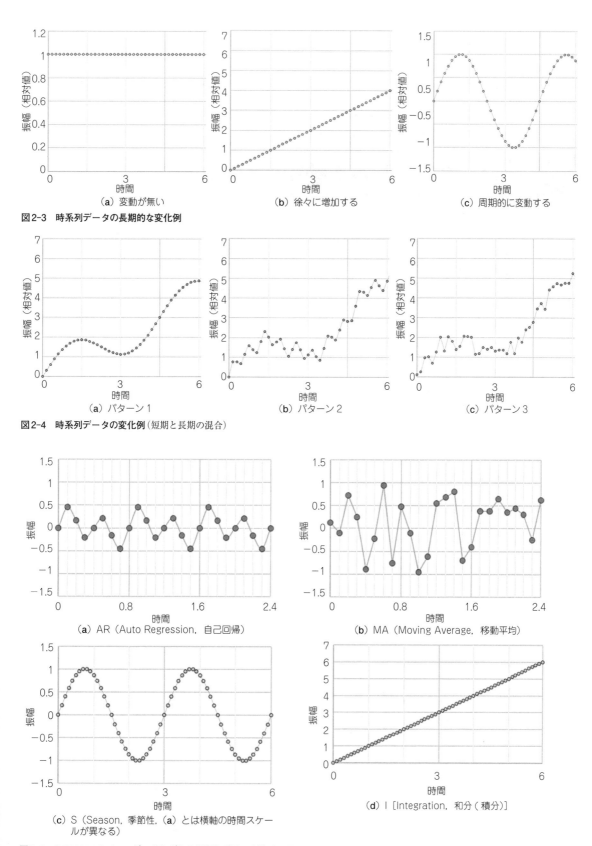

図2-3　時系列データの長期的な変化例

（a）変動が無い　　　（b）徐々に増加する　　　（c）周期的に変動する

図2-4　時系列データの変化例（短期と長期の混合）

（a）パターン1　　　（b）パターン2　　　（c）パターン3

（a）AR（Auto Regression，自己回帰）　　　（b）MA（Moving Average，移動平均）

（c）S（Season，季節性，（a）とは横軸の時間スケールが異なる）　　　（d）I［Integration，和分（積分）］

図2-5　SARIMAXのイメージ…それぞれの単語とグラフを結びつける

大ざっぱに，それぞれの単語とグラフを結びつけると**図2-5**となります．なお，Xは外部からの影響もモデルに組み込むという意味です．SARIMAXモデルではこの因子も扱うこともできますが，本章では扱いません．

これらの組み合わせでARモデル，MAモデル，ARMAモデル，ARIMAモデル，SARIMAモデルができます．

3　プログラムを動かしてみよう

実際にプログラムを動かしてみましょう．ここでは結果が分かりやすく，実際に使いやすいSARIMAXモデルを使います．よく使われる飛行機の乗客数のデータを分析します．なお，本章で扱うアルゴリズムは他章に比べて難しいので，細部まで説明できません．よく用いられるデータを使って説明することで，もっと専門的に学びたくなった際の足掛かりになることを期待しています．

● 飛行機の乗客数データを利用する

分析する搭乗数データは，ある航空会社の国際線の乗客数で，1949年1月〜1960年12月の12年間のデータが月ごとに集計されています．これをグラフに表すと**図3-1**となります．

毎年乗客数が増えていて，1年間の変動を見ると夏に乗客が増えていることが分かります．

● 10年間のデータから翌年の乗客数を予測する

1949年〜1959年のデータを使ってモデルを作成し，1960年の予測をしてみましょう．

まず，筆者提供の実行プログラム（`AirPassenger10.`

`ipynb`）と搭乗数データ（`AP.txt`）を本書のサポート・ページから入手します．次にColabを立ち上げて`AirPassenger10.ipynb`を実行します．その際には`AP.txt`を実行ファイルと同じ場所に置きます．具体的な方法は本書イントロダクションを確認してください．

実行すると，**図3-2**に示すグラフが出てきます．**図3-2(a)**のグラフが搭乗数データをプロットしたもの，**図3-2(d)**のグラフが予測結果です．カラーのグラフを本書サポート・ページに用意してあります．そちらもご覧ください．黒い線が1960年までの実際のデータです．青い線はモデルから得られたデータです．

赤い線はそのモデルを用いて予測したデータです．まず，黒い線が灰色の部分に入っていることが読み取れます．作成したモデルがうまくできていることが分かります．

次に，赤い線と黒い線がほぼ重なっていることが分かります．これは予測がうまくいっていることを示しています．そして，その右の赤い線だけになっている部分は実際のデータがない部分です．

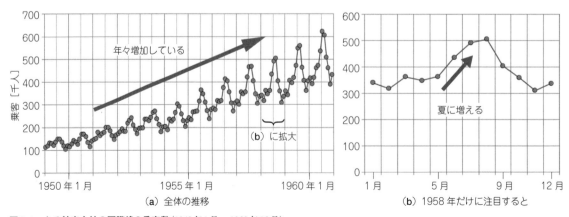

図3-1　ある航空会社の国際線の乗客数（1949年1月〜1960年12月）

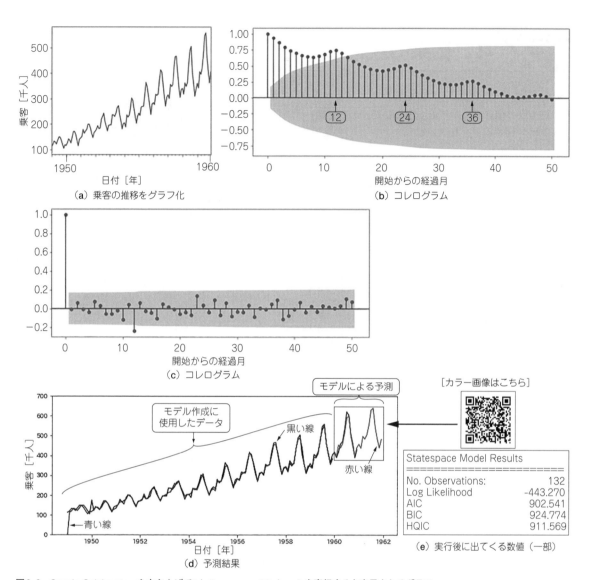

（a）乗客の推移をグラフ化

（b）コレログラム

（c）コレログラム

（d）予測結果

（e）実行後に出てくる数値（一部）

［カラー画像はこちら］

```
Statespace Model Results
========================
No. Observations:        132
Log Likelihood      -443.270
AIC                  902.541
BIC                  924.774
HQIC                 911.569
```

図3-2　Google Colaboratory を立ち上げて **AirPassenger10.ipynb** を実行すると表示されるグラフ

もっと体験したい方へ
電子版「AI自習ドリル：時系列データ分析」では，より多くの体験サンプルを用意しています．全24ページ中，16ページは本章と同じ内容です．https://cc.cqpub.co.jp/lib/system/dolib_item/1342/

4 結果の読み取り方

前項でAirPassenger10.ipynbを実行したところ，幾つかの値とグラフが出てきました．ここでは，図3-2(b)，図3-2(c)，図3-2(e)について，その意味を説明します．

データの周期性を見つける コレログラム

● 12カ月周期のデータの例

図3-2(b)のグラフから説明します．これはモデル作成に用いるデータの自己相関係数のグラフで，コレログラムと呼ばれています（自己相関係数はこの後5節で説明）．このグラフからはデータの周期性を読み

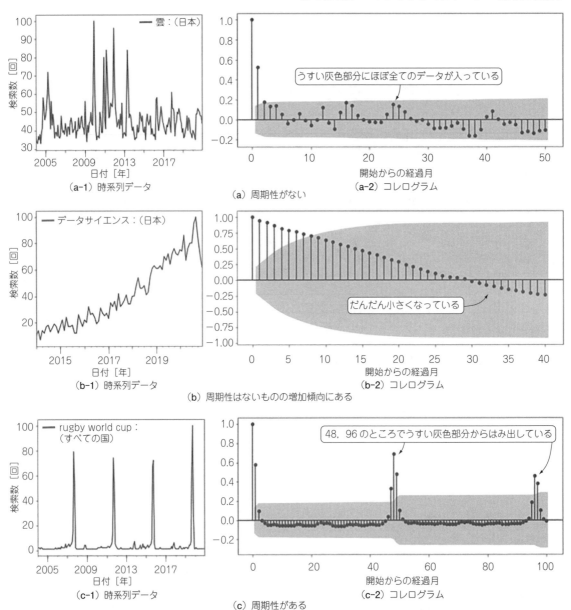

図4-1 コレログラムの特徴的なデータ3選

取ります.

図3-2(b)から読み取れることは，12，24，36の部分で値が大きくなっている点です．データは月別データですので12カ月周期のデータであると読み取れます．なお，うすい灰色の部分は，説明を簡単にするために，図3-2(c)を得るための処理と同じ処理を施したため表示されています．そのため，この図では意味がありません．

● 周期性ある？ない？特徴的なコレログラムの例

図4-1に特徴的な3つのコレログラムを示します．

▶周期性がない

図4-1(a)は，横軸0以外の部分が小さくなっています．これは周期性がなく，全体として増加や減少が見られないデータの特徴です．

▶周期性がなく全体が増加しているだけ

図4-1(b)は，右肩下がりのデータとなっていますが，図3-2(b)のように値が大きくなることがありません．周期性がなく全体として増加しているデータの特徴です．

▶周期性がある

図4-1(c)は，48と96の部分の値だけが大きくなっています．これは4年に一度開催されるラグビー・ワールドカップのデータです．周期性があって全体として増加や減少がないデータにおける特徴です．

残差

● 作成したモデルの良しあしの判断材料になる

図3-2(c)のグラフを説明します．これは，モデル

コラム1　人の生活と関わるデータの多くは周期性がある　牧野 浩二

人の生活と関わるデータの多くは，周期性のあるデータとなっています．図4-1(a)で周期性のないデータとして雲を取り上げましたが，筆者がGoogleトレンドでいろいろな言葉を試して見つけたデータです．

山(図4-A)や海，花などは，やはり周期性があることはなんとなく想像がつくかもしれません．しかし，かりんとう(図4-B)や宇宙などは，一見，周期性のないデータが得られたように見えましたが，コレログラムで示すと周期性が見られました．

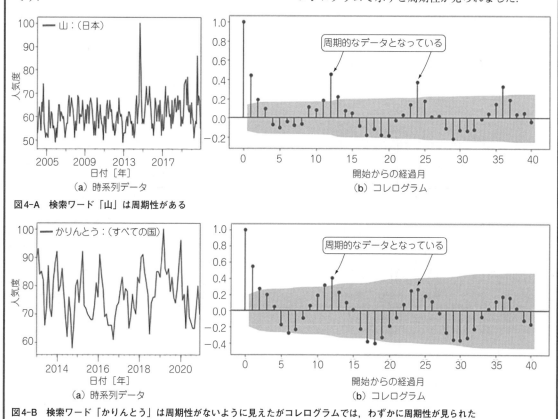

図4-A　検索ワード「山」は周期性がある

図4-B　検索ワード「かりんとう」は周期性がないように見えたがコレログラムでは，わずかに周期性が見られた

から求めた値が，データとどれだけずれているかといった「残差」と呼ばれる値を計算し，そのコレログラムを表しています.

このグラフでは，作成したモデルの良しあしを表しています. うすい灰色の部分に最初の0以外のデータが入っていれば，うまくできていることになります.

図3-2(c)のグラフに着目すると，12カ月目がうすい灰色の部分からはみ出しています. これは12カ月周期のモデルがうまくできていないことを示しています. ただし，はみ出している大きさがわずかですので，「まあまあ」と判断してもよい結果です.

`AirPassenger10.ipynb`を実行した後に出てくる数値［図3-2(e)］に着目します. 着目すべきはAICとBICの値です. これはモデルがうまくできているかどうかを表す値となります. 後で説明しますが，モデルの次数というものを人間が決めて，その次数のモデルを作成しています. このモデルの次数を変えるとAICとBICの値が変わります. この値が小さい方が良いモデルと言われています.

5　原理

時系列解析ではモデルが重要になります. 2節で少し説明した，ARモデル，MAモデル，ARMAモデルについてイメージを固めます.

● モデルのイメージ

時系列解析で使うモデルとは，図5-1(a)に示すように，値を入れると何かしらの計算がされて値が出てくる箱のようなものとして表されます.

例えば，図5-1(b)に示すように，箱は値を0.2倍するとして，入力10を与えると，2が出てくるものです.

時系列解析では，値を次々と入れていきます. 例えば，0.2倍するモデルに対してsin関数の値を入れると，振幅の小さいsin関数の値が出てきます［図5-1(c)］.

ARモデル…ブロックを通って得た答えを入力に使う

● ブロック動作のイメージ

AR（Auto Regressice，自己回帰）モデルのイメージを紹介します. ARモデルでは，箱を通して計算された値をもう一度入力として使うモデルになります.

ここで先ほどの0.2倍する箱を拡張して，その仕組みを図5-2を使いながら解説します. 最初に$u(0) = 1$を与えたとしましょう. すると$y(1) = 0.2$が出てきます. なお，特に指定がない場合は時間が0より前のyの値は0とするのが慣例です.

次の時間では$u(1) = 0$と$y(1) = 0.2$を入力として，それぞれ0.2倍，0.5倍します. それによって$y(2) = 0.1$となります.

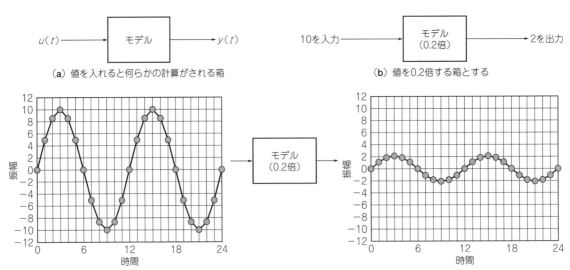

（a）値を入れると何らかの計算がされる箱

（b）値を0.2倍する箱とする

（c）sin波を入れると0.2倍になったsin波が出てくる

図5-1　時系列解析で使うモデルのイメージ

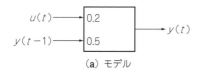

（a）モデル

$$y(0)=0.2u(0)+0.5y(-1)=0.2\times1+0.5\times0=0.2$$
$$y(1)=0.2u(1)+0.5y(0)=0.2\times0+0.5\times0.2=0.1$$
$$y(2)=0.2u(2)+0.5y(1)=0.2\times0+0.5\times0.1=0.05$$

（b）計算式

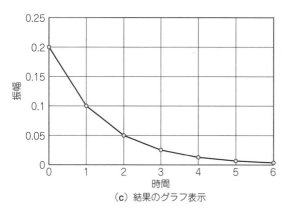

（c）結果のグラフ表示

図5-2　計算された値をもう一度入力として使うARモデル

次の時間では$u(2)=0$と$y(2)=0.1$を入力とし，$y(3)$ $=0.05$となります．

このようにブロックを通って得た答えを入力に使うというのがARモデルとなります．

● どこまで昔の値を使うかが次数となる

ここでは1つ前だけを使いましたが，**図5-3**のように，1つ前と2つ前の2つを使うこともできます．

同じように考えるとずっと前の値も使うことができます．どこまで昔の値を使うかを選ぶことが時系列解析の次数に当たります．

また，例えば箱の中身をマイナスの値にすると，**図5-4**のように，振動しながら0になっていくようにできます．

MAモデル…移動しながら
掛け算を行う

● 動作のイメージ

MA（Moving Average，移動平均）モデルのイメージを紹介します．**図5-5**のように$y(t)$導出の際に1つ前の値も加えるようにします．**図5-6**のように2つ前の値を使ったり，3つ以上前の値を使ったりできます．

ARモデルと同じように，どこまで昔の値を使うかを選ぶことが時系列解析の次数に当たり，時系列解析をうまく行うポイントの1つとなります．

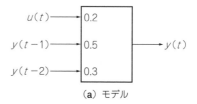

（a）モデル

$$y(0)=0.2u(0)+0.5y(-1)+0.3y(-2)=0.2\times1+0.5\times0+0.3\times0=0.2$$
$$y(1)=0.2u(1)+0.5y(0)+0.3y(-1)=0.2\times0+0.5\times0.2+0.3\times0=0.1$$
$$y(2)=0.2u(2)+0.5y(1)+0.3y(0)=0.2\times0+0.5\times0.1+0.3\times0.2=0.11$$

（b）計算式

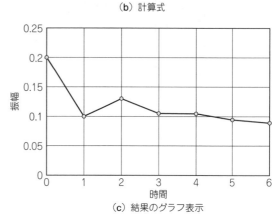

（c）結果のグラフ表示

図5-3　ARモデルは2つでも3つでも前の値も利用できる

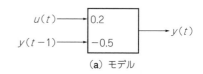

（a）モデル

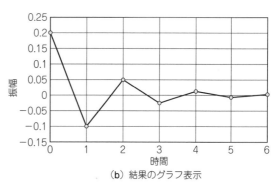

（b）結果のグラフ表示

図5-4　ARモデル…箱の中身（係数）をマイナスにした例

ARMAモデル…
ARとMAの合わせ技

ARMAモデルは，ARモデルとMAモデルをつなげた**図5-7**のようなモデルとなります．複雑な図に見えますが，仕組みが分かるとさほど難しくありません．

（a）モデル

$$y(0)=0.2u(0)+0.5u(-1)=0.2×0+0.5×0=0$$
$$y(1)=0.2u(1)+0.5u(0)=0.2×0.5+0.5×0=0.1$$
$$y(2)=0.2u(2)+0.5u(1)=0.2×0.866+0.5×0.5=0.4232$$

（b）計算式

t	$u(t)$	$y(t)$
0	0	0
1	0.5	0.1
2	0.866	0.4232
3	1	0.6330
4	0.866	0.6732
5	0.5	0.5330
6	0	0.25

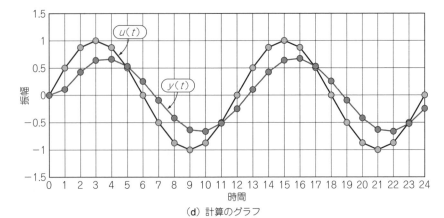

（c）計算結果

（d）計算のグラフ

図5-5　移動しながら掛け算を行うMA（移動平均）モデル

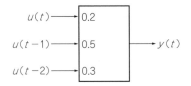

図5-6　MAモデル…2つ以上前の値を使う例

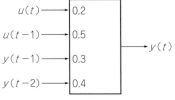

図5-7　ARMAモデルはARとMAの合わせ技

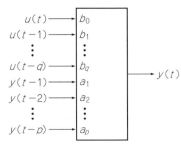

図5-8　一般化したARMAモデル

モデルを数式で表す

モデルを数式で表します．ここでも先ほどの説明の通り，少しずつ数式を作ります．まず図5-1のように入力を何倍かして出力を求めるモデルを数式で表すと以下となります．

$$y(t) = b_0 u(t)$$

● ARモデル

ARモデルを考えます．図5-2を数式で表すと，1つ前のyの値を何倍かしています．そこで次のように表せます．

$$y(t) = a_1 y(t-1) + b_0 u(t)$$

図5-3を数式で表すと以下となります．

$$y(t) = a_1 y(t-1) + a_2 y(t-2) + b_0 u(t)$$

これをpステップ前までのデータを使うように一般化すると以下となります．

$$y(t) = a_1 y(t-1) + a_2 y(t-2) + \cdots + a_p y(t-p) + b_0 u(t)$$

どこまで昔の値を使うかという設定が次数となります．例えば図5-2と図5-3はそれぞれ1次と2次とな

ります．

● MAモデル

MAモデルを考えます．図5-5を数式で表すと，1つ前のuを何倍かしています．以下のように表すことができます．

$$y(t) = b_0 u(t) + b_1 u(t-1)$$

ARモデルと同じようにMAモデルを一般化すると以下となります．

$$y(t) = b_0 u(t) + b_1 u(t-1) + \cdots + b_q u(t-q)$$

● ARMAモデル

この考え方を使ってARMAモデルを表します．図5-7を式で表すと以下となります．

$$y(t) = a_1 y(t-1) + a_2 y(t-2) + b_0 u(t) + b_1 u(t-1)$$

これまでと同じように一般化すると次の式となります（図5-8）．

$$y(t) = a_1 y(t-1) + a_2 y(t-2) + \cdots + a_p y(t-p) + b_0 u(t) + b_1 u(t-1) + \cdots + b_q u(t-q)$$

ARモデルと同じように，どこまで昔の値を使うかという設定が次数となります．b_0は必ず使用します．

● モデルの次数

モデルの次数についてまとめておきます．モデルの次数とは，幾つ前までの値を考慮するかという意味となります．

例えば，図5-3，図5-6，図5-7の次数はそれぞれ$(2, 0)$，$(0, 2)$，$(2, 1)$となります．

これを一般化した図5-8の次数は(p, q)となります．

AIC，BIC…モデルの次数を抑えつつ誤差を小さくするための指標

モデルの次数を高くすると，データをうまく表すことができるようになります．しかし，モデルの次数を上げすぎると，不安定になる危険があると言われています．そこで，モデルの次数はなるべく小さくしつつ，データとの誤差(残差)を小さくするモデルが良いモデルとなります．その指標がAICとBICです．

● AIC

AIC(赤池情報基準)は，以下の式で計算される値です．
$$AIC = -2\log_e(最大尤度) + 2 \times (パラメータ数)$$

パラメータ数とはARMAモデルのpとqの合計の値です．

最大尤度は，誤差の分散と関連している値ですので，パラメータ数を大きくすると小さくなる値です．つまり，パラメータ数と最大尤度のバランスを示しています．

● BIC

BIC(ベイズ情報基準)は，以下の式で計算される値です．
$$BIC = -2\log_e(最大尤度) \\ + (パラメータ数)\log_e(データ数)$$

BICはデータ数も考慮して基準を決める点に特徴があります．

その他にもいろいろな指標があり，一番良い手法というものは今のところ決まっていません．本稿ではAICを主に使い，最後にBICも使います．なお，過去にはAICとBICについて，考案者の赤池弘次氏から語られているので[1]，それを読むことも理解の助けになると思います．

コレログラム…理解には自己相関とラグを知っておく

時系列解析では，図3-2(b)と図3-2(c)で示す自己相関係数を並べたコレログラムというグラフが重要となります．コレログラムを理解するには，自己相関とラグを知っておく必要があります．

自己相関とは，図5-9のようにデータを数ステップずらしたときのデータの相関のことで，この値が大きければデータが類似した性質を持つことになります．

そして，ラグ(遅れ)とは，ずらしたステップ数のことです．図5-9(a)はラグが1で，図5-9(b)はラグが5となっています．

● 相関係数

相関係数とは2つのデータがどのくらい関連性があるかを表す値です．これは1〜−1の値で表され，1に近いほど似通ったデータで，0に近くなると関連性がないことを表しています．なお，マイナスは一方のデータの値が大きくなるともう一方のデータは小さくなることを表しています．

● 自己相関係数

相関係数を拡張した考え方である自己相関係数とは，時系列データを少しだけずらしたとき元のデータとどのくらい関係性があるかを示す値です．

例えば，図5-9(a)は，データを1つだけずらしたときのデータを表しています．この2つの関係性を相関係数と同じように求めます．1つだけずらしたのでラグが1となります．同じようにして，データを5つ

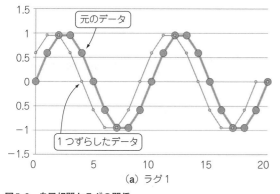

(a) ラグ1

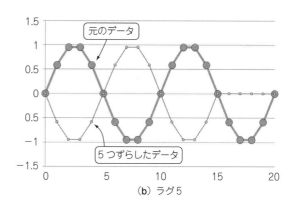

(b) ラグ5

図5-9　自己相関とラグの関係

ずらしたものが**図5-9(b)**となります．データを5つ
ずらしたのでラグが5となります．

このようにデータをずらしながら自己相関係数を求
めると，周期性がない場合はラグが大きくなるに従っ
て自己相関係数が小さくなります．一方，周期性のあ
るデータだった場合はラグを大きくすると，あるとこ
ろで自己相関係数が大きくなります．

● コレログラム

横軸にラグ数（ずらした数），縦軸に自己相関係数と
してプロットしたものがコレログラムとなります．周
期性がある場合はラグが大きいところでも自己相関係
数が大きくなります．これにより周期性のあり／なし
が分かります．

コレログラムの読み取り方

● 周期性があると読み取れるケース

図3-2(b)のコレログラムの説明から行います．こ
の図はデータをそのまま使ってコレログラムを作って
います．この図で確認できることはデータの周期性と
データ値の増減です．

この図を細かく見てみます．このグラフでは，開始
からの経過月が0のところの縦軸の値が1となってい
ます．そして，全体として徐々に値が小さくなってい
ます．これはラグを大きくするとデータが似ていなく
なることを示しています．

表5-1 コレログラムを利用すると周期性のあり／なしとデータ
の増減のあり／なしが分かる

周期性	増減	図番号	見るべきポイント
あり	あり	図3-2(b)	値が徐々に小さくなり，周期的に大きくなる値がある
なし	なし	図4-1(a)	ラグが0の値以外は小さい値となっている
あり	なし	図4-1(c)	周期的に大きい値となるがそれ以外は小さい値となっている
なし	あり	図4-1(b)	値が徐々に小さくなり，途中に大きな値を取ることはない

一方で，12，24，36の部分で値が周りに比べて大
きくなっています．これは，12周期で似たデータが
現れていることを表しています．

コレログラムを利用すると周期性のあり／なしとデー
タの増減のあり／なしが分かります．これを**表5-1**
にまとめました．

このように，使用するデータのコレログラムを見る
ことでデータの性質を調べることができます．

● 良いモデルと判定できるケース

図3-2(c)のコレログラムの説明を行います．この
図は時系列解析によって得られたモデルを用いて予測
したデータと実際のデータの差（残差）を計算し，その
値を使って計算したコレログラムになっています．こ
の図で確認できることはモデルがうまくできているか
どうかです．ここではうすい灰色の部分が重要となり
ます．0以外の点がうすい灰色の部分の範囲に入って
いれば良いモデルと判定できます．

では，なぜモデルから得られたデータと実際のデー
タの差の自己相関係数が小さくなると，良いモデルと
判定できるかについて説明します．扱うデータは過去
の値の影響を受けて次の値が決まっているものと仮定
しています．そのため，モデルが完全であれば，モデ
ルによって得られた値と実際のデータは一致します．
その場合は全てが0となります．

しかし，時系列解析では，モデルが完全であっても
ノイズのような入力が加わっていることを想定してい
ます．そのため0にはなりません．ただし，このノイ
ズは過去の値に関係のない値（相関のない値）と想定し
ています．しかも，このノイズはモデルがいくら完全
であっても予測できずに残ることを想定しています．
相関のない値が残ります．

理論的には相関のない値の場合は自己相関係数は0
となりますが，実際には自己相関係数は0にならず小
さくなるということになります．そのため自己相関係
数が小さいと良いモデルと判定できます．このノイズ
のことを「入力は白色性を含んでいる」と表現するこ
ともあります．

6 実践！時系列データ解析に適したモデルを作る

時系列解析とはどのようなものか，そしてその実行
手順の説明をしてきました．時系列解析を使いこなす
には，データ解析に適したモデルを作る必要がありま
す．ここでは，AIC，BIC，コレログラムを使って，
データ解析に適したモデルを設定する方法を示します．
モデルの設定には以下があります．

- ARとMA項の次数
- トレンドの設定（長期的な増減）
- 季節性データの周期

いきなり季節性データのモデルを作るのではなく，
トレンドがないデータを対象として，ARMAモデル
を構築します．

Pythonを使う準備

　実際のデータを使うと達成感はありますが，予測を含むので，本当に作成したモデルが正しいかどうかを調べられません．そこで，筆者が作成したモデルから得られたデータを使います．ここではモデルを与えてデータを作る方法をまず示します．

　以下に示すプログラムは，ModelGenerate10.ipynbとして提供しますが，自身で打ち込んでみる（写経）ことをお勧めします．

　Colabにて新規ノートブックを作成したら，

`pip install statsmodels`

を実行します．次に，

`pip install japanize_matplotlib`

を実行します．そしてリスト6-1のように打ち込んで，必要なライブラリをインポートしておきます．

モデル作りに用意した4種類のデータ

● 1. トレンドなし，季節性なし

　ここではARモデルのパラメータとMAモデルのパラメータをどちらも2次とし，リスト6-2のように設定します．このデータをグラフとして表すと図6-1（a）となります．

● 2. トレンドあり，季節性なし

　トレンドを加える場合はリスト6-3のように，単調増加の値を加えることで作成します．このデータをグラフとして表すと図6-1（b）となります．

リスト6-1　ライブラリの読み込み

```
%matplotlib inline
import numpy as np
import pandas as pd

import matplotlib.pyplot as plt
import japanize_matplotlib

import statsmodels.api as sm
from statsmodels.tsa.arima_process import
                        arma_generate_sample
from statsmodels.tsa.statespace.sarimax
                        import SARIMAX

np.random.seed(0)
```

リスト6-2　トレンドなし，季節性なしの設定

```
arparams = np.r_[1, -.75, .25]
maparams = np.r_[1, .65, .35]
ya = arma_generate_sample(ar=arparams,
        ma=maparams, nsample=200,burnin=100)
yb = ya
y = pd.Series(yb)

fig, ax = plt.subplots(figsize=(5,4))
fig2 = plt.plot(yb)
plt.show()
```

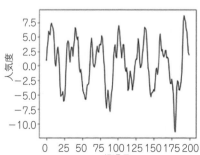

（a）トレンドなし，季節性なし

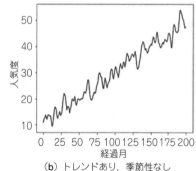

（b）トレンドあり，季節性なし

（c）トレンドなし，季節性あり

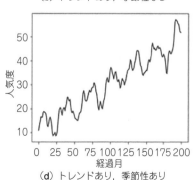

（d）トレンドあり，季節性あり

図6-1　モデル作りに用意した4種類のデータ

◆参考文献◆
(1) 赤池 弘次；AICとMDLとBIC，日本オペレーションズ・リサーチ学会，1996年7月．
https://orsj.org/wp-content/or-archives50/pdf/bul/Vol.41_07_375.pdf

● 3. トレンドなし，季節性あり

季節性を加える場合はリスト6-4のように，sin関数の値を加えることで作成します．このデータをグラフとして表すと図6-1(c)となります．

● 4. トレンドあり，季節性あり

トレンドと季節性を加える場合はリスト6-5のように，リスト6-3とリスト6-4を合わせて作成します．このデータをグラフとして表すと図6-1(d)となります．

モデル作り

● 1. トレンドなし，季節性なし

トレンドと季節性周期のないデータを用いてモデルを作成します．ここでは分かりやすくするため，図6-1(a)で示したデータを使用します．

モデルを評価する方法はAIC，BIC，HQICがありますが，ここではAICだけを調べて，最も小さいAICを選びます．これは自動的にできるのではなく，ARとMRの値を変更し，その都度AICを調べることになります．リスト6-6のようにARのパラメータをp，MRのパラメータをqと表します．

例えば，p = 2，q = 1とした場合は577.7765815019482が表示されます．これを手作業で値を変えて表にした

ものが表6-1です．ここでは，ARパラメータであるpを0〜4，MRパラメータであるqを0〜3の20通りのAICの値を調べました．

p = 1，q = 2としたときが最もAICが小さくなっています．図6-1(a)のデータはAR = 2，MA = 2としたモデルから得られたデータでした．最も良いモデルが実際のモデルと異なっています．

AICとは，真のモデルを選ぶ基準ではなく，モデルを単純化しつつ，かつデータを最もよく表すモデルを選ぶことを目的としているため，真のモデルと異なることがあります．

しかし，Googleトレンドから得たデータなど実際のデータでは，真のモデルというものが存在しないものがほとんどですので，AICは選ぶ基準として優れていると言えます．

全てのモデルを手作業で与えるのは労力が要ります．そこで，リスト6-7のように繰り返し文を使って，最も小さいAICを見つけるプログラムを使うことをお勧めします．

これを実行すると最後に以下のように表示されます．これはp，q，aicの順になっています．

1 2 582.823383122437

なお，実行時に次のような警告が出ることがあります．これは設定したパラメータでうまくモデルの推定

リスト6-3　トレンドあり，季節性なしの設定

```
yb = ya + 0.2*np.arange(len(ya))+10
y = pd.Series(yb)

fig, ax = plt.subplots(figsize=(5,4))
fig2 = plt.plot(yb)
plt.show()
```

リスト6-4　トレンドなし，季節性ありの設定

```
yb = ya + np.sin(np.arange(len(ya))*0.2)*5
y = pd.Series(yb)

fig, ax = plt.subplots(figsize=(5,4))
fig2 = plt.plot(yb)
plt.show()
```

リスト6-5　トレンドあり，季節性ありの設定

```
yb = ya + 0.2*np.arange(len(ya))+10 + np.sin
                 (np.arange(len(ya))*0.2)*5
y = pd.Series(yb)

fig, ax = plt.subplots(figsize=(5,4))
fig2 = plt.plot(yb)
plt.show()
```

リスト6-6　モデル作り…トレンドなし，季節性なし

```
p = 2
q = 1
result = SARIMAX(y, order=(p,0,q),
                         trend='n').fit()
print(result.aic)
```

リスト6-7　最も小さいAICを見つける（トレンドなし，季節性なし）

```
min_aic = 10000
min_p = min_q = -1
for p in range(5):
  for q in range(4):
    result = SARIMAX(y, order=(p,0,q),
                          trend='n').fit()
    print(p, q, result.aic)
    if min_aic > result.aic:
      min_aic = result.aic
      min_p = p
      min_q = q
print('-----')
print(min_p, min_q, min_aic)
```

リスト6-8　モデル作り…トレンドあり，季節性なし

```
p = 2
d = 1
q = 1
result = SARIMAX(y, order=(p,d,q),
trend='n').fit()
print(result.aic)
```

表6-1　MRとARの値を変更し，都度，AICを調べた

MR ＼ AR	0	1	2	3	4
0	908.036	696.494	598.368	588.093	589.566
1	721.484	616.857	589.684	589.869	590.448
2	607.285	**582.823**	584.273	582.956	584.848
3	588.834	584.627	583.569	585.092	585.939

ができなかったことを意味しています.

Convergence Warning: Maximum Likelihood
optimization failed to converge. Check mle_retvals

● 2. トレンドあり，季節性なし

図6-1(b)に示すトレンドがある場合のパラメータをリスト6-8のように，dの値を変えることで調べます.

なお，リスト6-7と同じように繰り返し文を使って，最も小さいAICを見つけるプログラムをリスト6-9に示します.

リスト6-9を実行すると，以下のように表示されます.これはp, d, q, aicの順になっています.確かにトレンドがあるためd = 1となっています.

1 1 3 611.5049367001591

● 4. トレンドあり，季節性あり

図6-1(d)に示すトレンドと季節性周期がある場合，seasonal_orderを加えます.seasonal_orderはリスト6-10に示すように，(P, D, Q, s)の4つのパラメータを使います.P, D, QはARMAのパラメ

ータと同じ意味を持っています.そしてsは季節性周期となっています.これはコレログラムを書くことで調べます.

コレログラムは図6-2となりました.周期は31であることが分かります.そこでs = 31と固定してパラメータを調べます.

最も小さいAICを見つけるプログラムをリスト6-11に示します.これを実行すると，最後に以下のように表示されます.ただし，パラメータが多いので実行には数十分かかる場合があります.これはp, d, q, P, D, Q, s, aicの順になっています.季節性のトレンドと判断されたため，d = 1となっています.

2 0 2 0 1 1 551.7300884058989

● BICも考えてみる

最後にBICも考えてみましょう.これはリスト6-11のaicの部分をbicに変えることで得ることができます.これを表6-2にまとめました.このデータでは同じパラメータが最も良いと判定されました.なお，同じデータを使っても異なる場合があります.

まきの・こうじ

リスト6-9　最も小さいAICを見つける(トレンドあり，季節性なし)

```
min_aic = 10000
min_p = min_q = min_d = -1
for d in range(2):
  for p in range(5):
    for q in range(4):
      result = SARIMAX(y, order=(p,d,q),
                              trend='n').fit()
      if min_aic > result.aic:
        min_aic = result.aic
        min_p = p
        min_q = q
        min_d = d
print('-----')
print(min_p, min_d, min_q, min_aic)
```

リスト6-10　モデル作り…トレンドあり，季節性あり

```
p = 2
q = 1
D = 2
P = 2
Q = 1
result = SARIMAX(y, order=(p,d,q),
   seasonal_order=(P,D,Q,31), trend='n').fit()
print(result.aic)
```

リスト6-11　最も小さいAICを見つける(トレンドあり，季節性あり)

```
min_aic = 10000
min_p = min_q = min_d = min_P = min_Q = min_D
                                            = -1
for D in range(2):
  for P in range(2):
    for Q in range(2):
      for d in range(2):
        for p in range(4):
          for q in range(3):
            result = SARIMAX(y, order=
               (p, d,q), seasonal_order=
               (P,D,Q,31), trend='n').fit()
        if min_aic > result.aic:
          min_aic = result.aic
          min_p = p
          min_q = q
          min_d = d
          min_P = P
          min_Q = Q
          min_D = D
print('-----')
print(min_p, min_d, min_q, min_P, min_D,
                            min_Q, min_aic)
```

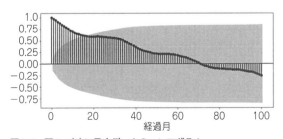

図6-2　図6-1(d)に示すデータのコレログラム

表6-2　MRとARの値を変更し，都度，BICを調べた

MR ＼ AR	0	1	2	3	4
0	911.334	703.091	608.263	601.286	606.057
1	728.081	626.752	602.877	606.360	610.238
2	617.180	596.016	600.765	602.746	607.937
3	602.027	601.119	603.359	608.180	612.325

◆参考文献◆
(2) 消費者態度指数及び消費者態度指数を構成する4つの意識指標の推移，図1 消費者態度指数の推移と改定幅，内閣府.
https://www.esri.cao.go.jp/jp/stat/shouhi/seasonal_adjustment_2018.html

似た特徴を持つデータを近くに集めることを繰り返す「自己組織化マップ」

牧野 浩二

　自己組織化マップは英語でSelf-Organizing Mapと言い，その頭文字を取ってSOMと呼ばれています．これは複雑なデータ（多次元のデータ）を平面上にうまく配置して分かりやすく表示するための方法であり，次元削減と呼ばれる手法の1つです．類似手法として主成分分析があります．主成分分析は情報圧縮に主眼を置いていますが，SOMはクラスタリングに主眼を置いている点に特徴があります．

　SOMでは最初はデータを適当に配置してから，徐々に似たデータを近くに集めることを繰り返すという単純なルールに従って，位置を修正していきます．これによって，似ているデータは近くに集まり，似ていないデータは遠くに配置されるようになり，データの特徴をつかみやすくなります．

　SOMは平面上に配置されたマス目（ノードやセルと呼ばれる）同士のつながりと，その更新によってうまく分類できるものを作るため，ディープ・ニューラル・ネットワークの一種に分類されることもある方法です．

　SOMは直感的にその分類の特徴をつかむことができる強力なツールで，この仕組みを知っていた方がよりうまく使いこなすことができます．

1　できること

　SOMでできることを紹介します．SOMはT.コホネンが開発した手法であり，開発者自身の著書[1-1]に詳しく説明されています．

　ここではその本で紹介されている応用例の一部を紹介します．ただし，これらの応用例はその分野でSOMが最も適していることを示すものではなく，SOMを応用した例として示されています．

● (1)画像解析
- 衛星の画像を用いた雲の分類
- 医療画像を用いた脳腫瘍の分類，肝臓組織の分類，染色体の構造異常の認識
- 手書き文字の認識

● (2)音声解析
- 単語の認識
- 連続音声の認識
- 話者同定（誰が話しているかを分類）

● (3)ロボット工学
- ロボット・アームの制御
- 移動ロボットの衝突回避

- 移動経路の生成問題

● (4)物理学
- 発生地震の分類
- パルス発信レーザのシミュレーション

● (5)科学
- タンパク質の分類
- 染色体の特徴抽出

● (6)言語学とAI問題
- 全テキスト解析
- 情報検索

◆参考文献◆
(1-1) T. コホネン；自己組織化マップ 改訂版，丸善出版，2012年2月．

2 イメージをつかむ

SOMはたくさんの複雑な（多次元の）データを，近いデータ同士が近くなるように平面に配置する方法です[注2-1]．

ここでは，SOMのイメージをつかむために，学校のクラスの席替えを例にとります．席替えで，好きな席に座ってよいとなった場合，気の合う人と近くに座りたくなります．これをSOMのアルゴリズムに当てはめてみましょう．

説明を簡単にするために，名前をa〜hまでの英文字で表すものとし，それぞれの人がスポーツが好きかどうかを1〜10までの値で表せるものとします．数値が10に近いほどスポーツが好きな度合いが大きいことを意味します．

注2-1：これは例えば，3次元空間にあるデータ間の距離の情報を2次元平面においても反映されるような写像を行うことに相当します．

まずはSOMではないアルゴリズムで席替え

まずは実際のSOMとは少し異なる，簡単化したアルゴリズムで席替えのイメージをつかみましょう．

● 席替えの流れ
▶最初の状態

取りあえず図2-1(a)に示すようにランダムに座ります．

この後，数値の近い人同士が集まることを示します．集まったことが視覚的に分かりやすくするために，図の人の表情の口の形は3未満の場合は上に凸，3以上6未満ならば横棒，6以上ならば下に凸としました．

シンボルの意味

スポーツ 嫌い

スポーツ 普通

スポーツ 好き

(bとdを入れ替えた)

aさん：1.0	cさん：2.5	dさん：3.4
eさん：3.8	fさん：4.1	bさん：1.2
hさん：8.7	gさん：8.3	iさん：9.5

（a）ランダムに席についた状態

a：1.0	c：2.5	b：1.2
e：3.8	f：4.1	d：3.4
g：8.3	h：8.7	i：9.5

(gとhを入れ替えた)

（b）1回目の席替えをした状態

(bとcを入れ替えた)

a：1.0	b：1.2	c：2.5
e：3.8	d：3.4	f：4.1
g：8.3	h：8.7	i：9.5

(dとfを入れ替えた)

（c）2回目の席替えをした状態

(dとeを入れ替えた)

a：1.0	b：1.2	c：2.5
d：3.4	e：3.8	f：4.1
g：8.3	h：8.7	i：9.5

（d）3回目の席替えをした状態

図2-1　席替えのイメージ
実際のSOMとは少し異なる，簡単化したアルゴリズムにおける席替えのイメージ

▶1回目の席替え

調整のために席を入れ替えます．このとき，適当に座席を替わるのではなく，数字が近い人同士は気が合う人として，近い位置に座るように座席を替わります．bの周りには値の大きい人（d：3.4，f：4.1，i：9.5）が周りにいるので，席を変えたほうがよさそうです．例えばdと変わることにしましょう．また，hとgを変えると値が近い人が近くになりそうです．席替えをした結果を図2-1（b）に示します．これによって気の合う仲間同士が近くになりました．それでもまだ改善の余地がありそうです．

▶2回目の席替え

bとcの入れ替えとdとfの入れ替えを行うと，さらに数字が近い人同士が近くに配置されそうです．そこでもう1回席を入れ替えると図2-1（c）になります．

▶3回目の席替え

eとdを図2-1（d）のように入れ替えましょう．今度は近い値が近くに集まっているような気がします．

このように何回も席替えを繰り返すことで少しずつ全員が納得する状態に近づけていきます．

● 空席や2人掛けも許す

ここでは席替えを例にとりましたが，SOMでは同じ位置に複数のデータを配置できます．また，逆にデータのない部分もあります．これを席替えに当てはめると，1人1つの机ではなく，図2-2のように何人かで1つの机に座ったり，座る人のない机ができたりということも起こります．

SOMにおける席替え1… 単純なデータの場合

先ほどは人が入れ替わると説明しましたが，SOMでは机に書かれた値をもとにして仲間が集まることを考えます．ここでは，気の合う仲間同士が集まるためのSOMのアルゴリズムのイメージを，先ほどの席替えをもとに説明します．

● 席替えの流れ
▶最初の状態

実際にはSOMは図2-3（a）のように各マス（ここでは机）に数字が書かれています．最初はこの数字がランダムに割り当てられています．それぞれの人は自分

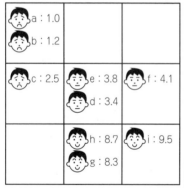

図2-2　同じ位置に複数のデータを配置した例

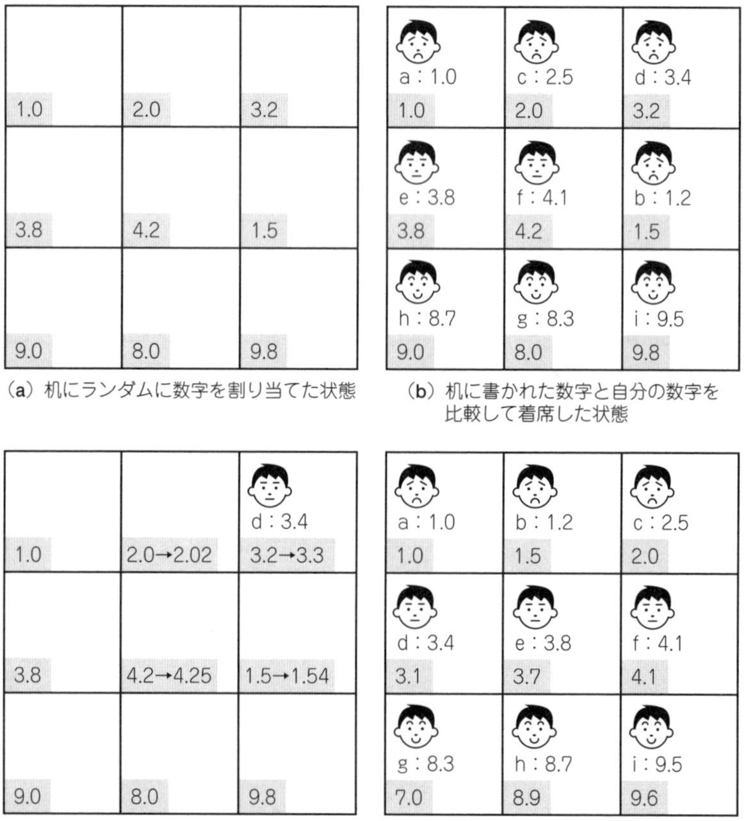

（a）机にランダムに数字を割り当てた状態

（b）机に書かれた数字と自分の数字を比較して着席した状態

（c）自分の数値をもとに机の数値を更新した状態．dの数値の更新を例として表示

（d）更新した机の数値をもとに再度席替えした状態

図2-3　SOMにおける席替え1…単純なデータの場合

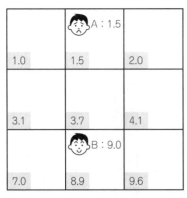

図2-4 AとBの新しいデータを配置した状態

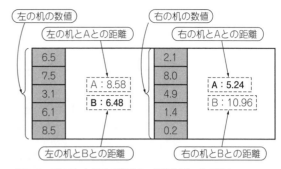

図2-5 SOMにおける席替え2…複雑なデータの場合
2つの机に着目し，左の机と右の机について，それぞれAとBとの距離を計算した結果．AとBでその机に着席する方を太字で表現した

がスポーツを好きかどうかの数値と机に書かれた数字とを見比べて**図2-3(b)**のように一番近い席に座ります．最初の数字がランダムなので座る席もランダムになります．

▶自分の数値をもとに机の数値を更新

自分のスポーツが好きな度合いを表す値をもとにして，机に書かれた数値とその周りの机の数値を変更します．例えば，**図2-3(c)**は右上のdに関する書き換えの影響を示しています．

SOMでは近くのマス（この場合は机）の数値しか変更しない点が特徴です．机の数値を一気に変えるのではなく，少しだけ修正する点がポイントです．

▶更新した机の数値をもとに再度席替え

全員が同様のルールで机の上の値を書き換え終わったら，もう一度自分の数値と近い数字が書かれた机を選びなおして座ります．これを何回も行うと，隣同士の机の値が近くなります．何度も行った後の机に書かれた数字は**図2-3(d)**のようになります．その数字に従って座ると，気の合う仲間同士が近くに来ることになります．1つの指標だけであれば簡単ですね．

● 新しいデータの追加

さて，2人の転校生がこのクラスに入ってきたとします．適当に座るのではなく気の合う仲間の近くに座らせてあげたいですね．

ここではAとBと名前を付けます．スポーツが好きかどうかの数値はAが1.5，Bが9.0であるとします．AとBはそれぞれ机に書かれた値と自分の値とを比較して，最も値の近い位置に座ることとします．こうすると，気の合う仲間が近くにいる状態で座ることができます．

図2-4を見るとAは上の真ん中に配置されています．**図2-3(d)**ではa，b，c，eが近い位置に配置されています．このことからAはスポーツがあまり好きではない人と気が合うということが分かります．実際に，Aはスポーツ好き度が1.5ですのでスポーツが比

較的好きではない人であることからも分かります．

Bについても同じように見ると，スポーツが好きな人の近くに配置されています．このことからスポーツが好きな人と気が合うということになります．

ここではスポーツが好きかどうかという1つの値だけでしたので，AやBと気が合う人はSOMを使わずとも，ただ数字を比べるだけで分かります．次に，もっと複雑になった場合を考えてみましょう．

SOMにおける席替え2… 複雑なデータの場合

SOMは複雑なデータをうまく表すことができる手法であることを最初に説明しました．ここでは，スポーツがどれだけ好きかという値だけでなく，次のようにスポーツも含めて5つの値を持つ場合を考えます．

- スポーツ
- グルメ
- ファッション
- 旅行
- ゲーム

これらも1～10までの値で表現されています．値が10に近いほど好きな度合いが強いことを意味します．

この場合は，机には5個の数字が書かれることとなります．例えば，**図2-5**のように2つの机に着目します．それぞれの机には5個の数字が書かれているとして，AとBはそれぞれ，どちらの席に座ればよいかを考えます．ここで，AとBの値は**表2-1**に示す通りとします．

● 複数項目ある場合の座る席の決め方…距離を計算

どの席に座るかは，机に書かれた数値と自分の値との距離を計算することで決めます．距離はそれぞれの机の数値と自分の値を引き算して2乗した数を足し合わせて，そのルートを計算することで得ることができます．具体的な距離の計算は，**表2-1**におけるAとBの数値と，**図2-5**における左の机と右の机の数値を

表2-1　AとBの数値

名前	スポーツ	グルメ	ファッション	旅行	ゲーム
A	1	7	4	6	2
B	8	4	2	1	8

表2-2　a～iの数値

名前	スポーツ	グルメ	ファッション	旅行	ゲーム
a	2	5	4	7	2
b	5	9	2	1	7
c	8	5	7	3	4
d	8	1	2	8	5
e	8	8	7	9	3
f	8	6	6	4	1
g	4	6	6	7	8
h	4	2	4	5	8
i	4	8	8	2	2

用いることで次のように計算できます.

- Aと左の机の距離

$$\sqrt{(1-6.5)^2+(7-7.5)^2+(4-3.1)^2+(6-6.1)^2+(2-8.5)^2}$$
$$= 8.58$$

- Aと右の机の距離

$$\sqrt{(1-2.1)^2+(7-8.0)^2+(4-4.9)^2+(6-1.4)^2+(2-0.2)^2}$$
$$= 5.24$$

- Bと左の机の距離

$$\sqrt{(8-6.5)^2+(4-7.5)^2+(2-3.1)^2+(1-6.1)^2+(8-8.5)^2}$$
$$= 6.48$$

- Bと右の机の距離

$$\sqrt{(8-2.1)^2+(4-8.0)^2+(2-4.9)^2+(1-1.4)^2+(8-0.2)^2}$$
$$= 10.96$$

Aと左の机の距離が8.58, Aと右の机の距離が5.24となっています. 距離が小さい方の席に座ることになるので, Aは右の机に座ることになります. 同様の考え方で, Bは左の机に座ることが分かります.

● 席替えの流れ

表2-2に示す値を持つa～iがいたとします. この9名を先ほどと同じように調整を繰り返して全員が納得する値に近づけていきます.

この繰り返しをまとめると次のようになります.

(1) a～iのそれぞれと机との距離を計算し, 距離が短い席に座る

(2) a～iの座っている机の数値をもとにして, その机だけでなく近くの机の数値を更新する

(3) (1) ～ (2) を繰り返す

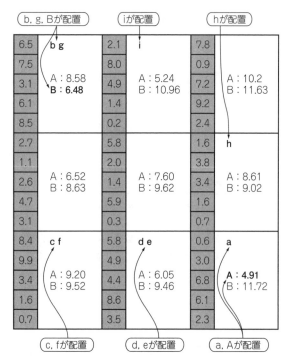

図2-6　a～i, およびAとBが配置される位置

その結果, 図2-6のような机の数値が得られたとしましょう. この机の数値と表2-2のa～iの数値から距離を計算し, 最も距離の短い机を選ぶとa～iは, 図2-6に示す位置に座ることになります.

さらに, AとBがどの位置に配置されるかを考えます. この場合の各机とAとBの間の距離を計算した値が図2-6に書かれています. その結果AとBはそれぞれ図2-6の太字で表した位置(Aは右下, Bは左上)に座ることになります. Aの周りにはa, d, e, hがいるため, これらの人と気が合いそうだと判断します. また, Bはb, g, iと気が合いそうということが分かります.

スポーツが好きかどうかだけを考える場合は簡単でしたが, このように5項目を全て考えると簡単ではなくなります. SOMはこのような場合でも, 同じ考え方でうまく処理できます.

3 プログラムを動かしてみよう

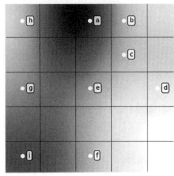

(a) a～i の配置
使用したデータは sports.txt

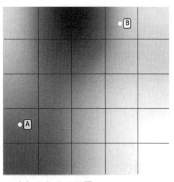

(b) A と B の配置
使用したデータは sports_test.txt

図3-1 スポーツがどれだけ好きかを表すデータのSOM
(a) (h) いずれも縦横に線がはいっているが，これは次節での説明のためであり，実際には線は入らない

Colabでプログラムを実行する方法を簡単におさらいしながら，スポーツのデータを実際にSOMで分類してみましょう．

レベル1…
スポーツのデータを分類する

ここでは「スポーツがどれだけ好きか」を数値で表したもの（sports.txt と sports_test.txt）を，SOMのプログラム（SOM_sports.ipynb）で処理します．

表3-1　2組の動物のデータ

名前	かわいい	危険	大きい	ふさふさ	強い	賢い
panda （パンダ）	5	1	3	5	2	2
tiger （トラ）	3	5	3	4	5	1
elephant （ゾウ）	4	2	5	1	5	4
monkey （サル）	2	3	2	3	1	4
gorilla （ゴリラ）	2	4	4	2	4	5
giraffe （キリン）	4	2	5	2	3	3
squirrel （リス）	5	1	1	5	1	2

(a) 動物のデータ（animal.txt）

名前	かわいい	危険	大きい	ふさふさ	強い	賢い
rabbit （ウサギ）	5	1	2	5	1	2
rhinoceros （サイ）	2	4	4	1	4	2
chimpanzee （チンパンジー）	2	2	2	3	1	5

(b)（a）とは別の動物のデータ（animal_test.txt）

ブラウザでColabを開きます．GoogleやYahooなどの検索エンジンで「Google colab.」と検索すればそのウェブ・ページを開くことができます．SOM_sport.ipynbをGoogle Colaboratoryで開き，sports.txtとsports_test.txtをアップロードします．幾つか実行すると**図3-1**のような結果が得られます．**図3-1**は，**図2-3(d)**で行ったような計算をプログラムで実行した結果に対応します．

図3-1(a)はa～iのデータを使って各セル（机）の値を更新して，気の合う人同士が近くに配置されていることを示しています．そして**図3-1(b)**はAとBが座る机を表しています．なお，**図2-3(d)**では机の数は3×3の9個でしたが，プログラムで見やすくするために5×5の25個の机としています．

レベル2…
他のデータでやってみる

スポーツ以外にグルメ，ファッション，旅行，ゲームも含めた5項目のデータを分類してみます．この処理に使うプログラム SOM_like.ipynb と，分析するデータである like.txt と like_test.txt をアップロードし，SOM_like.ipynb を先ほどと同じように実行することで得られます．この結果は次の節に示します．

SOM_like.ipynb と SOM.sports.ipynb の違いは読み出すファイルだけです．

レベル3…
自分で用意したデータを使う

自分で作成したデータを分類できるようにデータの作り方と，そのデータを使って新たなデータを分類する方法を示します．

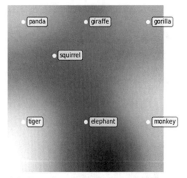

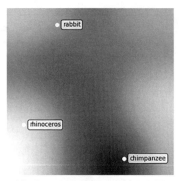

(a) 表3-1(a)の動物のデータの配置
使用したデータは `animal.txt`

(b) 表3-1(b)の動物のデータの配置
使用したデータは `animal_test.txt`

図3-2　動物のデータのSOM

ここでは，**表3-1(a)**の動物のデータ(`animal.txt`)を使って分類します．その後，**表3-1(b)**が示す別の動物のデータ(`animal_test.txt`)をそのマップ上のどこに分類されるかを調べてみましょう．日本語の部分は説明のために付けているので，実際のファイルには含まれていません．`SOM_animal.ipynb`を実行することで，**図3-2**のような結果が得られます．

▶自前のデータの作り方

データは**図3-3**(`animal.txt`の中身)に示すような形式です．最初にデータの名前を書きます．その後，タブで区切ってデータを並べます．**図3-3**はデータが6個並んでいる6次元のデータです．

▶データの読み込み方

作ったデータをColab上にアップロードします．これを，SOMのマップを作るためのデータとして読み込みます．これは，処理プログラムの以下の部分で行われます．

```
df = pd.read_csv("animal.txt",sep =
"¥t", header=None,index_col=0)
```

`animal.txt`の部分を変更することで，皆さんの用意したデータを使うことができます．なお，`sep`はデータを区切る文字，`header`は最初の行に説明があるかどうか，`index_col`はデータの名前が何行目にあるかを示しています．

▶学習を実行

マップの大きさを次のように設定します．

```
n_rows,n_columns = 5,5
```

ここでは横(`n_rows`)と縦(`n_columns`)のマスの数がともに5となっています．

これを変更することで自身のデータに適したサイズのマップを作ることができます．マップとは本章第2節で説明した机に相当し，マップの大きさとは机の数に相当します．

データの名前	タブ区切りでデータを並べる					
panda	5	1	3	5	2	2
tiger	3	5	3	4	5	1
elephant	4	2	5	1	5	4
monkey	2	3	2	3	1	4
gorilla	2	4	4	2	4	5
giraffe	4	2	5	2	3	3
squirrel	5	1	1	5	1	2

図3-3　使用するデータの例
`animal.txt`のデータを例として表示

そして，以下の部分で学習を行います．

```
%time som.train(df.values)
```

用意した問題によっては，うまくいかない場合があります．その場合は，

```
%time som.train(df.values, epochs=100)
```

のように，`epochs`という引数で学習の回数を設定します．ここでは，エポック数を100に設定しています．設定しない場合はエポック数は10になります．

その後，幾つか実行すると**図3-2(a)**が表示されます．学習の回数をうまく設定することで，分類がうまくいったりいかなかったりします．何回もやってみましょう．

▶評価を実行

うまく分類ができるマップが作れたら，評価データを入力して分類します．評価データは以下の部分で読み込んでいます．

```
dft = pd.read_csv("animal_test.txt",
sep = "¥t", header=None,index_col=0)
```

`animal_test.txt`を皆さんの作った評価データに変更することで，評価データの分類ができます．その後，幾つか実行すると**図3-2(b)**が表示されます．

4　結果の読み取り方

SOMでは近い位置に近い性質があるデータが集まると説明しました．本章のプログラムを実行して得られる結果は，**図3-1**のように背景に白黒のグラデーションがあります．ここでは4つのデータについて，白黒のグラデーションがあるマップの読み取り方を説明します．

グラデーションの意味

データの読み取りの前に，まずは白黒のグラデーションの意味を説明します．SOMはデータを2次元平面に設定された各マス（ノードまたはセルとも呼ぶ）に配置しますが，隣同士の値の近さは一定ではなく，それぞれのノードの間で異なります．

例えば，SOMの一部を抜き出すと，**図4-1**となっている部分があります．ここでは左からセルの名前を①，②，③とします．①と②は隣同士にありますが，距離は1となります．同じように②と③の距離は5となります．SOMではこの距離が性質の違いになるので，この例のように，隣にあるからといって性質が近いとは限りません．そこで，本章で使用するSOMのライブラリでは，周りとの距離が遠い場合に黒く表示することとなっています．

距離に依存して黒くなる部分を含めて結果を読み取るときには，以下を考える必要があります．

- 色が黒く変わってない部分はその距離がそのまま性質の違いになる
- 色が黒く変わると平面上の距離よりも長い距離であることを示しているため，距離が近くても性質が異なるものが配置されている

グラデーションを表示するためのルール

どうしてこのようなことが起こるかを説明するために，グラデーションを表示するためのルールを説明します．

ここでは**図4-2(a)**に示すように1次元に並んでいるノードを考えます．説明のために各ノードに①～⑩といった番号を付けます．各ノードの値とその距離の平均値は**図4-2(a)**の通りです．距離の平均値とは隣同士のノードの距離（1次元の場合は差の絶対値）の平均値とし，端のノードは片方だけのノードとの距離とします．この距離の平均値に従って色が決まります．

①～③までのノードの値は2，3，2ですので①と②

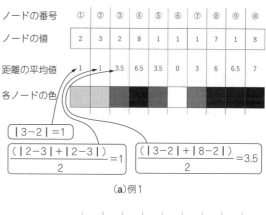

（a）例1

（b）例2

（c）例3

図4-2　グラデーションを表示するためのルールを説明するイメージ図

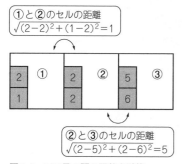

図4-1　マス目の間の距離を計算

の間の距離は1，②と③の間の距離も1ですので，①と②のセルの距離の平均値を計算すると①と②ともに1となります．しかし，③と④の間の距離は6（＝｜8－2｜）となるので，③の距離の平均値は3.5となります．そのため，①〜③のノードはほぼ同じ値であるにもかかわらず距離の色は図4-2(a)のように③だけ色が濃くなります．また，④のノードの距離の平均値は6.5（＝（｜8－2｜＋｜8－1｜）/2）となりますので，④はさらに濃くなります．このことから同じような値が続いていても同じ色にはなりません．

同様のことが⑤〜⑦のノードの色にも表れています．⑤〜⑦のノードは全て1ですが，④と⑦のノードの影響を受けて全部のノードの平均距離が小さいわけではないため，色も一定ではありません．さらに，⑧〜⑩のノードは7，1，8と変化が大きくなっています．このためセルの色は黒が続いています．

以上のように色付けが行われていることから，隣にあるからと言って近い性質となるというわけではなくなる点に注意が必要です．

これとは異なる例として，図4-2(b)のように④〜⑦までのノードの値が大きくなっている場合を考えてみましょう．距離の平均値を色で表すと図4-2(b)のようになります．中央付近のノードは周りのノードと距離が異なることを読み取れます．

また，図4-2(c)のようにノードの値が1ずつ増えていくような場合は，距離の平均値が一定なので，ノードの間の距離がそのまま性質の違いになります．

4つのデータの結果を読み取る

実際のデータについて，白黒のグラデーションの結果を読み取ります．

● (1) スポーツが好きかどうか (SOM_sport.ipynb)
図4-3に示したスポーツが好きかどうかを数値で表したデータのSOMマップを見てみましょう．図4-3はSOM_sports.ipynbを実行することで得られます．ランダムな初期配置で実行されるため，データが重なる同じ位置に配置されることがあります．その場合の読み取り方は後で示します．

まず，図4-3(a)の黒い部分に着目すると斜めの線で大きく2つに分かれているように見えます．そのため，g, h, iとa〜fのグループに分けることができます．

ここで左側にあるg, h, iに着目すると，これらの人はスポーツが好きかどうかの値が8以上でした．このことから，結果の左側に配置されるとスポーツが好きということが分かります．

次に，右側のa〜fに着目するとa, b, cが近くにあります．これらの人はスポーツが好きかどうかの値が3以下でした．右側の下の方に行くとスポーツが好きかどうかの値が徐々に大きい人が配置されるようになっています．

この結果から，図4-3(a)に示すように黒い部分より左側はスポーツが好き，右側はあまり好きでない人が集まります．右側の好きではない人たちの中でも下側の方がスポーツが好きな人のデータが配置されることが分かります．

得られたマップに従って新しいデータ（AとB）を用いた場合は，図4-3(b)となっています．Aはスポーツが好き，Bはそれほど好きではないという位置に配置されたことから，AとBの傾向をつかむことができます．

今回の場合は1次元の値だったため，あたりまえの結果が出ました．1次元より大きいデータだとSOMによる分析の効果がよく分かりますので，(2)〜(4)で

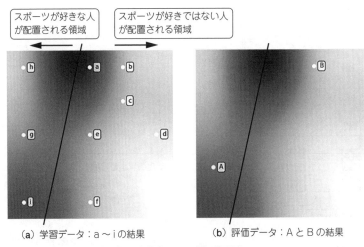

（a）学習データ：a〜iの結果　　　（b）評価データ：AとBの結果

図4-3　スポーツが好きかどうかを表すSOMの読み取り方

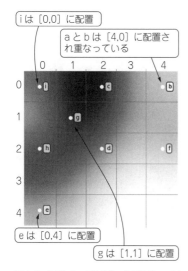

i は [0,0] に配置

a と b は [4,0] に配置され重なっている

e は [0,4] に配置

g は [1,1] に配置

図4-4　同じノードにデータが重なってしまった場合
データが重なっているため、9個のデータを用いているにもかかわらず、8個しか見えない

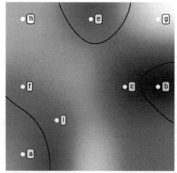

（a）学習データ：a〜iの結果

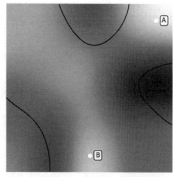

（b）評価データ：AとBの結果

図4-5　スポーツ，グルメ，ファッション，旅行，ゲームの5項目を表すSOMの読み取り方

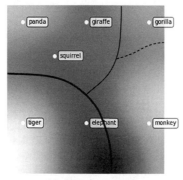

（a）学習データの結果

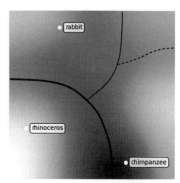

（b）評価データの結果

図4-6　動物データについてのSOMの読み取り方

説明します。

ここでは、全てのノードに1つずつデータが入りましたが、**図4-4**のように同じノードにデータが重なってしまい、9個のデータを用いているにもかかわらず、8個しか見えない場合があります。この場合、
`som.bmus`
を実行することで、各データがどの位置に割り当てられているかを、次のように確認できます。

```
array([[4, 0],
       [4, 0],
       [2, 0],
       [2, 2],
       [0, 4],
       [4, 2],
       [1, 1],
       [0, 2],
       [0, 0]], dtype=int32)
```

この値は上から順にa〜iのデータがどのノードに割り当てられているか示しています。例えば1番上とその下のデータはaとbの配置を表していて、どちらも [4,0] となっています。

最初の数は横のノードの位置、次の数は縦のノードの位置を示しています。**図4-4**では一番上の行の右から5番目のノードに割り当てられています。aとbが同じノードに割り当てられているため、**図4-3(a)**では描かれたaが、**図4-4**では見えなくなっています。

データが少ない場合は気になるかもしれませんが、実際のSOMではデータの数は100以上を用いるため、そのうちの幾つかが重なっていても気にならないような分類となっています。

● **(2)好みで分類**（SOM_like.ipynb）

スポーツ、グルメ、ファッション、旅行、ゲームの5項目についてSOM_like.ipynbを実行して分類した結果を**図4-5**に示します。この結果について考えていきましょう。この場合は、データが複雑になっていますので、**表2-2**に示す数値が羅列されたデータを見ただけではどのデータが近い性質を持っているのか分かりにくくなっています。そして、全体としてどのような傾向があるかも分かりません。

そこで、SOMの結果から傾向を調べます。**図4-5(a)**を見ると、a, e, bはそれぞれ黒で囲まれているため、

83

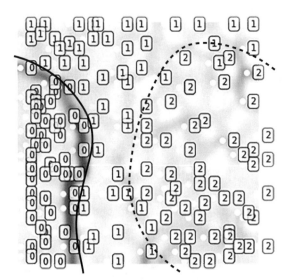

図4-7　アヤメ・データについてのSOMの読み取り方

それぞれ独自の傾向を示し，それ以外は同じグループに属しそうであることが分かります．大ざっぱに傾向を把握できる点もSOMの利点の1つです．

　また，評価データを加えた結果である**図4-5(b)**を見ると，Aはgと同じ位置に配置され，Bはiに近い位置に配置されていることが分かります．この結果からAとBがどのデータに近いのかも分かります．

● **(3)動物データ**（SOM_animal.ipynb）

　もう少し複雑な動物データを分類した**図4-6**の結果を見てみます．**図4-6**はSOM_animal.ipynbを実行することで得られます．まず，**図4-6(a)**黒い部分に着目して線で分けると左下のトラ（tiger）とゾウ（elephant）に区切りが見えます．この2つは強いという項目が5になっています．左下には強い動物が集まる傾向がありそうです．

　次に，黒い区切りは薄いですが，パンダ（panda），リス（squirrel），キリン（giraffe）が左上に集まっています．これらはかわいいという項目が4と5になっています．左上はかわいいという動物が集まる傾向にありそうです．

　右側は**図4-6**の点線の位置で2つに分けてもよさそうですが，それぞれ1つしかデータがなくなるので，ここでは同じ傾向とみなします．右側の2つはゴリラ（gorilla）とサル（monkey）が配置されています．右側は賢い動物（類人猿）が集まりそうです．

　この傾向から評価データを入れて分類すると，**図4-6(b)**となります．ウサギ（rabbit）はかわいい動物，サイ（rhinoceros）は強い動物であることが分かります．チンパンジー（chimpanzee）はサルに近い位置にあり，

右側の賢い動物に入っています．簡単なデータ分類ですが，仲間が集まることが分かります．

● **(4)アヤメ・データ**（SOM_iris.ipynb）

　分類問題でよく用いられるアヤメ・データを分類した結果を**図4-7**に示します．**図4-7**はSOM_iris.ipynbを実行することで得られます．アヤメ・データとは，Setosa（ラベル：0），Versicolor（ラベル：1），Virginica（ラベル：2）の3種類のアヤメについて，ガク片の長さ（sepal length），ガク片の幅（sepal width），花弁の長さ（petal length），花弁の幅（petal width）の4つの特徴量を持つ合計で150個からなるデータです．これは簡単には分類できないため，分類問題の例題としてよく使われます．**図4-7**は左に0番，上に1番，右下に2番のアヤメが分類されています．特に，0番の部分は黒い部分で囲まれていて，他と異なる特徴を持つことが明確に示されています．

5 原理

SOMの原理を次の例題を算数で解くことで説明します.

● 例題

表5-1(**a**)に示す2つの値(2次元の値)を持つ4つのデータを入力データとして,**図5-1**に示す4つのセルからなるSOMを計算します.そして,**表5-1**(**b**)に示す2つのデータがどこに配置されるかを計算で求めていきます.

● SOM作成の流れから原理をつかむ

▶(1)ノードの初期値を与える

今回の例題は2次元のデータなのでセルには**図5-1**に示すように2つの数値が書かれています.この値はランダムに決めるのが一般的ですが,最近は主成分分析を用いて決める方法もあります.

▶(2)勝ちノードを決める

勝ちノードとは全ノードの中で最もデータと距離が近いノードを意味します.そこで,データがどのノードと一番近いかを計算します.

例として,**表5-1**(**a**)のデータの1つであるa:[1, 1]について,全部のノードとの距離を**図5-1**に示すように計算します.その結果,右上のノードが最も距離が小さいノードとなります.そこで,aの勝ちノードは右上となります.同じように全てのデータの距離を計算すると**図5-2**(**a**)となり,bの勝ちノードは左上,c,dの勝ちノードは左下となります.これにより,データは**図5-2**(**b**)のように割り振られます.

▶(3)ノードの値を更新する(学習する)

全ての勝ちノードの配置が決まると,それをもとにしてノードのデータを更新します.更新の方法は数式で表すと以下の式となります.

$$m_i(t+1)=m_i(t)+h_{c_i}(t)[x(t)-m_i(t)]$$

ここで,$m_i(t)$はt回目の学習におけるi番目のノードのデータを表していて,$x(t)$は入力データ,$h_{c_i}(t)$は学習係数と影響するノードの範囲によって決まる係数で0~1の範囲の値です.この式では$m(t)$と$x(t)$の差に係数をかけたものを足し合わせていますので,$m(t+1)$は$m(t)$よりも少しだけ$x(t)$に近くなります.そのため,この式によって更新を行うと,勝ちノードの値$x(t)$にノードの値が近づいていきます.このとき,勝ちノードに近いノードはより大きな値で更新し,遠くなるにつれてその影響を小さくします.こうすると,勝ちノード近くのノードの値は,より勝ちノードに近くなります.これを全てのデータで行います.

例えば,h_{c_i}が距離の逆数として設定されているとしましょう.そして,**図5-3**(**a**)のように勝ちノードの値だけ10,それ以外のノードは0であったとします.隣り合うノードは次の式に従い,10となります.

$$0+\frac{1}{1}\times(10-0)=10$$

一方,斜めのノードは次の式に従い,7.07となります.

$$0+\frac{1}{\sqrt{2}}\times(10-0)=7.07$$

また,横に2つ離れたノードは,5となります.

$$3+\frac{1}{2}\times(10-0)=5$$

このとき,勝ちノードに近いノードはより大きな値で更新し,遠くなるにつれてその影響を小さくします.こうすると,勝ちノード近くのノードの値はより勝ちノードに近くなります.これを全てのデータで行います.その結果が**図5-3**(**b**)です.

勝ちノードを決めてノードを更新することを繰り返すことを学習と呼びます.

表5-1 SOMの原理を算数で説明するために用いる2組のデータ

記号	数値
a	[1, 1]
b	[1, 0]
c	[0, 1]
d	[0, 0]

(**a**)a~dの2次元データ

記号	数値
A	[0.2, 0.1]
B	[0.8, 0.3]

(**b**)AとBの2次元データ

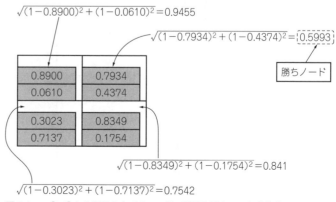

$$\sqrt{(1-0.8900)^2+(1-0.0610)^2}=0.9455$$

$$\sqrt{(1-0.7934)^2+(1-0.4374)^2}=0.5993$$

勝ちノード

0.8900	0.7934
0.0610	0.4374
0.3023	0.8349
0.7137	0.1754

$$\sqrt{(1-0.8349)^2+(1-0.1754)^2}=0.841$$

$$\sqrt{(1-0.3023)^2+(1-0.7137)^2}=0.7542$$

図5-1 a:[1,1]との距離を全てのノードで計算し勝ちノードを決定

▶(4)学習後

学習後(ノードを何度か更新した後)は**図5-4**のように各ノードの値が変わります．このノードの値に対して**表5-1(a)**のデータを用いて全ての距離を計算すると**図5-5(a)**が得られ，勝ちノードが**図5-5(b)**のように決まります．この例では，各ノードにデータが割り振られました．

▶(5)評価データを入れる

表5-1(b)の評価データを学習後のマップに入れることは，**図5-4**のノードの値を用いて，**表5-1(b)**におけるA，Bの勝ちノードを決めることに相当します．

AとBのそれぞれと各ノードとの距離を計算すると**図5-6(a)**のようになり，AとBの勝ちノードは**図5-6(b)**のように決まります．

a:0.9455 **b:0.1200** c:1.2936 d:0.8918	**a:0.5993** b:0.4837 c:0.9726 d:0.9060
a:0.7542 b:0.9981 **c:0.4164** **d:0.7751**	a:0.8410 b:0.2409 c:1.1735 d:0.8531

(a) a～dと各ノードとの距離を計算

b	a
c d	

(b) a～dの勝ちノード

図5-2　勝ちノードを決定

0.9320 0.0904	0.8850 0.5029
0.4023 0.8084	0.8696 0.2047

図5-4　ノードの値を更新した結果

0	0	0	0	0
0	0	0	0	0
0	0	10	0	0
0	0	0	0	0
0	0	0	0	0

(a) 更新前

3.54	4.47	5	4.47	3.54
4.47	7.07	10	7.07	4.47
5	10	10	10	5
4.47	7.07	10	7.07	4.47
3.54	4.47	5	4.47	3.54

(b) 更新後

図5-3　ノードの値を更新
h_{c_i}を距離の逆数にした場合の例

A:0.8919 B:0.2477	a:0.6918 B:0.2200
A:0.2904 B:0.6455	A:0.7776 **B:0.1180**

(a) A，Bについて各ノードとの距離を計算

a:0.9121 **b:0.1131** c:1.3023 d:0.9364	**a:0.5102** b:0.5159 c:1.0151 d:1.0179
a:0.6277 b:1.0054 **c:0.4456** d:0.903	a:0.8059 b:0.2427 c:1.1784 **d:0.8934**

(a) 更新したノードの値とa～dの間の距離を計算した結果

b	a
c	d

(b) a～dの勝ちノード

図5-5　ノードの値を更新後に勝ちノードを決定

A	B

(b) A，Bの勝ちノード

図5-6　評価データ(A，B)について勝ちノードを決定

6 プログラムの説明

それではプログラムの説明を行います．ここでは SOM_sports.ipynb を例にとり説明します．Python 用の SOM ライブラリは幾つかありますが，今回は Somoclu[注6-1] を用います．使い方が容易なのと，ウェブ・ページの説明がしっかりしているからです．

本項で説明するプログラムを実行する準備として，Colab 上に sports.txt と sports_test.txt をアップロードします．

● (1) ライブラリのインストールとインポート

リスト6-1 により，ライブラリのインストールを行い，リスト6-2 でライブラリのインポートを行います．

● (2) データの読み込み

リスト6-3 により学習に用いるデータの読み込みを行います．

sep は読み出すデータの区切り文字であり，スペースやカンマなどを指定できます．ここではタブ区切りを意味する "\t" を指定しています．

header=None はデータ（sports.txt）の1行目に列の説明（表3-1 の「ふさふさ」や「かわいい」などの列の説明に相当する行）がないファイルであることを設定しています．1行目に列の説明がついているファイルを読み出す場合は header=None を削除します．

index_col はラベルとして用いる列を指定します．ここでは0を指定しているので，最初の列を指定しています．なお，-1とすると最後の行が指定できます．

注6-1：詳しい情報は公式ウェブ・ページを参考にしてください．
https://somoclu.readthedocs.io/en/stable/

リスト6-1 Somoclu ライブラリのインストール

```
!pip install somoclu
```

リスト6-2 必要なライブラリのインポート

```
import numpy as np
import matplotlib.pyplot as plt
from mpl_toolkits.mplot3d import Axes3D
import somoclu
import pandas as pd
%matplotlib inline
```

リスト6-3 学習データを読み込む

```
df = pd.read_csv("sports.txt", sep="\t",
        header=None,index_col=0) # データの読み込み
X = df.values # 学習に使うデータ
Y = df.index # ラベルとして使うデータ
```

また，学習に使うデータを X，ラベルとして使うデータを Y としています．

● (3) SOM の学習

リスト6-4 で SOM の学習をします．1行目でマップの大きさを設定しています．2行目では SOM の設定をしています．SOM の初期値は毎回異なる値が設定されるため，毎回異なる結果が得られます．3行目からの # でコメント・アウトをしてある部分は初期値を設定する書き方です．こちらを使うとバージョンアップなどの更新がなければ誌面と同じ結果が得られます．9行目において，% から始まる行で SOM の学習を行っています．%time は実行時間を計るためにあるので，単に som.train(X) と書くこともできます．

● (4) SOM の表示

SOM はリスト6-5 で表示しています．colormap の部分を削除するとカラーで結果が得られます．

● (5) 評価データの読み込みと SOM の表示

学習後のマップを用いて評価データを分類します．まず，評価データをリスト6-6 で読み込みます．

Somoclu では学習後のマップを用いて評価データを配置する簡単な方法は実装されていないようでした．そこで，リスト6-7 のようにして実現しました．この部分は難しいので興味のある方はお読みください．

リスト6-7 の som.bmus は各データの位置を格納する変数です．この書き換えを次の手順1～3で説明

リスト6-4 SOM の学習

```
n_rows, n_columns = 5, 5 # マップの大きさ
som = somoclu.Somoclu(n_columns, n_rows)
# som = somoclu.Somoclu(
#     n_columns,
#     n_rows,
#     initialcodebook=np.zeros
              ((n_rows*n_columns, X.shape[1]),
                         dtype=np.float32))
%time som.train(X)
```

リスト6-5 SOM を表示

```
som.view_umatrix(figsize =(5,5), bestmatches=
          True, labels=Y, colormap ='Greys')
```

リスト6-6 評価データを読み込む

```
dft = pd.read_csv("sports_test.txt",
            sep="\t",header=None,index_col=0)
Xt = dft.values
Yt = dft.index
```

します.

▶手順1

学習データで分類したデータの位置のバックアップをbum_orgに取っておきます.

▶手順2

評価データと各ノードの間の距離を計算します. 各ノードの値はsom.codebookにあります. その中から最も小さい距離となったノードの位置を探し, それをbmusに追加します. これを評価データの数だけ繰り返します. これをsom.bmusに渡すことで, 評価データが学習後のマップに表示されるようになります.

▶手順3

学習データのbum_orgをsom.bmusに戻しています. これは必ずしも行わなくてもよいのですが, 他の部分を実行したときにエラーが起きにくくなります.

リスト6-7 評価データの読み込みとSOMの表示

```
bum_org = som.bmus
bmus = []
for i in range(len(Xt)):
  a = np.sum((som.codebook - dft.values
                           [i])**2, axis = 2)
  idx = np.unravel_index(np.argmin(a), a.shape)
  bmus.append(idx)
som.bmus = bmus
som.view_umatrix(figsize =(5,5),
        bestmatches=True, labels=Yt, colormap
                                    ='Greys')
som.bmus = bum_org
```

7 実践！ SOMでクラスタ分析を実行

SOMにクラスタ分析を組み込むことができます. クラスタ分析とは似ているデータを同じグループに分ける手法のことです.

本分析から分かること

まずは結果から示します. 図7-1はスポーツのデータをクラスタ分析し, 似た性質を持つスポーツを2つに分類した結果です. また図7-2は似た性質を持つスポーツを3つに分類した結果です.

プログラムの説明

このクラスタ分析をSOMで実行するプログラムの説明を行います. 本章第6節までのプログラムを実行した後, 以下を実行していきます.

リスト7-1でクラスタ分析用のライブラリを読み, クラスタ分析を実行します. ここでは2を設定してるので分類数が2になります. これによって分類された結果は, リスト7-2を実行することで確認できます.

得られる結果は次のようになります. この行列の大きさはマップのサイズと同じで, 各ノードが0のグループに属しているか, 1のグループに属しているのかを示しています. 0のグループと1のグループで左右で分かれています.

```
array([[0, 0, 1, 1, 1],
       [0, 0, 1, 1, 1],
       [0, 0, 1, 1, 1],
       [0, 0, 1, 1, 1],
       [0, 0, 1, 1, 1]])
```

リスト7-3で各データの色を決定します. ここでは色として8色用意しています. リスト7-4を実行す

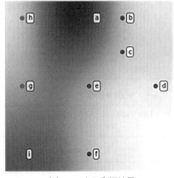

(a) a〜iの分類結果

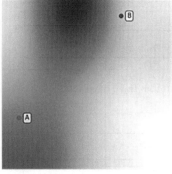

(b) AとBの分類結果

[カラー画像はこちら]

図7-1 スポーツのデータをクラスタ分析で2つに分類した結果
誌面ではグレースケールになっているが, 実際はa〜f, Bが青色, g, h, i, Aが赤色に表示される

第5章 似た特徴を持つデータを近くに集めることを繰り返す「自己組織化マップ」

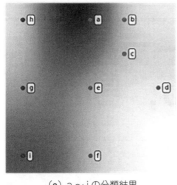
（a）a〜iの分類結果

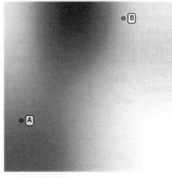
（b）AとBの分類結果

［カラー画像はこちら］

図7-2 スポーツのデータをクラスタ分析で3つに分類した結果
誌面ではグレースケールになっているが，実際はa, b, c, Bが緑色，d, e, fが赤色，g, h, i, Aが青色に表示される

リスト7-1 クラスタ分析

```
from sklearn.cluster import KMeans
som.cluster(KMeans(n_clusters=2))
```

リスト7-2 SOMの各ノードのクラスタ分類を表示

```
som.clusters
```

リスト7-3 学習データの各クラスに対応する色を設定

```
colors = ['r', 'b', 'g', 'k', 'c', 'm', 'y',
                                    'grey']
a = list(map(lambda x:colors[som.
    clusters[som.bmus[x][1], som.bmus[x][0]]],
                        range(len(som.bmus))))
print(a)
```

リスト7-4 学習データのクラス分類結果の表示

```
som.view_umatrix(figsize =(5,5),
                bestmatches=True,
                labels=Y,
                colormap ='Greys',
                bestmatchcolors=a)
```

リスト7-5 評価データのクラス分類結果の表示

```
som.bmus = bmus
print(bmus)
colors = ['r', 'b', 'g', 'k', 'c', 'm', 'y',
                                    'grey']
a = list(map(lambda x:colors[som.clusters
            [som.bmus[x][1],som.bmus[x][0]]],
                        range(len(som.bmus))))
print(a)
som.view_umatrix(figsize =(5,5),
                bestmatches=True,
                labels=Yt,
                colormap ='Greys',
                bestmatchcolors=a)
som.bmus = bum_org
```

ると，**図7-1**のように分類結果を色で分けて表示できます．

　評価データの分類は**リスト7-5**のように行います．この方法は本章第6節で示した評価データの配置と先ほど示した色の決定を組み合わせた方法となります

　図7-2に示すように，3つにクラスタリングする場合は，**リスト7-1**の2行目においてn_clusters=2の代わりに，n_clusters=3と設定します．

クラスタ分析＋SOMを 使う上での注意点

　クラスタ分析を行うと読み取りをしなくても分類できるため，ぜひ組み合わせたい方法です．ただし，クラスタ分析はどのようなデータであっても機械的に分類できてしまうので，うまく分類できているかどうかはやはりSOMの原理を知っておいて，人間が確認する必要があります．

まきの・こうじ

もっと体験したい方へ
電子版「AI自習ドリル：自己組織化マップ」では，より多くの体験サンプルを用意しています．全20ページ中，16ページは本章と同じ内容です．
https://cc.cqpub.co.jp/lib/system/dolib_item/1439/

牧野 浩二

第1章 心臓部「ニューラル・ネットワーク」を知る，動かす

ディープ・ラーニングは，画像/文章/音の認識や生成，過去データを元に未来を予測，さらにロボット（犬型ロボットやロボット・アームなど）の制御など，いろいろなことができます．

本章ではディープ・ラーニングの基礎的な問題を解くことでディープ・ラーニングとはどのようなものかを説明します．

1 できること

ディープ・ラーニングでできるようになったことはとてもたくさんあります．本章ではイメージしやすい3つの分野の概要を紹介します．実際の応用例はこの後の章で紹介していきます．

画像関連

▶画像認識

画像に映っているものを判別できます．例えば，犬と猫の画像を大量に学習しておくと，犬や猫の姿勢が変わっても判別できるようになったり，学習した種類とは異なる犬と猫も判別できるようになったりします．これを応用してスマホやパソコンの顔認証にも用いられています．また，レントゲン写真からがんなどの診断を支援するシステムも開発されています．本章では画像認識を対象として，洋服や靴を判別するものを作ります．

▶画像変換

写真をゴッホ風にしたりモネ風にしたりなど画像の雰囲気を変えられます．昔の白黒写真に色を付けてカラー写真にすることもできるようになってきています．

▶画像生成

例えば，ポケモンのキャラクタの画像を大量に学習しておくと，新しいポケモンの画像を作ることができるようになります．これを応用することで，写真の口元を変えることができるようになり，これをたくさん用意することであたかも話しているような動画を作ることにも応用されています．

▶異常判定

工場などで作られる製品にはまれに不良品が生じますが，その数が少ないので，不良品の画像を大量にためることは難しいという問題があります．正常な画像だけを学習させておくことで，異常なものを学習しなくても，異常であることを判定する技術が開発され，それにもディープ・ラーニングが使われています．

音関係

▶音声認識

スマート・スピーカなどではマイクに話しかけるとそれを聞き取ってくれる機能があります．これもディープ・ラーニングによって飛躍的に性能が向上した分野の1つです．

▶雑音抑制

車通りの多いところや風が強い場所などでは，音の認識が難しくなります．そこで，雑音を抑制する技術にもディープ・ラーニングが応用されています．また，音楽などの雑音除去にも用いられています．

▶音声変換

声質を変えたり，テキストを読み上げたりすることにも用いられています．例えば，男の人の声を女の人の声に変えたり，ある俳優の声に変えたりなどができるようになってきました．さらに，テキストの読み上げ性能も向上して，自然な話し方ができるようにもなってきました．

▶異音判定

画像の異常判定の音版です．例えば，人間は熟練す

ると，鉄道の車軸の亀裂や壁の剥がれなどを，ハンマーで叩いたときの音で判定できます．これと同じことをディープ・ラーニングでも行えるようになりつつあります．

文章関連

▶文章生成

天気予報の原稿を作ったり，交通情報の原稿を作ったりなど，文章を作成することもできるようになってきています．これを応用して，小説を書いたり，作詞したりなどの応用も行われています．

▶翻訳

Google翻訳などのインターネット上の翻訳サービスがいろいろあります．これにもディープ・ラーニングが使われたことで性能が向上したといわれています．

また，Google翻訳よりも精度が高いと噂になっているDeepLといった翻訳は，その名前からもディープ・ラーニングが中心的な役割を果たしていることがうかがえます．

▶要約

長い文章を要約することもできるようになってきています．これは文章の中の幾つかの重要な部分を認識し，それをうまくつなぎ合わせることで実現しています．

▶会話

相手の言ったことを理解し，返答することを行っています．例えば，チャット・ボットと呼ばれるチャットに自動的に返答するツールもこの技術を利用しています．駅やショッピング・モールでの案内を行うものも実用化されつつあります．最近では，ChatGPTの登場により，この分野の技術が飛躍的に向上しています．

2 イメージをつかむ

ディープ・ラーニングはいろいろなことができるので，難しいことを行っているように思うかもしれません．しかし，ほぼ全てのディープ・ラーニングは同じ手順で学習して，学習で得られた学習済みモデルというものを使って答えを出しています．ディープ・ラーニングの骨格のイメージをつかめば，それに適した方法を当てはめていくだけになるので，いろいろ応用できるようになります．そこで，本章では最も単純なディープ・ラーニングを対象とします．

処理の流れ

ディープ・ラーニングは図2-1の上段のように大量のデータ（入力データ）とその答えがセット（ラベル）になったデータベースから1つずつ学習データを取り出して学習を繰り返します．最初は間違った答えが得られますが，何度もデータを入力して答えを教えることを繰り返すことで，学習していきます．そして，学習を終えるときに「学習済みモデル」（単に「学習モデル」と呼ばれることもある）というものを作成します．

学習が終わった後，学習データで使わなかった新たな入力データ（評価データ）を，学習によって得られた学習済みモデルを用いたディープ・ラーニングに入力すると，その答えが得られるといったものです（図2-1の下段）．うまく学習できていれば正しい答えが得られるようになります．

ディープ・ラーニングはこの手順で示したように，教えられたことだけを学ぶ限定的な知能です．しかし問題を限定するということはとても重要で，ある物事に特化した専門知識を持ったAIを作ることになります．例えば，前節に示したレントゲン写真から，がんを見つけ出すというAIは，問題に特化することで実社会において良い性能を出しています．

習うより慣れる…洋服や靴を仕分けるAIを作る

● 使用するデータ…Fashion MNIST

分類問題を扱います．イメージをつかむにはある程度具体的な例題を用いた方が分かりやすいと思いますので，衣料品の分類問題を扱うことにします．なお，この問題はTensorFlowの公式ページを参考にしています．

衣料品の分類にはFashion MNIST（Fashion Modified National Institute of Standards and Technology）[2-1]と呼ばれるデータベースを用います．これは，図2-2のような衣料品の画像があり，それぞれの画像とその答えがセットになったデータベースで，機械学習の学習や評価に広く用いられています．それぞれの画像はTシャツやサンダルなどの名前で表されていますが，実際のラベルは数字を用いてその種

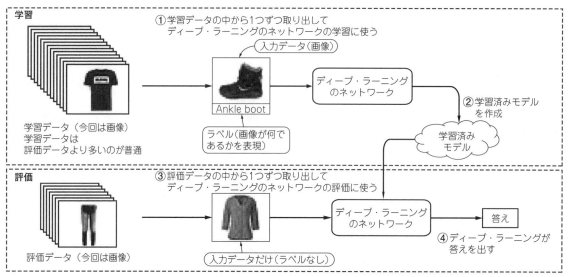

図2-1 ディープ・ラーニングの処理の流れ

図2-2 Fashion MNISTのデータの例

表2-1 Fashion MNISTの衣料品の種類と番号の関係

番号	英語名	日本語名
0	T-shirt/top	Tシャツ
1	Trouser	ズボン
2	Pullover	上着
3	Dress	ドレス
4	Coat	コート
5	Sandal	サンダル
6	Shirt	(長袖)シャツ
7	Sneaker	スニーカ
8	Bag	バッグ
9	Ankle boot	ブーツ

図2-3 ディープ・ラーニングが学習する仕組み

類が示されています．数字と種類の関係は**表2-1**の通りです．

● AIが学習するまでの流れ

　ディープ・ラーニングは何でも分類できるのではなく，最初に分類する種類(何タイプに分けるか)を決めておく必要があります．ここでは衣料品を10種類に仕分けます．

　詳しく学習の過程を見ていきます．学習がまだ行われていないディープ・ラーニングでは，**図2-3**に示すようにブーツ［Ankle boot(9)］が書かれた画像を入力すると，間違った答え［Sandal(5)］を返します．ただし，学習前はほぼランダムに答えますので，たまたま正解する場合があります．ここではSandal(5)と

間違って答えたとします．その場合，画像とセットになっているラベルを用いて，答えはAnkle boot(9)であることを学習します．

　このように用意したいろいろな画像を入力してディープ・ラーニングの答えと本当の答えの差を学習していくことを何度も繰り返していきます．それを繰り返しているうちにディープ・ラーニングは正しく答えるようになります．

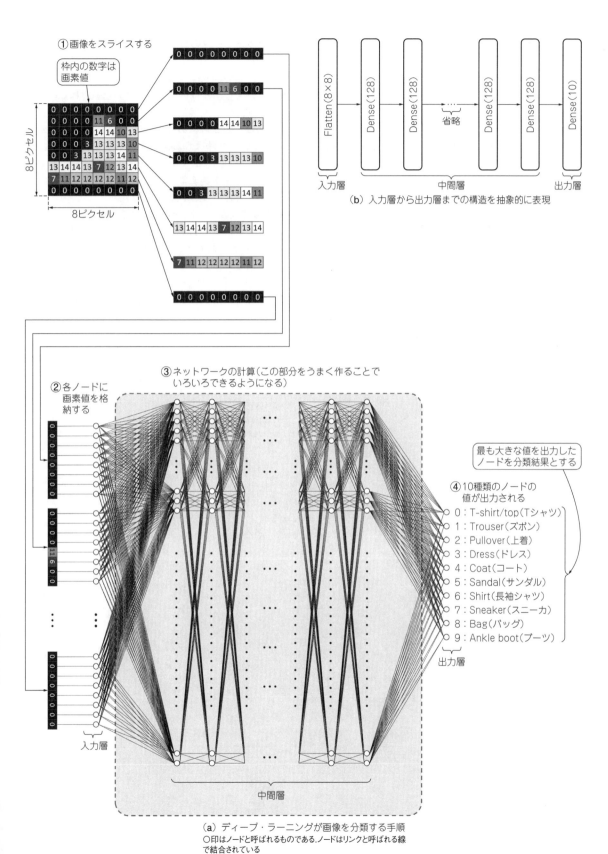

① 画像をスライスする

枠内の数字は
画素値

8ピクセル

8ピクセル

（b）入力層から出力層までの構造を抽象的に表現

Flatten(8×8)　Dense(128)　Dense(128)　省略　Dense(128)　Dense(128)　Dense(10)

入力層　中間層　出力層

② 各ノードに
画素値を格
納する

③ ネットワークの計算（この部分をうまく作ることで
いろいろできるようになる）

最も大きな値を出力した
ノードを分類結果とする

④ 10種類のノードの
値が出力される

0：T-shirt/top（Tシャツ）
1：Trouser（ズボン）
2：Pullover（上着）
3：Dress（ドレス）
4：Coat（コート）
5：Sandal（サンダル）
6：Shirt（長袖シャツ）
7：Sneaker（スニーカ）
8：Bag（バッグ）
9：Ankle boot（ブーツ）

出力層

入力層

中間層

（a）ディープ・ラーニングが画像を分類する手順
○印はノードと呼ばれるものである．ノードはリンクと呼ばれる線
で結合されている

図2-4　ディープ・ラーニングの構造

● どのようにして答えを導き出すか…ディープ・ラーニングの構造

　それではディープ・ラーニングの中身について**図2-4**を用いて説明します.

　説明を分かりやすくするために，サイズが8×8ピクセルの画像を入力（皆さんが体験する衣料品の分類はサイズが28×28ピクセルの画像を入力）し，10種類の分類を行うこととします. ディープ・ラーニングはニューラル・ネットワークを拡張したもので，**図2-4(a)**の○印はノードと呼ばれるものであり，それがリンクと呼ばれる線でつながっています. 中央の線がたくさんある部分が複雑で難しく感じますが，縦に並んだノードが隣の列の全ノードにつながっているだけです. 中間層のノード数を128個とした場合，**図2-4(a)**を抽象的に表すと**図2-4(b)**のように表すことができます.

　画像を分類するときの手順を，**図2-4(a)**中に記した丸数字に従って説明します.

▶①画像をスライスする

　まず画像をスライスします.

▶②各ノードに画素値を格納

　これらを縦に並べて，各ノードにその画素の値を入れます. 例えば16階調のグレー・スケール画像の場合は0〜15までの数字が各ノードに入ります.

▶③ネットワークの計算

　その後，ネットワークの部分でノードの計算が行われます. この部分は難しそうに見えますが，計算量が多いだけで仕組みは単純です. この仕組みはこの後紹介します.

　今回は，**図2-4**にあるようなノードが1列に並んだ「Dense層」と呼ばれるものを使います. このDense層の数と各Dense層にあるノードの数を設定することだけでも，さまざまなデータに対応したディープ・ラーニングを作ることができます.

▶④10種類のノードの値が出力される

　そして最後に，右側10個のノードの値を計算します. 計算された10個のノード値を比較して，どのノードが一番大きい値を出力したかで，分類結果を決めています. 例えば，上から2番目のノードが最も大きい値だったときは，Trouser（ズボン）と分類結果が表示されます.

◆引用文献◆

(2-1) Han Xiao, Kashif Rasul and Roland Vollgraf；"Fashion-MNIST"，GitHub.
https://github.com/zalandoresearch/fashion-mnist#fashion-mnist

3 プログラムを動かしてみよう

衣料品の分類を実際に行ってみましょう．プログラムは本書サポート・ページからダウンロードして使います．

衣料品の分類はDNN_FMNIST.ipynbを使います．また，実行環境はColabを利用します．プログラムの説明は後で行いますので，まずは順番に実行していきましょう．ディープ・ラーニングは以下のステップで行います．

ステップ1…データの準備

DNN_FMNIST.ipynbを最初から実行していくと，いろいろな表示が出てきます．その後，図2-2に示したサンプル・データが表示されます．なお，このサンプルでは28×28ピクセルの画像を用います．学習には6万枚，うまく学習できているかの評価には1万枚の画像を使います．

ステップ2…学習

さらに幾つか実行すると「Epoch 1/5」から始まる文字が表示されます．この部分で学習しています．しばらく待つと学習が終了し，学習済みモデルができます．

ステップ3…学習効果の表示

学習の結果を示すTensorBoardのグラフが表示されます．学習がうまくできているかどうかを知るために重要なグラフですので次節で説明します．

その後，画像や数値が幾つか出てきます．その中で，図3-1が表示される部分があります．対象とする画像の上に，学習済みモデルが予測した結果（predict），実際の答え（label）が表示されています．この例では

結果と答えが一致していることが分かります．異なる画像で行いたい場合は，プログラム中のtest_images[0]とtest_images[0:1]の数字を変えることで試すことができます．

この後，幾つか結果が表示されますが，詳しくは後で説明します．

ステップ4…自分で用意したデータを分類してみる

自分で用意したデータを分類してみましょう．まずは例として「いらすとや」からcloth_tshirt.pngをダウンロードします[3-1]．そして，この画像をColabにアップロードします．

次に，DNN_FMNIST.ipynb中のimport cv2以下を実行します．幾つか実行すると，まず，図3-2(a)のように読み込んだ画像が表示されます．この画像の背景部分が黒である場合，次のようにコメント・アウトしたままの状態にしておきます．

```
# img = 255 - img
```

この画像の背景部分が白だった場合，コメント・アウト（#の部分）を次のように外します．

```
img = 255 - img
```

その後，図3-2(b)のように，画像サイズを28×28に変更した画像が表示されます．さらにプログラムを実行すると次の結果が表示されTシャツに分類されたことが分かります．

```
result= T-shirt/top
```

自分で用意したほかの画像を使うときは，その画像をアップロードした後，以下のcloth_tshirt.pngで示されたファイル名を，ダウンロードしたファイルの名前に変更します．

```
img = cv2.imread('cloth_tshirt.png',
cv2.IMREAD_GRAYSCALE)
```

背景の色に応じて，先に示した色を反転させるため

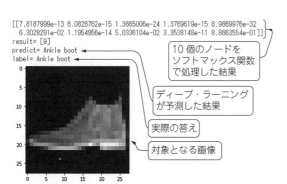

```
[[7.8187999e-13 6.0826762e-15 1.3665006e-24 1.3769619e-15 8.9869976e-32
  6.3028291e-02 1.1954956e-14 5.0336104e-02 3.3538148e-11 8.8663554e-01]]
result= [9]
predict= Ankle boot
label= Ankle boot
```

10個のノードをソフトマックス関数で処理した結果

ディープ・ラーニングが予測した結果

実際の答え

対象となる画像

図3-1 学習済みモデルの予測結果の例

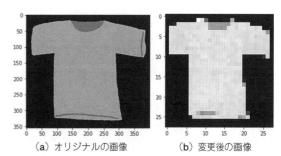

(a) オリジナルの画像　　(b) 変更後の画像

図3-2 読み込んだTシャツの画像

のコメント・アウトを変更してください.

「いらすとや」のTシャツの画像を分類したときと同じようにプログラムの続きを実行することで，分類結果を確かめることができます.

◆引用文献◆
(3-1)「いらすとや」における cloth_tshirt.png のダウンロード・ページ.
https://www.irasutoya.com/2013/05/t.html

4　結果の読み取り方

前節で行った衣料品の分類の実行結果の読み取り方として2つの方法を説明します.

方法1…学習中の出力から読み取る

DNN_FMNIST.ipynb 中にあるように model.fit 関数を実行すると，図4-1のように表示されます.この読み取り方を説明します.なお，学習のたびにこの数値は多少異なります.

● 出力中の Epoch について

DNN_FMNIST.ipynb 中にあるように Epoch はエポックと読み，学習の回数を表しています.全てのデータを1回ずつ学習したとき1エポックとなります.そして，1/5の意味は5回の繰り返しが設定されていて，その1回目であることを示しています.その後の1500/1500は1エポック中の学習の回数を示しています.

学習データの画像は6万枚あります.ここでは学習データ(6万枚)の内，20％を検証データとして使用します.従って，学習に用いる学習データの枚数は4万8000枚，検証データの枚数は1万2000枚となります.

1回ずつ学習すると1エポックの中で4万8000回学習を実行する必要があります.ディープ・ラーニングでは何枚かの結果をまとめて学習しています.これをミニ・バッチ学習と言います.この例では32(＝48000/1500)枚の画像をまとめて学習しています.

このまとめる数はバッチ・サイズと呼ばれ，ディープ・ラーニングでは重要な働きをします.バッチ・サイズを設定することもできます.

● 出力中の loss と accuracy について

この2つは学習ができているかどうかを知るうえで重要な指標です.

loss は損失を表しています.損失とはラベルとディープ・ラーニングにより得られた答えがどの程度異なるのかを計算した値です.この計算方法にはいろいろあり，どの方法を使うかはプログラムで設定します.損失が小さくなっているときには学習が進んでいることになります.1エポック目は loss はかなり大きく計算されることが多いですが，2エポック目からは値が落ち着きます.この例では2エポック目は0.8267で徐々に小さくなっていき，5エポック目には0.6155となっています.

accuracy は精度(正答率)を表しています.これは学習データをディープ・ラーニングに入力して得られた答えとラベルが一致している割合を示しています.この例では，1エポック目では0.6640となっています.これは66.40％つまり，48000枚の入力データのうち31872枚は正解したことを示しています.

正解率はエポックが進むにつれて少しずつ大きくなり，5回目には0.7623まで上昇しています.

● 出力中の val_loss と val_accuracy について

また，val_loss と val_accuracy は，学習に用いなかった検証データを用いて loss と accuracy を計算した結果となります.

機械学習では学習すればするほど学習データに合うような答えを出すことができます.しかし，学習データに合わせすぎると過学習が起きます.そこで，学習に使わなかった検証データを用いて他のデータに適用できるかどうかを調べています.

```
Epoch 1/5
1500/1500 [======   =] - 5s 3ms/step - loss: 12.6632 - accuracy: 0.6640 - val_loss: 0.8708 - val_accuracy: 0.7056
Epoch 2/5
1500/1500 [======   =] - 4s 3ms/step - loss: 0.8267 - accuracy: 0.7048 - val_loss: 0.7438 - val_accuracy: 0.7097
Epoch 3/5
1500/1500 [======   =] - 4s 3ms/step - loss: 0.6913 - accuracy: 0.7276 - val_loss: 0.6782 - val_accuracy: 0.7485
Epoch 4/5
1500/1500 [======   =] - 4s 3ms/step - loss: 0.6350 - accuracy: 0.7516 - val_loss: 0.6402 - val_accuracy: 0.7674
Epoch 5/5
1500/1500 [======   =] - 4s 3ms/step - loss: 0.6155 - accuracy: 0.7623 - val_loss: 0.5830 - val_accuracy: 0.7828
```

図4-1　model_fit 関数の実行結果(衣料品の分類)

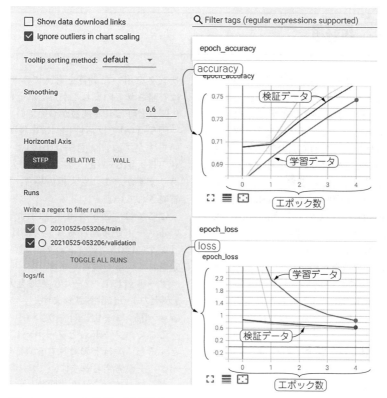

図4-2　`model_fit`関数の実行結果をTensorBoardに表示

　過学習かどうかは損失を調べるとよく分かります．過学習が起きているときは`loss`（学習データの損失）は下がりますが，`val_loss`（検証データの損失）は上がります．

方法2…TensorBoardを用いる

　TensorBoardはTensorFlowの可視化ツールキットです．TensorBoardを使うと**図4-2**のように`accuracy`（上段）と`loss`（下段）をグラフで見ることできます．**図4-2**に示すように学習データと検証データに対する結果をグラフで表現しています．エポッ

クが進むにつれて上段の`accuracy`が上昇し，下段の`loss`が小さくなっている様子が分かります．

　次に，薄い線と濃い線の違いについて説明します．この例ではエポックが5までなので効果はあまりないですが，100以上のエポックを計算した場合には各エポックの値が上下に振動します．そこで，データを平滑化すると見やすくなります．ここでは，薄い色が得られたデータ，濃い色が平滑化した値として示されています．

　TensorBoardはいろいろな情報を知ることができるので，今後紹介します．

5 原理

ディープ・ラーニングは難しいことを行っているように思うかもしれませんが，中身はかなり単純です．

ディープ・ラーニングは図5-1に示すように，たくさんのノードとそれをつなぐリンクから成り立っています．ノードとは値を入れておく入れ物のようなものであり，それにつながる線はリンクと呼ばれ，それぞれの線には重みが設定されています．

本節では，ノードと層の関係をつかむために，実際にはどのような処理が行われているのかを手計算によって示していきたいと思います．これを知っておくと，ディープ・ラーニングのネットワークの設計に役立ちます．

この重みとはノードの値を何倍かにする値となっています．例えば，ノードに2.3という数字が入り，それにつながるリンクには4.0という重みが設定されているとすると，2.3×4.0をせよという意味になります．

中間層がないネットワーク

● ネットワークの概要
まずは簡単のため図5-1(a)に示すようなノードと

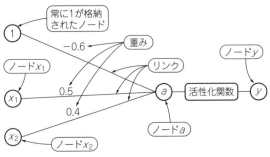

（a）省略なしのネットワーク

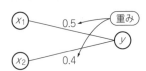

（b）活性化関数，および1が入っているノードが省略されたネットワーク

図5-1　中間層がないネットワーク

リンクを用いた計算を考えてみましょう．図2-4では省略されていましたが，それぞれのノードには活性化関数と呼ばれる関数がついています．

図5-1(a)では活性化関数を説明するために書いていますが，通常は図5-1(b)のように省略されます．さらに，図5-1(a)では常に1が入っているノードがありますが，これも大抵の場合，図5-1(b)のように省略されています．

ここでは，図5-1(a)に示すように常に1が入っているノードから延びるリンクには−0.6，ノードx_1のリンクには0.5，ノードx_2のリンクには0.4の重みが設定されているものとします．

ノードx_1に1，ノードx_2に0を入れた場合はノードaが次のように計算されます．

$$a = -0.6 \times 1 + 0.5 \times 1 + 0.4 \times 0 = -0.1$$

ここで，ノードx_1とノードx_2には0または1が入るとすると，先ほどの計算も含めて表5-1に示す4つのパターンが考えられます．

さらに，これを活性化関数というもので計算します．活性化関数にはさまざまなものがありますが，その代表的なものを図5-2に示します．次に図5-2で示す関数を説明します．

● ステップ関数
まず図5-2(a)はステップ関数と呼ばれ，0より大きい場合は1，それ以外は0とする関数です．ステップ関数を使うと第1次人工知能ブームで提案されたパーセプトロンと同じ働きをさせることができます．

図5-1のネットワークの活性化関数にステップ関数を用いた場合の計算結果を，表5-1に示します．左側のノードが両方1となった場合だけ1となり，それ以外は0となります．これは論理回路のANDと同じ計算をしていることとなります．

またここで，常に1が入っているノードから延びるリンクの重みを−0.3とし，活性化関数としてステップ関数を用いると表5-2のようになります．これはちょうど論理回路のORと同じ計算となります

表5-1　中間層がないネットワークの計算

左側のノード		中央のノードa	右側のノードy			
x_1	x_2		ステップ関数	ReLU関数	シグモイド関数	ハイパボリック・タンジェント関数
0	0	− 0.6	0	0	0.3543	− 0.5370
0	1	− 0.2	0	0	0.4501	− 0.1973
1	0	− 0.1	0	0	0.4750	− 0.0996
1	1	0.3	1	0.3	0.5744	0.2913

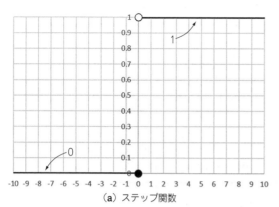

（a）ステップ関数

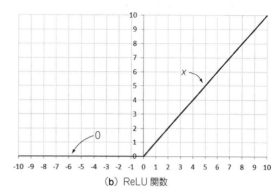

（b）ReLU 関数

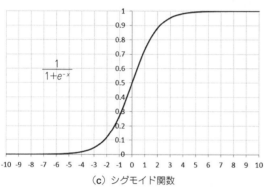

（c）シグモイド関数

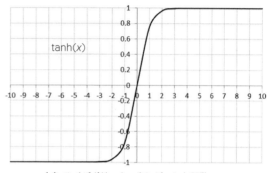

（d）ハイパボリック・タンジェント関数

図5-2　さまざまな活性化関数

ただし，ステップ関数は現在のディープ・ラーニングではあまり用いられません．

● ReLU関数

次に，図5-2(b)はReLU関数と呼ばれ，0より大きい場合はそのまま，それ以外は0とする関数です．図5-1の活性化関数としてReLU関数を用いた場合を表5-1に示します．ReLU関数は単純な関数ですが，現在もよく用いられる活性化関数です．

● シグモイド関数

図5-2(c)はシグモイド関数と呼ばれ，第2次人工知能ブームのときのニューラル・ネットワークでよく用いられていました．複雑な形をしていますが，微分するとほぼ同じ関数になるという特徴があるため，シグモイド関数を用いると学習効果を理論的に解析できるといった利点があります．また活性化関数によって得られる値が0から1の範囲に収まるため，値が大きくなりすぎて計算できなくなることを防げるといった利点もあり，よく用いられていました．表5-1にシグモイド関数を使った場合の結果を示します

● ハイパボリック・タンジェント(tanh)関数

図5-2(d)はハイパボリック・タンジェント(tanh)

表5-2　中間層がないネットワークにおける論理回路ORの計算

左側のノード		中央のノードa	右側のノードy
x_1	x_2		
0	0	− 0.3	0
0	1	0.1	1
1	0	0.2	1
1	1	0.6	1

関数です．これはシグモイド関数に似ていますが，−1から1までの値を取ることができる点に特徴があります．最近でもよく用いられる関数です．表5-1にハイパボリック・タンジェント関数を使った場合の結果を示します．

中間層があるネットワーク

この考え方を応用して，図5-3に示す入力層，2つの中間層，出力層からなるネットワークも作ることができます．ここで，中間層のノードの活性化関数はReLU関数，出力層の活性化関数はソフトマックス関数とします．ソフトマックス関数は後ほど説明します．

ここでも入力層にある2つのノード(x_1とx_2)には0または1の値が入るものとします．例えば，重みの値を図5-3にあるように設定して，ノードx_1に1，ノー

99

コラム **中間層を持つことで進化したニューラル・ネットワーク**　　　　牧野 浩二

　図5-1に示す中間層のないネットワークはパーセプトロンと呼ばれ第1次人工知能ブームで用いられていました．このネットワークではANDやORは作ることができますが，XORを作ることはできません．こんな簡単なこともできないという失望も第1次人工知能ブームの終焉（しゅうえん）を後押ししたと聞いています．

　一方，**図5-3**に示す中間層のあるネットワークは第2次人工知能ブームで用いられたニューラル・ネットワークです．この場合は**表5-3**に示すようにXORを作ることができました．

　パーセプトロンではできない問題ができるようになったことも，パーセプトロンとの違いを説明するために当時からよく行われていました．

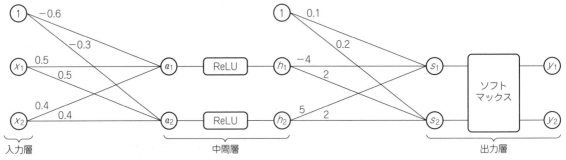

図5-3　中間層があるネットワーク

表5-3　中間層があるネットワークの計算

入力層のノード		中間層のノード				出力層のノード				大きい方
		ReLUの前		ReLUの後		ソフトマックスの前		ソフトマックスの後		$(y_1:1, y_2:0)$
x_1	x_2	a_1	a_2	h_1	h_2	s_1	s_2	y_1	y_2	
0	0	−0.6	−0.3	0	0	0.1	0.2	0.475	0.524	0
0	1	−0.2	0.1	0	0.1	0.6	0.4	0.549	0.450	1
1	0	−0.1	0.2	0	0.2	1.1	0.6	0.622	0.377	1
1	1	0.3	0.6	0	0.6	1.9	2.0	0.475	0.524	0

ドx_2に0を入れた場合は右側のノードは次のように計算されます．

$$a_1 = -0.6 \times 1 + 0.5 \times 1 + 0.4 \times 0 = -0.1$$
$$a_2 = -0.3 \times 1 + 0.5 \times 1 + 0.4 \times 0 = 0.2$$

$$h_1 = 0$$
$$h_2 = 0.2$$

$$s_1 = 0.1 \times 1 + (-4) \times 0 + 5 \times 0.2 = 1.1$$
$$s_2 = 0.2 \times 1 + 2 \times 0 + 2 \times 0.2 = 0.6$$
$$y_1 = \frac{e^{1.1}}{e^{1.1} + e^{0.6}} \approx 0.622$$
$$y_2 = \frac{e^{0.6}}{e^{1.1} + e^{0.6}} \approx 0.377$$

　計算量は増えましたが，行っていることは**図5-2**の計算の応用です．

　さて，最後のソフトマックス関数は，複数の出力値の合計が1.0（＝100％）になるように変換して出力する関数です．これにより，出力値が確率と解釈できる

ためノード値の大小が比較しやすくなります．プログラムではソフトマックス関数を活性化関数と同じ方法で設定するため，ソフトマックス関数を活性化関数の一部として説明しています．しかし書籍によっては，ソフトマックス関数を活性化関数として紹介しない場合もありますので注意が必要です．

　さらに，左側のノードx_1，x_2に0または1が入るものとして，全ての組み合わせで計算すると**表5-3**のようになります．両方が同じ（$x_1 = x_2 = 0$または$x_1 = x_2 = 1$）場合は出力層の2つのノードのうちノードy_2の値が大きくなり，両方が異なる（$x_1 = 0$，$x_2 = 1$または$x_1 = 1$，$x_2 = 0$）場合は出力層のノードy_1の値が大きくなるようになります．これは論理回路のXORと同じ計算になっています．

　ディープ・ラーニングではノードの数，層の数，活性化関数の種類を設定する必要があります．この後，その設定方法を見ていきます．

6 プログラムの説明

ここまではディープ・ラーニングのイメージを説明してきました．ここからは衣料品の分類（Fashion MNIST）のプログラムの解説を行っていきます．衣料品の分類はDNN_FMNIST.ipynbを使います．

● (1)ライブラリの読み込み

リスト6-1でTensorFlowを使うためのライブラリをインストールします．そして，データを扱うNumPyライブラリ，グラフを表示するためのMatplotlibライブラリを読み込んでいます．

● (2)データの読み込み

リスト6-2では，衣料品のデータを読み込み，それを学習データ（train_images, train_labels）と評価データ（test_images, test_labels）に分けています．衣料品のデータのラベルは，表2-1のように0から9までの数字で与えられています．2行目では，結果を表示するときに分かりやすくするために数字を名前に変えるためのリストを設定しています．

学習データと評価データの情報をリスト6-3で表示しています．これを実行すると図6-1が表示されます．学習データが6万枚，評価データが1万枚，画像の大きさが28×28ピクセルの画像であることが分かります．そして，ラベルは0から9までの数字で表されており，最初のラベルは9であることが分かります．図6-1内の画像は例として学習データの1つ目を表示しています．右側のスケールで256階調であることが分かります．

リスト6-4を実行すると図2-2のように多くの画像が表示されます．もっとたくさんの画像を表示したい場合は，figsize, range, subplotの引数を変えます．例えば，figsize=(20,20), range(100), subplot(10,10,i+1)とすると，100枚の画像が表示されます．

● (3)学習

学習を行うための準備を行い，それを用いて学習します．まず，リスト6-5でTensorBoardで学習状態を表示するための設定をしています．!rmはこれまでのTensorBoardの情報を削除しています．その後，TensorBoardのためのファイル設定を行い，TensorBoardの設定を行っています．

次に，リスト6-6でネットワークの設定を行って

リスト6-1　必要なライブラリを読み込む

```
# TensorFlow と tf.keras のインポート
import tensorflow as tf
from tensorflow import keras

# ヘルパー・ライブラリのインポート
import numpy as np
import matplotlib.pyplot as plt
```

リスト6-2　データを読み込む

```
(train_images, train_labels), (test_images,
                test_labels) = keras.datasets.
                    fashion_mnist.load_data()

class_names = ['T-shirt/top', 'Trouser',
'Pullover', 'Dress', 'Coat', 'Sandal','Shirt',
            'Sneaker', 'Bag', 'Ankle boot']
```

リスト6-3　データの情報を表示する

```
print(train_images.shape)
print(test_images.shape)
print(train_labels)

plt.figure()
plt.imshow(train_images[0])
plt.colorbar()
plt.grid(False)
plt.show()
```

リスト6-4　50枚の画像（学習データ）を表示する

```
plt.figure(figsize=(20,10))
for i in range(50):
    plt.subplot(5,10,i+1)
    plt.xticks([])
    plt.yticks([])
    plt.grid(False)
    plt.imshow(train_images[i],
                    cmap=plt.cm.binary)
    plt.xlabel(class_names[train_labels[i]])
plt.show()
```

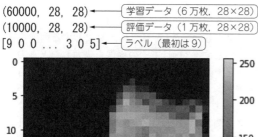

(60000, 28, 28) ← 学習データ（6万枚，28×28）
(10000, 28, 28) ← 評価データ（1万枚，28×28）
[9 0 0 ... 3 0 5] ← ラベル（最初は9）

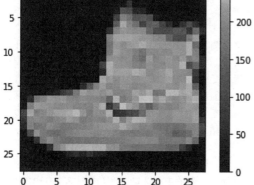

図6-1　学習データと評価データの情報

リスト6-5　TensorBoardを設定する

```
import datetime
!rm -rf ./logs/
log_dir = "logs/fit/" + datetime.datetime.now
                ().strftime("%Y%m%d-%H%M%S")
tensorboard_callback=tf.keras.callbacks.
                TensorBoard(log_dir=log_dir,
                    histogram_freq=1)
```

リスト6-6　ネットワークを実装する

```
model = keras.Sequential([
  keras.layers.Flatten(input_shape=(28, 28)),
  keras.layers.Dense(128, activation='relu'),
  keras.layers.Dense(10, activation='softmax')
])
```

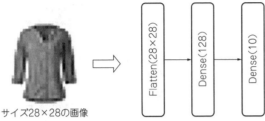

サイズ28×28の画像

図6-2　ネットワークの模式図

いています．これを図で表すと**図6-2**となります．画像を1列に並べる部分はFlatten関数を用います．その後の中間層は128個のノードが並んでいるDense層を用い，その活性化関数としてReLU関数を設定しています．最後の出力層は10種類の分類問題ですので，10個のノードが並んでいるDense層を用い，その活性化関数としてソフトマックス関数を用いています．

そして，学習に関する幾つかの手法を**リスト6-7**で設定しています．ディープ・ラーニングは日々研究が進んでいるため，さまざまなアルゴリズムが開発されています．TensorFlowでは設定する引数の名前を変えると，異なる手法が使えるような工夫がされています．ただし，手法によっては，ここに書かれている以外の設定が必要になる場合もあります．

まず，optimizerは最適化手法と呼ばれ，ここではAdamという手法を用いる設定をしています．次に，lossは損失の計算法の設定であり，ここでは分類問題でよく用いられる手法を設定しています．そして，metricsは学習の状態を表示するための設定であり，学習自体には影響しません．ここではaccuracyとして設定することで精度を表示しています．

以上の設定が終わったら学習を開始します．学習は**リスト6-8**で行います．ここで重要な点はepochsで，これはエポックの数（学習回数の数）を決めています．また，validation_splitで学習データから検証データを自動的に分けています．ここでは0.2を設定しているため訓練データを80％，検証データを20％にしています．なお，バッチ・サイズを引数として設定

リスト6-7　学習の手法を設定する

```
model.compile(optimizer='adam', loss='sparse_
            categorical_crossentropy',metrics=
                        ['accuracy'])
```

リスト6-8　学習を実行する

```
model.fit(train_images, train_labels,
    epochs=5, validation_split=0.2,callbacks=
                    [tensorboard_callback])
```

リスト6-9　学習の結果をTensorBoardで表示する

```
%tensorboard --logdir logs/fit
```

リスト6-10　評価データを入力したときのlossとaccuracyを算出する

```
model.evaluate(test_images, test_labels,
                        verbose=2)
```

しない場合はデフォルト値（batch_size=32）が適用されます．例えば，バッチ・サイズを10として設定したい場合はbatch_size=10を引数に加えます．

● (4)学習結果の確認

リスト6-9を実行すると**図4-2**が表示されます．また，評価データを入れたときのlossとaccuracyは**リスト6-10**を実行することで以下のように知ることができます．評価データを用いた場合の精度は約77％（0.7744）であることが分かります．

```
313/313-1s-loss:0.6155-accuracy:0.7744
[0.6155316233634949, 0.774399995803833]
```

● (5)学習済みモデルにデータを入力

学習済みモデルにデータを入れてその結果を調べる方法を幾つか紹介します．まず，**リスト6-11**に評価データの1つ目（test_images[0]）を入力したときの分類結果を調べるプログラムを示します．これを実行すると**図3-1**が表示されます．

リスト6-11の1行目では，対象とする画像を表示しています．3行目でその画像を入力したときの分類結果を予測しています．これを推論と呼ぶこともあります．predictionを表示すると10個の数字が表示されます．これは出力層の10個のノードをソフトマックス関数で処理した値であり，全てを足すと1になります．argmax関数で最も大きい値の番号を調べて表示しています．ここでは9が得られます．それを名前で表示しています．最後に，ラベルを名前に変換したものを表示しています．その結果，**図3-1**のように予測結果がAnkle bootであることが分かり，分類が正しくできていることが分かります．

次に，**図6-3**のように入力した画像，その確率と確率分布を表示するプログラムを**リスト6-12**と**リスト6-13**に示します．

リスト6-11　評価データを入力した際の分類結果を出力する

```
plt.imshow(test_images[0], cmap='gray')
# モデルの推論
prediction = model.predict(test_images[0:1])
print(prediction)
print("result=",prediction.argmax(axis=1))
print("predict=",class_names[int
                  (prediction.argmax(axis=1))])
print("label=",class_names[test_labels[0]])
```

リスト6-12　図6-3を表示するプログラム①…関数の定義

```
def plot_image(i, predictions_array,
                     true_label, img):
    predictions_array, true_label,
    img = predictions_array[i], true_label[i],
                                   img[i]
    plt.grid(False)
    plt.xticks([])
    plt.yticks([])

    plt.imshow(img, cmap=plt.cm.binary)

    predicted_label = np.argmax
                         (predictions_array)
    if predicted_label == true_label:
        color = 'blue'
    else:
        color = 'red'

    plt.xlabel("{} {:2.0f}% ({})".format
                 (class_names[predicted_label],
                  100*np.max(predictions_array),
                      class_names[true_label]),
                            color=color)

def plot_value_array(i, predictions_array,
                         true_label):
    predictions_array, true_label =
           predictions_array[i], true_label[i]
    plt.grid(False)
    plt.xticks([])
    plt.yticks([])
    thisplot = plt.bar(range(10),
         predictions_array, color="#777777")
    plt.ylim([0, 1])
    predicted_label = np.argmax
                         (predictions_array)

    thisplot[predicted_label].set_color('red')
    thisplot[true_label].set_color('blue')
```

リスト6-13　図6-3を表示するプログラム②…関数を実行

```
# モデルの推論
prediction = model.predict(test_images[0:1])
i = 0
plt.figure(figsize=(6,3))
plt.subplot(1,2,1)
plot_image(i, prediction, test_labels,
                               test_images)
plt.subplot(1,2,2)
plot_value_array(i, prediction,  test_labels)
plt.show()
```

対象とする画像　　　　　　　　確率分布

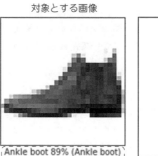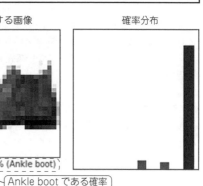

Ankle boot 89% (Ankle boot)

Ankle boot である確率

図6-3　対象とする画像，確率，および確率分布

リスト6-14　自分で用意した画像を読み込む

```
import cv2
img = cv2.imread('cloth_tshirt.png',
                  cv2.IMREAD_GRAYSCALE)
plt.imshow(img, cmap='gray') # 実際の描画処理
```

リスト6-15　自分で用意した画像を入力するための準備を行う

```
img2 = cv2.resize(img, (28, 28))
# img = 255 - img
plt.imshow(img2, cmap='gray')
img2 = img2.reshape(1, 28, 28, 1)
```

リスト6-16　自分で用意した画像を分類する

```
prediction = model.predict(img2) # モデルの推論
print(prediction)
print("result=",class_names[int
               (prediction.argmax(axis=1))])
```

　まず，**リスト6-12**で**図6-3**を表示するための関数を設定しています．`plot_image`関数は**図6-3**の左側の図を表示し，`plot_value_array`関数は右側の図を表示するための関数です．

　次に，**図6-3**を表示する部分を**リスト6-13**に示します．これは2つの図を並べる設定をした後，それぞれの図を表示することで行います．`i`の値を変えると異なる図が表示されます．

● (6) 自分で用意したデータを入力する

　最後に自分で用意したデータを分類する方法を説明します．まず，第3節に示したように画像を集め，それをアップロードしておきます．次に，**リスト6-14**

を実行してその画像を読み込みます．画像の読み込みにはOpenCVを使います．画像はグレー・スケールで読み込み，それを表示すると**図3-2(a)**となります．

　リスト6-15で画像のサイズを変更し，画像を反転させ，それを表示しています［**図3-2(b)**］．なお，背景が白であった場合は**リスト6-15**のコメント・アウトを外し，画像の背景が黒となるように画像を反転してください．

　この画像を分類するプログラムを**リスト6-16**に示します．まず，`model.predict`関数で10個のノードの値を調べます．そして，`argmax`関数を利用して最も大きい値となる番号を調べ，その名前を次のように示しています．

`result= T-shirt/top`

7 発展的内容…数値データを分類

ここまでは画像を対象としましたが，画像だけでなく数値データを対象とした分類問題は数多くあります．実際に，本書ではk-meansやサポート・ベクタ・マシンなどを対象として分類問題を扱っていますが，それらは数値データでした．入力データの形式が変わるとプログラムも変ります．そこで，本節では数値データを対象としたディープ・ラーニングの使い方を解説します．ここでは3種類のゾウについて，筆者が作った架空のデータを用います．

● 筆者作成のゾウの体長など数値データを分析

WWF（世界自然保護基金）のホームページ[7-1]によると，ゾウの種類はアフリカゾウ，アジアゾウ，マルミミゾウの3種類あり，それぞれ大きさが異なります．このホームページのデータをもとにして，説明が分かりやすくなるよう，体長，体重，肩高，および尾長についての架空のデータを筆者が作成しました．

筆者の作成したデータのelephant_data_3k.txtを説明します．このデータは体長，体重，ラベルの順にタブで区切られています．そして，ラベルとしてアフリカゾウを0，アジアゾウを1，マルミミゾウを2としています．3種類のゾウの体長と体重のデータを，1種類につき50個作成し，合計150個のデータとしたelephant_data_3k.txtを次に示します．

6.169218778	2.937933228	0
6.964035805	2.476942262	0
（中略）		
6.373021732	2.281475857	1
5.563461196	2.323852936	1
（中略）		
7.479230614	3.03194772	2
6.624055173	3.157502936	2

（合計150個）

このデータを散布図で表すと図7-1となります．3つのデータが重なり合っていて，分類が難しいことが分かります．このグラフは以降で説明するDNN_elephant.ipynbのプログラムを実行していく途中で表示されます．

● 数値データの分類

まずはelephant_data_3k.txtにある数値データをディープ・ラーニングを利用して分類する方法を解説します．使用するプログラムはDNN_elephant.ipynbです．

ここでは，図7-2に示すようにノード数が16のDense層を2つ持つネットワークを対象とします．なお，elephant_data_3k.txtはColab上にアップロードしてあるものとします．

まず，リスト7-1のようにライブラリを読み込みます．その後，リスト7-2でデータを読み込みます．なお，ここでは体長，体重，およびラベルのデータを読み込んでいます．そして，それをsample関数とdrop関数を用いて学習データ，評価データに分けます．この例では80％を学習データにしています．さらに，kindをラベルするために取り出しています．

次に，リスト7-3を用いてデータの正規化を行います．体重と体長は単位が違うため，そのままディープ・ラーニングのネットワークに入れると学習がうまくいかない場合があります．そこで，各データから平均値を引いて，標準偏差で割ることで，平均0で分散1のデータに変換しています．

ここで，注意しなければならないことは，評価データの正規化は学習データの正規化と同じ値を用いて行う必要がある点です．評価データと学習データは平均値が異なります．それぞれの平均値で引いてしまうと

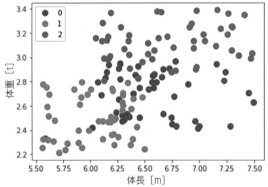

図7-1 ゾウのデータ（体長，体重，ラベル）を散布図で表現

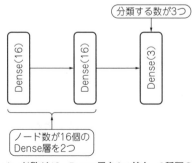

図7-2 ノード数が16，Dense層を2つ持ち，3種類の分類を行うネットワーク

第1章　心臓部「ニューラル・ネットワーク」を知る，動かす

リスト7-1 必要なライブラリを読み込む

```
# TensorFlow と tf.keras のインポート
import tensorflow as tf
from tensorflow import keras

# ヘルパー・ライブラリのインポート
import pandas as pd
import matplotlib.pyplot as plt
```

リスト7-2 データを読み込む

```
# データの読込み
column_names = ['length','weight','kind']
raw_dataset = pd.read_csv
                ('elephant_data_3k.txt',
                    names=column_names,sep="¥t")
dataset = raw_dataset.copy()
dataset.tail()

# 学習データと評価データに分ける
train_dataset = dataset.sample
                    (frac=0.8,random_state=0)
test_dataset = dataset.drop
                    (train_dataset.index)

# 入力データとラベルに分ける
train_labels = train_dataset.pop('kind')
test_labels = test_dataset.pop('kind')
```

0の意味が異なることになります．そのため，ここでは関数を作成して，学習データで正規化するようにしています．

リスト7-4でネットワークを設定しています．ここでは16個のノードを持つDense層を2つ設定しています．1つ目のDense層にはinput_shapeの項がついていますが，これはモデルの概要を表示するための設定です．

リスト7-5にモデルの設定を示します．これは衣料品の分類と同じです．

リスト7-6で学習を行います．衣料品の分類とほぼ同じですが，バッチ・サイズを10に設定している点が異なります．ゾウのデータは学習データが100個程度しかないため，デフォルトの32を使うとバッチ・サイズが大きくなりすぎると判断したためです．ただし，この判断基準は経験的なもので，基準があるわけではありません．このように，ディープ・ラーニングの設定に経験が必要になる点がディープ・ラーニングを難しくしている原因の1つです．

これを実行すると図7-3のような結果が得られま

リスト7-3 正規化を行う

```
train_stats = train_dataset.describe()
train_stats = train_stats.transpose()
train_stats

def norm(x):
  return (x - train_stats['mean']) /
                    train_stats['std']

normed_train_data = norm(train_dataset)
normed_test_data = norm(test_dataset)
```

リスト7-4 図7-2で表されるネットワークを実装する

```
model = keras.Sequential([
  keras.layers.Dense(16, activation='relu',
    input_shape=[len(train_dataset.keys())]),
  keras.layers.Dense(16, activation='relu'),
  keras.layers.Dense(3, activation='softmax')
])
```

リスト7-5 学習の手法を設定する

```
mmodel.compile(optimizer='adam', loss='sparse_
        categorical_crossentropy', metrics=
                        ['accuracy'])
```

リスト7-6 学習を実行する

```
model.fit(normed_train_data, train_labels,
            epochs=20, verbose=1, callbacks=
        [tensorboard_callback], batch_size=10,
                        validation_split=0.2)
```

リスト7-7 評価データを入れたときのlossとaccuracyを算出する

```
model.evaluate(normed_test_data,
                    test_labels, verbose=2)
```

す．学習データで87.5 %，検証データで79.2 %の精度が得られていることが分かります．

最後に，評価データを用いた場合の精度をリスト7-7で調べます．実行結果として以下が得られます．評価データでは77 %程度の正答率になっていることが分かります．

```
1/1 - 0s - loss:0.5333 - accuracy:0.7667
[0.5332967042922974, 0.7666666507720947]
```

◆参考文献◆
(7-1)地上最大の野生動物 ゾウ，2021年3月，WWFジャパン．
https://www.wwf.or.jp/activities/basicinfo/
4291.html

まきの・こうじ

```
Epoch 1/20
10/10 [==========] - 0s 51ms/step - loss: 0.3084 - accuracy: 0.8542 - val_loss: 0.4461 - val_accuracy: 0.7917
Epoch 2/20
10/10 [==========] - 0s 5ms/step - loss: 0.3163 - accuracy: 0.8646 - val_loss: 0.4948 - val_accuracy: 0.7083
(中略)
Epoch 19/20
10/10 [==========] - 0s 5ms/step - loss: 0.2873 - accuracy: 0.8854 - val_loss: 0.4550 - val_accuracy: 0.7500
Epoch 20/20
10/10 [==========] - 0s 5ms/step - loss: 0.2902 - accuracy: 0.8750 - val_loss: 0.4612 - val_accuracy: 0.7917
```

図7-3 model_fit関数の実行結果（ゾウのデータを分類）

画像認識や物体検出が得意な「畳み込みニューラル・ネットワーク」

牧野 浩二，足立 悠

　本章では前章のDNN（Deep Neural Network）よりも画像認識精度が高いとされるCNN（Convolutional Neural Network，畳み込みニューラル・ネットワーク）を紹介します．

　CNNは画像処理だけでなく，音声認識などにも応用されるようになってきました．さらに，文章生成などの自然言語処理にも使われます．

　CNNを用いた画像処理の応用例として自動運転のために人や標識を認識することや，昔のモノクロの映像や写真をカラーにすることなどがあります．このように高度な画像処理を行うディープ・ラーニングを構築するときには，CNNが必須の技術となっています．

　本章では，画像を対象として，CNNの基礎を解説します．その後，読者が用意した手書きの数字の画像を分類してみます．

1 できること

　CNNは画像を扱うときには，必ずと言ってよいほど使われています．

● 画像分類

　画像分類とは，映っている物が，覚えた物の中のどれに相当するか見分ける処理です．その例を2つ示します．

▶顔認識

　たくさんの顔の画像を学習すると，顔を覚えることができます．そして，それが誰の顔かを見分けることができます．

▶病気の診断

　病気の画像を見分けることができます．例えば，結核や肺炎はレントゲン画像にその特徴が表れています．そこで，その病気の画像と健康な人の画像をたくさん学習することで，病気を見分けるようになります．実際，アメリカでは乳がんの診断にも使われ始めたというニュースがありました．

● 物体検知

　物体検知とは画像分類に似ていますが，画像の中のどこに対象とする物が映っているかを探し出すことも行います．

▶道路における信号機や標識の検知

　信号や標識を見つけることに利用されます．例えば図1-1(a)のような画像があった場合，どこに信号があり，どこに標識があるか見分けることができれば，いろいろ役に立ちます．例えば，その標識が駐車禁止なのか速度標識なのか，などです．

▶病気の診断

　画像から病気を見分けることにも利用されます．先ほどの肺炎は肺の写真だけを対象とするため，同じような画像でしたが，例えば，リウマチのような骨が曲がる病気の場合，関節部分を見分けることと，その部分がどの程度の症状なのか見分けることが必要になるため，図1-1(b)のように関節部分を検知し，それが異常かどうかを調べることにも物体検知が用いられます．

● 音声認識

　CNNは音声認識に利用されることがあります．音声を入力すると横軸を時間，縦軸を周波数解析の結果，とした画像が得られる前処理があります．例として，図1-2に「イノシシ」と言ったときの画像［図1-2(a)］と「ノラネコ」と言ったときの画像［図1-2(b)］を示します．この画像に対してCNNを用いることで，何を話しているかを見分けることができます．

（a）例1…信号や標識を検知

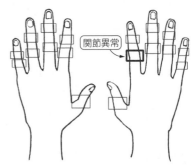

（b）例2…関節異常の検知

図1-1　物体検知の例

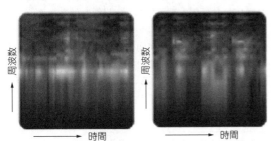

（a）「イノシシ」と言ったとき
　　の画像

（b）「ノラネコ」と言ったとき
　　の画像

図1-2　音声を画像に変換した結果
Teachable Machineによる実行結果

正常なボタンを学習しておく

評価画像を見せると正常と異常とを判別できる

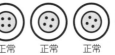

正常　　正常　　正常　　異常　　正常　　異常
　　　　　　　　　　　　（穴が　　　　　（欠けて
　　　　　　　　　　　　大きい）　　　　いる）

図1-3　異常検知の例
洋服のボタンについて正常と異常とを区別

● **画像生成**

　画像を作るというときにもCNNは使用されていま
す．これらは多くの場合，GAN（敵対的生成ネットワ
ーク）やオートエンコーダという名前で紹介されてい
ますが，その中ではCNNが使用されています．

▶**顔写真の生成**

　実在しないモデルの顔を作るというニュースもあり
ました．これはGANが使われているといわれています．

▶**自動着色**

　昔の白黒写真に色を付けることができるといったニ
ュースもありました．これにはGANやオートエンコ
ーダがキー技術として使われています．

● **異常検知**

　製品の異常を検知するという問題にもディープ・ラ
ーニングが使われています．例えば，**図1-3**のよう
に問題のない画像（洋服のボタン）だけをたくさん学習
しておくと，問題のある画像（穴が大きかったり，欠
けているボタン）を異常と判断できます．

　これは画像分類に似ていますが，問題のある画像を
たくさん集めることは難しいので，問題のある画像が
なくても分類できるようにする方法です．

2 イメージをつかむ

● ディープ・ラーニングのイメージ

　まずはディープ・ラーニングの手法のイメージを説明します．ディープ・ラーニングには，次に示すように，学習と評価の2ステップがあります．ディープ・ラーニングの概要を図2-1に示し，この図に沿って説明します．

▶学習…学習済みモデルを作成

　ディープ・ラーニングはラベル（答え）を持つたくさんのデータを学習して，その学習結果（学習済みモデル）を作成します（図2-1）．

▶評価…学習済みモデルを使って答えを予測

　作成した学習済みモデルを適用したディープ・ラーニングのネットワークに，学習に用いなかった新しいデータ（評価データ）を入力することにより，入力に対する答えを予測します（図2-1）．

● CNN…画像処理に強いネットワーク

　第2部第1章ではノードが1列に並んだDense層だけからなる基本的なディープ・ラーニングのモデルを紹介しました．Dense層だけからなるモデルでは画像を入力する際に図2-2(a)のようにして，画像を輪切りにした後に画像を縦に並べることで入力データとしていました．この場合，図2-2(a)から分かるように画素同士の位置関係は考慮されません．しかし，画像は上下左右の近い画素の関係が重要になるため，ディープ・ラーニングに画像を入力する際には位置関係は保持した方が良さそうなことは想像が付きます．

　そこで図2-2(b)のように画素同士の位置関係を保ちながら処理する方法が開発されました．これが本章で取り上げるCNNと呼ばれる方法です．図2-2(a)と図2-2(b)は大きく異なるように見えますが，計算方法や層に分ける点は同じです．

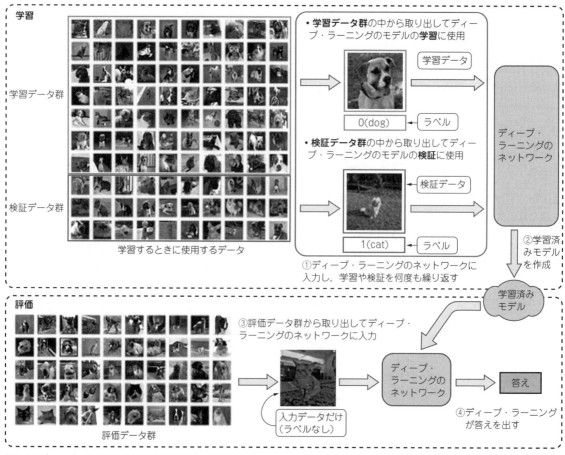

図2-1　ディープ・ラーニングの概要
犬や猫の画像は文献(2-1)から引用

● 学習および評価に用いるデータの種類

以降の説明では，○○データとそのラベルという言葉が出てきます．

まず，データとラベルの違いについて説明します．データとはディープ・ラーニングに入力する画像や音などです．そして，ラベルとはその答えです．単にラベルと呼ばれる以外に，教師データや教師ラベルと呼ばれることがあります．また，データとラベルはセットで使いますので，合わせてデータセットと呼ばれます．

次に，○○データに入る言葉である学習，検証，評価の違いについて説明します．

▶学習データ

学習データはディープ・ラーニングの学習に用いるデータであり，**図2-1**に示すようにデータとラベルのセットから構成されます．ディープ・ラーニングの性能を高めるために用いられます．なお，**図2-1**の学習データ群にはラベルが書かれていませんが，実際には0もしくは1のラベルが付いています．

▶検証データ

検証データはディープ・ラーニングの学習がうまくできているかどうかを調べるためのデータであり，**図2-1**に示すようにデータとラベルのセットから構成されます．ディープ・ラーニングの性能を高めるための

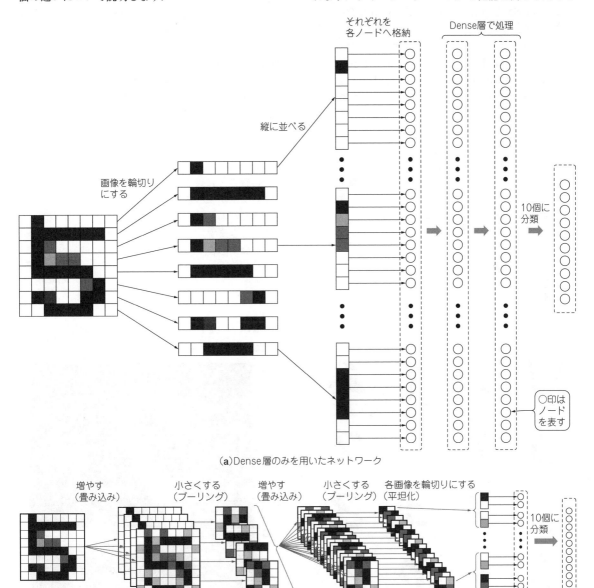

(a)Dense層のみを用いたネットワーク

(b)畳み込みニューラル・ネットワーク

図2-2　Dense層だけからなるネットワークとCNNの比較

学習には使いません.

学習データと検証データは学習中に使用します. ただし, 検証データはどの程度うまく学習できているか調べるだけですので, 使わなくても学習できます.

▶評価データ

評価データは学習後に学習済みモデルを適用したディープ・ラーニングのネットワークに, 入力して活用するときのデータです. 例えば, 犬と猫を見分けるディープ・ラーニングの学習済みモデルを作ったとして, その学習済みモデルを用いたディープ・ラーニングに入力する画像が評価データに当たります. 評価データはラベルを必要としません.

◀引用文献▶
(2-1)Omkar M Parkhi, Andrea Vedaldi, Andrew Zisserman and C. V. Jawahar; The Oxford-IIIT Pet Dataset. https://www.robots.ox.ac.uk/~vgg/data/pets/

3 プログラムを動かしてみよう

まずはCNNを利用して手書き数字の分類をやってみましょう. 手書き数字の分類に用いるデータセットはディープ・ラーニングだけでなく機械学習でもよく使われる MNIST(Modified National Institute of Standards and Technology) (3-1)と呼ばれるものです. これは図3-1のように手書きの数字が書かれた画像があり, それぞれの画像に対応する答えがセットになったデータセットです.

手書き数字の分類はCNN_MNIST.ipynbを使います. MNISTを用いて学習済みモデルを作成し, 読者の皆さんが作成した手書き数字のデータを分類してみましょう. プログラムの説明は後で行いますので, ここでは最初から順番に実行していきます.

ステップ1…データの準備
ステップ2…学習
ステップ3…予測結果の表示

ここで幾つかの数値やグラフが結果として表示されますが, それらは実行する度に多少変化します.

● ステップ1…データの準備

最初から実行していくと学習データと評価データの情報が表示されます. MNISTでは28×28ピクセルの画像を用います. 学習には6万枚, 評価には1万枚の画像を使います.

● ステップ2…学習

その後さらに幾つか実行すると「Epoch 1/5」から始まる文字が表示され, 学習が始まります. しばらく待つと(5分程度待つと)学習が終了して, 学習済みモデルができます. この学習済みモデルを用いて評価データを分類します.

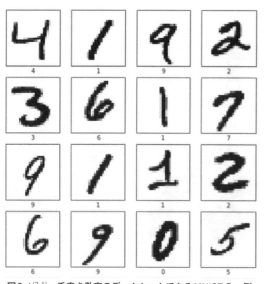

図3-1(3-1) 手書き数字のデータセットであるMNISTの一例

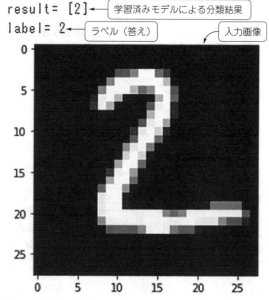

図3-2 学習済みモデルによる分類結果

● ステップ3…予測結果の表示

▶ MNISTに対する予測

　学習結果を示すグラフとTensorBoard（損失や精度などのさまざまな情報を表示できるツール）のグラフが表示されます．その後，図3-2の結果が表示されます．分類結果はresultの後ろにある数字で，答えはlabelの後ろにある数字です．この例では実際に入力した数字が2であり，ディープ・ラーニングが予測した分類結果も2となっています．つまりディープ・ラーニングは正しく予測できていることが分かります．他の数字を試したい場合は，この表示の上にあるプログラム中のi=1となっているところ（リスト6-14の1行目）を0から9999までの範囲で変えます．

▶ 自分で作成したデータに対する予測

　読者の皆さんが作成したデータで分類してみましょう．まず，ペイントなどのソフトウェアを使い，数字（0〜9）を描きます注1．このとき，画像の縦横の大きさを同じにし，黒の太字で描くとうまく分類できます．保存した画像をColabにアップロードします注1．そのあと，「import cv2」以下を実行します．幾つか実行するとアップロードした画像とその分類結果として

```
result=3
```

の表示が得られ，書かれた数字が3と分類できたことが分かります．ここでは，例として筆者が作成した手書きの数字のデータ（注1からダウンロードできるnumberフォルダ内に存在）を分類した結果を示しました．

◆引用文献◆

(3 - 1) Yann LeCun, Corinna Cortes and Christopher J.C. Burges；THE MNIST DATABASE of handwritten digits, 1998.
http://yann.lecun.com/exdb/mnist/

注1：手書き数字の描き方の詳細や，Colabにデータをアップロードする方法は，次の本書サポート・ページを参照してください．
https://interface.cqpub.co.jp/bookai2024/

4　結果の読み取り方

　CNN_MNIST.ipynbを実行すると学習がうまくできているかどうかを知ることのできる結果が幾つか表示されます．ここではその読み取り方を説明します．ここで重要となるのがエポック，精度，損失（誤差）の3つの言葉です．

- エポック（epoch）：学習の回数に相当する値．グラフの横軸にとる．
- 精度（accuracy）：入力データに対する正解した割合．
- 損失（loss）：ディープ・ラーニングが予測した値と正解の差を計算した値．問題によって計算方法が異なり，その計算方法はmodel.compile関数の中で設定する．

● 出力された文字列（図4-1）の読み取り方

　model.fit関数を実行すると，図4-1のように精度（accurcy）と損失（loss）のエポックごとの変化が表示されます．accurcyとlossは学習データに対する精度と損失，val_accuracyとval_lossは検証データに対する精度と損失です．

　注目すべき点の1つはaccuracyの値です．手書き数字の分類では，0〜9の数字の10種類を分けることになります．全く学習できていない場合は，ランダムに答えるため正答率は10分の1となります．つまりaccuracyが0.1（10％）程度になります．この例では最初の1回目の学習で0.9483となっており，学習ができていることが分かります．

　次に，accuracyとval_accuracyがエポックが進むごとに上がり，lossとval_lossが下がっているかどうかを確認します．エポックが進んでも，これらの値に変化がない場合は学習がうまくいっていないことを意味します．特に検証データの損失を表すval_lossが途中から上がり続けるような場合，過学習と呼ばれる状態になるため，学習を見直す必要があります．

● グラフ（図4-2）の読み取り方

　出力された文字列をグラフで表した方が学習の傾向が見やすくなります．図4-1に表示される数値をプロットしたものが図4-2です．エポックが進むにつれて学習（Training）データについては精度が上がり，損失が下がっている様子が分かります．一方，検証（Validation）データは3エポック以降（横軸の目盛りの2以降）は，精度が下がり，損失が上がっています．これは過学習という状態になっていることを示しています．この場合は，学習は3エポック以上学習しても学習に用いないデータの分類精度が上がらず，むしろ下がってしまうということを示しています．そのため，この設定では3エポックで十分ということになります．なお，図4-1や図4-2に示すような学習の仕方の振る舞いは学習を実行するたびに変わります．

```
Epoch 1/5
1500/1500 [==========] - loss: 0.1667 - accuracy: 0.9483 - val_loss: 0.0507 - val_accuracy: 0.9833
Epoch 2/5
1500/1500 [==========] - loss: 0.0506 - accuracy: 0.9844 - val_loss: 0.0624 - val_accuracy: 0.9815
Epoch 3/5
1500/1500 [==========] - loss: 0.0365 - accuracy: 0.9882 - val_loss: 0.0439 - val_accuracy: 0.9867
Epoch 4/5
1500/1500 [==========] - loss: 0.0274 - accuracy: 0.9909 - val_loss: 0.0402 - val_accuracy: 0.9888
Epoch 5/5
1500/1500 [==========] - loss: 0.0212 - accuracy: 0.9931 - val_loss: 0.0459 - val_accuracy: 0.9867
```

図4-1 `model.fit`関数を実行すると出力される文字列

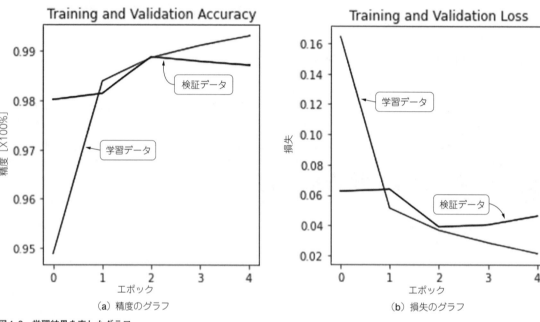

（a）精度のグラフ　　　　　　　　　　　　　　（b）損失のグラフ

図4-2 学習結果を表したグラフ
横軸はエポック数を表す．学習データと検証データの2種類に対する結果をプロット

コラム **大量の画像を集めるのは大変だから…データ拡張**　　　　　　　　　牧野 浩二

　ディープ・ラーニングを使う上で重要な点は，ディープ・ラーニングはなんでも自動的に学習できるというわけでなく，「答えのあるデータ」を学習する点です．実は，答えのあるデータを大量に作ることはとても大変な作業となります．そこで，**図A**に

あるように，1枚の画像から回転，移動，反転，および拡大・縮小を行ってデータを増やす方法がよく用いられます．これはデータ拡張（データ・オーギュメンテーション）と呼ばれる方法です．

　　元画像　　　　　回転　　　　　横移動　　　　　縦移動　　　　　反転　　　　拡大・縮小　　　全ての変換

図A[(2-1)] データ拡張（データ・オーギュメンテーション）
元画像に回転，移動，反転，拡大・縮小を行ってデータを増やす

第2章　画像認識や物体検出が得意な「畳み込みニューラル・ネットワーク」

5 原理

CNNの原理を知っていると設定する値や，ネットワークを何層にすればよいかなどディープ・ラーニングのモデルの設計に役に立ちます．ここではCNNの原理を算数で体験しながら学びます．

CNNは**図2-2(b)**に示したように以下の2つを交互に行います．

- 畳み込み処理：データ（画像）を増やす
- プーリング処理：データ（画像）を小さくする

画像を増やし，それを小さくする処理を繰り返すことにより，小さな画像がたくさんできます．こうすることで，画像中の特徴を抽出できるようになります．以降ではそれぞれの処理について説明していきます．

畳み込み

まず，CNNは画像を入力として使います．ここでは画像と呼びますが，実際には画像以外にも扱えるため，正確には「テンソル」というものです．この記事ではイメージしやすくするためにあえて画像と呼んでいます．

この画像に対して畳み込みフィルタ（単にフィルタと呼ぶこともある）を用いて計算を行います．**図5-1**では3×3の畳み込みフィルタを用いています．

まず，**図5-1(a)**のように入力データの左上の3×3の部分に着目し，畳み込みフィルタを用いて計算します．畳み込みフィルタは同じ位置は掛け算を行い，得られた9個の値を足し合わせることを行います．この計算により出力される画像の左上の値が-10と決まります．

次に，対象とする位置を**図5-1(b)**のように右に1つずらして同じように計算します．これにより左上の右隣の値は0と決まります．

このように対象とする位置を1つずつ横と縦にずらすと**図5-1(c)**のように畳み込みの計算結果が得られます．さらに，畳み込みをした行列に対して活性化関数による処理を行います．ここではReLU関数という0以下ならば0，0より大きければそのままの値が出力される関数を用います．これにより，出力される画像は**図5-1(c)**の右端となります．

畳み込みフィルタは1つではなく，**図5-2**のように複数のフィルタを用います．**図5-2**では**図5-1(c)**で示したような画像全体に対して畳み込みを計算する処理を⊛の記号で表現しています．**図5-2**のように複数のフィルタを用いることで，画像を増やすことができます．

また，この例では3×3の畳み込みフィルタを用いましたが，5×5のように大きなフィルタを用いることもできます．さらに，入力の行列も畳み込みフィルタも縦横の長さが等しい正方行列を用いましたが，正方行列でなくても計算できます．ここで注意点として，畳み込みフィルタを用いると入力に用いた行列の大きさより小さくなります．具体的には3×3の畳み込みフィルタの場合は縦横共に2だけ小さくなります．これを一般的に書くと，$m_x \times m_y$の入力に用いた行列に$n_x \times n_y$の畳み込みフィルタを用いると$(m_x - n_x + 1) \times (m_y - n_y + 1)$のサイズの行列が得られます．

パディング

問題によっては畳み込み処理によって行列を小さくしたくない場合があります．このような場合は，**図5-3**のようにあらかじめ入力の行列の周りに0を埋める処理を行います．この処理をパディングと呼びます．

図5-3の例では3×3の畳み込みフィルタなので，元の画像の周囲に1重に0を埋めましたが，5×5のサイズのフィルタを用いる場合は2重に0を埋めることで小さくすることを防ぎます．

TensorFlowでは畳み込み処理を行う関数が用意されています．パディングを行うかどうかは引数で設定できます．パディングを行うように設定すると出力される行列の大きさが，入力した行列の大きさと同じになるように，自動的に適切な大きさのパディングを行ってくれます．

プーリング

プーリングはデータを小さくするための処理です．**図5-4**は2×2のフィルタを用いてプーリングを行うときの処理を示しています．

プーリングはまずデータをそのプーリング・フィルタのサイズに細切れにします．プーリング・フィルタにはいろいろな種類がありますが，よく用いられるのは最大値フィルタと平均値フィルタというものです．本節のプログラムでは最大値フィルタを用いることにします．

最大値フィルタとはプーリング・フィルタの大きさに細切れになったデータの中で最も大きい値をその代表値として集めます［**図5-4(a)**］．これにより画像を小さくできます．最大値フィルタを用いたプーリングのことを最大値プーリング（Max-Pooling）と呼びます．

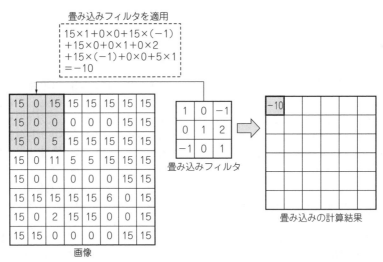

（a）左上の3×3の部分に畳み込みフィルタを適用

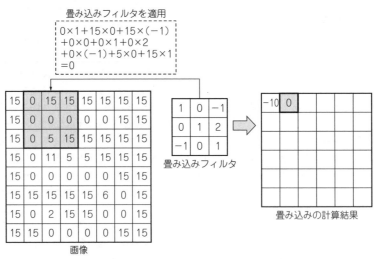

（b）（a）から右に1つずらして畳み込みフィルタを適用

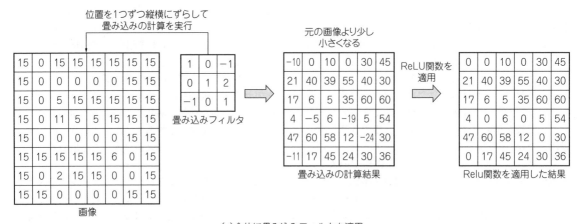

（c）全体に畳み込みフィルタを適用

図5-1 畳み込みの計算のイメージ

　　　　　　　　第2章　画像認識や物体検出が得意な「畳み込みニューラル・ネットワーク」

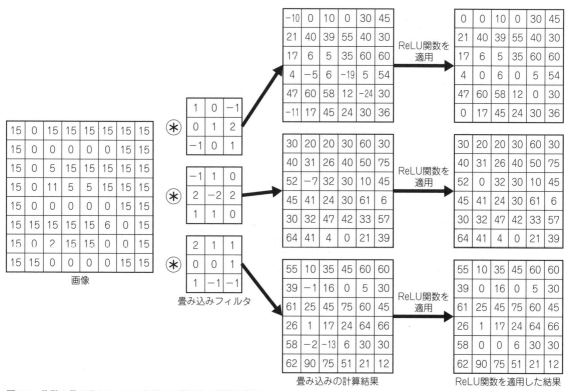

図5-2　複数の畳み込みフィルタを用いて畳み込み計算を実行
複数の畳み込みフィルタを用いることで画像を増やすことができる．ここでは画像全体に対して畳み込みを計算する処理を⊛の記号で表現している

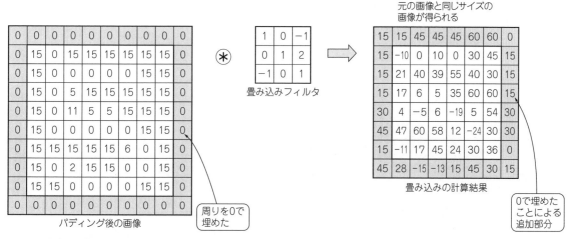

図5-3　パディングを行うときの処理
ここでは画像全体に対して畳み込みを計算する処理を⊛の記号で表現している

　平均値フィルタとは細切れになったデータの平均値
をその代表値として集めたものとなります［**図5-4
(b)**］．

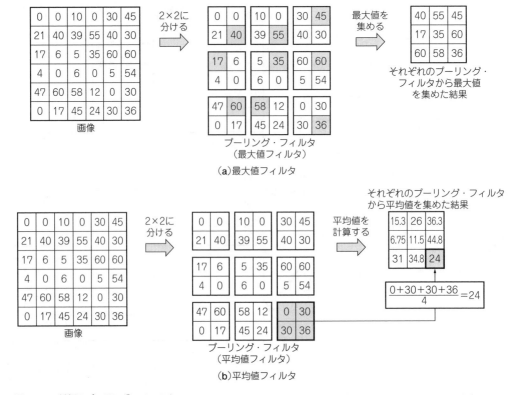

図5-4　2種類のプーリング・フィルタ

6 プログラムの説明

手書き数字(MNIST)を分類するプログラムの解説を行っていきます。使用するのはCNN_MNIST.ipynbです。

● ライブラリの読み込み

リスト6-1でTensorFlowを使うためのライブラリをインポートします。そして、データを扱うnumpyライブラリとグラフを表示するためのmatplotlibライブラリを読み込んでいます。

● データの読み込み

リスト6-2では、手書き数字のデータを読み込み、それを学習データ(train_images, train_labels)と評価データ(test_images, test_labels)に分けています。手書き数字のデータのラベルは0から9までの数字で与えられています。

リスト6-1 ライブラリをインポート

```
# TensorFlow と tf.keras のインポート
import tensorflow as tf
from tensorflow import keras

# ヘルパー・ライブラリのインポート
import numpy as np
import matplotlib.pyplot as plt
```

リスト6-2 学習データと評価データを読み込む

```
(train_images, train_labels),
  (test_images, test_labels) = keras.datasets.
                               mnist.load_data()
```

リスト6-3 学習データと評価データ、学習データのラベルの情報を表示

```
print(train_images.shape)
print(test_images.shape)
print(train_labels)

plt.figure()
plt.imshow(train_images[0].reshape(28,28))
plt.colorbar()
plt.grid(False)
plt.show()
```

リスト6-4 1枚目から50枚目までの学習データとそのラベルを表示

```
plt.figure(figsize=(20,10))
for i in range(50):
    plt.subplot(5,10,i+1)
    plt.xticks([])
    plt.yticks([])
    plt.grid(False)
    plt.imshow(train_images[i].reshape(28,28),
                         cmap=plt.cm.binary)
    plt.xlabel(train_labels[i])
plt.show()
```

学習データと評価データ、学習データのラベルの情報をリスト6-3で表示しています。これを実行すると以下が表示されます。

```
(60000, 28, 28)
(10000, 28, 28)
[5 0 4 ... 5 6 8]
```

このことから、学習データ(train_imagesの数)が6万枚、評価データ(test_imagesの数)が1万枚あり、画像の大きさは28×28であることが分かります。また、3行目の学習データのラベルの情報から1つ目の学習データの数字が5であることが分かります。

リスト6-4を実行すると1枚目から50枚目までの学習データとそのラベルが表示されます。その一部を示したものが図3-1です。

そして、これらのデータをCNN用にリスト6-5で変換します。

● 学習

学習を行う前にTensorBoardを使うための準備をリスト6-6で行います。TensorBoardを使わない場合は実行する必要はありません。これを実行しない場合は、後ほど登場する学習を実行するプログラム(リスト6-10)においてcallbacks=[tensorboard_callback]の部分を削除する必要があります。

▶ネットワークの構造を設定

ネットワークの設定をリスト6-7で行います。リスト6-7で設定するようなネットワークの決め方にルールはなく、人が試行錯誤をして決定します。この試行錯誤の経験を積むことで、徐々にうまくネットワークを設定できるようになります。リスト6-8を実

リスト6-5 データを畳み込みニューラル・ネットワークに入力できる形式に変換

```
train_images = train_images.reshape((60000,
                             28, 28, 1))
test_images = test_images.reshape((10000, 28,
                             28, 1))

# ピクセルの値を 0~1 の間に正規化
train_images, test_images = train_images /
                255.0, test_images / 255.0
```

リスト6-6 TensorBoardを使うための準備

```
import datetime
!rm -rf ./logs/
log_dir = "logs/fit/" + datetime.datetime.now
                ().strftime("%Y%m%d-%H%M%S")
tensorboard_callback =
              tf.keras.callbacks.TensorBoard
          (log_dir=log_dir, histogram_freq=1)
```

行するとネットワークの構造をテキストで表示することができます．このネットワーク構造の概念図を表したものが**図6-1**です．

▶ネットワークの構造の詳細

入力する画像のサイズは28×28です．最初は**リスト6-7**の2行目のConv2D関数で入力画像に対して，3×3の畳み込みフィルタ32個を使って畳み込み処理を行います．さらに，活性化関数としてReLUを用いてその値を変換します．ここではプーリング処理を行っていないため，$26(=28-3+1) \times 26(=28-3+1)$の画像が32枚できます．これは**図6-1**の左から2番目の図に対応します．

その後，**リスト6-7**における4行目のMax Pooling2D関数では2×2の最大値プーリングを行います．これにより$13(=26/2) \times 13(=26/2)$の画像となります．これは**図6-1**の左から3番目の図に対応します．

さらに，**リスト6-7**の5～9行目で畳み込み，最大値プーリング，畳み込み処理が順に行われます．ここで5行目と8行目の畳み込み処理では64枚の画像を生成し，7行目の最大値プーリングのフィルタ・サイズは2×2となっている点に気をつけてください．

その後，10行目のFlatten関数で64枚の3×3の画像の画素を1列に並べています．これにより，576(64×3×3)個の1列に並んだノードに変換されます．

11行目のDense関数で64個のノードに接続し，ReLU関数で処理します．これは**図6-1**の右から2番目の図に対応します．

12行目のDense関数で分類の数である10個のノードに接続し，ソフトマックス(softmax)関数で処理します．これは**図6-1**の最右端の図に対応します．

なお，これらの情報は**リスト6-8**を実行すると表示されます．

▶学習を実行

学習に関する幾つかの設定を**リスト6-9**で行っています．ここでは，最適化手法(学習時の計算方法)として adam，損失を求める方法として sparse_categorical_crossentropy，学習の状態の表示として accuracy を設定しています．

以上の設定が終わったら**リスト6-10**で学習を開始します．ここでは，エポック数を5(epochs = 5)に設定しています．また，学習するときに使用するデータ(train_images)を，学習データと検証データに分ける設定を validation_split=0.2 でしています．これにより，学習するときに使用するデータ(train_images)の中から検証データとして20％のデータを使うように設定でき，その残りの80％のデータを学

リスト6-7　畳み込みニューラル・ネットワークの構造を設定

```
model = keras.Sequential([
    keras.layers.Conv2D(32, (3, 3), activation
            ='relu', input_shape=(28, 28, 1)),
    keras.layers.MaxPooling2D((2, 2)),
    keras.layers.Conv2D(64, (3, 3), activation
                                     ='relu'),
    keras.layers.MaxPooling2D((2, 2)),
    keras.layers.Conv2D(64, (3, 3), activation
                                     ='relu'),
    keras.layers.Flatten(),
    keras.layers.Dense(64, activation='relu'),
    keras.layers.Dense(10, activation
                                  ='softmax')
])
```

リスト6-8　畳み込みニューラル・ネットワークの構造を表示

```
model.summary()
```

リスト6-9　最適化手法(学習時の計算方法)の設定

```
model.compile(optimizer='adam',
              loss='sparse_categorical_crossen
                                         tropy',
              metrics=['accuracy'])
```

リスト6-10　学習を開始

```
history = model.fit(train_images, train_labels,
            epochs=5, validation_split=0.2,
            callbacks=[tensorboard_callback])
```

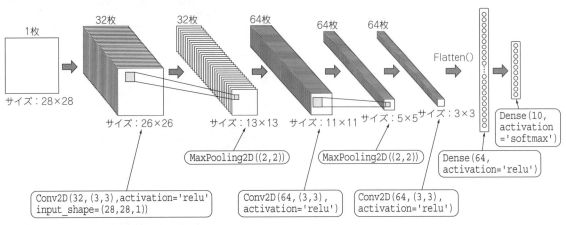

図6-1　リスト6-7で定義したネットワークの概念図

習データとして用いて学習を行います．実行すると**図4-1**の出力が得られます．

● **学習結果の表示**

精度と損失を表示する方法を紹介します．**リスト6-11**を実行すると**図4-2**が表示されます．この方法を用いると精度や損失の値を得ることができるので，Pythonを使いこなしている方はより見やすいグラフを作ることができると思います．

リスト6-12を実行するとTensorBoardが表示されます．

● **学習済みモデルの評価**

学習に用いなかった評価データに対する精度と損失を**リスト6-13**を実行することで調べることができます．次に示すように，損失（loss）が0.0337で精度（accuracy）が99.03％となり，高い精度で分類できるディープ・ラーニングの学習済みモデルが構築できたことが分かります．

```
313/313-3s-loss:0.0337-accuracy:0.9903
[0.033692196011543274,0.9902999997138977]
```

▶ **MNISTに対する予測**

リスト6-14を実行すると指定した評価データをディープ・ラーニングで分類した結果が，**図3-2**のように表示されます．**リスト6-14**の1行目のiの値を変えることで画像を変えられます．1枚ずつ確認することもできます．なお，ここまで画像を見やすくするためと，他の書籍の表示方法に合わせて背景を白として表示していましたが，実際のMNISTの画像は背景が黒の画像です．

リスト6-11　精度と損失を表示

```
acc = history.history['accuracy']
val_acc = history.history['val_accuracy']

loss = history.history['loss']
val_loss = history.history['val_loss']

epochs_range = range(5)

plt.figure(figsize=(8, 4))
plt.subplot(1, 2, 1)
plt.plot(epochs_range, acc, label='Training
                            Accuracy', c='C1')
plt.plot(epochs_range, val_acc,label=
                'Validation Accuracy', c='C0')
plt.legend(loc='lower right')
plt.title('Training and Validation Accuracy')

plt.subplot(1, 2, 2)
plt.plot(epochs_range, loss, label='Training
                            Loss', c='C1')
plt.plot(epochs_range, val_loss, label=
                'Validation Loss', c='C0')
plt.legend(loc='upper right')
plt.title('Training and Validation Loss')
plt.show()
```

▶ **自前で作成したデータに対する予測**

最後に読者の皆さんが作成した手書き数字の分類を行います．なお，これを行う前に手書き数字の画像ファイルをアップロードしておいてください．まず，**リスト6-15**でOpenCVのライブラリを読み込みます．

次に，**リスト6-16**で画像を読み込むと画像を表示できます．そして，**リスト6-17**で，CNNの入力に適した形（サイズを28×28，0～1の正規化，背景を黒に反転）に変換します．

リスト6-14と同様の方法で入力画像を分類します．これは**リスト6-18**で行うことができます．結果は，result=3のように表示され，tg3.pngに書かれた数字通りに，3と分類できたことが分かります．

まきの・こうじ

リスト6-12　TensorBoardを表示

```
%tensorboard --logdir logs/fit
```

リスト6-13　評価データに対する精度と損失を出力

```
model.evaluate(test_images,  test_labels,
                                verbose=2)
```

リスト6-14　指定した評価データをディープ・ラーニングで分類した結果を表示

```
i=1
plt.imshow(test_images[i].reshape(28,28),
                            cmap='gray')
prediction = model.predict(test_images
                            [i:i+1])
                    # モデルの推論
print(prediction)
print("result=",prediction.argmax(axis=1))
print("label=",test_labels[i])
```

リスト6-15　OpenCVのライブラリを読み込むプログラム

```
import cv2 # OpenCV
```

リスト6-16　画像を読み込むプログラム

```
img = cv2.imread('tg3.png',
                    cv2.IMREAD_GRAYSCALE)
plt.imshow(img, cmap='gray') # 実際の描画処理
```

リスト6-17　画像をCNNの入力に適した形に変換

```
img = 255 - img
img2 = cv2.resize(img, (28, 28))
img2 = img2 /255.0
img2 = img2.reshape(1, 28, 28, 1)
```

リスト6-18　入力画像に対する予測を行うプログラム

```
prediction = model.predict(img2) # モデルの推論
print(prediction)
print("result=",int(prediction.argmax
                            (axis=1)))
```

Appendix　CNNのネットワークを最適化

　ここまでは，ネットワーク構造やハイパー・パラメータ（学習する際に人の手であらかじめ設定しておく必要のあるパラメータのこと）を人の手で決めた後に学習を行うことで，モデルを作成しました．ここでは，ネットワーク構造やハイパー・パラメータを，学習の中で探索し，最適化するAutoKeras[7-2]というライブラリを使います．具体的にはCNNの構造とハイパー・パラメータをAutoKerasにより自動的に決定し，衣類の画像の分類を行います．衣類画像の分類にはcnn_cls.ipynb（本書サポート・ページからダウンロード可能）を使います．

リスト7-1　画像データセット（Fashion-MNIST）を読み込む

```
from tensorflow.keras.datasets import
                              fashion_mnist

# Fashion-MNIST データの読み込み
(trainX, trainY), (testX, testY) =
                      fashion_mnist.load_data()

# 学習データのサイズ
print(trainX.shape, trainY.shape)
# 評価データのサイズ
print(testX.shape, testY.shape)
```

リスト7-2　ラベルと画像を表示する

```
import matplotlib.pyplot as plt

# 1 枚目のラベルを表示
print(trainY[0])

# 1 枚目の画像を表示
plt.imshow(trainX[0], cmap='gray')
plt.show()
```

リスト7-3　分類モデルの学習を行う

```
import tensorflow as tf
import autokeras as ak

# 学習条件の設定
clf = ak.ImageClassifier(
    overwrite=True, # プロジェクト上書き
    max_trials=1) # 試行回数

# モデルの学習
clf.fit(
    # 説明変数（画素値を 255 で割って正規化）
    trainX/255,
    # 目的変数
    trainY,
    # 全体の 1 割が検証データ
    validation_split=0.1,
    # エポック数
    epochs=10)
```

● データの読み込み

　画像データセットとして，Fashion‐MNIST[7-1]を利用します．Fashion‐MNISTは，シャツやカバンなど10種類の衣類の画像とラベルが対となって提供されているデータセットです．

　ColabのJupyter Notebookを新規作成し，次のコードをセルに記述し実行します．Colabの詳しい操作方法は，本書サポート・ページを参考にしてください．

　まず，リスト7-1によりFashion‐MNISTの画像データセットを読み込みます．リスト7-2を実行することで，図7-1のようにラベルに対応した画像を例として表示することができます．

● 分類モデルの学習と評価

　データセットは整った状態で提供されるため，そのまま利用してCNNの分類モデルを学習します．ネットワーク構造は，AutoKerasによって最適化し，モデルを作成します．そして，評価データを使って，学習済みモデルの分類精度を確認します．

▶学習を実行

　リスト7-3により指定した回数だけ学習を実行しモデル作成します．そして，結果の中から精度が高いものを選択します．各回数の学習では，全体の9割を学習データとして，残り1割を検証データとして利用します．

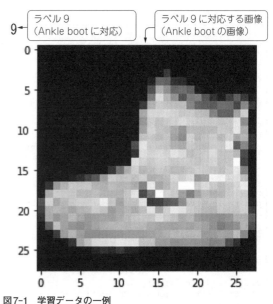

図7-1　学習データの一例
ラベル9に対応したFashion-MNISTの画像（Ankle bootの画像）を表示

リスト7-4 分類モデルの評価を行うプログラム

```
from sklearn.metrics import
                        classification_report

# 評価データにモデルを適用
pred = clf.predict(testX).flatten().astype
                                    ('int32')
# モデル精度、再現率、適合率の計算
print(classification_report(testY, pred))
```

リスト7-5 AutoKerasにより最適化されたCNNの構造を出力するプログラム

```
# 学習したモデルの出力
model = clf.export_model()
# 学習したモデルの概要
model.summary()
```

	precision	recall	f1-score	support
0	0.83	0.58	0.68	1000
1	1.00	0.92	0.96	1000
2	0.81	0.28	0.42	1000
3	0.94	0.74	0.83	1000
4	0.66	0.45	0.53	1000
5	0.78	0.95	0.86	1000
6	0.34	0.86	0.49	1000
7	0.96	0.69	0.81	1000
8	0.87	0.98	0.93	1000
9	0.92	0.94	0.93	1000
accuracy (正解率74%)			0.74	10000
macro avg	0.81	0.74	0.74	10000
weighted avg	0.81	0.74	0.74	10000

図7-2 分類モデルの評価例

▶評価を実行

リスト7-4を実行することで学習モデルに評価データを入力した予測値と、評価データがもともと持っている正解値から、分類精度を計算します。ここでは、精度(Accuracy)の他、再現率(Recall)と適合率(Precision)も計算しています。図7-2から分かるように74%の精度で画像を分類できるモデルを作成できました。

リスト7-5を実行することでAutoKerasにより自動的に選択された最適なモデルの構造が確認できます(図7-3)。図7-3から畳み込み層2つ、プーリング層1つで特徴量を抽出しているネットワーク構造であることが分かります。

* * *

以上、AutoKerasを利用して、画像データを対象にCNNの分類モデルを自動で作成することに挑戦しました。

◆参考・引用＊文献◆

(7-1)Fashion-MNIST(GitHub).
https://github.com/zalandoresearch/fashion-mnist
(7-2)AutoKeras(GitHub).
https://github.com/keras-team/autokeras

あだち・はるか

```
Layer (type)                      Output Shape
=================================================
input_1 (InputLayer)              [(None, 28, 28)]

cast_to_float32 (CastToFloat      (None, 28, 28)

expand_last_dim (ExpandLastD      (None, 28, 28, 1)

normalization (Normalization      (None, 28, 28, 1)

conv2d (Conv2D)                   (None, 26, 26, 32)

conv2d_1 (Conv2D)                 (None, 24, 24, 64)

max_pooling2d (MaxPooling2D)      (None, 12, 12, 64)

dropout (Dropout)                 (None, 12, 12, 64)

flatten (Flatten)                 (None, 9216)

dropout_1 (Dropout)               (None, 9216)

dense (Dense)                     (None, 10)

classification_head_1 (Softm      (None, 10)
=================================================
```

図7-3 AutoKerasにより最適化されたCNNの構造

学習用データ作りに欠かせない…認識対象物を明確にする作業「アノテーション」

牧野 浩二

1 ディープ・ラーニングにおける入力データの役割

ディープ・ラーニングは今日のAI技術の根幹となるもので，AIを使うことによって生活が便利になりつつあります．例えばChatGPTのようなAIと会話できるサービスや，Stable DiffusionのようなAIによる画像生成サービスがあります．

ディープ・ラーニング技術はすごいから手を出せないという印象を持つ方もいるでしょう，ですが，個人が少し改良するだけで，とても役に立つものが作れます．キュウリの大きさや形などから等級を判定してくれる，キュウリの等級判別機（**図1-1**）を農家の方が作った例もあります[(1)]．

ディープ・ラーニングではプログラミングも重要ですが，

- 答えの付いたデータを作ること
- データを使いやすいように加工すること

も重要です．

● ディープ・ラーニングの種類

画像処理を対象としたディープ・ラーニングには，幾つかの種類があります．

- 画像分類（Image Classification）：何が映っているかを判定する
- 物体検出（Object Detection）：何がどこに映っているか判定する
- セグメンテーション（Segmentation）：何がどこにどのような形で映っているか

● アノテーションという作業が必要になる

全てのディープ・ラーニングに共通して大量のデータを集めることは重要ですが，物体検出とセグメンテーションで必要となる「どこに」という情報を作ることは，非常に手間のかかる作業となっています．

これはアノテーション（Annotation）と呼ばれ，作業を代行する専門の業者も居ます．そして，アノテーションはとても大変な作業であるため，有料のソフトウェアまで販売されています．このアノテーションを行ったデータを使えば，**図1-2**に示すような道路標識を検出することも可能となります．

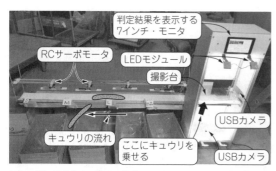

図1-1[(1)] 農家さんが個人で作成したキュウリのサイズ自動判別機

図1-2 本章では撮影した動画からYOLOv7を使って道路標識を検出してみる

2 イメージをつかむ

アノテーション作業では，1枚の画像中に認識対象とするものがどこに写っているかを明示して，人工知能を訓練するためのデータを作ります．アノテーションでは，物体が「どこに，どのような形」で描かれているのかを人間が指示する必要があります．

● 物体検出用のデータ

物体検出は，図2-1のように対象とするもの（ここではリス）がどこに居る（ある）のかを枠線で示してくれます．

これを行うための学習データの作成では，リスがどこに居るのかを四角い枠で1つ1つ囲んでいきます（図2-2）．これを手作業で行うため，膨大な時間がかかります．

図2-3のように，小さ過ぎるものは囲み線を付けないこともあります．囲み線を付けない場合は，この程度の小さな物体は認識しないということになります．なお，最近では囲み作業を大まかに自動的に行い，人間が微調整するといった方法も使われるようになりつつあります．

● セグメンテーション用のデータ

セグメンテーションは物体検出をより細かく行った方法です．これは，図2-4のように対象とするものをピクセル単位で見分けるため，対象とするものを塗りつぶして示してくれる方法です．

例えば，図2-5の画像の場合は，リスがどこに居るのかをポリゴンの線で1つ1つ囲んでいきます．これを手作業で行うため，物体検出よりも膨大な時間がかかります．

図2-3 小さすぎるものは囲み線を付けないこともある

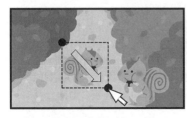

図2-1 物体検出とは対象物を枠線で囲む方法

図2-4 セグメンテーションとは対象物を塗りつぶす方法

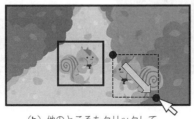

（a）クリックした後にドラッグして
　　対象物を囲む

（b）他のところもクリックして
　　ドラッグして囲む

（c）全ての対象物を囲む

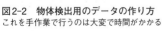

図2-2 物体検出用のデータの作り方
これを手作業で行うのは大変で時間がかかる

（a）クリックした後に点を追加して
囲み線を作る

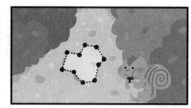

（b）対象物の周囲を全て囲む

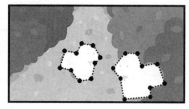

（c）全ての対象物を囲む

図2-5　セグメンテーション用のデータの作り方
この作業は物体検出のデータ作成よりも時間がかかる

　なお，セグメンテーションのアノテーションと物体検出のアノテーションの違いは，四角で囲むか多角形で囲むかだけで，ほぼ同じです．そこで本章では物体検出のアノテーションだけを紹介します．

3　プログラムを動かしてみよう

　アノテーション専用のアプリケーション（ソフトウェア）を使ってアノテーションを行う方法を説明します．ここではLabel Studioというツールの使い方を説明します．本節では例として，移動中の車から撮影した動画をもとにしてアノテーションを行う方法を説明します．

　手順は以降に示す2ステップです．なお，本節では動画から画像を作ります．写真を使う場合はステップ1は飛ばすことができます．使用するプログラムは，道路標識の認識.ipynbです．

ステップ1：動画から画像を切り出す

　移動中の車からの画像データを作成するためには，動画撮影しておくと大量のデータを集めることができます．今回は**図3-1**のようにして助手席に乗ってカメラをダッシュボード上でかまえて動画を撮影しました．

ダッシュボード上でカメラをかまえて動画を撮影

図3-1　車の助手席にカメラを取り付けて動画を撮影した
取り付けの際は法規制を確認し，遵守しましょう

● 動画から一定時間ごとに画像を保存する

　アノテーション・ツールは動画を扱うこともできますが，無料ツールの多くは静止画しか扱えない場合があります．そこでまず，動画から一定時間ごとに画像として保存することを行うことで，大量の静止画を用意します．この方法を知っておくと，いろいろなアノテーション・ツールを使うことができるので便利です．

● 手順

▶1，動画データをGoogleドライブにアップロード

　まずは，Googleドライブにデータをアップロードします．この例では，マイドライブにSyasouディレクトリを作成し，動画データ（Syasou1.mp4）をアップロードしています．さらに，この後行う静止画の保存用としてoutフォルダを作成しておきます．そして，Colabの左上の［ドライブをマウント］をクリックしてドライブを使えるようにしておきます．

▶2，Colabで静止画として保存

　次に動画から静止画を保存するためにffmpegを利用します．ここで，静止画を連続した番号を振ったjpegファイルとして保存するためのコマンドをリスト3-1に示します．

　このコマンドを実行することで，Syasou1.mp4を入力ファイルとし，10フレームおきにimg*****.jpg（*****には保存された順に番号が振られる）といった名前の静止画をSyasouフォルダの下に作成したoutフォルダに保存できます．なお，保存間隔を変更する場合は-rオプションの後の数字を変更します．

　対象とするSyasou1.mp4は44秒の動画でフレーム・レートが30フレームですので，全体で約1320フレームあります．ここで，「約」となっているのは44秒ピッタリではなく，例えば44.3秒などになっているためです．そのため，10フレームおきに保存すると

```
!ffmpeg -r 10 -i /content/drive/MyDrive/Syasou/Syasou1.mp4
/content/drive/MyDrive/Syasou/out/img%05d.jpg
```

約132個のファイルが生成されます．長い動画を利用する際は，作成されるファイルの数に気を付けてください．

ステップ2：アノテーション・ツールを使ってデータを作成する

アノテーション・ツールとしてLabel Studio (https://labelstud.io/)をインストールします．このLabel Studioは，Anaconda上で動かします．

● ツールのインストール

事前にAnaconda(https://www.anaconda.com/)をインストールしておきます．Anacondaを使うときには，仮想環境を作成することをお勧めします．

Anacondaのインストール後，Anaconda Navigatorを起動して［CMD.exe Prompt］をクリックしてコマンド・プロンプトを起動します．

インストールは以下のコマンドで行います．

```
> pip install label-studio
```

● データの作成手順

▶1，ツールの起動

起動は以下のコマンドで行います．

```
> label-studio
```

起動すると，図3-2がウェブ・ブラウザ上で自動的に開きます．

▶2，アカウント作成後にプロジェクトを作成

初回起動時は［SIGN UP］をクリックして，［CREATE ACCOUNT］をクリックします．アカウントを作成後にログインしてから，［Create Project］をクリックします．

すると，図3-3が表示されますのでプロジェクトの名前を付けて［Save］をクリックします．

▶3，物体検出用の設定

その後，図3-4が表示されます．物体検出用の設定の大まかな流れは，右上の［Settings］をクリックして設定が終わったら，［Go to import］をクリックして画像を登録します．

まずは設定として，図3-5のように「Labeling Interface」を選択した後，［Browse Templates］をクリックします．すると，Label Studioで使用できるテンプレート一覧が表示されます（図3-6）．

ここで，［Object Detection with Bouding Boxes］を選択すると，図3-7が表示されます．テンプレートでは，ラベルとしてAirplaneとCarの2つ設定されていますので，右側の［×］ボタンをクリックしてラベルを削除します．

その後，「Add label names」にラベルの名前を入れます．今回は「traffic_sign」と入力して，［Add］をクリックします．そうすると，labelsの下に「traffic_sign」が表示されます（図3-8）．最後に［Save］をクリックすると図3-4に戻ります．

図3-2　Label Studioを起動した直後の画面
Label Studioはブラウザ上で開く

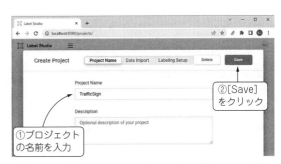

図3-3　プロジェクトの名前を入力したら［Save］をクリックする

図3-4　物体検出用の設定のために［Settings］をクリックして設定後に画像を登録する

図3-5 「Labeling Interface」を選択後に[Browse Templates]をクリックする

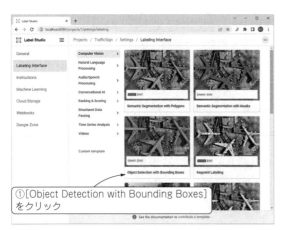

図3-6 テンプレート一覧が表示されたら[Object Detection with Bouding Boxes]をクリック

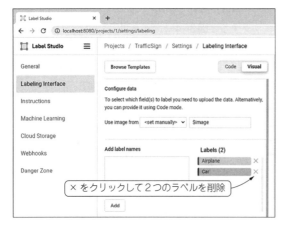

図3-7 テンプレートにある2つのラベルは削除する

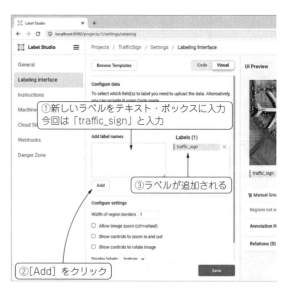

図3-8 新規ラベル名の追加手順

図3-9 この画面が出たら画像ファイル全てをドラッグ・アンド・ドロップでアップロードする

図3-10 アノテーション作業をするために行をクリックする

▶4, 画像データのアップロード

再度，**図3-4**の画面で[Go to import]のクリックで**図3-9**が表示されたら，画像ファイルを全て選択してドラッグ・アンド・ドロップで追加して右上の[Import]をクリックします．ここではステップ1で作成した46枚の画像をアップロードします．

▶5, アノテーションを行う

アップロードが終わると**図3-10**が表示されるので，アノテーション対象の行をクリックすると**図3-11**が表示されます．最初にラベル名として設定した「traffic_sign」をクリックしてから，標識の左上と右下をクリックして標識を囲みます．

図3-11 アノテーション作業の手順

図3-12 複数の道路標識がある場合は全て囲む

　この例では1つしか標識がないですが，**図3-12**のように2つ以上選択することもできます．標識が映っていない場合は何もしなくてよいです．なお，便利なショートカット・キーとして，数字キーでラベルをクリックしたことになります．

▶**6, YOLOで使えるようにデータ変換して出力**

　全ての画像について道路標識を囲み終わったら，左上の［Projects］の右の文字（この例では［Traffic Sign］）をクリックして**図3-10**に戻ります．このデータをYOLOで使用できるように変換するためには［Export］をクリックします．

　すると，**図3-13**が表示されるので，［YOLO］を選択して［Export］をクリックすると，zipファイルがダウンロードされます．ダウンロードされたフォルダを展開すると次のファイルとフォルダがあることが確認できます．

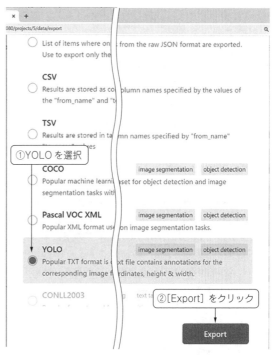

図3-13 YOLOを選択後に［Export］をクリックするとzipファイルがダウンロードされる

* `notes.json`
* `classes.txt`
* `images`フォルダ
* `labels`フォルダ

YOLOで物体検出をするためには`dataset.yaml`ファイルを作成する必要があります．これについては次の節で説明します．

4 実践！道路標識の検出

先ほど作成したデータを用いてYOLOv7で道路標識の検出を行います．

ステップ1：入力データの準備

● アノテーション後のデータをアップロード

先ほどダウンロードして展開したファイルを展開して，フォルダ名を`TrafficSign`と変更します．次に，このダウンロードしたファイルをGoogleドライブの`Syasou`の下にアップロードします．

● yamlファイルの作成

その後，`dataset.yaml`ファイルを作成します．これはテキスト・ファイルとして開いて，拡張子を`yaml`に変更します．内容は**リスト4-1**とし，詳細は以下です．

- `train`：の後ろ…ここにGoogleドライブにアップロードしたフォルダのパスを書きます
- `val`：の後ろ…ここにもパスを書きます（`val`：は同じフォルダでも構いません）
- `nc`：の後ろ…ラベルの数で本節では1です
- `names`：の後ろ…ラベルの名前で本節では`traffic_sign`だけです

また，2つ以上の名前はカンマで区切って並べます．

● `dataset.yaml`の配置は`Syasou`フォルダ直下

`dataset.yaml`はどこにアップロードしてもよいのですが，ここでは`Syasou`フォルダの下にアップロードします．そして，2つの動画ファイル（`Syasou1.mp4`と`Syasou2.mp4`）を`Syasou`フォルダの下にアップロードします．

ここまで行うとGoogleドライブでは**図4-1**のようなフォルダ配置となります．

ステップ2：YOLOv7で道路標識の検出

ここからはColabで行います．

● 準備…ドライブのマウントとGPU使用の設定

まず，Googleドライブのデータを使うために［ドライブをマウント］のアイコンをクリックします．次に，YOLOv7の実行にはかなりの計算が必要となるため，GPUを使う設定をします．

この手順としては，Colabを開き，**図4-2**のようにランタイム・タブからランタイムの［タイプの変更］を選択します．すると，ダイアログが現れるので，ハードウェア・アクセラレータからGPUを選択します．

● YOLOv7のインストール

インストールは，**リスト4-2**のコマンドを実行することで行います．次は，インストールが無事にできていることを確認するために，動作確認をします．

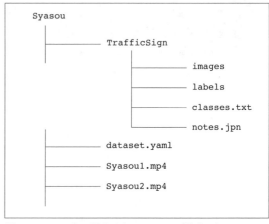

```
Syasou
  ├── TrafficSign
  │     ├── images
  │     ├── labels
  │     ├── classes.txt
  │     └── notes.jpn
  ├── dataset.yaml
  ├── Syasou1.mp4
  └── Syasou2.mp4
```

図4-1　ステップ1が終わるとこのフォルダ構成になる

リスト4-1　yamlファイルの中身

```
# Please insure that your custom_dataset are put in same parent dir with YOLOv7_DIR
train: /content/drive/MyDrive/Syasou/TrafficSign # train images
val: /content/drive/MyDrive/Syasou/TrafficSign # val images
# test: ./custom_dataset/images/test # test images (optional)

# Classes
nc: 1  # number of classes
names: ['traffic_sign']  # class names
```

● 動作確認

▶テスト用のモデルのダウンロード

使用するモデルはYOLOv7-E6とします。まずは、YOLOv7のGitHubのREADME.mdのページ（`https://github.com/WongKinYiu/yolov7/blob/main/README.md`）を開き、**図4-3**に示すように対象とするファイルを右クリックしてリンクをコピーすることで最新のモデルのURLをコピーできます。

このコピーしたURLを使って、**リスト4-3**のコマンドを実行します。なお、URLは変更される場合があるので気を付けてください。

▶物体検出結果を見る

次に、**リスト4-4**を実行すると、「yolov7」→「runs」→「detect」→「expフォルダ」の下にhorse.jpgファイルが生成されます。

これを開くと**図4-4**が示されます。馬を囲む線が描かれているます。なお、expのフォルダ名は実行する回数によって変わります。

他にも、**リスト4-5**を実行すれば動画データでも物体検出できます。検出結果は**図4-5**で、これを見ると、車や人、自転車、信号機などがきちんと検出できています。

● 道路標識の検出

いよいよ動画ファイルを用いて道路標識の検出を行います。

▶学習用モデルのダウンロード

本節ではテスト用のモデル`yolov7_training.pt`をダウンロードします。先ほどの動作確認のときと同じように、**図4-6**に示すように対象とするファイルを右クリックしてリンクをコピーすることでモデルのURLをコピーできます。

図4-2　前準備としてGPUを使う設定を行う

リスト4-2　YOLOv7をインストールする

```
!git clone
https://github.com/WongKinYiu/yolov7
%cd yolov7
!pip install -r requirements.txt
```

図4-3　YOLOv7-E6のダウンロード先アドレスはコピーしておく

図4-4　リスト4-4を実行すると分類結果（ここではhorse.jpg）が**exp**フォルダ下に生成される

リスト4-3　モデルYOLOv7-E6をダウンロードする

```
!wget https://github.com/WongKinYiu/yolov7/releases/download/v0.1/yolov7-e6.pt -P ./weights
```

リスト4-4　YOLOv7-E6で物体検出を実行する

```
!python detect.py --source inference/images/horses.jpg --weights weights/yolov7-e6.pt
```

図4-5 動画データを使って物体検出した結果

図4-6 動作確認のときと同じようにモデルyolov7_training. ptのアドレスをコピーしておく

リスト4-5 動画データを使って物体検出する

```
!python detect.py --source /content/drive/MyDrive/Syasou/Syasou1.mp4 --weights weights/yolov7-e6.pt
```

リスト4-6 モデルyolov7_training.ptをダウンロードする

```
!wget https://github.com/WongKinYiu/yolov7/releases/download/v0.1/yolov7_training.pt  -P ./weights
```

リスト4-7 モデルyolov7_training.ptを使って学習する

```
!python train.py --data /content/drive/MyDrive/Syasou/TrafficSign/dataset.yaml --weights
weights/yolov7_training.pt
```

リスト4-8 動画ファイル(Syasou1.mp4)を対象に物体検出する

```
!python detect.py --source /content/drive/MyDrive/Syasou/Syasou1.mp4
--weights ./runs/train/exp/weights/best.pt --device 0
```

コピーしたURLを使ったダウンロード・コマンド は, リスト4-6の通りです. なお, アドレスは変更 される場合があるので気を付けてください.

▶学習する

リスト4-7のコマンドで学習を行います. 実行に は30分くらいかかります. 学習の実行後は,「yolov7」 →「runs」→「train」→「exp」→「weights」フォ ルダの下にbest.ptが生成されます. なお, expの フォルダ名は実行する回数によって変わります.

これを用いて物体検出ができているか調べてみまし ょう.

▶物体検出1…Syasou1.mp4のデータを使う

まずは, 学習データを作った動画ファイル (Syasou1.mp4)を対象として物体検出を行います (リスト4-8).

実行後,「yolov7」→「runs」→「detect」→「exp」 フォルダの下にSyasou1.mp4が生成されます. これ をダウンロードして開くと物体検出結果が図4-7の ように表示されます. これを見ると, 標識を検出でき ています.

本節では学習データが少ないため, 信号機を標識と して検出しています. 動画を確認いただくとより分か りやすいのですが, 結構, 標識を検出できています.

▶物体検出2…Syasou2.mp4のデータを使う

次に, 学習データを作成するときに使用しなかった 動画ファイル(Syasou2.mp4)を対象として物体検出 を行います(リスト4-9).

物体検出1と同じように結果を表示すると図4-8の ようになります. 学習に使ったデータではないのです が, かなり標識を検出できています.

*　　　　　*

アノテーションを行い道路標識の検出を行いました. 想像していたよりも簡単にできたと思います. これで ディープ・ラーニングを, さらに活用できるようにな ったはずです.

◆引用文献◆
(1) 小池 誠:ラズパイ×Google人工知能…キュウリ自動判別コ ンピュータ, Interface, 2017年3月号, p.23, CQ出版社.
(2) The CIFAR-10 dataset.
　http://www.cs.toronto.edu/~kriz/cifar.html

まきの・こうじ

第3章　学習用データ作りに欠かせない…認識対象物を明確にする作業「アノテーション」

（a）検出結果 1

（b）検出結果 2

図4-7　動画 **Syasou1.mp4** を使った場合の物体検出

リスト4-9　動画ファイル（Syasou2.mp4）を対象に物体検出する

```
!python detect.py --source /content/drive/MyDrive/Syasou/Syasou1.mp4
--weights ./runs/train/exp/weights/best.pt --device 0
```

（a）検出結果 1

（b）検出結果 2

図4-8　動画 **Syasou2.mp4** を使った場合の物体検出

骨格推定ライブラリ「OpenPose」を使って人の姿勢を分析

牧野 浩二

骨格推定ライブラリとして大学や研究所で利用されているOpenPoseを使って，人間が写っている1枚の画像から頭や手足を認識し，骨格を描画する方法を紹介します．この方法を応用すれば，人間の頭や手足の座標を得ることができるので，画像や動画から人間がどこにいるのか，どんなことをしているのかなどが解析できるようになります．

1 できること

● 人間の頭や手足の位置を推測できる

OpenPoseを用いると，図1-1のように人間の頭や手足の位置を見分けることができます．人間の関節位置を見分けて線を引くことは骨格抽出と呼ばれています．

● 使うのはカメラとPCだけ

OpenPoseでは，骨格抽出を行うために，特別なセンサを必要としません．普通のディジタル・カメラやスマートフォンで撮影した画像を利用できる点が優れたところです．

他にも図1-2に示すような優れた点があります．また，動画にも対応していて動画に骨格を付けて生成

することもできます．

● 骨格抽出の応用例

写真や動画から骨格抽出ができると，以下のようなことができそうです．

- ダンスで先生と同じ動きになっているか確認
- 教室で手を挙げているか確認
- スポーツで上手な動作か確認
- 腰が曲がっているかどうかの診断
- 手話
- 職人の動き

「骨格抽出」や「OpenPose」で検索をかけると，さまざまな実例が出てきます．ぜひ調べてみてください．

図1-1 OpenPoseを使えば骨格抽出ができる
図1-1と図1-2はopenpose-1.7.0-binaries-win64-cpu-python3.7-flir-3d.zipに含まれる

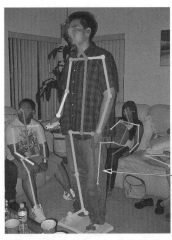

背後の人の右足が映っていなくても右足の骨格抽出ができている

図1-2 対象箇所が隠れていても推測できる

2 プログラムを動かしてみよう

OpenPose はソース・ファイルだけではなく，実行ファイル（exe ファイル）もダウンロードできます．ここでは実行ファイルを使って骨格抽出を行います．次に Windows における実行方法を示します．

環境準備…ファイルのダウンロードと展開

▶1，ウェブ・サイトにアクセス

OpenPose のウェブ・ページを開きます．

```
https://github.com/CMU-Perceptual-
Computing-Lab/openpose
```

▶2，リンクのクリック

`README.md` をクリックして開きます．図2-1のように Installation の下にある「download and use…」と書かれたリンクをクリックします．Windows Portable Demo の下にある「Releases」と書かれたリンクをクリックします（図2-2）．

▶3，ダウンロード

ファイルをダウンロードします．CPU だけで動かす場合は，

```
openpose-1.7.0-binaries-win64-cpu-
python3.7-flir-3d.zip
```

をクリックしてダウンロードします．使用中の PC が GPU を搭載している場合は，

```
openpose-1.7.0-binaries-win64-gpu-
python3.7-flir-3d_recommended.zip
```

をダウンロードします（図2-3）．ダウンロードした zip ファイルを解凍すると図2-4のようなフォルダ構造になっています．

▶GPU のバージョンやメモリ不足に注意する

GPU を使うと高速に処理できますが，GPU のバージョンや搭載しているメモリ量によっては動作しない場合があります．その場合は，後に示すような解像度を落とす設定をするか，CPU 版を使ってください．

画像変換するサンプルの実行

▶1，カレント・ディレクトリを変更する

コマンド プロンプトを開き，`cd` コマンドを使ってカレント・ディレクトリを openpose フォルダに移動します．例えば，D ドライブの下に openpose フォルダがある場合は，次のコマンドで移動します．

```
C:\users\username>d:
D:\>cd openpose
```

▶2，フォルダの作成

openpose フォルダに mydata フォルダを作ります（図2-5）．フォルダ作成はエクスプローラでフォルダを開いて新規作成で行います．

図2-1 「download and use…」の部分をクリックする

図2-2 「Releases」をクリックする

OpenPose v1.7.0 (Latest)

OpenPose v1.7.0

▼ Assets 4

⬢ openpose-1.7.0-binaries-win64-cpu-python3.7-flir-3d.zip
⬢ openpose-1.7.0-binaries-win64-gpu-python3.7-flir-3d_recommended.zip
📄 Source code (zip)
📄 Source code (tar.gz)

CPU だけで行う場合
GPU を使う場合

図2-3 CPU だけか GPU を使うかでダウンロードするファイルは異なる

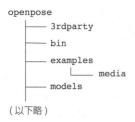

```
openpose
    ├── 3rdparty
    ├── bin
    ├── examples
    │       └── media
    └── models
（以下略）
```

図2-4 **OpenPose**フォルダの階層構造

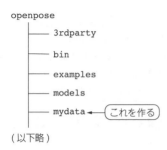

```
openpose
    ├── 3rdparty
    ├── bin
    ├── examples
    ├── models
    └── mydata ◄── これを作る
（以下略）
```

図2-5 新しく**mydata**フォルダを作る

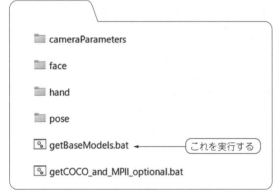

📁 cameraParameters

📁 face

📁 hand

📁 pose

🔲 getBaseModels.bat ◄── これを実行する

🔲 getCOCO_and_MPII_optional.bat

図2-6 **models**フォルダ内のバッチ・ファイルを実行する

▶3，バッチ・ファイルの実行

openposeフォルダの中のmodelsフォルダにある
getBaseModels.batをダブルクリックして実行し
ます（図2-6）．これを実行しないとエラーが出るので
気を付けてください．

▶4，コマンドの実行

コマンドプロンプトでリスト2-1を実行します．
ここでは，examplesフォルダの下のmediaフォル
ダにある全ての画像を変換し，mydataフォルダに保
存することを行います．実行にはかなりの時間がかか
る場合がありますので，最初は念のため解像度を下げ
て実行します．実行中は図2-7のように画像が次々
に現れます．

筆者のPCはCPUはCore i7-8700（最高動作周波数
4.60 GHz），メモリは16Gバイトですが，1つの画像を
処理するのに2秒くらいかかりました．

リスト2-1 これを実行すれば画像を変換して**mydata**フォルダ
に保存する（1行で入力）

```
D:\openpose> bin\OpenPoseDemo.exe --image_dir
        examples\media --write_images mydata
                    --net_resolution 320x240
```

リスト2-2 通常の骨格抽出（1行で入力）

```
D:\openpose> bin\OpenPoseDemo.exe --image_dir
     examples\media --write_images mydata\body
                    --net_resolution 320x240
```

COCO_val2014_0
00000000192_ren
dered.png

COCO_val2014_0
00000000241_ren
dered.png

COCO_val2014_0
00000000257_ren
dered.png

COCO_val2014_0
00000000360_ren
dered.png

COCO_val2014_0
00000000395_ren
dered.png

COCO_val2014_0
00000000415_ren
dered.png

COCO_val2014_0
00000000536_ren
dered.png

COCO_val2014_0
00000000544_ren
dered.png

COCO_val2014_0
00000000564_ren
dered.png

図2-7 コマンドを実行すると**mydata**フォルダ内に骨格抽出し
た画像が次々と生成される

画像から骨格抽出する

ここでは図2-8を使って，手の認識や顔の認識を
行う方法を説明します．実行時の主なオプションを表
2-1に示します．

▶通常の認識

実行のためのコマンドをリスト2-2に示します．
リスト2-1からの変更点は出力先をmydataフォルダ
の下のbodyフォルダにした点です．出力結果を図2
-9に示します．

第4章 骨格推定ライブラリ「OpenPose」を使って人の姿勢を分析

図2-8 この画像をもとに骨格抽出する
図2-8 〜 図2-11 は openpose-1.7.0-binaries-win64-cpu-python3.7-flir-3d.zipに含まれる

表2-1 OpenPoseにはさまざまなオプションがある

入力設定
`image_dir path_to_images`：静止画像フォルダの指定，引数：フォルダ名
`video input.mp4`：動画の読み込み，引数：動画名
`camera 0`：ウェブ・カメラを使う，引数：カメラ番号（通常は0）
検出対象の設定
`face`：顔検出を有効にする
`hand`：手検出を有効にする
出力設定
`write_video path.avi`：動画の出力，引数：動画ファイル名
`write_images folder_path`：静止画の出力，引数：フォルダ名
`write_json path`：JSON形式のファイル出力，引数：フォルダ名
`disable_blending`：入力画像は表示せず骨格画像だけ表示
解像度
`net_resolution`：解像度を落とす，引数：解像度（16の倍数）

▶手の認識

　手を認識するためには--handオプションを使います（**リスト2-3**）．手の認識を行った場合，1枚当たり10秒程度かかりました．出力結果を**図2-10**に示します．

▶顔の認識

　手を認識するためには，--faceオプションを使います（**リスト2-4**）．手の認識を行った場合，1枚当たり5秒程度かかりました．出力結果を**図2-11**に示します．

▶手と顔の認識

　手と顔の両方を認識するためには，--handオプションと--faceオプションを同時に使います（**リスト2-5**）．この場合，1枚当たり15秒程度かかりました．

▶骨格だけ出力

　骨格だけ画像として出力するには，--disable_blendingオプションを使います（**リスト2-6**）．この場合，1枚当たり2秒程度かかりました．出力結果を**図2-12**に示します．

図2-9 通常の骨格抽出

リスト2-3 --handオプションで手を認識する（1行で入力）

```
D:\openpose> bin\OpenPoseDemo.exe --image_dir
        examples\media --write_images mydata\hand
                --net_resolution 320x240 --hand
```

図2-10 手の認識には1枚当たり10秒程度の処理時間がかかる

リスト2-4 --faceオプションで顔を認識する（1行で入力）

```
D:\openpose> bin\OpenPoseDemo.exe --image_dir
        examples\media --write_images mydata\face
                --net_resolution 320x240 --face
```

図2-11 顔の認識は5秒程度

リスト2-5 **--hand**オプションと**--face**オプションを組み合わせて手と顔を認識する

```
D:\openpose> bin\OpenPoseDemo.exe --image_dir
        examples\media --write_images mydata\all
        --net_resolution 320x240 --face --hand
```

リスト2-6 --disable_blending オプションで骨格だけ抽出する

```
D:\openpose> bin\OpenPoseDemo.exe --image_dir
        examples\media --write_images mydata
    --net_resolution 320x240 --disable_blending
```

図2-12 骨格だけの認識は2秒程度

リスト2-7 動画から骨格抽出する

```
D:\openpose> bin\OpenPoseDemo.exe --video
        examples\media\video.avi --write_video
    mydata\video.avi --net_resolution 320x240
```

リスト2-8 ウェブ・カメラから骨格抽出する

```
D:\openpose> bin\OpenPoseDemo.exe --camera 0
                --net_resolution 320x240
```

リスト2-9 試しに解像度を16の倍数以外にする

```
D:\openpose> bin\OpenPoseDemo.exe --camera 0
                --net_resolution 320x250
```

リスト2-10 解像度が16の倍数でないためエラーが出る

```
Error:
Net input resolution must be multiples of 16.
```

リスト2-11 GPUでメモリが不足した場合はエラーが出る

```
Auto-detecting all available GPUs... Detected
  1 GPU(s), using 1 of them starting at GPU 0.
F0505 10:35:09.881881 54052  math_functions.
    cu:79] Check failed: error == cudaSuccess
                (2 vs. 0)  out of memory
*** Check failure stack trace: ***
```

映像から骨格抽出する

▶動画

動画の場合は，--videoオプションで動画を選択し，--write_videoオプションで出力します（リスト2-7）．ここではexamplesフォルダの下のmediaフォルダにあるvideo.aviを使います．なお，このビデオのフレーム数は205枚です．

処理時間は画像1枚ずつ処理する時間とほぼ変わりませんので，205枚の画像を処理する時間がかかります．画像の左下にフレーム数が表示されていますので，残り時間の見当がつきます．

▶ウェブ・カメラ

USB接続のウェブ・カメラを使う場合は，--cameraオプションを使います（リスト2-8）．この場合も画像を1枚処理する時間は変わりません．ESCキ

ーを押してから1～2フレーム後に終了します．

なお，--cameraの後ろの番号はカメラの番号です．カメラが2つ以上ある場合は1や2などに変更してください．

エラーの対処法

▶net_resolution設定時のエラー

設定する解像度は16の倍数でなければなりません．例えば，リスト2-9のように240ではなく250とした場合は，リスト2-10のエラーが表示されます．

▶GPU使用時のエラー

GPUを使った場合で，メモリが不足した場合はリスト2-11のエラーが表示されます．この場合は，--net_resolutionオプションの解像度を下げてください．繰り返しになりますが，解像度は16の倍数でなければなりません．

もっと体験したい方へ
電子版「AI自習ドリル：OpenPoseを試す」では，より多くの体験サンプルを用意しています．全19ページ中，10ページは本章と同じ内容です．
https://cc.cqpub.co.jp/lib/system/doclib_item/1624/

　　　　　　　　　　　　第4章　骨格推定ライブラリ「OpenPose」を使って人の姿勢を分析

3 各関節の位置情報を取得する

ここまでは，画像に抽出した骨格を重ねていました．ここでは，各関節の位置情報を取得する方法を説明します．

OpenPoseはJSON形式で座標データを取得できる

座標などのデータを取得するには，--write_jsonオプションを使います．mydataフォルダ下のJSONフォルダに保存するには**リスト3-1**を実行します．ここでは，**図1-1**のデータを基にして説明します．JSON形式のデータとして得られるファイル名は画像の名前と同じで，拡張子がjsonになります．

位置情報をJSONファイルで確認する

● JSONファイルの中身は見にくい

ファイルの中身は**リスト3-2**の内容のテキスト・ファイルです．Windowsのメモ帳などで開くことができますが，改行などがないため見にくくなっています．

このあと紹介するJSON Viewerを使うと見やすくなり，**リスト3-3**となります．JSON形式のファイルは大かっこ（"["，"]"）で囲まれた階層構造となっています．この例では，peopleの下に，

図1-1　OpenPoseを使えば骨格を抽出できる（再掲）

- person_id
- pose_keypoints_2d
- face_keypoints_2d

などのデータから成り立っています．そして，person_idには−1というデータがあり，pose_keypoints_2dには多くのデータ（実際には0～74）があります．

リスト3-1　--write_jsonオプションでJSON形式のファイルを保存できる（1行で入力）

```
D:\openpose> bin\OpenPoseDemo.exe --image_dir
        examples\media --write_json mydata\json
```

リスト3-2　JSONファイルはテキスト形式なのでメモ帳などで開ける

```
{"version":1.3,"people":[{"person_id":
[-1],"pose_keypoints_2d":
[436.439,210.637,0.938796,444.309,219.743,0.92
8857,431.2,222.409,0.915441,463.862,241.938,0.
930922,484.728,232.776,0.804966,459.933,214.56
2,0.874903,488.642,211.967,0.716532,480.818,21
3.219,0.790839,432.486,286.317,0.888675,419.45
9,286.315,0.856175,393.358,322.884,0.895345,36
9.891,350.279,0.93565,444.283,286.315,0.844669
,471.653,313.776,0.858233,449.488,350.285,0.91
9502,433.835,205.444,0.961445,441.662,205.436,
0.949424,0,0,0,452.083,205.413,0.93917,467.73,
362.025,0.753715,466.42,359.41,0.722527,442.92
4,351.629,0.859091,352.928,356.849,0.858612,35
1.6,351.618,0.895102,371.15,354.239,0.828776],
"face_keypoints_2d":[],"hand_left_keypoints_
2d":[],"hand_right_ keypoints_2d":[],"pose_
keypoints_3d":[],"face_ keypoints_3d":[],
"hand_left_keypoints_3d":[],"hand_right_
keypoints_3d":[]}]}
```

リスト3-3　リスト4-2を見やすくした

```
// file:///…
openpose/mydata/json/COCO_val2014_000000000589
                    _keypoints.json

{
  "version": 1.3,
  "people": [
    {
      "person_id": [
        -1
      ],
      "pose_keypoints_2d": [ データ ],
      "face_keypoints_2d": [ データ ],
      "hand_left_keypoints_2d": [ データ ],
      "hand_right_keypoints_2d": [ データ ],
      "pose_keypoints_3d": [ データ ],
      "face_keypoints_3d": [ データ ],
      "hand_left_keypoints_3d": [ データ ],
      "hand_right_keypoints_3d": [ データ ]
    }
  ]
}
```

図3-1 「json viewer」と検索しウェブ・サイトにアクセスする

図3-2 「Chromeに追加」をクリック

図3-3 ダイアログが表示されたら「拡張機能を追加」をクリック

図3-4 Chromeの拡張機能からJSON Viewerの「詳細」をクリックする

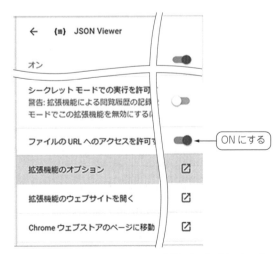

図3-5 ファイルのURLへのアクセスを許可するを「オン」にする

● JSON Viewerを使うには

リスト3-3のように表示するためには，ウェブ・ブラウザChromeの拡張機能であるJSON Viewerを使います．

▶使い方

Chromeで「json viewer」と検索すると図3-1が表示されるので，「JSON Viewer」をクリックします．すると図3-2が表示されるので「chromeに追加」をクリックします．その後に出てくるダイアログ（図3-3）で「拡張機能を追加」をクリックします．

図3-4のようにChromeの拡張機能アイコンをクリックし，「拡張機能を管理」をクリックします．ボックスに「json」を入力して検索すると，JSON Viewerが表示されます．

「詳細」をクリックすると図3-5が表示されるので，ファイルのURLへのアクセスを許可するをONにし

第4章　骨格推定ライブラリ「OpenPose」を使って人の姿勢を分析

リスト3-4　リスト3-3をたたむと**people**の中に1つしかデータがない

```
{
  "version": 1.3,
  "people": [
    { }          データは1人だけ
  ]
}
```

リスト3-5　3人が写っている画像の場合は3個のデータが入る

```
{
  "version": 1.3,
  "people": [
    { },         データ1
    { },         データ2
    { }          データ3
  ]
}
```

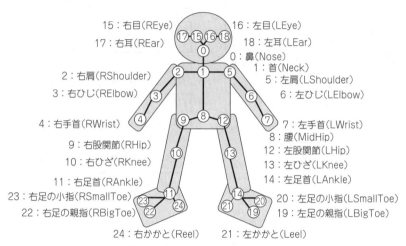

15：右目（REye）　　　16：左目（LEye）
17：右耳（REar）　　　18：左耳（LEar）
0：鼻（Nose）
1：首（Neck）
2：右肩（RShoulder）　　5：左肩（LShoulder）
3：右ひじ（RElbow）　　6：左ひじ（LElbow）
4：右手首（RWrist）　　7：左手首（LWrist）
8：腰（MidHip）
9：右股関節（RHip）　　12：左股関節（LHip）
10：右ひざ（RKnee）　　13：左ひざ（LKnee）
11：右足首（RAnkle）　　14：左足首（LAnkle）
23：右足の小指（RSmallToe）　20：左足の小指（LSmallToe）
22：右足の親指（RBigToe）　　19：左足の親指（LBigToe）
24：右かかと（Reel）　　21：左かかと（Leel）

図3-6　この25個の位置のx座標/y座標/信頼度が**pose_keypoints_2d**に入っている

ます．これで準備完了です．Chromeにjsonファイルをドラッグ＆ドロップすると**リスト3-3**のようなデータが開きます．

● JSONファイルに記述されているデータの意味

　JSONファイルを使って各関節の座標を取得するために，このファイルに書かれているデータの意味を説明します．**リスト3-3**をたたむ（JSON Viewerの右側にある ◇ 記号）と**リスト3-4**となり，**people**の中に1つしかデータがないことが分かります．これによって画像中に1人しかいないことが分かります．この後で使う3人が写っている画像の場合は**リスト3-5**のようになり，3個のデータが入ります．

　pose_keypoints_2dの部分に注目します．これは**図3-6**に示す25個の位置のx座標，y座標，信頼度をそれぞれ示しており，このデータを分解すると**表3-1**となります．表中の各座標と信頼度は，ある画像を入力したときの結果を示しています．ここで重要な点として，17番の右耳のデータは全て0となっていますが，これは推測ができなかったということを表しています．

表3-1　**pose_keypoints_2d**部分を分解した結果

番号	位置	x座標	y座標	信頼度
0	鼻（Nose）	436.439	210.637	0.938796
1	首（Neck）	444.309	219.743	0.928857
2	右肩（RShoulder）	431.2	222.409	0.915441
3	右ひじ（RElbow）	463.862	241.938	0.930922
4	右手首（RWrist）	484.728	232.776	0.804966
5	左肩（LShoulder）	459.933	214.562	0.874902
6	左ひじ（LElbow）	488.643	211.967	0.716532
7	左手首（LWrist）	480.818	213.219	0.79084
8	腰（MidHip）	432.486	286.317	0.888675
9	右股関節（Rhip）	419.459	286.315	0.856175
10	右ひざ（RKnee）	393.358	322.884	0.895345
11	右足首（RAnkle）	369.891	350.279	0.93565
12	左股関節（LHip）	444.283	286.315	0.844669
13	左ひざ（LKnee）	471.653	313.776	0.858233
14	左足首（LAnkle）	449.488	350.285	0.919502
15	右目（REye）	433.835	205.444	0.961445
16	左目（LEye）	441.662	205.436	0.949424
17	右耳（REar）	0	0	0
18	左耳（LEar）	452.083	205.413	0.93917
19	左足の親指（LBigToe）	467.73	362.025	0.753715
20	左足の小指（LSmallToe）	466.42	359.41	0.722527
21	左かかと（Leel）	442.924	351.629	0.859091
22	右足の親指（RBigToe）	352.928	356.849	0.858612
23	右足の小指（RSmallToe）	351.6	351.618	0.895102
24	右かかと（Reel）	371.15	354.239	0.828776

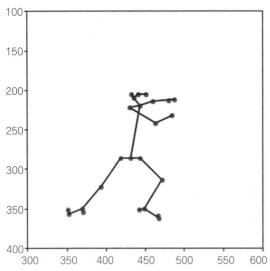

図3-7 JSON形式のファイルから骨格データを描いてみる

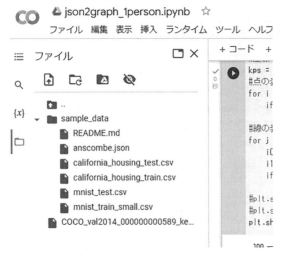

図3-8 JSONデータをアップしておく

JSONファイルで記述された座標データを可視化

JSON形式で記されたデータをPythonで読み取り，図3-7のような骨格データを表示してみます．ここからはColabを利用します．筆者の提供する`json2graph_1person.ipynb`は本書サポート・ページからダウンロードできます．

▶ステップ1…JSONファイルをフォルダに移動

JSON形式のファイルをプログラムと同じフォルダにコピーまたは移動しておきます（図3-8）．

▶ステップ2…データを読み込む

リスト3-6のようにして，JSONファイルを読み込

リスト3-6 JSONファイルを読み込むにはライブラリをインポートする（本書サポート・ページから入手できる`json2graph_1person.ipynb`）

```
import json
json_open = open('COCO_val2014_000000000589_
                  keypoints.json', 'r')
json_load = json.load(json_open)
```

リスト3-7 **people**の中の**pose_keypoints_2d**部分を表示する

```
print(json_load['people'][0]
                ['pose_keypoints_2d'])
```

リスト3-8 リスト3-7の実行結果

```
[436.439, 210.637, 0.938796, 444.309, 219.743,
     (中略) , 371.15, 354.239, 0.828776]
```

リスト3-9 これを実行すればデータを3つずつ表示できる

```
kps = json_load['people'][0]
                ['pose_keypoints_2d']
for i in range(0,3*24+1,3):
    print(i//3, kps[i],kps[i+1],kps[i+2])
```

むためのライブラリを使って，そのファイルを読み込みます．このデータの中から people の中の pose_keypoints_2d の部分だけ表示するにはリスト3-7のようにします．

▶ステップ3…データを整理する

リスト3-7を実行すると，リスト3-8のように pose_keypoints_2d の部分だけ読み出すことができます．このデータはx座標，y座標，信頼度の順に0番の鼻から24番の右かかとまでのデータが並んでいます．これを表3-1のように3つずつ表すにはリスト3-9のようにします．

これは，pose_keypoints_2d の部分だけ読み出して変数 kps に入れています．そして，25個のデータが3つずつ並んでいますので，3つずつ区切って表示します．これで各関節位置のデータを取得できるようになりました．

▶ステップ4…関節のつながりを設定

リスト3-10は，0（鼻）と1（首）がつながっていて，1（首）と2（右肩）がつながっているといった具合につながりを設定しています．

▶ステップ5…プログラムを実行する

以上を用いて可視化するにはリスト3-11を実行します．点は信頼度（kps[i+2]）が0より大きい場合に表示するようにしています．また，線はcntで設定された点の信頼度が共に0より大きい場合，その点を結ぶ線を表示するようにしています．

リスト3-10　人体でつながっているところを設定する

```
cnt = [(0,1),(1,2),(2,3),(3,4),(1,5),(5,6),
                                (6,7),(1,8),
       (8,9),(9,10),(10,11),
       (8,12),(12,13),(13,14),
       (0,15),(0,16),(15,17),(16,18),
       (14,19),(19,20),(14,21),
       (11,22),(22,23),(11,24)]
```

リスト3-11　このプログラムでJSONファイルを可視化できる

```
import matplotlib.pyplot as plt

# グラフの設定
fig, ax = plt.subplots(figsize = (5,5))
ax.set_xlim([300,600])
ax.set_ylim([400,100])

# 座標データの読み込み
kps = json_load['people'][0]
['pose_keypoints_2d']
# 点の表示
for i in range(0,3*24+1,3):
    if kps[i+2]>0:
        ax.scatter(kps[i],kps[i+1],c = 'red',
                                marker='o', s=20)

# 線の表示
for j in range(len(b)):
    i0 = cnt[j][0]*3
    i1 = cnt[j][1]*3
    if kps[i0+2]>0 and kps[i1+2]>0:
        ax.plot((kps[i0],kps[i1]),(kps[i0+1],
        kps[i1+1]),linestyle='solid',color='blue')
plt.show()
```

グラフの範囲はデータを読み取って，うまく表示できそうな値を設定しています．なお，y軸は下向きが正なので気を付けてください．

▶複数名が写っている画像の場合は表示部分を変更する

Colabを利用してjson2graph_multi_persons.ipynbを開きます．

図2-8に示した画像では3人が同時に写っています．読み込み部分は同じで，表示部分が**リスト3-12**のようになります．

これは**リスト3-11**のプログラムと同様ですが，人数分のループを繰り返して，json_loadでpeopleとpose_keypoints_2dの間の値をkとして0から人数分（この例では3人）としている点がポイントです．

なお，グラフの範囲と大きさは結果を見ながら調整しました．これを実行すると**図3-9**が表示されます．

◆参考文献◆

(1) Zhe Cao, Gines Hidalgo, Tomas Simon, Shih - En Wei, Yaser Sheikh；OpenPose：Realtime Multi - Person 2D Pose Estimation Using Part Affinity Fields, IEEE Transactions on Pattern Analysis and Machine Intelligence, 2019.

(2) Tomas Simon, Hanbyul Joo, Iain Matthews, Yaser Sheikh；Hand Keypoint Detection in Single Images using Multiview Bootstrapping, 2017.

リスト3-12　複数名が画像に写っている場合は表示部分を変更する（json2graph_multi_persons.ipynb）

```
# グラフの設定
fig, ax = plt.subplots(figsize = (6,5))
ax.set_xlim([0,600])
ax.set_ylim([500,0])

# 人数分のループ
for k in range(len(json_load['people'])):
    # 座標データの読み込み
    kps = json_load['people'][k]
['pose_keypoints_2d']
    # 点の表示
    for i in range(0,3*24+1,3):
        if kps[i+2]>0:
            ax.scatter(kps[i],kps[i+1],c =
                        'red', marker='o', s=20)
    # 線の表示
    for j in range(len(cnt)):
        i0 = cnt[j][0]*3
        i1 = cnt[j][1]*3
        if kps[i0+2]>0 and kps[i1+2]>0:
            ax.plot((kps[i0],kps[i1]),
                        (kps[i0+1],kps[i1+1]),
            linestyle='solid',color='blue')
#plt.savefig('pose.pdf')#pdf で保存
#plt.savefig('pose.png')#png で保存
plt.show()
```

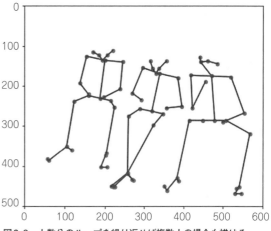

図3-9　人数分のループを繰り返せば複数人の場合も描ける

(3) Zhe Cao, Tomas Simon, Shih - En Wei, Yaser Sheikh；Realtime Multi - Person 2D Pose Estimation using Part Affinity Fields, 2017.

(4) Shih - En Wei, Varun Ramakrishna, Takeo Kanade, Yaser Sheikh；Convolutional pose machines, 2016.

(5) @kayu0516；Windows で 姿 勢 推 定(tf pose estimation), 2019年.
https://qiita.com/kayu0516/items/754c6719fb55d2a6d563

(6) @EVA1122；Anaconda で tf - pose - estimation(openpose) を動した話 on Windows10, 2020年.
https://qiita.com/EVA1122/items/25dd7b20eb450643d269

まきの・こうじ

画像中のどこに何が写っているのかが分かる「YOLO」

牧野 浩二

YOLO (You Only Look Once) は物体検出に役立つアルゴリズムです．YOLOは，画像から80種類の物体しか検出できませんが，追加学習をすることで，さまざまな物体を検出できるようになります．

本章では追加学習の方法，サンプル画像を利用した物体検出，任意の画像や動画の物体検出を行います．

1 できること

● 画像に写っているものを検出できる

YOLOは，画像中のどこに何が写っているのかを見分けることができます．例えば図1-1のように，多くの車や人がどこにある（いる）のかを見分けたり，図1-2のように犬／スキー／リュックサック／人を見分けたりできます．

● 応用例

これを使った応用例としては以下が考えられます．

▶果物／野菜
- 木に何個なっているのか
- 食べごろになったか
- 葉に虫が付いているのか
- お米が病気になっていないか

▶人
- 人が来たのか
- 何人くらい集まっているのか

▶車
- 渋滞しているのか
- 何台通ったのか

▶病気
- 検査
- 骨折の箇所

図1-3のようにカプセル内視鏡の画像を使って病気を発見する研究も行われています．

YouTubeに，ナミブ砂漠に設置した人工の水飲み場をライブ・カメラで配信（Namibia：Live stream in the Namib Desert）しているものがあります．稀にダチョウやキリンが来ることがありますが，なかなか見ることはできません．そこで，希少動物が現われたら通知するといった使い方もできそうです．

図1-1 多くの車や人を検出できる
YOLOv3の公式ホーム・ページから

図1-2 人や犬のほかにスキーなどの物も検出できる
YOLOv3の公式ホーム・ページから

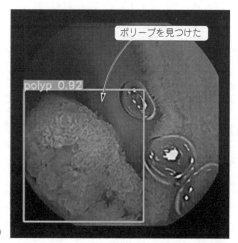

図1-3　医療分野でも応用されている（山梨大学 渡辺寛望研究室 提供）

2　イメージをつかむ

● 物体認識と物体検出の違い

　本章で取り上げるYOLOは，物体を検出してくれるアルゴリズムです．本書で紹介してきた物体認識とはどのように異なるのでしょうか．まず，物体認識とは画像の中に何が映っているのかを分類するものでした．例えば，**図2-1**のように犬または猫の画像を入力すると，犬とか猫とかを答えるものでした．一方，物体検出とは，**図2-2**のように画像の中のどこに何が映っているかを示すものです．

　YOLOは，犬と人間が一緒に写っている画像でも，犬と人間が別々に囲まれ，

　「1 person, 1 dog, 1 frisbee」

といった具合に結果が得られます．なお，**図2-2**の画像では左上のものがフリスビーとして検出されています．

● YOLOの検出精度

　YOLOはどのくらいの物を見分けることができるのでしょうか．追加で学習しない場合は，80種類の物

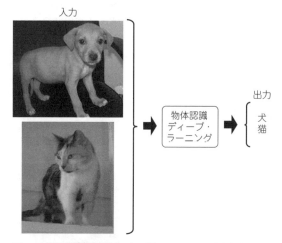

図2-1　物体認識は画像中に何が写っているのかを分類する
https://www.robots.ox.ac.uk/~vgg/data/pets/の画像を使用

図2-2　物体検出は画像中のどこに何が映っているのかを示す
https://www.robots.ox.ac.uk/~vgg/data/pets/の画像を使用

表2-1　YOLOv5で最初に検出できるのは80個（例として一部を表示）

名　称	意　味	名　称	意　味	名　称	意　味
person	人	elephant	象	wine glass	ワイン・グラス
bicycle	自転車	bear	クマ	cup	カップ
car	車	zebra	シマウマ	fork	フォーク
motorcycle	オートバイ	giraffe	キリン	knife	ナイフ
airplane	飛行機	backpack	バックパック	spoon	スプーン
bus	バス	umbrella	傘	bowl	ボウル
train	電車	handbag	ハンドバッグ	banana	バナナ
truck	トラック	tie	ネクタイ	apple	リンゴ
boat	ボート	suitcase	スーツ・ケース	sandwich	サンドイッチ
traffic light	信号機	frisbee	フリスビ	orange	オレンジ
fire hydrant	消火栓	skis	スキー	broccoli	ブロッコリ
stop sign	一時停止の標識	snowboard	スノーボード	carrot	にんじん
parking meter	パーキング・メータ	sports ball	スポーツボール	hot dog	ホットドッグ
bench	ベンチ	kite	カイト	pizza	ピザ
bird	鳥	baseball bat	野球のバット	donut	ドーナツ
cat	猫	baseball glove	野球のグローブ	cake	ケーキ
dog	犬	skateboard	スケート・ボード	chair	椅子
horse	馬	surfboard	サーフボード	couch	ソファ
sheep	羊	tennis racket	テニス・ラケット	potted plant	鉢植え
cow	牛	bottle	ボトル	bed	ベッド

体を見分けることができます．**表2-1**に一部を示します．これは`coco128.yaml`に書かれています．

● **追加学習ができることがメリット**

　YOLOのメリットは，例えばペンギンやトマトといった学習済みデータの中に入っていないものでも，追加で学習をすると見分けることができるようになる点です．

　図2-3(a)のように，追加で学習していない場合は，ペンギンは鳥と検出されてしまいます．

　一方で，追加で学習するとペンギンと判定できるようになります［**図2-3**(b)］．追加で学習というところがYOLOの良いところで，既にある学習モデルを少しだけ学習し直すことで，新たな物体を見分けられるようになります．

　この学習方法が人間に似ていて，例えば初めてトマトを見た人は，リンゴとかミカンに似ているけど，これはトマトというものなのだとして覚えることでしょう．このように，今までの知識をうまく使って再構成することで，ほんの少しの学習データ量で見分けることができるようになります．

（a）学習前　　　　　　　　　　（b）追加学習後

図2-3　YOLOは追加学習すれば未知の物体も検出できるようになる
https://www.photo-ac.com/main/detail/1917360?title=%E3%83%9A%E3%83%B3%E3%82%A
E%E3%83%B3%E3%81%AE%E8%A1%8C%E9%80%B2 の画像を使用

3　プログラムを動かしてみよう

YOLOは現在v5（バージョン5）がよく使われています（2022年執筆当時）．本章では，このYOLOv5を使って物体検出を行います．筆者提供のプログラムは本書サポート・ページから入手できます．

● **ColabでYOLOを使えるようにする**

まずは，Colabを起動して，YOLOv5を使う準備を行います．次のコマンドを入力して実行してください．

```
!git clone https://github.com/
                    ultralytics/yolov5
%cd /content/yolov5/
```

yolov5/requirements.txtを開いて，Pillow>=10.0.1をPillow>=10.0.0に変更して保存し，以下を実行します．

```
!pip install -qr requirements.txt
```

Colabは起動するたびに，このインストール作業が必要となります．実行すると，図3-1のようにyolov5フォルダが出来上がります．これで準備完了です．なお，cd /content/yolov5/としているので，yolov5ディレクトリにいることを前提とします．

● **サンプル画像を使う**

使用するプログラムはYOLO_test.ipynbです．まずは用意されているサンプル画像で物体検出を行ってみましょう．使う画像はdata/imagesフォルダ（dataフォルダの下にあるimagesフォルダを意味します）にあるbus.jpg［図3-2（a）］です．実行は次のコマンドで行います．

```
!python detect.py --weights yolov5s.pt
--source data/images/bus.jpg
```

Colabで実行するときは「!」を最初に付けます．対象とするファイルは，「--source」の後ろに書きます．

▶**実行結果**

実行するとruns/detect/exp/フォルダにbus.jpgができます．これを開くと図3-2（b）となります．人とバスが検出できています．

▶**フォルダ内に複数の画像がある場合のコマンド**

ここで，フォルダ内に多くの画像がある場合，画像を1つずつ指定することは面倒な作業です．この場合は，--sourceにファイルでなくフォルダを指定すると，フォルダの中にある画像が全て処理されます．

例として，図3-3（a）のようにdata/imagesフォルダには，bus.jpgとzidane.jpgの2つの画像があるとします．これを，次のように指定すると図3-3（b）のように2つの画像が処理されます．

```
!python detect.py --weights yolov5s.pt
--source data/images
```

なお，出力フォルダを別のものにするために，自動的に番号が付きます．この場合は2回分の実行ですので，出力先はexp2となります．

図3-1　YOLOv5をインストールするとフォルダができる

（a）元画像（bus.jpg）

（b）YOLOの実行結果

図3-2　サンプル画像で物体検出した結果（YOLOv5のインストール・フォルダに含まれている）

（a）2つの画像を入力とする

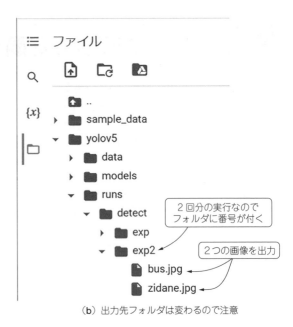

（b）出力先フォルダは変わるので注意

図3-3　複数の画像をまとめて処理することもできる

● **任意の画像を使う**

▶**画像の準備**

　自分で用意した任意の画像を使ってみましょう．まずは画像を用意してください．物体検出は多くの物が写っていた方が面白いので，例えばグーグルの画像検索で，

- たくさんの犬
- 登山
- 自転車レース

などのキーワードで検索します．ここではdog.899.jpgという名前で画像を保存します．

▶**画像のアップロード**

　まず，図3-4のようにdataフォルダの下に，mydataという名前のフォルダを作ります．その中に用意したdog.899.jpgをアップロードします．アップロードはドラッグ＆ドロップでできます．

▶**プログラムの実行と実行結果**

　画像をアップロードしたら，次のコマンドを実行します．

```
!python detect.py --weights yolov5s.pt
--source data/mydata
```

　実行後は，runs/detect/exp3フォルダに分類結果が出力されます．なお，expの後ろの番号は，ここまで実行した回数によって異なります．実行結果を図3-5に示します．確かに多くの犬が検出できていることが分かります．それと同時に犬のベッドも検出できています．

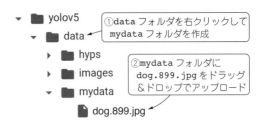

図3-4　まずは任意の画像をアップロードする

● **動画を使う**

▶**撮影した動画**

　YOLOv5では，画像だけではなく動画（mp4形式）も対象となります．コマンドの変更は簡単で，--sourceで動画ファイルを選択します．

　縦向きで動画を撮影するとうまく処理できませんので，横向きに撮影した動画を使ってください．ここでは，車やトラックが通過する動画（cars.mp4）で物体検出を行います．コマンドは次の通りです．使うプログラムはYOLO_mydata.ipynbです．

```
!python detect.py --weights yolov5s.pt
--source data/mydata/cars.mp4
```

　実行結果を図3-6に示します．runs/detect/expフォルダに分類結果が出力されます．

▶**YouTubeの動画**

　撮影した動画以外にも，YouTubeにアップロードされている動画も使うことができます．ただし，長い動画は変換に時間がかかるので，30秒以下の画像を使って試すことをお勧めします．なお，YouTubeを使った場合は動画は滑らかではなくなってしまいます．

　　　　　　　　　　　　第5章　画像中のどこに何が写っているのかが分かる「YOLO」

（a）本節用に用意した画像

（b）YOLO の実行結果

ペットも検出できている

多くの犬が検出できている

図3-5　任意の画像で物体検出した結果
https://www.robots.ox.ac.uk/~vgg/data/pets/ の画像を使用

　例として，東京ズーネット YouTube チャネルには
動物の動画がたくさん載っています．ここでは，

ある日のアルン―体重測定編（2021年8月12日撮影）
https://www.youtube.com/watch?v=PhMnCrPIAx0

という11秒の動画を対象とします．YouTube の場合
は，次のように--source に YouTube のアドレスを
書きます．使用するプログラムは YOLO_YouTube.
ipynb です．

```
!python detect.py --weights yolov5s.pt
--source https://www.youtube.com/
watch?v=PhMnCrPIAx0
```

　実行が完了すると，runs/detect/exp4 に動画が
生成されます．これを再生するとゾウが検出されます．
そして，ゾウの足だけでもゾウと検出できたり，人間
の片足だけでも person と検出できたりしています．
他にも人が多く写っている動画などを用いると，それ
らが検出されて YOLO のすごさがよく分かります．

図3-6　動画でも物体検出できる
動画は編集部で撮影

● **モデルを変更する**

　モデルの変更の仕方をここで紹介しておきます．物
体検出は次のコマンドで実行しました．

```
!python detect.py --weights yolov5s.pt
--source data/images
```

　このモデルを変えて実行したいときは，weights
の後ろの yolov5s.pt を yolov5n.pt や yolov5x.
pt などにすることで実現できます．

既に述べたように，YOLOは用意された80個の分類はできますが，それ以外の分類をさせたいときは新たに学習をし直す必要があります．ここで，「学習をし直す必要」と書きましたが，まっさらな状態から学習するのではなく，学習済みのパラメータを使って追加で学習すると，うまく分類できるようになります．

■ 体験1…トマトを追加学習する

トマトはオリジナルのYOLOで分類できる80個には含まれていません．そのため，トマト画像を対象とすると図4-1に示すようにリンゴ(apple)やオレンジ(orange)として検出されます．ちなみに，リンゴやオレンジの画像はちゃんと分類できます．

そこで，トマトのデータを集めてきて学習させることで，図4-2のようにトマトとして検出できる「学習済みモデル」を作るための手順を説明します．なお，トマトだけで学習すると，リンゴやオレンジもトマトとして検出されます．

● ステップ1：データを集める

トマトの画像データを多く集めます．筆者は画像検索でトマトを検索し，その画像を20枚使いました．

● ステップ2：学習データを作成する

学習するためのデータを作成するには，LabelImgというソフトウェアを使用します．ここでは使い方から説明します．

▶1：本体のインストール

ここではAnacondaとWindowsで実行する方法について示します．Anaconda Promptを起動し，下記のコマンドでインストールします．

```
pip install labelImg
```

インストール時は図4-3が表示されます．インストールが終わった後，以下のコマンドで起動します．

```
labelImg
```

▶2：YOLO用のデータに設定する

画像の処理を行う前にYOLO用のデータを作るための設定をしておきます．labelImgを実行し，図4-4のように左側の [PascalVOC] と書かれた部分をクリックしてYOLOにしておきます．これは画像を読み込んでからでもできますが，忘れてしまうことがありますので最初に行っておくことをお勧めします．

▶3：画像の読み込み

以上が終わったら，画像を読み込みます．左上の [Open] をクリックして画像を選択すると，図4-5のように画像が表示されます．

図4-1　最初はトマトはアップルやオレンジと認識される
https://www.photo-ac.com/ の画像を使用

図4-2　追加学習してトマトと検出できるようにする
https://www.photo-ac.com/ の画像を使用

```
C:¥WindowsSystem32¥cmd.e  ×  +  ∨

Microsoft Windows [Version 10.0.22621.2715]
(c) Microsoft Corporation. All rights reserved.

(t1) C:¥Users¥makino>pip install labelImg
Collecting labelImg
  Using cached labelImg-1.8.6-py2.py3-none-any.whl
Collecting pyqt5 (from labelImg)
  Downloading PyQt5-5.15.10-cp37-abi3-win_amd64.whl.metadata (2.2 kB)
Collecting lxml (from labelImg)
  Downloading lxml-4.9.3-cp39-cp39-win_amd64.whl.metadata (3.9 kB)
Collecting PyQt5-sip<13,>=12.13 (from pyqt5->labelImg)
  Downloading PyQt5_sip-12.13.0-cp39-cp39-win_amd64.whl.metadata (524 bytes)
Collecting PyQt5-Qt5>=5.15.2 (from pyqt5->labelImg)
  Downloading PyQt5-Qt5-5.15.2-py3-none-win_amd64.whl (50.1 MB)
                                  50.1/50.1 MB 6.5 MB/s eta 0:00:00
Downloading lxml-4.9.3-cp39-cp39-win_amd64.whl (3.9 MB)
                                  3.9/3.9 MB 8.9 MB/s eta 0:00:00
Downloading PyQt5-5.15.10-cp37-abi3-win_amd64.whl (6.8 MB)
                                  6.8/6.8 MB 9.9 MB/s eta 0:00:00
Downloading PyQt5_sip-12.13.0-cp39-cp39-win_amd64.whl (78 kB)
                                  78.5/78.5 kB 2.5 MB/s eta 0:00:00
Installing collected packages: PyQt5-Qt5, PyQt5-sip, lxml, pyqt5, labelImg
Successfully installed PyQt5-Qt5-5.15.2 PyQt5-sip-12.13.0 labelImg-1.8.6 lxml-4.9.3 pyqt5-5.15.10

(t1) C:¥Users¥makino>labelImg
```

図4-3　labelImgのインストールと実行

図4-4 `labelImg.exe`を実行したらPascalVOC
をYOLOに変更する

図4-5 ［Open］をクリックして画像を読み込む

図4-6 ［CreateRectBox］をクリックしてトマトを囲む

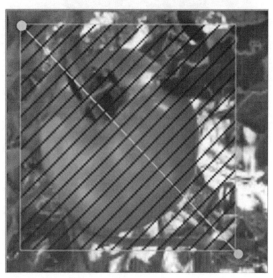

図4-7 ドラッグすると網掛けができる

▶4：学習対象の選択

画像を読み込んだら，この画像のどこにトマトがあるかといったデータを作成します．［CreateRectBox］をクリック（または「w」キーをクリック）すると，図4-6のようにマウス・ポインタの位置で交わるような線ができます．ここでトマトを囲むようにドラッグします．ドラッグすると図4-7のように網掛けができます．

マウス・ボタンを離すとボックスが表示されますので，図4-8のように「tomato」と入力して［OK］をクリックします．すると，図4-9のようにトマトを囲む線が表示され，右側にtomatoと書かれます．

▶5：全ての学習対象を選択

同じようにして，別のトマトも囲みます．今度は，図4-10のようにラベルを選べるようになります．本節ではラベルがtomatoだけですが，複数のラベルがある場合は目的の物を選択して［OK］をクリックします．

大きさの変更は角にある（緑の）丸をドラッグするこ

とで行います．また，囲み線を削除したい場合は，ボックスをクリックした後で［DeleteRectBox］をクリックします．

▶6：保存する

以上を繰り返して，全てのトマトを囲み，最後に［Save］をクリックして保存します．繰り返しの注意となりますが，YOLO用になっていることを確認してください．

［Save］をクリックすると，読み込んだ画像と同じフォルダに画像と同じ名前のテキストができます．

▶一気にラベルを付ける

ラベルがtomatoしかない場合は，毎回ボックスが出てきて選ぶのは面倒な作業です．そこで，右上の「Use defaut label」の右のテキスト・ボックスに「tomato」を入力しておいて，左のチェック・ボックスにチェックをしておくと，囲んだらすぐにtomatoラベルが付きます．

図4-8　ボックスを表示して「tomato」と入力する

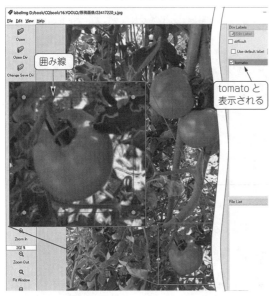

図4-9　トマトの囲み線が表示される

図4-10　別のトマトを囲むとラベルを選択できるようになる

リスト4-1　ラベルの内容…ラベルは0から順につく

```
0 0.578675 0.813281 0.209110 0.157812
0 0.654244 0.368750 0.260870 0.168750
0 0.508282 0.248438 0.275362 0.212500
```

リスト4-2　`tomato.yaml`の内容

```
train: /content/drive/MyDrive/YOLO/MyData/
val: /content/drive/MyDrive/YOLO/MyData/
test: /content/drive/MyDrive/YOLO/MyData/

# number of classes
nc: 1

# class names
names: ['tomato']
```

▶ラベルの確認

テキストの中身は**リスト4-1**であり，1文字目がラベルです．ラベルは0から順につきます．本節ではトマトだけなので0だけが書かれています．2つ目と3つ目は囲み線の中心位置，4つ目と5つ目は囲み線の大きさです．中心位置や囲み線の大きさは画像の大きさで割っているため，0～1までの値となります．

▶他の画像を選んで繰り返す

他の画像も同じように行います．［Next Image］をクリックすると次の画像が表示されて，作業ができます．また，［Prev Image］をクリックすると，前の画像が表示されます．このとき，ラベルや囲み線の情報も一緒に読み込まれます．以上を繰り返して学習データ画像を作ります．

● ステップ3：拡張子がyamlのファイルを作る

以上が終わったら，もう1つファイルを作る必要があります．それは，拡張子をyamlとしたファイルで，中身は**リスト4-2**となっています．なお，#の後ろはコメントです．

`train`，`val`，`test`の後ろにそれぞれ学習データ，検証データ，テスト・データの保存先を書きます．本節では作成したデータの数が少ないので，全て同じとしています．この後で，`MyData`はGoogleドライブのマイドライブに作ったYOLOフォルダにアップロードすることにしています．

その下の`nc`は，分類するクラスの数です．本節ではトマトだけなので1となります．そして，`names`の後ろにはクラスの名前を並べます．本節ではtomatoだけです．

● ステップ4：学習データをアップロードする

学習データのアップロード方法は，Colabに直接アップロードする方法とGoogleドライブにアップロードしておいたものを使う方法があります．Colabへ直接アップロードすると，ウィンドウを閉じたときや接続が切れたときにアップロードしたデータが消えてしまいます．そこで，ここではGoogleドライブにアップロードして，それを使う方法を説明します．

▶1：データをGoogleドライブへアップロード

Googleドライブを開き，ドラッグ＆ドロップでデータをアップロードします．ここでは，マイドライブ

図4-11 Googleドライブに学習データをアップロードする

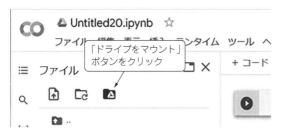

図4-12 マウント・アイコンをクリックする

図4-13 マウントできれば**drive**フォルダ表示される

にYOLOフォルダを作り，その中にMyDataをアップロードすることとします（図4-11）．

▶2：Colabから使えるようにする．

左上のドライブのマウント・アイコンをクリック（図4-12）して，ドライブと接続します．接続するとdriveフォルダが表れ，その中にMyDataが入っていることが確認できます（図4-13）．

● ステップ5：学習する

アップロードした学習データを用いて学習しましょう．学習はGPUを使わないと時間がかかります．そこで，［ランタイム］-［ランタイムの変更］をクリックし［GPU］を選択します．

ドライブのマウントがしてあれば，ランタイムの変更後に自動的に接続されますが，YOLOv5のインストールはしていない状態に戻ります．そのため，インストールから行います．GPUを使って計算できる時間は限られていますので，その時間を超えるとしばらくGPUが使えなくなります．

▶コマンド

学習は次のコマンドで行います．

```
!python train.py --batch 16 --epochs 200
--data /content/drive/MyDrive/YOLO/MyData/
tomato/tomato.yaml --weights yolov5s.pt
```

ポイントは，dataの引数にtomato.yamlを指定する点と，エポック数（学習回数に相当）を200としている点です．

● ステップ6：学習結果を利用して物体検出

学習後の物体検出は，次のコマンドで行います．

```
!python detect.py --weights /content/
yolov5/runs/train/exp/weights/best.pt
--source data/images/tomato.jpg
```

本章第3節で行った物体検出との違いは，--weightsの後ろが学習したパラメータの中で最も良いパラメータ（best.pt）を使うように設定しているところです．

best.ptは，学習後に表示された学習パラメータが保存されているフォルダ（runs/train/exp）の下のweightsフォルダの中に生成されます．これを実行すると，図4-2が表示され，確かにトマトを見分けることができています．

◆参考文献◆

(1) 写真のフリー素材サイト．
　https://www.photo-ac.com/

まきの・こうじ

どこに / 何が / どのような形で写っているのかが分かる「セグメンテーション」

牧野 浩二

前章ではYOLOを取り上げました．これは，AIを使って画像の中に何が写っているのかが分かるソフトウェアで，その性能が人間を超えたと言われています．

本章で紹介するのは，YOLOとは異なる物体検出アルゴリズムの1つ，セグメンテーションです．YOLOは対象物を四角い線で囲んで物体を検出していましたが，セグメンテーションはピクセル単位で物を分類します．従って，物体そのものの形が分かり，対象物を抽出できます．

1 できること

● **他の画像処理との違い**

セグメンテーションは，画像の中にあるものの種類をピクセル単位で分類できます．簡単に言えば，「何が，どこに，どのような形なのか」を分類できます．セグメンテーションと他の画像処理との違いを筆者なりに整理します．

- 画像分類…何が写っているのか
- 画像検出…どこに何が写っているのか
- 画像セグメンテーション…どこに，どのような形で，何が写っているのか

● **応用例**

セグメンテーションの持つ特徴の中でも，特に，「どのような形か」ということが分かると，いろいろな応用ができます．

▶ **1，農作物の収穫判断**

例えば，ナス栽培をAIで行ったとしましょう．ナスの生育具合はどうなのか，収穫してよいかどうか，そのナスの形がとても重要になります．

図1-1に示すナスの画像が得られたとき，本章の方法を使うと**図1-2**に示す画像に変換できます．このようにナスだけを取り出すことができます．

農作物はその形の検出がとても重要となっています．農作物に応用できそうな例として，以下が考えられます．

- リンゴが1つの木に何個なっているのか
- キュウリがまっすぐ育っているのか
- ブドウの粒が大きくなっているか
- トマトが収穫時期なのか

図1-1 ナスが栽培されている画像を対象に考える

図1-2 セグメンテーションを使えばナスの画像のみを抽出できる

▶魚や動物の識別

　他にも以下の応用が考えられます.

- 養殖魚が均等に育っているのか
- サバンナのゾウの群れに親子がどのくらいの割合でいるのか
- アリの群れの中でそれぞれのアリがどちらの方向を向いて歩いているのか

▶自動運転

　自動運転では，画面のどの部分が道路なのかが重要となります．また，画像のどこに対象とするものがあるのかを分類することで，その部分だけを切り抜き，他の画像と組み合わせる画像合成にも応用できます.

　例えば，人の部分だけ自動的に抜き出して，背景を変えることもできます．これは本稿の最後でやってみます.

2　イメージをつかむ

　セグメンテーションはピクセル単位で物体検出します．ここではそのイメージの説明を行います.

ピクセル単位で物体を検出する

　セグメンテーションには幾つかのバージョンがあります．これらの違いを図2-1を例に紹介します.

　YOLOは物体を図2-2のように四角い線で囲んだ

ものとなります．この図のように犬が重なっていても2頭の犬と分類できます.

● セグメンテーションの種類

　セグメンテーションは，ピクセル単位で検出できるので，図2-3にあるように犬や人間を塗りつぶすことができます.

図2-1(1) (2) (3) (4) (5)　物体検出前の画像…人間が1人で犬が3匹写っている

図2-2(1) (2) (3) (4) (5)　YOLOは物体を四角い線で囲む

図2-3(1) (2) (5)　セマンティック・セグメンテーションは検出物を塗りつぶせるが区別できない

図2-4(1) (2) (5)　インスタンス・セグメンテーションは同じカテゴリでも区別できる

図2-5[1][2][5]　パノプティック・セグメンテーションは四角い
領域で囲めない物も検出できる

▶1，セマンティック・セグメンテーション

セマンティック・セグメンテーション（semantic segmentation）では，同じカテゴリに分類されるものの区別は行われません．そのため，**図2-3**のように，2頭の犬が重なっている場合は区別ができません．

▶2，インスタンス・セグメンテーション

インスタンス・セグメンテーション（instance segmentation）は，**図2-4**のように犬が重なっていても区別できます．最近はこの手法に関する学習済みモデルが多くあり，ツールが整備されています．

そこで本章では，インスタンス・セグメンテーションを使います．YOLOのように四角で囲む機能も付いています．

▶3，パノプティック・セグメンテーション

パノプティック・セグメンテーション（panoptic segmentation）は，インスタンス・セグメンテーションに加えて，**図2-5**のように背景の空や道路など四角い領域で囲めない物も検出できるようになったものです．

ただし，全ての物が検出できるというわけでなく，空き地や雲は分からないということもあります．これは新しい手法ですので，幾つかのツールが対応していなかったり，学習済みモデルが少なかったりします．

● 人間もAIも過去の情報や経験をもとに学習する

例えば，人間がキウイフルーツを初めて見たとき，「たわら型で緑色でケバケバしている」のように，過去の経験に当てはめて覚えて，次にまたキウイフルーツを見たときには，その情報を使います．最近のAIも人間と同じように，これまでに学習した情報をうまく使って学習するようになっています．

今回はセグメンテーション用ライブラリを使う

Detectron2というライブラリを利用します．セグメンテーションを行うためのライブラリはDetectron2以外にも幾つか公開されています．Detectron2は，使いやすくブラッシュアップされているという点も重要ですが，多くの人が使って，その中で良い学習済みモデルを利用できるといった面でも使いやすいライブラリです．

● Detectron2の特徴

▶学習済みの情報が公開されている

学習済みの情報（学習済みモデルと呼ぶ）を簡単に使う仕組みが整っています．また，学習すればどのようなモデルでもよいというわけではなく，

- 使いやすいネットワークの構造を持っていること
- うまく学習できていること

の2つが重要となります．これは現在，試行錯誤が行われていて，全ての問題に対応できる学習済みモデルというものはありません．

その中でも，優秀な学習済みモデルが幾つも提案され，特に使いやすいものはModel Zoo（`https://github.com/facebookresearch/detectron2/blob/main/MODEL_ZOO.md`）というサイトで公開されています．

▶骨格抽出もできる

本章では紹介だけにとどめますが，本書でも取り上げたOpenPoseで行った人間の骨格抽出もできます．しかも，プログラムを大きく変更する必要はなく，学習済みモデルを変更するだけで対応できます．

◆参考文献◆

(1) いらすとや．
`https://www.irasutoya.com/2016/07/blog-post_26.html`
(2) いらすとや．
`https://www.irasutoya.com/2014/02/blog-post_5.html`
(3) いらすとや．
`https://www.irasutoya.com/2014/04/blog-post_2918.html`
(4) いらすとや．
`https://www.irasutoya.com/2016/10/blog-post_681.html`
(5) いらすとや．
`https://www.irasutoya.com/2016/05/blog-post_493.html`

3 プログラムを動かしてみよう

ここでは，Detectron2の公式ウェブサイトの内容を基に説明します．まずは，サンプル・プログラムを動かして，その後，任意の画像を使ってプログラムを実行する方法を紹介します．

サンプル・プログラムを実行する

公式ウェブ・サイトからダウンロードして動かすこともできますが，ここでは必要な部分だけを抽出したDetectron2_basic.ipynbを使います．

Detectron2_basic.ipynbは本書サポート・ページから入手できます．

▶GPUが必要

ColabでDetectron2_ basic.ipynbを開きます．GPUを使って動かしますので，図3-1にあるようにランタイムの変更をクリックして出てくるダイアログのハードウェア・アクセラレータをGPUに変更します．なお，このプログラムはGPUを使わなければ動きません．

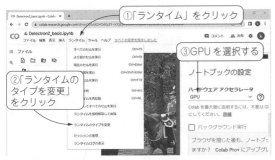

図3-1 GPUを使うのでハードウェア・アクセラレータをGPUに変更する

図3-2 サンプルにある画像を使ってセグメンテーションを試す

▶実行結果

図3-2に示す馬に乗っている画像を用いて，プログラムを上から順に実行すると図3-3(a)が表示されます．図3-3(b)と図3-3(c)に示す拡大図のように，馬や人，傘などが分類できている様子が分かります．

任意の画像を使ってプログラムを実行する

● 任意の画像を使ってプログラムを実行する

任意の画像で試す際にも，同じプログラムDetectron2_basic.ipynbを使います．

▶手順

図3-4に示すように，Googleドライブに画像をドラッグ＆ドロップでアップロードします．この例では，マイドライブの下のDetection2/dataの下にアップロードしています．

次に，図3-5に示す「ドライブをマウント」アイコンをクリックして，Googleドライブをマウント（Colabから使えるようにする）します．なお，アップロード先がこの説明と異なったり，ファイル名がcars.jpgではない場合は，プログラム中の以下の部分を変更してください．

(a) 全体画像

(b) 拡大図1…
人と馬を分類している

(c) 拡大図2…
傘と分類している

図3-3 プログラム（Detectron2_basic.ipynb）の実行結果

図3-4 Googleドライブに画像をドラッグ＆ドロップしてアップロードする

図3-5 アイコンをクリックしてGoogleドライブをマウントする

```
im = cv2.imread("/content/drive/
MyDrive/Detection2/data/cars.jpg")
```

▶実行結果

一例として，**図3-6**に示す多くの車が写っている画像を使います．この画像をもとにプログラムを実行すると**図3-7**が表示されます．車や人が分類できています．

図3-6 任意に用意した画像でセグメンテーションを試す

図3-7 プログラム（Detectron2_basic.ipynb）の実行結果

---

4 結果の読み取り方

ここでは，**図3-3(a)**の馬の画像の結果を元にして，結果の読み取り方を説明します．

● 検出部分

検出した画像に重ねて半透明の色の付いている部分が検出した部分となります．色の付いている部分のピクセルの位置を得ることもでき，それを利用してこの後の画像合成を行います．

● 画像を囲む線と数字

画像を囲む四角い線とその近くに書かれた文字は，分類結果とその確率を表しています．**図3-3(b)**，図3-3(c)では，

- horse　100%：馬100%
- person　99%：人99%
- unbrella 89%：傘89%

ということになります．

● 物の分類と位置

画像が表示された後，プログラムを幾つか実行すると**リスト4-1**が表示されます．tensorから始まる数字の列は，検出した物体の内容を表していて，17は馬，0は人，25は傘，24はバックパックです．また，1頭の馬，10人の人，3本の傘，1個のバックパックが写

第6章　どこに/何が/どのような形で写っているのかが分かる「セグメンテーション」

リスト4-1 数字の列は検出した物体の内容を表している

```
tensor([17,  0,  0,  0,  0,  0,  0,  0, 25,  0, 25, 25,  0,  0, 24],
       device='cuda:0')
```

表4-1 番号とクラス名の対応関係

1	person	21	elephant	41	wine glass	61	dining table
2	bicycle	22	bear	42	cup	62	toilet
3	car	23	zebra	43	fork	63	tv
4	motorcycle	24	giraffe	44	knife	64	laptop
5	airplane	25	backpack	45	spoon	65	mouse
6	bus	26	umbrella	46	bowl	66	remote
7	train	27	handbag	47	banana	67	keyboard
8	truck	28	tie	48	apple	68	cell phone
9	boat	29	suitcase	49	sandwich	69	microwave
10	traffic light	30	frisbee	50	orange	70	oven
11	fire hydrant	31	skis	51	broccoli	71	toaster
12	stop sign	32	snowboard	52	carrot	72	sink
13	parking meter	33	sports ball	53	hot dog	73	refrigerator
14	bench	34	kite	54	pizza	74	book
15	bird	35	baseball bat	55	donut	75	clock
16	cat	36	baseball glove	56	cake	76	vase
17	dog	37	skateboard	57	chair	77	scissors
18	horse	38	surfboard	58	couch	78	teddy bear
19	sheep	39	tennis racket	59	potted plant	79	hair drier
20	cow	40	bottle	60	bed	80	toothbrush

図4-1 馬と分類されたピクセル位置を白，その他のピクセル位置を黒とした場合の画像

リスト4-2 分類されたものがどこにあるのかを表す出力

```
Boxes(tensor([[126.6035, 244.8977, 459.8292, 480.0000],
        [251.1083, 157.8127, 338.9731, 413.6379],
        [114.8496, 268.6864, 148.2352, 398.8111],
        [  0.8217, 281.0327,  78.6072, 478.4210],
        [ 49.3954, 274.1229,  80.1545, 342.9808],
        [561.2248, 271.5816, 596.2755, 385.2552],
        [385.9072, 270.3125, 413.7130, 304.0397],
        [515.9295, 278.3744, 562.2792, 389.3803],
        [335.2409, 251.9167, 414.7491, 275.9375],
        [350.9300, 269.2060, 386.0984, 297.9081],
        [331.6292, 230.9996, 393.2759, 257.2009],
        [510.7349, 263.2656, 570.9865, 295.9194],
        [409.0841, 271.8646, 460.5582, 356.8722],
        [506.8766, 283.3257, 529.9403, 324.0392],
        [594.5663, 283.4820, 609.0577, 311.4124]],
                        device='cuda:0'))
```

っていることが分かります．番号とクラスの名前の対応表を**表4-1**に示します．

その後，**リスト4-2**が表示されます．これは分類された物がどこにあるのかを示すものです．そして，**リスト4-3**も表示されます．これは馬と分類されたピクセル位置をTrue，そうでないピクセルをFalseとして表したものです．

Trueを白，Falseを黒として画像を表示すると**図4-1**となり，馬の部分だけ白くなっています．

リスト4-3 馬と分類されたピクセル位置をTrueでその他のピクセルをFalseで表す出力

```
tensor([[[False, False, False,  ..., False, False, False],
        [False, False, False,  ..., False, False, False],
        [False, False, False,  ..., False, False, False],
(中略)

        [False, False, False,  ..., False, False, False],
        [False, False, False,  ..., False, False, False],
        [False, False, False,  ..., False, False, False]]],
                        device='cuda:0')
```

学習済みモデルを使うと**表4-1**に示す80個のクラスを検出できますが、新たに柿を分類させたいなど、自前のデータを使って学習させたくなることがあります。

そこで、新たに**図5-1**に示すような柿を学習対象とします。学習済みモデルをそのまま使った場合には、**図5-2**に示すようにapple（リンゴ）として分類されてしまいます。

学習用データを作る

● 作り方

まずは写真をたくさん撮ります。本節では30枚撮影してありますが、そのうちの10枚の画像を使って学習を行います。

次に画像から学習データを作ります。セグメンテーションでは、画像中のどこに分類対象があるのか**図5-3**のように1つずつ囲っていきます。この作業をア

ノテーションと呼びます。アノテーション・ツールにはさまざまなものがありますが、ここではlabelmeを使います。

● ツールlabelmeを使ってアノテーションを行う

labelmeを使う方法はさまざまあり、それぞれのOSによって異なります。ここでは、Windows上のAnacondaを使う方法を紹介します。その他の方法は公式ウェブ・ページ(https://github.com/wkentaro/labelme)を参考にしてください。

▶ステップ1…labelmeのインストール

Anacondaを起動後、仮想環境を作ることが推奨されていますので、**図5-4**の手順に従って作成します。その後、**図5-5**のように作成した仮想環境（ここではcq）を選択し、CMD.exe PromptのLaunchをクリックします。

図5-6のようなプロンプトが表示されますので、以下のコマンドでインストールをします。

```
> pip install labelme
```

▶ステップ2…labelmeの起動

labelmeを以下のコマンドで起動します。

```
> labelme
```

▶ステップ3…フォルダの選択

起動すると**図5-7**の画面が表示されます。Open Dirのアイコンをクリックして、画像データがあるフォルダを選択します。すると、**図5-8**のように画像ファイルが表示され、そして右下にはそのフォルダにある画像ファイルの一覧が表示されます。

▶ステップ4…学習対象を囲みクラス名を命名する

Create Polygonsアイコンをクリックしてから対象物（この場合は柿）を**図5-9**のように囲みます。囲み終わるときには、始点にマウス・カーソルを重ねると

図5-1 柿を学習対象とする

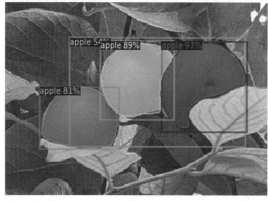

図5-2 学習済みモデルをそのまま使うとリンゴと分類されてしまう

柿を囲む線

図5-3 学習対象を囲っていく作業を「アノテーション」と呼ぶ

図5-4 Anacondaを起動したら仮想環境を作る

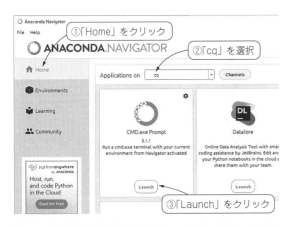

図5-5 作成した仮想環境を選択してコマンド・プロンプトを立ち上げる

```
C:¥windows¥system32¥cmd.exe

Microsoft Windows [Version 10.0.19043.2006]
(c) Microsoft Corporation. All rights reserved.

(cq) C:¥Users¥makino>pip install labelme
```

図5-6 コマンド・プロンプトを立ち上げてlabelmeをインストールする

図5-10のようになります.

　クラス名を付けるためのダイアログが表示されます. ここでは「kaki」としました. 終了すると図5-11のようになります.

▶ステップ5…全ての学習対象を囲みjsonファイルに保存

　もう1つ柿があるのでそれも囲みます. このように

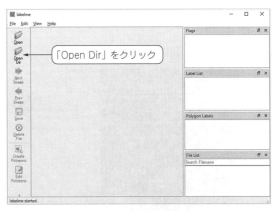

図5-7 labelmeを起動したら「Open Dir」をクリックする

図5-8 画像ファイルがあるフォルダを選択して画像を表示させる

図5-9 Create Polygonsアイコンをクリックして柿を囲む

して, 全ての柿を囲み終わったら, 「Save」をクリックしてjsonファイルを保存します(図5-12).

図5-10 囲み終わったら始点にマウス・カーソルを重ねてクラス名を命名する

図5-12 全ての柿を囲んだらjsonファイルを保存して次の画像に移る

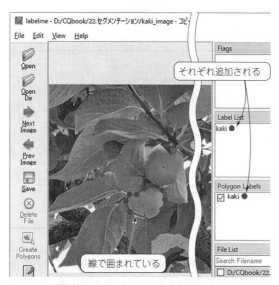

図5-11 学習対象の囲みが終了した場合の画面

図5-13 次の画像が表示されたら同じ手順で柿を囲んでいく（全部で10枚行う）

▶ステップ6…複数の画像でステップ4～6を繰り返す

「Next Image」をクリックすると**図5-13**のように次の画像が表示されるので，同様の手順で柿を囲みます．これを10枚行います．なお，筆者が囲ったファイルは`kaki_data`フォルダにあります．

● labelmeのデータをDetectron2で使えるようにする

labelmeで作成したデータをDetectron2で使用する形式に変換を行います．これにはlabelme2cocoを使います．

▶ステップ1…labelme2cocoのインストール

図5-5の画面でCMD.exe PromptのLaunchをクリックして，もう1つのコマンド・プロンプトを表示し

ます．そして，以下のコマンドでインストールを行います．

```
> pip install labelme2coco
```

▶ステップ2…データの変換

ここでは，**図5-14**のフォルダ構造となっているとします．`kaki_data`フォルダがあるフォルダに`cd`コマンドで移動し，以下のコマンドでデータ変換を行います．

```
> labelme2coco kaki_data kaki_data
```

ここで，1つ目の引数はlabemeにより生成されたjsonファイルのあるフォルダで，2つ目の引数は変換により生成される`dataset.json`ファイルを保存するフォルダです．ここでは，同じフォルダとしました．

第6章　どこに／何が／どのような形で写っているのかが分かる「セグメンテーション」

リスト5-1 フォルダ構造が本文の内容と異なる場合は学習用のjsonファイルと画像フォルダを設定する

```
from detectron2.data.datasets import register_coco_instances
register_coco_instances("kaki_train", {},
"/content/drive/MyDrive/Detection2/kaki/train/dataset.json",
"/content/drive/MyDrive/Detection2/kaki/train")
```

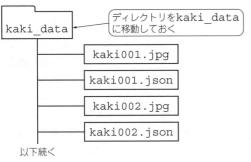

図5-14 データ変換する際のフォルダ構造

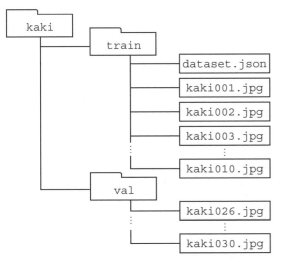

図5-15 学習用データをアップロードする際のフォルダ構造

学習する

学習にはDetectron2_kaki.ipynbを利用します.

● 学習用データのアップロード

先に作成した学習用データをGoogleドライブにアップロードしておきます.ここではデータと画像ファイルが図5-15のフォルダ構造となるようにします.

ここでは,マイドライブにDetection2フォルダを作成し,そのフォルダにアップロードしました.この説明と異なるフォルダにデータをアップロードする場合,変更点は2カ所あります.

1つ目は,以下に示す表示する画像の設定です.

リスト5-2 学習状況を確認するコマンド

```
# Look at training curves in tensorboard:
%load_ext tensorboard
%tensorboard --logdir output
```

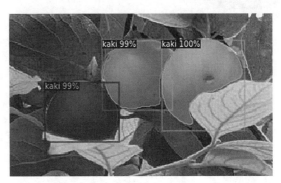

図5-16 柿を認識できるようになった

```
im=cv2.imread("/content/drive/MyDrive/
Detection2/kaki/train/kaki2.jpg")
```

これは何カ所かあります.2つ目は学習用のjsonファイルと画像フォルダの設定です(リスト5-1).

● 学習後はpthファイルが生成される

学習後はColabのoutputフォルダ中に,model_final.pthが作られます.これが学習済みモデルとなります.また,学習の状況はリスト5-2のコマンドにより確認できます.

● 学習後にセグメンテーションを行った結果

model_final.pthを指定して,学習に用いなかった画像データを対象としてセグメンテーションを行うと図5-16が表示されます.

本節の学習データは10枚しかありませんでしたが,図5-2でリンゴと分類されてしまった画像をうまく柿と分類することができました.

まきの・こうじ

もっと体験したい方へ
電子版「AI自習ドリル:セグメンテーション」では,より多くの体験サンプルを用意しています.全23ページ中,10ページは本章と同じ内容です.
https://cc.cqpub.co.jp/lib/system/doclib_item/1652/

人の動作を３次元解析「MeTRAbs」

牧野 浩二

　これまで人間の動作の空間的な位置を解析（３次元解析）するさまざまな技術が開発されてきました．有名なものとしてVICONという技術があります．これは人間の関節にマーカをつけて，たくさんのカメラがある部屋の中で動くとその動きが計測できるといったものです．かなり正確に計測できますが，大型の設備を必要としますので，簡単に試すことはできません．

　ところが最近は，普通の写真や動画に映る人の骨格を，ディープ・ラーニングを使って３次元で推定できるようになってきました．本章では簡単な実験であること，アルゴリズムが発展途上であることから，十分な精度が得られない場合もあります．ですが，用途次第で十分な利用価値があると思います．

1　できること

● MeTRAbsライブラリで３次元解析

　本章では，MeTRAbsライブラリ（isarandi氏作成．https://github.com/isarandi/metrabs）を使用して，図1-1のような３次元解析だけでなく，図1-1を回転させて，図1-2や図1-3のようにいろいろな視点から見ることを行います．さらに，図1-4のように２つの動作を比較することも行います．

　MeTRAbsは人間ポーズの３次元位置を特定するコンテスト（3D Poses in the Wild（3DPW）Challenge）で2020年に1位に輝きました．

● 応用例

　人間の動作を３次元で計測できるとどのような良いことがあるのか，幾つか紹介します．

▶スポーツ

　体操やフィギュアスケートなど採点競技ではしっかり回っているかなど人間の動作が計測できると機械的に採点できるようになります．指導するときには目標とする動作なのか，先生と同じ動きをしているのかなど分かればもっと上手になりそうです．また，2022年のワールド・カップではオフサイドの判定などで人

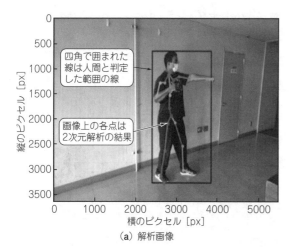

（a）解析画像

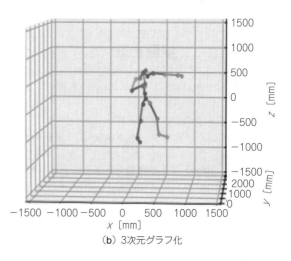

（b）３次元グラフ化

図1-1　人の動きの３次元解析の例

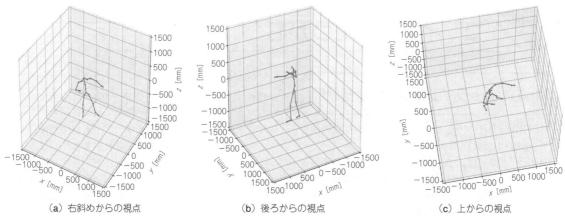

(a) 右斜めからの視点   (b) 後ろからの視点   (c) 上からの視点

図1-2　人の姿勢を表した3次元グラフをさまざまな視点から表示

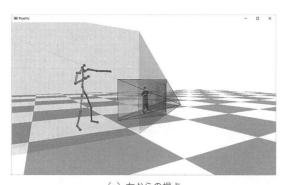

(a) 左からの視点

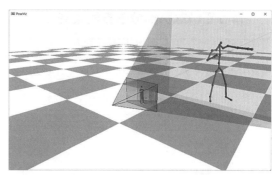

(b) 右からの視点

図1-3　人の姿勢を表した画像と3次元グラフ

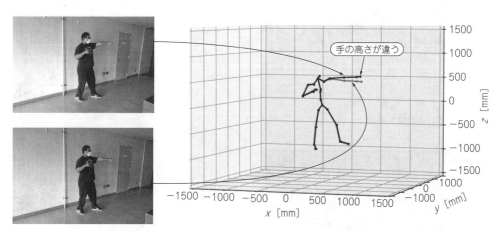

図1-4　2つの動作を重ねて比較

間の3次元モデルが使われていました.

▶医療

　けがや病気をした後にはリハビリテーションを行うことがありますが，それがうまくできているのか，よくなってきているのかなど分かるようになります．病気の進行や加齢に伴い関節が動かしにくくなってきま

すので，これが計測できるとより診断がしやすくなります．

▶映画

　人間を計測して仮想的な人間を，メタバースと呼ばれるバーチャルな世界で動かすことにも利用できます．

2 イメージをつかむ

MeTRAbsライブラリの解析結果例

MeTRAbsライブラリによる，幾つかの写真の解析結果を図2-1に示します．

図2-1，図2-2は1人だけ映っている写真です．走っている姿やジャンプしている姿が解析できています．図2-3は3人が映っている写真で，この場合もうまく解析できます．図2-4，図2-5は人の一部だけ映っている写真です．

写っていない部分も推測できる

このライブラリの面白い点は，映っていない部分も推測できる点です．図2-4は人が立っているか座っているかは分からないのですが，このライブラリでは立っていると判定しています．図2-5は車を運転しているので，ちゃんと座っていて足は曲げられていると判定しました．図2-6のように2人以上が映っていて，足が映っていない場合でも推測できています．

そして，さらに面白い機能として，3次元のデータが計算されているので，図2-7に示すように表示された画像をマウスで回転させることができます．

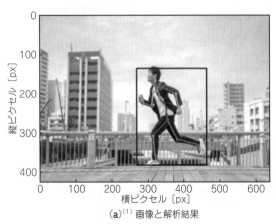

(a)⁽¹⁾ 画像と解析結果

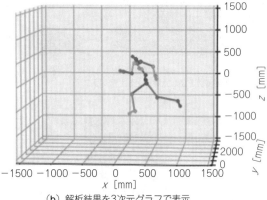

（b）解析結果を3次元グラフで表示

図2-1　1人が走っている画像を解析

(a)⁽¹⁾ 画像と解析結果

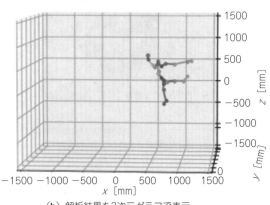

（b）解析結果を3次元グラフで表示

図2-2　1人がジャンプしている画像を解析

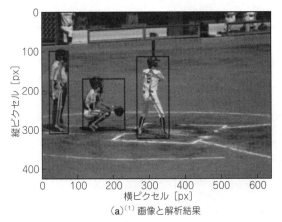

(a)⁽¹⁾ 画像と解析結果

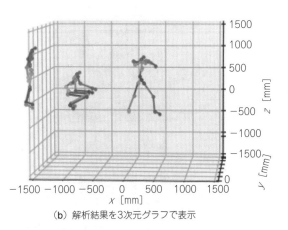

（b）解析結果を3次元グラフで表示

図2-3　3人が映っている画像を解析

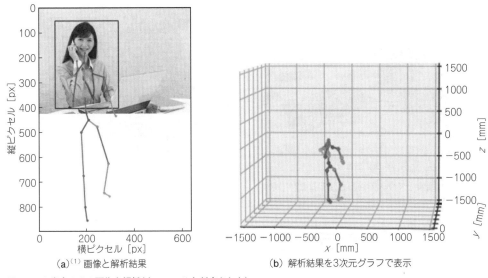

図2-4　上半身のみの画像を解析（立っていると判定された）

(a)⁽¹⁾ 画像と解析結果　　　　（b）解析結果を3次元グラフで表示

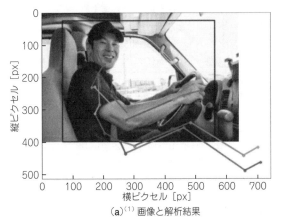

(a)⁽¹⁾ 画像と解析結果

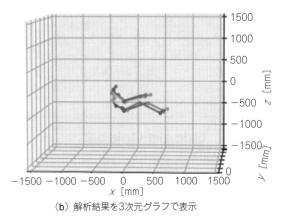

（b）解析結果を3次元グラフで表示

図2-5　上半身のみの画像を解析（座っていると判定された）

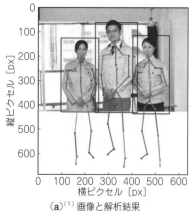

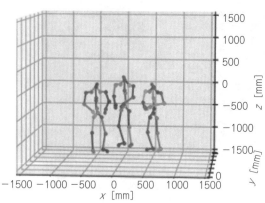

（a）⁽¹⁾ 画像と解析結果 （b）解析結果を3次元グラフで表示

図2-6 2人以上が映っていて足が映っていない例

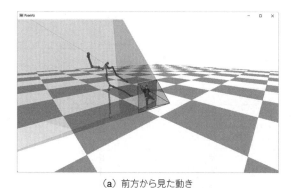

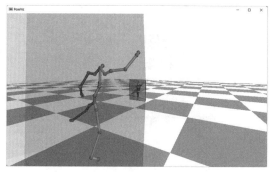

（a）前方から見た動き （b）後方から見た動き

図2-7 表示された画像をマウスで回転させることができる

---

3 プログラムを動かしてみよう

本節では以下の2ステップで解析を行います.

(1) 3次元解析を行いその結果をファイル保存（動画の解析は時間がかかるのでColabを使うことを勧める）

(2) 結果ファイルを使ってグラフで表示（マウスを使う場合はAnacondaを使用する）

図1-1のような画像はColabとAnacondaで実行する方法を紹介します. 図1-2や図1-3のようなマウスで画像を動かすとことは苦手ですので, Anacondaで実行します.

Google Colab編

● インストールと設定

Colabで行う場合はインストールは必要ありません. この後で説明するプログラムを順に実行するだけで, 3次元位置を得ることができます.

▶ GPUの設定

GPUを使わないとかなりの時間がかかります. metrabs_photo.ipynbをアップロードしたら図3-1に従い, GPUを使う設定をします.

① 「ランタイム」をクリック
② 「ランタイムのタイプを変更」をクリック
③ ハードウエア・アクセラレータで「GPU」を選択
④ 「保存」をクリック

これで準備は完了です.

● 静止画の解析

MeTRAbsのGitHubのページ(https://github.com/isarandi/metrabs)にあるdemo.ipynbを使うこともできますが, ここでは, metrabs_photo.ipynbを使い, 図1-1の画像を作成します. Anaconda版との違いはモデル・ファイルの読み込み方です.

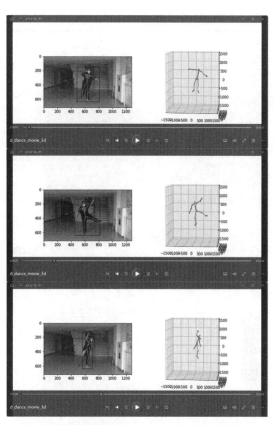

図3-1　GPUを使う設定

図3-3　動画の解析結果

図3-2　解析する画像をドラッグ＆ドロップでアップロード

metrabs_photo.ipynbをColabにアップロードして開いたら，図3-2に従い，d_punch1.jpgをドラッグ＆ドロップでアップロードします．

その後，metrabs_photo.ipynbを順に実行すると，解析結果としてd_punch1.pickleファイルが出力され，そのあと図1-1に示す画像が得られます．

▶自分で用意した画像を使用する場合

異なるファイルを使いたい場合は，metrabs_photo.ipynbの中の以下の部分で設定している画像ファイル名を変更して，その下のセルを全て実行します．

```
InputName = 'd_punch1'
```

● 動画変換

動画変換はmetrabs_movie.ipynbを使います．動画をアップロードしたら図3-2と同様に，動画ファイル（d_dance_movie.mp4，6秒ほどの動画）をド

図3-4　Anacondaのインストール

ラッグ＆ドロップでアップロードします．

先述の静止画変換のときに行ったようにColabでGPUを使う設定を行ってから，metrabs_movie.ipynbを順に実行します．

図3-3に示す動画ファイルがd_dance_movie_3d.mp4という名前で得られます．Colabでは，動画ファイルをクリックしても動画を見ることはできないので，ダウンロードしてから見てください．

図3-5　仮想環境の作成

図3-6　作成した仮想環境を整える設定

▶ **自分で用意した動画を使用する場合**

異なる動画を使いたい場合は静止画のときと同様に InputName を変更してください.

Anaconda編

● Anacondaのインストール

Anaconda の ホーム ペー ジ(https://www.anaconda.com/download)を開き,Downloadをクリックするとインストーラがダウンロードできます(**図3-4**).インストーラを実行することでインストールしてください.

▶ **仮想環境の作成**

図3-5のようにして仮想環境を作成しておくと便利です.仮想環境を用意しておけば,何か失敗してしまった場合は仮想環境ごと削除してから新たな仮想環境を作れば,まっさらな状態から作業することができます.また,別のプロジェクトをまっさらな状態から使いたいといったことにも対応できます.ここではpy39という名前の仮想環境を作成しました.

仮想環境を作成したら,**図3-6**のように作成した仮想環境を使えるようにしておきましょう.

図3-7　CMD.exe Prompt起動画面

図3-8　posevizのダウンロード

● TensorFlowなどのインストール

CMD.exe Promptを起動(**図3-7**)して,以下のコマンドでTensorFlowとmatplotlib(グラフ作成用ライブラリ)をインストールします.画面には「(py39)C:¥Users¥ユーザ名>」のように表示されますが,以下では簡単に>だけを表示して説明していきます.

```
> pip install tensorflow
> pip install matplotlib
```

● posevizのインストール

図1-3のようにマウスで視点を動かすために必要なライブラリです.**図1-1**の画像を作る場合や,**図1-2**のようなグラフだけを回転させる場合,3次元位置だけをファイルとして保存したい場合は,このライブラリは必要ありません.

posevizのホームページ(https://github.com/isarandi/poseviz)を開き,右上のCodeをクリックして,Download Zipをクリックします(**図3-8**).

ダウンロードしたposeviz-main.zipを展開します.そして,**図3-9**のフォルダ構造となるようにフォルダを移動します.

CMD.exe Promptで以下のコマンドにより,3DPフォルダへ移動します.ここではフォルダの移動を示すために「>」の前も表示しています.

```
(py39)C:¥Users¥ユーザ名>cd Documents
(py39)C:¥Users¥ユーザ名¥Documents>cd 3DP
```

次に以下のコマンドでインストールを行います.最後のpip installの後ろに「.」ピリオドがあります

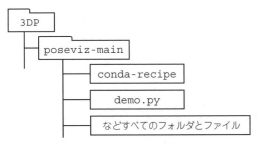

図3-9 **poseviz**のインストール後，ファイルのフォルダを移動させる

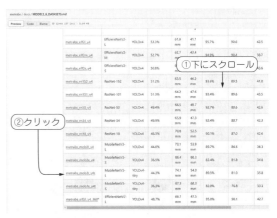

図3-10 静止画で使うモデルファイルをダウンロードする

ので注意してください．

```
> pip install opencv-python
> pip install mayavi
> pip install PyQt5
> pip install transforms3d
> cd poseviz-main
> pip install .
```

● 静止画の解析方法

metrabs_photo.ipynbを使い，図1-1の画像を作成します．Colab版との違いはモデル・ファイルの読み込み方です．

3DPフォルダにd_punch1.jpgとmetrabs_photo.ipynbを移動（またはコピー）します．次に，モデル・ファイルをダウンロードします．metrabsのホームページ（https://github.com/isarandi/metrabs/blob/master/docs/MODELS_6_DATASETS.md）にアクセスします．

図3-10の画面が表示されますので，静止画で使うモデル・ファイル（metrabs_mob3l_y4t）のリンクをクリックしてダウンロードします．このファイルは654Mバイトあります．

ダウンロードしたmetrabs_mob3l_y4t.zipを3DPフォルダに移動して，展開します．そして，図3-11のフォルダ構造となるようにフォルダを移動します．

ここまで準備ができたら，図3-12のようにJupyter Notebookを起動します．

次に3DPフォルダのmetrabs_photo.ipynbを起動します．上から実行していくと図1-1が表示されます．モデルを読み込む部分（model = tf.saved_model.load関数）でかなりの時間（2分くらい）かかることがあります．視点の回転は次節で説明します．

▶自分で用意したファイルを使用する場合

異なるファイルを使いたい場合は，metrabs_photo.ipynbの中の画像ファイル名を変更します．
```
InputName = 'd_punch1'
```

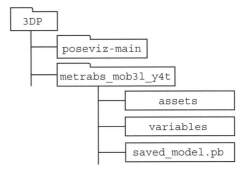

図3-11 静止画で使うモデルファイルのダウンロード後，ファイルのフォルダを移動させる

● 動画の解析方法

動画を扱う方法を紹介します．実行にとても時間がかかることに注意してください．筆者は6秒程度のファイルで1時間くらいかかりました．Colabでは数分で終わりますので，Colabで実行することをお勧めします．

▶静止画で出力する方法

動画変換はmetrabs_movie.ipynbを使います．動画ファイル（d_dance_movie.mp4）を3DPに移動し，モデル・ファイル（metrabs_mob3l_y4t）をダウンロードして準備しておきます．

次にJupyter Notebook上でmetrabs_movie.ipynbを起動します．上から実行していくとd_dance_movie_3d.gifが作られます．d_dance_movie_3d.gifを開くと図3-3が表示されます．

▶mp4形式で出力する方法

metrabs_movie.ipynbでmp4形式のファイルとして出力する方法を以下に示します．このためには，動画変換用にffmpegを使えるようにする必要があります．まず，ffmpegのホームページ（https://github.com/BtbN/FFmpeg-Builds/releases）から次をダウンロードします（図3-13）．

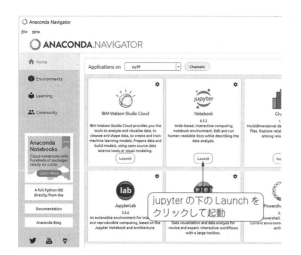

図3-12　Jupyter Notebookの起動

```
ffmpeg-master-latest-win64-gpl-shared.
zip
```

ダウンロードしたファイルを展開します．展開したフォルダ（ffmpeg-master-latest-win64-gpl-shared）を3DPフォルダに移動します．ここでは，C:¥Users¥makino¥Documents¥3DPの下のフォルダに移動したとします．

ffmpegをAnacondaのコマンドプロンプトから使えるようにするには以下のコマンドを実行する必要があります．このコマンドは，CMD.exe Promptを起動するたびに必要になります．Windowsの環境変数に設定することもできます．

```
set PATH=%PATH%;C:¥Users¥makino¥Docume
nts¥3DP¥ffmpeg-master-latest-win64-
gpl-shared¥bin
```

視点の回転方法（Anaconda）

● 準備
図1-2のように表示して，マウスで回転させる方法を紹介します．これはpickle2photo.pyを使います．これを実行するにはmetrabs_photo.ipynbを事前に実行し，d_punch1.pickleファイル（解析情報が書かれたファイル）を作成しておく必要があります．そして，pickle2photo.pyとd_punch1.pickleを同じフォルダに置きます．pickle2photo.pyの中のInputNameが以下となっていることを確認します．

```
InputName = ['d_punch1']
```

そのあと，CMD.exe Promptで以下のように実行します．

```
> python pickle2photo.py
```

図1-2が表示され，マウスで視点を変えることが

図3-13　動画変換用にffmpegを使えるようにダウンロード

できます．終了はqキーで行います．なお，この方法では動画の回転はできません．異なるファイルを使用する場合は，pickle2photo.pyの中のInputNameを変更してください．

● 視点の回転の実装（poseviz）
posevizeを使うと図1-3のような画面が表示され，マウスで視点を動かすことができます．この使い方を以下に示します．

▶静止画
まず，metrabs_photo.ipynbを実行します．実行が終わると***.pickleファイルが作られます．これが3次元位置などが書かれたファイルとなります．例えば，d_punch1.jpgの場合はd_punch1.pickleが作られます．

次に，poseviz_photo.pyと同じフォルダにd_punch1.jpgとd_punch1.pickleを置きます．poseviz_photo.pyの中のInputNameが以下となっていることを確認します．

```
InputName = 'd_punch1'
```

CMD.exe Promptを起動してからposeviz_photo.pyファイルを以下のようにして実行すると図1-3が表示されます．

```
> python poseviz_photo.py
```

▶動画
動画も同様に実行することができます．metrabs_movie.ipynbを実行して作成された***.pickleファイルを使います．

Anacondaでは***.pickleファイルの作成にはかなりの時間がかかりますので，Colabでmetrabs_movie.ipynbを実行し，出力された***.pickleファイルをダウンロードして使うことをお勧めします．例えば，d_dance_movie.mp4の場合はd_dance_movie.pickleが作られます．

その後は静止画と同様で，`poseviz_movie.py`と
同じフォルダに`d_dance_movie.mp4`と`d_dance_`
`movie.pickle`を移動します．`poseviz_movie.py`
の中の`InputName`が以下となっていることを確認し
ます．

`InputName = 'd_dance_movie'`

`CMD.exe Prompt`から`poseviz_movie.py`ファ
イルを実行します．

比較の方法（Anaconda）

最後に**図1-4**に示したような，2つの画像または動
画の比較を行います．

● 静止画

まず，2つの画像を用意してそれぞれの画像につい
て`metrabs_photo.ipynb`を実行します．

例えば，`d_punch1.jpg`と`d_punch2.jpg`をそれ
ぞれ実行すると，`d_punch1.pickle`と`d_punch2.`
`pickle`が作られます．

次に，`pickle2photo.py`と同じフォルダに`d_`
`punch1.pickle`と`d_punch2.pickle`を置きます．そ
して，`pickle2photo.py`の中の`InputName`を以下
として変更してください．

`InputName = ['d_punch1','d_punch2']`

`CMD.exe Prompt`を起動してから`pickle2photo.`
`py`ファイルを実行すると**図1-4**が表示されます．静
止画の場合はマウスで回転させることができます．

● 動画

動画も同様に実行することができます．ただし，動
画の場合は視点の回転はできず，動画が生成されます．
まず，2つの画像を用意してそれぞれの画像について
`metrabs_movie.ipynb`を実行します．

次に，`pickle2movie.py`と同じフォルダに2つの
`***.pickle`ファイルを置きます．そして，
`pickle2movie.py`の中の`InputName`が以下となっ
ていることを確認してください．

`InputName = ['（ファイル1の名前）','（ファイル`
`2の名前）']`

`CMD.exe Prompt`を起動してから`pickle`
`2movie.py`ファイルを実行すると比較図が表示され
ます．

◆**参考文献**◆

（1）写真のフリー素材サイトPhotoAc.
http://www.photo-ac.com/

(2) Sárándi, István and Linder, Timm and Arras, Kai O.
and Leibe, Bastian, Metric‐Scale Truncation‐Robust
Heatmaps for Absolute 3D Human Pose Estimation, IEEE
Transactions on Biometrics, Behavior, and Identity Science,
3, 1, 16‐30, 2021.

(3) Sárándi, István and Linder, Timm and Arras, Kai O.
and Leibe, Bastian, Metric‐Scale Truncation‐Robust
Heatmaps for 3D Human Pose Estimation, IEEE Int. Conf.
Automatic Face and Gesture Recognition（FG), 2020.

まきの・こうじ

新しい画像を生成できる敵対的生成ネットワーク「GAN」

牧野 浩二

本章ではディープ・ラーニングでよく行われる分類ではなく，新たな画像を作り出すDCGAN(Deep Convolutional Generative Adversarial Network)を取り上げます．これは日本語で「畳み込みニューラル・ネットワークによる敵対的生成ネットワーク」と呼ばれるものです．敵対的生成ネットワーク(以降，GAN)のキー・ポイントは，画像を作るニューラル・ネットワークとそれを見破るニューラル・ネットワークの2つを用意し，それぞれが競い合いながら学習していくといったものです．数字分類でよく用いられる手書き数字の画像についてのデータセットであるMNISTを使って，DCGANによる新しい画像の生成方法の基礎を説明します．

1　できること

GANを使うと新しい画像を生成できます．これを使った例を幾つか紹介します．

● 画像を生成する

▶架空の人物を作る

チラシや広告などに人物を載せるときにはモデルさんに頼むことがよくあります．この人物をGANで作る試みが行われています．例えば，次の「写真AC」というウェブ・サイトでは実在しない人物の写真を生成できます．

https://www.photo-ac.com/main/genface

▶架空の部屋を作る

映画を撮ったり，マンガを書いたりするときには背景が必要になります．これを作成する試みも行われています．

▶ディープ・ラーニングのための学習データを作る

ディープ・ラーニングを用いてエックス線画像からがんを診断するといったニュースがあります．このとき，がんが写っているエックス線画像も大量に必要となります．そういった場合，がんの画像を増やすためにGANで画像を生成し，その生成した画像を学習データとして加えてディープ・ラーニングの分類精度を改善することも行われています．

● 高品質な画像へ変換

▶防犯カメラ

防犯カメラの画像は荒いものが多いと思いませんか？これはデータ容量を圧迫しないためにわざと画質を落としています．しかし，重大事件などでより鮮明な防犯カメラの映像が必要になることもあります．このような，低い解像度の画像から高解像度の画像を作るときにもGANが使われているといわれています．

▶ピンボケの画像

ピンボケ画像からきれいな画像を生成するという試みにGANが使われているといわれています．

▶CT画像

医療用のCT画像をウェブで検索すると，そのきれいさに驚くかもしれません．CT画像を高解像度にするためにもGANが使われているといわれています．

● 画像の色や模様を変える

▶馬をシマウマに

Cycle GANというGANの派生手法があります．これを使うと，馬の画像をシマウマの画像に変えることができるという例がGitHub[1-1]に示されています．

▶白黒の写真に色を付ける

pix2pixというGANの派生手法があります．この技術は白黒画像に色を付けることにも応用されています．GitHub[1-2]にさまざまな例が紹介されています．

◆**参考文献**◆

(1-1)CycleGAN, GitHub.
　https://github.com/junyanz/CycleGAN

(1-2)Image-to-Image Translation with Conditional Adversarial
　Nets.
　https://phillipi.github.io/pix2pix/

2 イメージをつかむ

GANは自動的に画像を作る手法です．GANは画像を分類するディープ・ラーニングのモデルのように1つのネットワークからなるわけではありません．**図2-1**に示すように画像を作るネットワーク（生成器：Generator）とその画像が偽物か本物かを見破るネットワーク（分別器：Discriminator）の2つを使う点に特徴があります．

生成器は「だます役目」，分別機は「見破る役目」を担っています．それぞれが互いに鍛えながら学習していく点がこの手法の面白い点です．

● 画像を生成する流れ

もう少し詳しく手順を見ていきましょう．まず，ランダムな数（この後のプログラムでは100次元の数）を生成器に入力することで偽物の画像を作ります．最初は本物の画像とは似ても似つかない画像が生成されます．

▶分別器の学習

作られた画像と本物の画像を交互に分別器に入力します．分別器は入力された画像が本物であるか偽物であるかを判定し，結果を出力します．最初は分別器が未熟なので，本物か偽物かの判定がうまくできません．分別器は，本物であるか偽物であるかの判定が正しいかどうかを教師ラベルとして学習していきます．こうすることで，分別器は生成器の作った画像と本物の画像を判定できるようになっていきます．

▶生成器の学習

これと同時に，生成器の作った画像を分別器に入力したときの判定結果を教師ラベルとして生成器を学習します．

分別器がうまく見破れない間は適当な画像を出力します．分別器が見破れるようになるとそれに合わせて見破るのが難しい画像を出力するようになります．

▶分別器と生成器の学習を繰り返す

分別器の学習と生成器の学習を繰り返すうちに，生成器は本物に近い画像を生成するようになります．その様子を表したものが**図2-2**です．**図2-2**ではエポックが進むにつれて，生成器がより本物に近い画像を生成する様子を示しています．

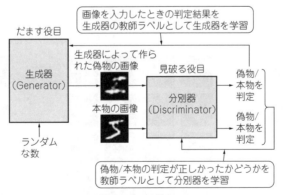

図2-1　GANにおける学習のイメージ
GANは生成器と分類器から構成される．これらがお互いに鍛えながら学習を進める

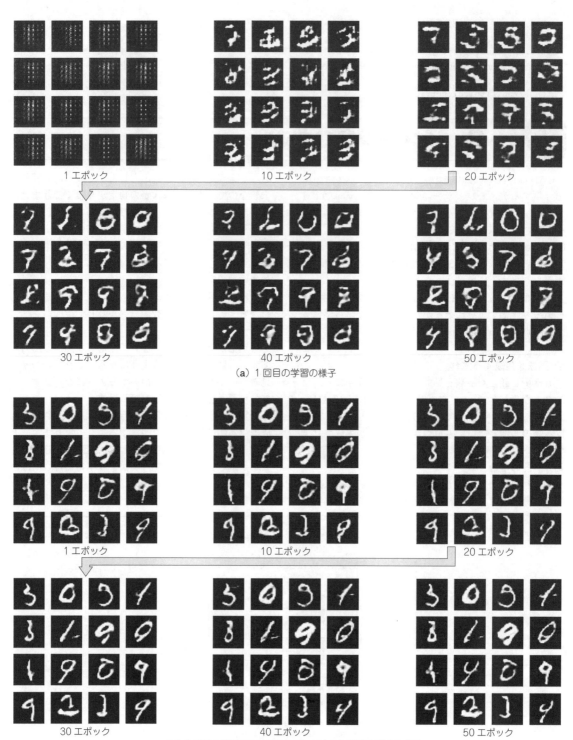

1 エポック　　　　　　　　　10 エポック　　　　　　　　　20 エポック

30 エポック　　　　　　　　　40 エポック　　　　　　　　　50 エポック

（a）1 回目の学習の様子

1 エポック　　　　　　　　　10 エポック　　　　　　　　　20 エポック

30 エポック　　　　　　　　　40 エポック　　　　　　　　　50 エポック

（b）1 回目の学習済みモデルを用いてさらに学習を進めた様子

図2-2　DCGAN が画像を生成する様子をエポックごとに表示

3 プログラムを動かしてみよう

DCGANを利用して手書きの数字の画像を生成してみましょう。MNISTと呼ばれる手書きの数字が書かれた画像と、それぞれの画像に対応する答え（ラベル）がセットになったデータセットを用います。

● 実行環境の準備

本書サポート・ページからプログラムをダウンロードします。

Google Chromeなどのウェブ・ブラウザでColabを開き、ダウンロードした**DCGAN.ipynb**をColab上で開きます。

CPUによる実行では時間がかかるので、GPUによる実行をするようにColabの設定を変更します。この手順を示したのが**図3-1**です。**図3-1(a)**のようにColabの上部タブの［ランタイム］から［ランタイムのタイプを変更]を選択します。**図3-1(b)**のように「ハードウェアアクセラレータ」から［T4 GPU］を選択します。［保存］をクリックして設定を保存します。

これで準備が整いました。

● プログラムを実行する方法

上から順に実行していきます。セルの左端にある実行ボタンを押すか、Shift + Enterキーを押すことで実行できるので、どんどん実行していきましょう。実行が終わってなくても次のセルの実行ボタンを押すことができます。前の実行が終わり次第実行されていくので、全部押してしまいましょう。**図2-2(a)**に示した画像が順に示されるアニメーションが表示されます。徐々に数字の画像が生成できるようになる様子を見ることができます。

● 実行結果の読み取り方

結果は**図2-2**に示した画像から読み取ります。

GANでは教師データと同じような画像が生成されますが、それが似ているかどうかの度合いは人間が決めます。**図2-2(a)**は教師データと似た画像が生成されていると思いませんか？さらに学習を進めると**図2-2(b)**のように、よりはっきりと数字と分かる画像が生成されるようになります。**図2-2(a)**は1回目の学習で、**図2-2(b)**は**図2-2(a)**の学習モデルを使ってさらに学習を続けたものになります。

（a）［ランタイム］から［ランタイムのタイプを変更］を選択

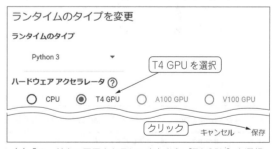

（b）「ハードウェアアクセラレータ」から［T4 GPU］を選択

図3-1　GPUで実行するようにColabの設定を変更する流れ
CPUによる実行では時間がかかるのでGPUで実行するように変更する

4 プログラムの説明

プログラムの説明に移ります。これはTensorFlowの公式ページのDCGAN[4-1]を参考に，説明を加えるためや使いやすくするためにプログラムを追加したものです。使用するプログラムはDCGAN.ipynbです。

● ライブラリのインポート

リスト4-1ではTensorFlowのインポートを行い，そのバージョンを表示しています。リスト4-2で各種ライブラリのインポートを行っています。

● データを読み出す

リスト4-3では手書き数字のデータセットであるMNISTのデータを読み込んでいます。リスト4-4はMNISTのデータの1つを表示しています。ここでは0番目のデータを表示しています。なお，train_images[0]の数字を変えるとほかの数字データを表示できます。図4-1は数字を変えたときに表示される画像を示しています。

リスト4-1　TensorFlowのインポートとバージョンの表示

```
import tensorflow as tf
tf.__version__
```

リスト4-2　各種ライブラリのインポート

```
import glob
import matplotlib.pyplot as plt
import numpy as np
import os
import PIL
from tensorflow.keras import layers
import time
from IPython import display
```

リスト4-3　手書き数字のデータセットであるMNISTの読み込み

```
(train_images, train_labels), (_, _) =
        tf.keras.datasets.mnist.load_data()
```

リスト4-4　MNISTにおける0番目のデータを表示

```
plt.imshow(train_images[0], cmap='gray')
```

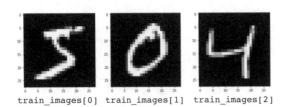

train_images[0]　train_images[1]　train_images[2]

図4-1　MNISTのデータの例
左から順に0番目，1番目，2番目のデータである

● データの前処理

リスト4-5により，データの前処理を行います。

MNISTのデータの形を(28，28)から(28，28，1)のデータに変形します。Pythonで行われている内部処理のためにこのような変形が必要となります。

MNISTのデータは0～255の整数で構成されています。これを－1～＋1のデータとするために127.5で引いて，127.5で割る処理を行います。このようにすることで，学習がうまく進むと言われています。

リスト4-6において，TensorFlowで使いやすい形のデータ形式に変換しています。その際にバッチ化とデータのシャッフルを行っています。バッチ化とは1回分の学習に使うデータをひとまとまりにしておく処理です。これにより処理の高速化が期待されます。データのシャッフルとは学習する順番を入れ替えるということを意味します。これにより，学習がうまくいく場合が多いという理由で行います。

● DCGANの構成要素①…生成器

リスト4-7で生成器(generator)のモデルを定義しています。

リスト4-8の1行目で生成器のモデルの作成を行っています。3行目で100次元のランダムな値を作成しています。4行目において，1行目で作成した生成器のモデルに100次元のランダムな値を入力します。8行目を実行することで何も学習していないときに生成する画像を図4-2のように得ることができます。図4-2は，ランダムな色からなる画像となっていることが分かります。このような画像から学習が始まります。

リスト4-5　データの前処理を実行

```
# 画像の大きさの設定
IMAGE_SIZE = 28

train_images = train_images.reshape(
    train_images.shape[0],
    IMAGE_SIZE,
    IMAGE_SIZE,
    1).astype('float32')

# －1～＋1のデータとする
train_images = (train_images - 127.5) / 127.5
```

リスト4-6　TensorFlowで使いやすいデータ形式に変換

```
BUFFER_SIZE = 60000
BATCH_SIZE = 256
train_dataset =
        tf.data.Dataset.from_tensor_slices
    (train_images).shuffle(BUFFER_SIZE).batch
                            (BATCH_SIZE)
```

リスト4-7　生成器のモデルを定義

```python
def make_generator_model():
    model = tf.keras.Sequential()
    model.add(layers.Dense(
        IMAGE_SIZE//4*IMAGE_SIZE//4*256,
        use_bias=False,
        input_shape=(100,)))
    model.add(layers.BatchNormalization())
    model.add(layers.LeakyReLU())

    model.add(layers.Reshape((
        IMAGE_SIZE//4,
        IMAGE_SIZE//4,
        256)))
    # None はバッチ・サイズ
    assert model.output_shape == (
        None,
        IMAGE_SIZE//4,
        IMAGE_SIZE//4,
        256)

    model.add(layers.Conv2DTranspose(
        128,
        (5, 5),
        strides=(1, 1),
        padding='same',
        use_bias=False))
    assert model.output_shape == (
        None,
        IMAGE_SIZE//4,
        IMAGE_SIZE//4,
        128)

    model.add(layers.BatchNormalization())
    model.add(layers.LeakyReLU())

    model.add(layers.Conv2DTranspose(
        64,
        (5, 5),
        strides=(2, 2),
        padding='same',
        use_bias=False))
    assert model.output_shape == (
        None,
        IMAGE_SIZE//2,
        IMAGE_SIZE//2,
        64)
    model.add(layers.BatchNormalization())
    model.add(layers.LeakyReLU())

    model.add(layers.Conv2DTranspose(
        1,
        (5, 5),
        strides=(2, 2),
        padding='same',
        use_bias=False,
        activation='tanh'))
    assert model.output_shape == (
        None,
        IMAGE_SIZE,
        IMAGE_SIZE,
        1)

    return model
```

リスト4-8　生成器が何も学習していないときに生成される画像を表示

```python
generator = make_generator_model()

noise = tf.random.normal([1, 100])
generated_image = generator(
    noise,
    training=False)

plt.imshow(
    generated_image[0, :, :, 0],
    cmap='gray')
```

リスト4-9　生成器がどのように構成されているかを表示

```python
generator.summary()
```

リスト4-9を実行することで生成器のネットワークが表示されます.

● DCGANの構成要素②…分別器

リスト4-10は分別器（discriminator）のモデルを定義しています.

リスト4-11の1行目で分別器のモデルの作成を行っています. 2行目においてリスト4-8で生成した学習していないときの生成器で作られた画像を入力し, 本物か偽物であるかの判定を行っています. 3行目を実行することで, 次のような結果が表示されます.

```
tf.Tensor([[0.00059564]], shape=(1, 1),
dtype=float32)
```

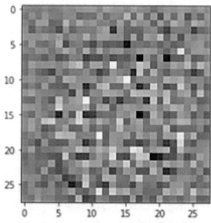

図4-2　何も学習していないときに生成器が生成する画像
生成器のモデルに100次元のランダムな値を入力した結果である

最初の0.00059564は, 入力した画像が教師画像である確率に相当する値を示しています. この場合は, 教師画像である確率は小さく, 生成器によって作られた画像（偽物の画像）である確率が高いと示しています.

リスト4-12を実行することで分別器のネットワークが表示されます.

● 損失関数の設定

リスト4-13では損失関数を設定しています. 生成器も分別器も本物か偽物かの2値なので, 損失関数に

177

リスト4-10　分別器のモデルを定義

```
def make_discriminator_model():
    model = tf.keras.Sequential()
    model.add(layers.Conv2D(
        64,
        (5, 5),
        strides=(2, 2),
        padding='same',
        input_shape=[IMAGE_SIZE, IMAGE_SIZE,
                                1]))
    model.add(layers.LeakyReLU())
    model.add(layers.Dropout(0.3))

    model.add(layers.Conv2D(
        128,
        (5, 5),
        strides=(2, 2),
        padding='same'))
    model.add(layers.LeakyReLU())
    model.add(layers.Dropout(0.3))

    model.add(layers.Flatten())
    model.add(layers.Dense(1))

    return model
```

リスト4-11　学習していないときの生成器で作られた画像を入力し，本物か偽物であるかの判定を実行

```
discriminator = make_discriminator_model()
decision = discriminator(generated_image)
print (decision)
```

リスト4-12　分別器がどのように構成されているかを表示

```
discriminator.summary()
```

リスト4-13　損失関数としてBinaryCrossentropyを使用

```
cross_entropy = tf.keras.losses.
        BinaryCrossentropy(from_logits=True)
```

リスト4-14　分別器の損失関数を定義

```
def discriminator_loss(
    real_output,
    fake_output):
    real_loss = cross_entropy(
        tf.ones_like(real_output),
        real_output)
    fake_loss = cross_entropy(
        tf.zeros_like(fake_output),
        fake_output)
    total_loss = real_loss + fake_loss
    return total_loss
```

リスト4-15　生成器の損失関数を定義

```
def generator_loss(fake_output):
    return cross_entropy(
        tf.ones_like(fake_output),
        fake_output)
```

リスト4-16　生成器と分別器のオプティマイザをAdamに設定

```
generator_optimizer = tf.keras.optimizers.Adam
                                        (1e-4)
discriminator_optimizer =
            tf.keras.optimizers.Adam(1e-4)
```

リスト4-17　アップロードしたファイルや生成されたファイルなどを保存するフォルダの設定

```
checkpoint_dir = './training_checkpoints'
# checkpoint_dir = '/content/drive/MyDrive/
                        training_checkpoints'
checkpoint_prefix = os.path.join(
    checkpoint_dir,
    "ckpt")
checkpoint = tf.train.Checkpoint(
    generator_optimizer=generator_optimizer,
    discriminator_optimizer=discriminator_
                                    optimizer,
    generator=generator,
    discriminator=discriminator)
```

はBinaryCrossentropyを用います．

▶分別器の損失関数

リスト4-14は分別器（discriminator）の損失関数を設定しています．分別器の学習では本物の画像と偽物の画像をそれぞれ1つずつ入力し，それぞれについて出力を得ます．これがこの関数の引数のreal_output，fake_outputに相当します．

本物の画像の損失を意味するreal_lossは，分別器の出力であるreal_outputと本物の画像のラベルであるtf.ones_like(real_output)を比較しています．real_outputが1ならば正しく判定したことを意味しています．

一方，生成された画像の損失を意味するfake_lossは分別器の出力であるfake_outputと偽物画像の正解ラベルであるtf.zeros_like(fake_output)を比較しています．これはfake_outputが0ならば偽物であることを見破ったことを意味しています．

それぞれについて損失を計算し，それを合計したも

のを分別器の損失としています．

▶生成器の損失関数

リスト4-15は生成器（generator）に対して分別器で見分けたかどうかを入力し，損失の値を得ます．リスト4-14とは異なり，損失は分別器の出力であるfake_outputとtf.ones_like(fake_output)を比較しています．fake_outputが1ならば生成器が作り出した画像であることが見破れなかったことを意味します．このとき生成器は，分別器をだますことのできるうまい偽物画像を生成したと言うことができます．

● 学習の設定

▶オプティマイザの設定

リスト4-16は生成器と分別器のオプティマイザを設定しています．ここではAdamを使っています．これはよく用いられるオプティマイザなので特別な設定ではありません．

オプティマイザとは最適化アルゴリズムとも呼ばれ，

ネットワークの学習時に用いる学習方法に相当するアルゴリズムで，数多くの方法が提案されています．現在はAdamという方法が汎用的に使えることが感覚的に知られているため，まずはAdamを使うとよいでしょう．その他の方法はKerasの公式ページ[(4-2)]にまとめられています．

▶学習を途中からはじめるための設定

リスト4-17は途中で終了した場合の再開用ファイルを保存するフォルダの設定をしています．このフォルダを残しておけば，途中から学習を再開させることができます．実行するとこのフォルダはプログラムと同じ場所に作成されます．

Colabで実行する場合には，時間がたつと接続が自動的に解除され，アップロードしたファイルや生成されたファイルなど全てが削除されます．そのため，保存しておいた再開用のフォルダもこのタイミングで消えてしまいます．ここではフォルダをGoogleドライブに保存するという方法を次の手順で行います[注]．

(1)図4-3(a)の［ドライブをマウント］ボタンをクリックします．そうすると，マウントするためのセルが表示されますので実行します．
(2)図4-3(b)のリンクが表示されるので，クリックします．
(3)図4-3(c)のように「アカウントの選択」が表示されるのでColabと連携したいアカウントを選択します．
(4)図4-3(d)のようにログインを促す画面に変わるので［ログイン］ボタンを押します．
(5)図4-3(e)のように，Googleアカウントのアクセスのリクエストが表示されるので，「許可」をクリックします．

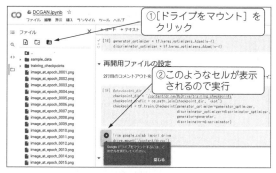

（a）手順1

注：図4-3の画面が出ずに，ドライブがマウントできることもあります．

（b）手順2

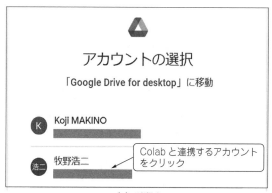

（c）手順3

（d）手順4

（e）手順5

図4-3　Colabの実行結果などをGoogleドライブに保存する方法

リスト4-18 ハイパーパラメータの設定と乱数の生成

```
EPOCHS = 50
noise_dim = 100
num_examples_to_generate = 16

seed = tf.random.normal(
    [num_examples_to_generate,
    noise_dim])
```

リスト4-20 学習の繰り返し方を定義
リスト4-19で定義した学習を何度も繰り返す

```
def train(dataset, epochs):
  for epoch in range(epochs):
    start = time.time()

    for image_batch in dataset:
      train_step(image_batch)

    display.clear_output(wait=True)
    generate_and_save_images(generator,
                             epoch + 1,
                             seed)

    #  チェックポイントを有効にするためにはコメントアウトを外す
    #  if (epoch + 1) % 15 == 0:
    #    checkpoint.save(file_prefix =
                          checkpoint_prefix)

    print ('Time for epoch {} is {} sec'
                             .format(
        epoch + 1,
        time.time()-start))

  display.clear_output(wait=True)
  generate_and_save_images(generator,
                           epochs,
                           seed)
```

リスト4-19 学習を1ステップ行う方法を定義

```
@tf.function
def train_step(images):
    noise = tf.random.normal([BATCH_SIZE,
                              noise_dim])

    with tf.GradientTape() as gen_tape,
            tf.GradientTape() as disc_tape:
      generated_images = generator(
          noise,
          training=True)

      real_output = discriminator(
          images,
          training=True)
      fake_output = discriminator(
          generated_images,
          training=True)

      gen_loss = generator_loss(fake_output)
      disc_loss = discriminator_loss(
          real_output,
          fake_output)

    gradients_of_generator = gen_tape.gradient(
        gen_loss,
        generator.trainable_variables)
    gradients_of_discriminator =
                        disc_tape.gradient(
        disc_loss,
        discriminator.trainable_variables)

    generator_optimizer.apply_gradients(zip(
        gradients_of_generator,
        generator.trainable_variables))
    discriminator_optimizer.apply_gradients
                                        (zip(
        gradients_of_discriminator,
        discriminator.trainable_variables))
```

(1)～(5)を実行した後に，**リスト4-17**の1行目をコメント・アウトし，2行目のコメント・アウトを外します．これによってGoogleドライブにフォルダが作成されるようになります．再開時はこのフォルダを用いることになります．

▶ハイパーパラメータの設定と乱数の生成

リスト4-18の1行目はエポック数で，50エポックを設定します．2行目は生成器に与える入力の次元数で，ここでは100としています．3行目は**図2-2**で表示する画像の枚数分の乱数の初期化を行うための変数です．**図2-2**のように16枚の画像を表示するためには，ここで16を設定します．5行目では乱数を生成しています．

▶学習の中身

リスト4-19は学習の中身です．ここで重要な点は8行目で生成器が画像を生成している点です．12行目で分別器が本物の画像に対して本物／偽物を判定し，15行目で生成器が作った画像について本物／偽物を判定しています．このようにランダムに画像を入力するのではなく，1ステップで両方の画像を1回ずつ入力として用いています．これをもとに学習を進めていま

す．

リスト4-20は**リスト4-19**で設定した学習を繰り返す部分です．2行目の**for**文ではエポックの繰り返しを行っています．5行目の**for**文ではデータセットからバッチ・サイズ分のデータを取り出して**リスト4-19**の学習を繰り返す部分です．これにより，バッチごとに学習を繰り返すことができます．

8～11行目では実行時に表示する画像の設定をしています．これにより，1エポックが終わるごとに画像が出力されます．

13～16行目では15エポックごとに再開用のファイルの作成を行うための処理をしています．

23～26行目は8～11行目と同様ですが，終了時の画像を出力しています．

▶生成した画像を保存する設定

リスト4-21は画像を出力するための関数です．ここでは，**図2-2**のように4×4の16枚の画像を生成するようにしています．連番でファイル名を付けてpng形式で保存します．

リスト4-21　生成器が出力した画像の表示や保存を実行

```
def generate_and_save_images(
    model,
    epoch,
    test_input):
  predictions = model(
      test_input,
      training=False)

  fig = plt.figure(figsize=(4, 4))

  for i in range(predictions.shape[0]):
    plt.subplot(4, 4, i+1)
    plt.imshow(
        predictions[i, :, :, 0] * 127.5 +
                                127.5,
        cmap='gray')
    plt.axis('off')

  plt.savefig('image_at_epoch_{:04d}.png'.
              format(epoch))
  plt.show()
```

リスト4-22　学習を実行

```
# checkpoint.restore(tf.train.latest_
                  checkpoint(checkpoint_dir))
train(train_dataset, EPOCHS)
```

リスト4-23　GIFアニメーションを生成するためのライブラリ

```
! pip install imageio
```

リスト4-24　GIFアニメーションのファイルに変換して保存

```
anim_file = 'dcgan.gif'
# anim_file =
            '/content/drive/MyDrive/dcgan.gif'

with imageio.get_writer(anim_file, mode='I')
                                    as writer:
  filenames = glob.glob('image*.png')
  filenames = sorted(filenames)
  for filename in filenames:
    image = imageio.imread(filename)
    writer.append_data(image)
  image = imageio.imread(filename)
  writer.append_data(image)
```

リスト4-25　Colab上でGIFアニメーションを見るための設定

```
! pip install
        git+https://github.com/tensorflow/docs

import tensorflow_docs.vis.embed as embed

embed.embed_file(anim_file)
```

● 学習の実行

リスト4-22で学習を開始します．1行目のコメント・アウトを外すと再開用のファイルを読み込んで，学習を途中から再開できます．

● 生成した画像からGIFアニメーションを作成

GIFアニメーションを表示するための処理を解説します．GIFアニメーションを生成するためにリスト4-23でライブラリのインストールを行います．これは接続が切れるまで有効ですので，1度行えば再度行う必要はありません．

リスト4-24でそのライブラリをインポートし，連番ファイルとして保存したpngファイルを用いて，GIFアニメーションのファイルに変換して保存します．このとき，2行目のコメント・アウトを外すとGoogleドライブ上に保存できます．

リスト4-25はColab上でGIFアニメーションを見るための設定です．

再開させる場合はリスト4-22の1行目のcheckpoint.restoreのコメント・アウトを外して，以降を全て実行すると再開できます．Colaboで接続が切れている場合は，Googleドライブに保存していなければ再開できません．再開した場合は図2-2(a)とは異なり，図2-2(b)のようにある程度きれいな画像から再開することとなります．

◆参考文献◆
(4-1) TensorFlowの公式チュートリアル；Deep Convolutional Generative Adversarial Network.
https://www.tensorflow.org/tutorials/generative/dcgan
(4-2) Kerasの公式ドキュメンテーション，オプティマイザ(最適化アルゴリズム)の利用方法.
https://keras.io/api/optimizers/

まきの・こうじ

自然言語処理が得意な RNNを基にした 「LSTM」で自動作文

牧野 浩二

本章では文章を学習して新しい文章を作る「自動作文」を紹介します．この自動作文を実現するためには，リカレント・ニューラル・ネットワーク (RNN) を基にした「LSTM (Long Short Term Memory) アルゴリズム」を使います．ここでは1時間以内に学習が終わる文章を扱いましたが，たった1時間の学習でもある程度意味の通る文章を作ることができたので，ぜひ試してみてください．また，プログラムをチューニングして長短問わず，いろいろな文章を作ってみてください．

1 できること

自動作文では，ディープ・ラーニングの1つであるリカレント・ニューラル・ネットワークという過去の情報をうまく使って次の情報を予測する技術を使います．こう聞くと何ができるのかイメージしにくいかと思いますが，身近な例を見るとリカレント・ニューラル・ネットワークがどのようなものなのかを想像できるかと思います．

● リカレント・ニューラル・ネットワークの身近な例
▶天気予報
今日が20℃だったら次の日に0℃になったり35℃になったりということはほとんどなく，大抵の場合は直近の数日の気温に影響を受けます．
▶株価予測
非常にまれな事例として，ブラック・マンデーのような大暴落はありますが，大抵の場合は前日や直近の1週間の株価に影響を受けて推移します．
▶病気の拡散
流行の風邪もゆっくり拡散していきます．これも直近の数日間の影響を強く受けます．
▶音楽
音楽には流れがあります．つまり，少し前のリズムの影響を受けて次のリズムが決まります．これがないと調和のとれた音楽にはなません．
▶動画
場面切り替えを除けば，動画も直近の数フレームの影響を受けます．例えば，車が走っている映像の場合は，次のフレームは少し進んだところに車が居ること

になります．

● 自動作文の応用例
自動作文ができるようになれば，以下のような応用が考えられます．
▶天気予報の記事
天気予報は定型文が多く使われています．そして，天気予報は毎日行われるのでデータも豊富にあります．これまでの天気予報を学習しておくことで天気や気温，日付などを入力すると天気予報の記事を生成できます．
▶クイズ問題
クイズ問題もパターンがありそうです．パターンを覚えれば，さまざまな種類の問題を作れます．
▶好きな作家のスピンオフ
例えば，太宰 治の作品はインターネット上にもたくさんあります．これを学習して，その雰囲気に近い作品を作り上げることもできます．
こんな取り組みもあります．公立はこだて未来大学で行われている「気まぐれ人工知能プロジェクト 作家ですのよ」というものがあり，ウェブ・サイト (https://www.fun.ac.jp/~kimagure_ai/) では，「星新一のショートショート全編を分析し，エッセイなどに書かれたアイディア発想法を参考にして，人工知能に面白いショートを創作させることを目指すプロジェクトです」と紹介されています．
▶映画の台本
映画や舞台の台本も書けるようになるかもしれません．例えば，ジブリのような可愛いらしさとガンダム

のようなカッコよさをうまく融合した作品も作ってくれるかもしれません.

● 「自動作文×AI」で実現できること

自動作文とAIを組み合わせれば,以下のようなことも実現できると思います.

▶質疑応答

コール・センタ,サポート・センタ,ヘルプ・デスクなどは質問をするとその質問の意図を読み取って適切に答えてくれます.質問の意図を読み取る,という部分にAIを使うことでこれが実現できます.現在は質問と回答のセットを学習することで実現しようとしています.これらは実際に使われつつあります.

▶文章から質問と答えを作る

ユーザ・マニュアルを学習して重要な単語を抽出し

て,それを答えにするような質問を作るといったことです.これができると,先に示した質疑応答の模範解答を作ることにつながります.実は,これも実現しつつあります.

▶記事や本のまとめ

要約を作成することができると,記事や本の内容をざっくりと把握できます.興味があれば詳しく内容を読んでもらうといった,呼び水として使うことに応用できます.

▶文章から感情を判断する

文章をうまく理解できれば,その文章がポジティブなのかネガティブなのかといった判断もできるようになります.さらにこれを進めると感情も分析できると考えられています.

2 イメージをつかむ

先に述べた通り,リカレント・ニューラル・ネットワークは過去の情報をうまく使って,未来の情報を予測できます.この「うまく使う」という部分を以下で説明します.

● 天気予報を例に考える

例えば,図2-1(a)のように春の気温が推移しているときの明日の気温の予測を考えてみます.このグラフでは徐々に気温が上がっているので,何となく上がっていきそうな感じがします.

しかし,同じ気温でも秋の日の気温変化の場合は図2-1(b)のように気温が下がってきますし,図2-1(c)のように冬の日の20℃は突発的なもので次の日はまた寒さが戻ってきそうです.そのため,今日の気温(20℃)だけで明日の気温を予測することは難しいです.

▶リカレント・ニューラル・ネットワークの予測方法

リカレント・ニューラル・ネットワークは,図2-2のように前日までの気温の情報も一緒にして予測します.また,

- 7日前のデータを入力することで6日前の予測値を得る
- 6日前の予測値と6日前のデータを使って5日前の予測値を得る

ということになり,さらに,6日前の予測値は7日前のデータが含まれていますので,5日前の予測値は6日前と7日前のデータが含まれているということになります.

以上を繰り返していくと,明日の予測値は今日のデータだけでなく7日前からのデータも考慮した予測値となります.

▶情報の優先度を決める

このとき,昔の情報は重要度を低く,直近の情報は重要度を高くしていく仕組みがあるとよさそうです.そこで,予測値の重要度を入力データの重要度よりも低くしておくと,直近の情報は重要度が高く,古い情報はどんどん重要度が下がっていきます.これは昔の情報を徐々に忘れていくことに相当します.

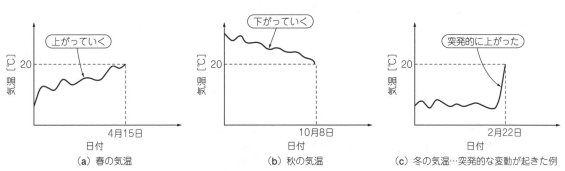

図2-1　今日の気温だけで明日の気温を予測するのは難しい

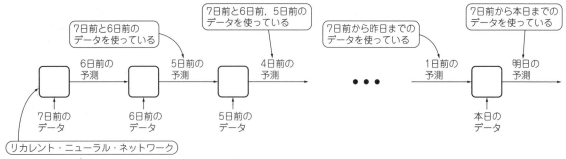

図2-2　リカレント・ニューラル・ネットワークによる予測モデル

（図中のラベル）
- 7日前と6日前のデータを使っている
- 7日前と6日前，5日前のデータを使っている
- 7日前から昨日までのデータを使っている
- 7日前から本日までのデータを使っている
- 6日前の予測
- 5日前の予測
- 4日前の予測
- 1日前の予測
- 明日の予測
- 7日前のデータ
- 6日前のデータ
- 5日前のデータ
- 本日のデータ
- リカレント・ニューラル・ネットワーク

● **文章予測を例に考える**

　次の例として，文章も同じようにそれまでの文脈が重要となります．例えば以下の文章があった場合を考えます．

4月になり暖かくなってきた。天気が良かったので河原を散歩していたら…

　この後に続く文章は，「友達と会った。」とか「つくしを見つけた。」などはありそうです．しかし，「雨が降ってきた。」とか「カブトムシを見つけた。」というのは少し微妙な感じがすると思います．

　また，「シロクマがいた。」はあり得ませんし，「アイロンがけをした。」など全く意味をなさない文章が入ることもなさそうです．

▶**文章予測には直近の単語も必要**

　文章の場合は直近の文章だけでなく，その少し前の単語も覚えておく必要があります．例えば，先ほど微妙に感じた「雨が降ってきた。」というのはその前の「天気が良かった」という言葉に矛盾がありますし，「カブトムシを見つけた」というのは冒頭の「4月」という言葉からあり得ないことが分かります．

　このように，文章の場合は直前の言葉だけでなく，重要な単語を覚えておくことが必要になります．

▶**LSTMアルゴリズムなら記憶のバランスをとれる**

　文章予測の問題を解決する方法がリカレント・ニューラル・ネットワークの進化版であるLSTM（Long Short Term Memory）です．これは長／短期記憶とも呼ばれ，すぐに忘れる部分としばらく覚えておく部分の両方を併せ持つ特殊なリカレント・ニューラル・ネットワークです．

3　プログラムを動かしてみよう

物語「桃太郎」を作文してみる

　ここではsakubun_test.ipynbを使います．まずは，sakubun_test.ipynbをColabで開きます．

　次に，**図3-1**にあるように学習モデル（***.h5）と単語リスト（***_vocab.txt）をアップロードします．ここでは，桃太郎（momotaro）を対象とします．

　その後，Colabのセルを上から順に実行していきます．最後まで実行すると，以下のように表示されます．

入力：桃太郎，出力単語数：20

桃太郎は、おばあさんが、かわるがわる、「もう桃太郎が帰りそうなものだが
桃太郎さんが、声をそろえて、「万歳、万歳。」とさけびまし

　なんとなく桃太郎にありそうな文章が出来上がっていますね．

▶**もう少し長い文章を作る**

　これは以下のように，リストの中の作文する単語の数を設定している，s_lengthを変更します．

```
#作文する単語の数
s_length = 50
```

　以下は50にして文章を作ったものです．ただし，長くしすぎると後半部分は桃太郎のそのままの文章が出てきます．

入力：桃太郎，出力単語数：50

桃太郎さんが、声をそろえて、「万歳、万歳。」とさけびました。見る見る鬼が島が近くなって、もう硬い岩で畳んだ鬼のお城が見えました。いかめしいくろがねの門

▶**単語を変えてみる**

・**最初の単語を変える**

　「桃太郎」と設定しているstart_wordを変えます．

```
#最初の単語
start_word = '桃太郎'
```

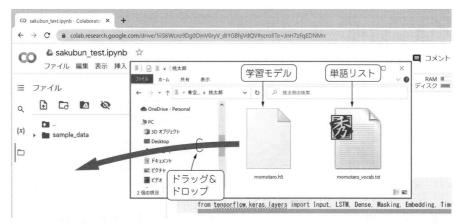

図3-1　学習モデルと単語リストをアップロードする
桃太郎などのテキストは青空文庫で公開されている著作権の消滅した作家の作品を利用した

「おばあさん」は「お　ばあ　さん」として単語分けされているので，「ばあ」としました.

```
start_word = 'ばあ'
```

その出力結果が以下です. 文章から，おばあさんが鬼が島に行きそうなのが分かります.

入力：ばあ，出力単語数：50

ばあさんだんごをして、「お前どこへ行くのだ。」と聞きました。「鬼が島へ鬼せいばつに行くのだ。」「お腰に下げたものは、何でございます。」

・文中の単語を変える

「じい」や「鬼」に変えると以下が表示されます.

入力：じい，出力単語数：50

じいさんと、おばあさんも、うれしがって、こう言いました。そこであわてておじいさんがお湯をわかすやら、おばあさんが、かわるがわる、「もう桃太郎が帰りそうなものだが。

入力：鬼，出力単語数：50

鬼のばつに、きじに、猿も、声をそろえて、「万歳、万歳。」とさけびました。見る見る鬼が島へ、鬼せいばつに行くのだ。」「お腰に下げた

「鬼」は桃太郎そのままの文章が出てきてしまいました.

他の作品に変える方法

次に違う作品を対象としてみましょう. ここでは以下の作品を用意しました.

- 桃太郎（momotaro）
- 浦島太郎（urashima_tarou）
- 金太郎（kintaro）
- 一寸法師（issunboshi）
- 竹取物語（taketori_monogatari）
- 白雪姫（shirayukihime）
- 人魚姫（ningyono_hime）

これらを使うためには，以下の2つのことを行います.

▶1, 作品名の変更

作品名は，以下の部分を変更します.

```
book_name = 'momotaro'
```

ここでは「浦島太郎」に変更した例を示します. この名前は作品名の後にあるカッコ内の単語です.

```
book_name = 'urashima_tarou '
```

▶2, 単語リストとモデル・ファイルのアップロード

単語リスト ***_vocab.txtとモデル・ファイル***.h5をアップロードします. ここで，***はbook_nameと同じものを用います.

以上の2つを行った後，同じようにして実行すると文章が生成されます.

4 原理

ディープ・ラーニングを使って自動作文をするときに疑問に思うことは，

- 日本語をどのようにしてディープ・ラーニング用のデータにしているのか
- 過去のデータをどのように扱うのか

といったことではないかと思います．これらの疑問を解決するために，ディープ・ラーニング用へのデータ変換，リカレント・ニューラル・ネットワーク（RNN）とLSTMの原理について説明します．

文章をディープ・ラーニング用に変換する

ディープ・ラーニングへの入力は数字にしなければなりません．そこで，文章を数字に変換する手順を示します．

▶ステップ1：単語ごとに分ける

まずは文章を単語ごとに分けます．この作業は「分かち書き」と言います．例として，以下の文章を考えます．

日本一のきびだんごさ。

これを単語ごとに分けると次のようになります．

日本 一 の きび だんご さ 。

この作業を文章全体で行います．句点や句読点，カギかっこなども単語として扱います．こうすることで，生成される文章にも句や句読点が付きます．なお，文章を単語に分けるためのPythonのライブラリ（本稿ではMeCab）があります．

▶ステップ2：単語に番号を付ける

単語に分けたら，重複しないようにまとめます．例えば桃太郎の話では，出てきた数順に並べると**リスト**

リスト4-1　桃太郎内の単語を出現順に並べる

```
('、', 325)
('。', 179)
('て', 148)
('た', 122),
```
中略
```
('桃太郎', 37)
('し', 34)
('鬼', 28),
```
中略
```
('きび', 10)
('だんご', 10),
```
中略
```
('日本', 8)
```
後略

4-1のようになります．これは，「桃太郎」は37回，「鬼」は28回，「きび」と「だんご」は10回という意味です．

これを上から順番に番号を付けます．例えば，「、」は0,「。」は1,「て」は2といった感じです．このように番号を付けると「桃太郎」は17,「鬼」は19,「きび」と「だんご」は47と48となります．単語の番号は，`momotaro_vocab.txt`を開いて行数から1引いた数となります．

▶ステップ3：文章を数字に直す

単語に分けてその単語に番号を付けたので，文章を数字に直すことができます．例えば，「日本一のきびだんごさ。」を単語に分けると，

日本 一 の きび だんご さ 。

となるので，これを番号に直すと，

55, 27, 5, 47, 48, 57, 1

となります．同じようにして，桃太郎の冒頭の文章，

むかし、むかし、あるところに、おじいさんとおばあさんがありました。

を数字で表すと次のようになります．

170, 0, 170, 0, 92, 266, 7, 0, 10, 21, 14, 4, 10, 22, 14, 12, 132, 9, 3, 1

▶ステップ4：ワンホット・ベクトルに直す

ディープ・ラーニングでは，数字を入力するよりも多くのノードに分けて入力した方がうまくいくと言われています．本節では，以下の4種類の動物を数字で表したとします．

- イヌ：0
- ニワトリ：1
- ウサギ：2
- ネコ：3

数字のままディープ・ラーニングで処理した場合，ニワトリはイヌやウサギの間の数字ですので，仲間のように解釈されることがあります．一方で，この考え方を使うとイヌとネコは数字の差が大きい（0と3なので差は3）ので，仲間でないと解釈されることがあります．

そこで，数字ではなくそれぞれが独立なものとして扱うために，ワンホット（one-hot）ベクトル（ワンホット表現とも呼ばれる）という方法で数字を表します．この0〜3の4つの数字をワンホット・ベクトルで表すと，以下のような4次元のベクトルになります．

- 0：0001
- 1：0010
- 2：0100
- 3：1000

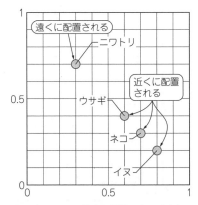

図4-1 ベクトル化すると似たものは近くに配置される

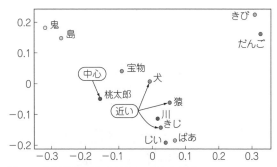

図4-2 物語「桃太郎」をベクトル化した結果

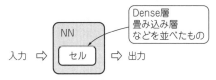

図4-3 ニューラル・ネットワークや畳み込みニューラル・ネットワークは1入力の1出力

ワンホット・ベクトルに直した場合には，入力の次元数が長くなります．例えば，本節で扱う自動作文の場合は単語の種類が1000近くありますので，ワンホット・ベクトルは1000個近い0と1つの1からなるかなり長いデータを扱わなければなりません．これがワンホット・ベクトルのデメリットです．

▶ステップ5：エンベッド化

自動作文では，ワンホット・ベクトルにしたものを次元数の低いベクトルに直すことがよく行われています．これをエンベッド化と言います．例えば，以下のように4次元のベクトルを2次元のベクトルに直しています．

- イヌ→0→0 0 0 1→0.8 0.2
- ニワトリ→1→0 0 1 0→0.3 0.7
- ウサギ→2→0 1 0 0→0.6 0.4
- ネコ→3→1 0 0 0→0.7 0.3

これをプロットすると図4-1となります．イヌとネコ，ウサギが近くに配置され，ニワトリは少し離れたところに配置されています．このように，仲間は近いベクトルになるように再配置するとディープ・ラーニングの性能をさらに上げることができます．

▶桃太郎をベクトル化して可視化してみる

本節で扱った単語をベクトル化をするための方法としてword2vecという方法が提案されています．これは文節から単語の関連性を計算してベクトルとして表す方法です．例えば，桃太郎の物語を入力して，

桃太郎 犬 猿 きじ きび だんご 鬼 じい ばあ 島 川 宝物

の関連性を調べると図4-2となります（実際には20次元のベクトル）．この図は見やすくするために主成分分析を使っています．

桃太郎を中心として，鬼と島が近い関係となっています．そして，犬，猿，きじが近い関係となっています．鬼と犬の間くらいに宝物があります．

下の方に，おじ（おじいさんが「お」「じい」「さん」に分かれているため「おじ」とした），おばがあります．桃太郎とおじ，おばの間に川があり，物語でも確かにそういう関係ですね．

一方，思った以上に「きび だんご」が遠くに配置されました．このように似た単語を似たベクトルとすると，ディープ・ラーニングの性能が上がります．

リカレント・ニューラル・ネットワークの原理

リカレント・ニューラル・ネットワークの原理を見てみましょう．まずは基となるニューラル・ネットワーク（NN）を図示すると図4-3となります．ここで，セルと書かれた部分はDense層や畳み込み層などディープ・ラーニングで使われるネットワークを並べたものを表しています．1つ入力すると1つ出力するといった単純な構造をしています．

これと近いものが畳み込みニューラル・ネットワーク（CNN）と呼ばれる画像処理によく使われるディープ・ラーニングで，これもニューラル・ネットワークと同様の構造となります．

本題のリカレント・ニューラル・ネットワークを図示すると図4-4となります．リカレント・ニューラル・ネットワークでは，n個の入力を用意しておきます．n個を全て入力すると，出力が現れるといったものです．なお，入力を順番に入れていくため，セルがn個あるというわけではなく，n回の処理をして出力が生成されます．

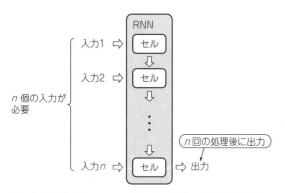

図4-4　リカレント・ニューラル・ネットワークは複数入力の1出力

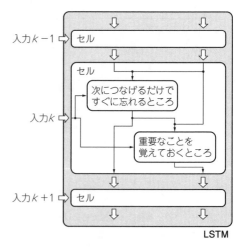

図4-5　LSTMは短期記憶と長期記憶の部分から構成される

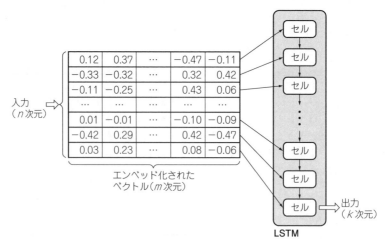

図4-6　ベクトル化したデータを各セルに入力しLSTMで処理して出力する

LSTMの原理

　本章で取り上げるLSTMについて，**図4-5**を用いて説明します．LSTMはセルの内部に特徴があり，
- 次につなげぐだけですぐに忘れる部分
- 重要なところを覚えておく部分

から成り立っています．「すぐ忘れる(Short)」と「覚えておく(Long)」部分から成り立っていることから「Long Short-Term Memory」と名付けられています．

▶LSTMとベクトル化の関係

　図4-6を用いて説明します．この例では，エンベッド化されたm次元のベクトルがn個ある入力を示しています．そして，それぞれの入力を各セルに入れて，LSTMで処理することで最後の値をその予測値(次の単語)として求めることを行います．

5　好きな作品を使って自動作文

自分で好きな作品を使って作文をする方法を説明します．手順は3つのステップからなります．

ステップ1：文章の用意
(henkan.ipynb)

文章の用意は，以下の6つの手順からなります．

▶1，青空文庫からダウンロードする

青空文庫 (https://www.aozora.gr.jp/) を開き，その中から作品を選びます．日本の昔話は楠山正雄氏のものが有名で多くあります．ここでは，桃太郎を対象としてダウンロードする方法を紹介します．

桃太郎のページの下の方に図5-1に示すようなリンクがあります．「テキストファイル（ルビあり）」をクリックしてダウンロードします．ダウンロードしたzipファイルを展開するとmomotaro.txtがあります．このテキスト・ファイルを使います．

▶2，不要な部分を消す（手作業）

momotaro.txtをメモ帳などで開き，物語だけ残るように最初の部分と最後の部分を削除します．最初の削除する部分は以下です．

> 桃太郎
> 楠山正雄
> ［＃５字下げ］一［＃「一」は中見出し］

ここで，テキストの中に現れる記号は表5-1の通りです．同じように最後にある削除する部分は次です．

> 底本：「日本の神話と十大昔話」講談社学術文庫、講談社
> 　　　1983（昭和58）年5月10日第1刷発行
> 　　　1992（平成4）年4月20日第14刷発行

※「そのお城《しろ》のいちばん高《たか》い」「こうして何年《なんねん》も」の行頭が下がっていないのは底本のままです。
入力：鈴木厚司
校正：大久保ゆう
2003年8月27日作成
2013年10月21日修正
青空文庫作成ファイル：
このファイルは、インターネットの図書館、青空文庫 (http://www.aozora.gr.jp/) で作られました。入力、校正、制作にあたったのは、ボランティアの皆さんです。

削除した後，図5-2に示すように「名前を付けて保存」を選び，momotaro_remove.txtと名前を付けて，文字コードを「UTF-8」に変更して保存します．名前は ***_remove.txt としておくと，この後に実行するプログラムの変更点が少なくなります．

▶3，不要な部分を消す（Colabでの作業）

作品中には学習に不要な部分が幾つかあります．例えば，冒頭の3文は以下となっています．

> むかし、むかし、あるところに、おじいさんとおばあさんがありました。まいにち、おじいさんは山へしば刈《か》りに、おばあさんは川へ洗濯《せんたく》に行きました。
> 　ある日、おばあさんが、川のそばで、せっせと洗濯《せんたく》をしていますと、川上《かわかみ》から、大きな桃《もも》が一つ、
> 　　　［＃ここから４字下げ］

この中で削除する部分は以下の3つです．

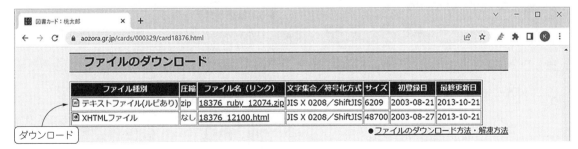

図5-1　「テキストファイル（ルビあり）」をダウンロードする

表5-1　テキスト中に現れる記号

記　号	意　味	例
《 》	ルビ	しば刈《か》り
｜	ルビの付く文字列の始まりを特定する記号	一｜羽《わ》
［＃］	入力者注，主に外字の注記や傍点の位置の指定	［＃５字下げ］一［＃「一」は中見出し］

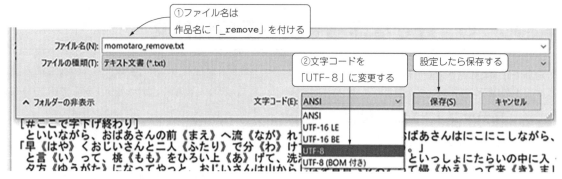

①ファイル名は
作品名に「_remove」を付ける

| ファイル名(N): | momotaro_remove.txt | | | | |
| ファイルの種類(T): | テキスト文書 (*.txt) | | | | |

②文字コードを
「UTF-8」に変更する

設定したら保存する

へ フォルダーの非表示　　　　文字コード(E): ANSI

ANSI
UTF-16 LE
UTF-16 BE
UTF-8
UTF-8 (BOM 付き)

保存(S)　　キャンセル

[#ここで字下げ終わり]
といいながら、おばあさんの前《まえ》へ流《なが》れ　　　　ばあさんはにこにこしながら、
「早《はや》くおじいさんと二人《ふたり》で分《わ》け　　と言《い》って、桃《もも》をひろい上《あ》げて、洗　　　　といっしょにたらいの中に入
夕方《ゆうがた》になってやっと、おじいさんは山から　　　　　　　　　　　　　　って帰《かえ》って来《き》ま

図5-2　ファイル名と文字コードを設定して保存する

- 全角スペース（各文の最初にある）
- 《　》のカッコとその中にある文字（ルビを表している）
- ［　］のカッコとその中にある文字（文章の体裁に関して書かれている）

これを手作業で削除することは大変ですので、Pythonプログラムで削除します．henkan.ipynbをColabで開きます．そして、momotaro_remove.txtをドラッグ＆ドロップでアップロードします．

Colab上の2つ目のセルに書かれた名前を変更します．本節では「momotaro」なので、変更する必要はありません．金太郎（kintaro）や浦島太郎（urashima_taro）など、異なる作品を使う場合はこの名前を変えます．

```
book_name = 'momotaro'
```

図5-3　実行後に生成された2つのファイルをダウンロードする

最初から幾つか実行すると物語の内容が表示されます．ここから、ルビのカッコなどが削除されていることが分かります．

▶4，分かち書きにする

先ほどのhenkan.ipynbの実行を進めます．分かち書きをするときには、ライブラリを幾つかインストールする必要があります．このインストールは一度行えばColabを閉じるまで再度実行する必要はありません．

また、作品を変えたときはその部分を飛ばすことができます．なお、もう一度実行しても時間が余計にかかるだけで問題はありません．

幾つか実行すると、以下のように単語が空白で区切られた文章が表示されます．これで分かち書きができました．

むかし、むかし、ある ところ に 、（以下略）

▶5，訓練データを作る

セルの実行を続けます．分かち書きした文章を、そのままmomotaro_train.txtに保存します．これは、この後の学習に使うので図5-3のようにダウンロードしておきます．

▶6，単語リストを作る

さらに実行を進めると、各単語が何回出てきたかといった情報が表示されます．

[('、', 325), ('。', 179), ('て', 148), ('た', 122), ('と', 105), ('の', 105),（以下略）

この情報を登場回数の多い順に並べた単語リストをmomotaro_vocab.txtに保存します．これもこの後の学習に使いますので、先ほどと同じようにダウンロードしておきます．

ステップ2：学習 (sakubun_train.ipynb)

学習は、以下の3つの手順からなります．

▶1，GPUを使う設定にする

sakubu_train.ipynbをColabで開きます．今回

リスト5-1　学習が始まると表示される内容

```
Epoch 1/200
107/107 [==============================] - 1s 13ms/step - loss: 0.1819
Epoch 2/200
107/107 [==============================] - 1s 13ms/step - loss: 0.1810
（以下略）
```

の学習はかなりの計算量があるので，GPUを使って計算します．GPUを使うためには，Colabメニューの「ランタイム」のタブをクリックして「ランタイムのタイプを変更」から設定します（**図5-4**）.

▶**2，***_train.txtと***_vocab.txtをアップロードする**

先ほど作成した，momotaro_train.txtとmomotaro_vocab.txtをアップロードします．そして，以下の作品名を設定する部分を変更します.

`book_name = 'momotaro'`

▶**3，学習する**

上から順に実行して，学習します．学習が始まると，**リスト5-1**のような表示となります．学習中も，その後ろのセルを実行しておくと学習後にそのセルが実行されます．学習終了後は，モデル・ファイル（momotaro.h5）をPCに自動的にダウンロードするセルが書かれているので，実行しておきましょう.

学習にはかなりの時間がかかる場合があります．そして，しばらくColabを使わないと接続が切れてしまい，学習した結果が削除されてしまいます．これを回避するために，学習終了後に自動的にダウンロードしておけば安心です.

ステップ3：テストする

最後に行うテストは，sakubun_test.ipynbとsakubun_train.ipynbのどちらのプログラムを使っているかによって手順が異なります.

▶**sakubun_test.ipynbの場合… ***.h5と***_vocab.txtをアップロード**

momotaro_vocab.txtとmomotaro.h5をアップロードします．その後，セルを実行していくと文章が表示されます.

図5-4　計算にはGPUを使用する

▶**sakubun_train.ipynbの場合…作文する**

学習が終わったら作文します．先ほどのsakubun_train.ipynbの実行を進めます．なお，接続が切れてしまった場合は，先に示したsakubun_test.ipynbを使って実行します.

作文の最初の単語を以下として決めます．この単語はmomotaro_vocab.txtにある単語でなければなりません.

`start_word ='桃太郎'`

実行すると以下のような文章が表示されます.

桃太郎にんの大将は、きじが中から、「ワン、ワン。」と声をかけながら、犬が一ぴきかけて来ました。桃太郎がふり返ると、きじはていねいに、おじぎをして、「

なお，学習ごとに結果は異なりますので，これとは違う結果が出ることがあります.

まきの・こうじ

もっと体験したい方へ
電子版「AI自習ドリル：LSTMアルゴリズムを使った自動作文」では，より多くの体験サンプルを用意しています．全20ページ中，10ページは本章と同じ内容です.
https://cc.cqpub.co.jp/lib/system/doclib_item/1610/

数値を予測するのが得意な「回帰問題」をディープ・ラーニングで解く

牧野 浩二

本章では回帰問題を扱います．ディープ・ラーニングと言うと分類問題をイメージされる方が多いと思いますが，この回帰問題も重要な問題設定です．分類問題は複数の出力ノードから1番値が大きいものを選択するといったものですが，出力ノードの数が多くなると扱いにくいといったデメリットがあります．これを解決するのが回帰問題です．回帰問題として扱えば出力ノードが一意に定まるため，分類問題では複雑になりそうな問題でも解くことができます．

1 できること

● 実例

回帰問題は，回帰分析という手法を用いる問題で，これはたくさんのデータから数値を予測するものです．回帰問題の例として以下があります．

▶中古車価格

年式や走行距離，色，状態などさまざまな要因を総合的に判断して価格が決まっています．

▶ホテルのおすすめ度

広さやきれいさ，周りのホテルとの関係など多くの要因から価格が決まっています．最近ではリアルタイムに価格が変動するものもあり，これを可能にしているのが回帰分析となります．

▶ヒット・チャート

YouTubeなどで音楽を聴いていると，お勧めの動画が表示されます．これはYouTubeを見た人の傾向を数値化し，それを基にして関連YouTubeのおすすめ度を数値として求めていると考えられます．

▶商品価格

販売価格もスペック，原価，開発費，競合他社製品を併せて考えて，価格を1つに決める必要があります．回帰分析が価格決定の補助に使われていると考えられています．

▶内閣府の調査

内閣府の調査でも重回帰分析が使われています．例えば，次のような分析が行われました．

(1) 働き方改革の進展と労働時間
(2) 一人あたり賃金上昇率
(3) 消費者態度指数　(4) 人手不足の要因

(5) 個票データを用いた雇用動向調査

● ディープ・ラーニングを用いる理由

ディープ・ラーニングを使って回帰問題を解くことのメリットは，従来の方法では入力できなかったようなデータまで入力できる点にあります．例えば，以下のようなものは，値を求めるのに関わるデータがたくさんありすぎて，従来の方法ではその中から人間が厳選する必要がありました．

• 温暖化の予測　• 株価の予測

他には，次のように画像を入力とすることもできるようになります．

• 旗がはためいている画像から風の強さを求める（図1-1）
• 牛肉や果物の画像から等級を求める
• 顔の画像から年齢を求める

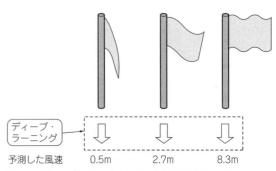

図1-1　ディープ・ラーニングは画像から予測が可能になる

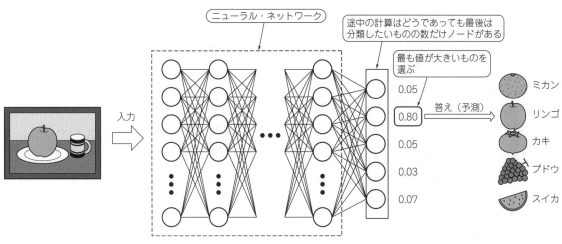

図2-1 分類問題…ディープ・ラーニングでフルーツを見分ける

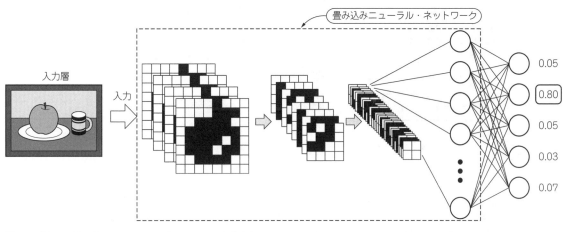

図2-2 図2-1は畳み込みニューラル・ネットワークでも表せる

● 分類問題との違い

分類問題は**図2-1**のようになっていて，最後に分類したいものの数だけノード（○印）があります．この例では，ミカン，リンゴ，カキ，ブドウ，スイカの5つを見分けるディープ・ラーニングです．そして，ディープ・ラーニングによって計算した結果，最も大きい値が得られたノードに割り当てられたものを答えとしています．この場合はリンゴがディープ・ラーニングで得られた答えとなります．

また，この図ではDense層と呼ばれるノードが縦に並んだ層を何層も重ねていますが，これを畳み込みニューラル・ネットワーク（CNN：Convolutional Neural Network）にして**図2-2**のように表すこともできます．

分類問題は途中の計算はどのようであっても，**図2-1**のように最後の層に分類したい数だけノードがつ

図2-3 回帰問題では最後のノードは1つだけ

いています．本章で対象とする回帰問題では，**図2-3**のように最後のノードが1つしかありません．最後のノードに得られた値がその答えになります．これはどのような場面で使われるかを幾つか紹介します．

● 加速度センサの値から角度を求める

加速度センサという傾きによって値が変わるセンサがあり，その値から角度に直すということに応用できます．

加速度センサは，振り回さず静かに置いていれば重力加速度を測ることができるので，まっすぐ置いてい

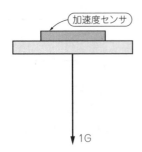

図2-4 加速度センサはまっすぐ置いている場合は1Gの値となる

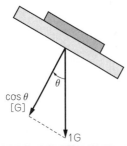

図2-5 角度θだけ傾けると $\cos\theta$ [G] の値となる

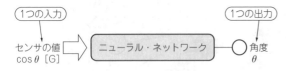

図2-6 加速度センサの例をディープ・ラーニングで表すと1入力の1出力となる

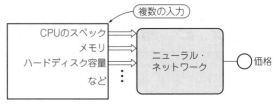

図2-7 応用例1…パソコンのスペックから適切な価格を求める

図2-8 応用例2…メータの画像から角度を求める

図2-9 応用例3…抵抗部品の画像から抵抗値を求める

る場合は1G（**図2-4**），θ°傾けた場合は $\cos\theta$ [G] の値が得られます（**図2-5**）．

　これをディープ・ラーニングで表すと**図2-6**となります．これは1つの入力に対して1つの出力を作る簡単な問題ですので，ディープ・ラーニングを使わなくてもできますが，ディープ・ラーニングの回帰問題のイメージをつかむために示しました．

● PCのスペックから価格を求める

　図2-7のようにノート・パソコンのスペックから値段を求めるといったことにも応用できます．この場合の入力は，CPUのスペック，メモリ，ハードディスクの容量などです．

● メータ表示の画像から角度を求める

　図2-8のようにメータの画像からその値を読み取ることにも応用できます．画像を自動的に見分けて数値データが得られるのはディープ・ラーニングの強みです．

● 抵抗部品の画像から抵抗値を求める

　図2-9のように抵抗部品の画像から抵抗値を読み取ることにも応用できます．抵抗にはかなりの種類（100種類以上）があります．これをクラス分類で全て見分けようとすると分類数が多くなり，最後のノード数が多くなりすぎて学習が難しくなります．そんなときにも回帰分類を使えば，出力は1つでよいのでたくさんの種類を学習できます．

3 プログラムを動かしてみよう

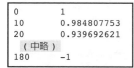

図3-1 センサ値から角度を
求めるために使う学習データ
(acc_train.txt)

図3-2 センサ値から角度を
求めるために使うテスト・デ
ータ(acc_test.txt)

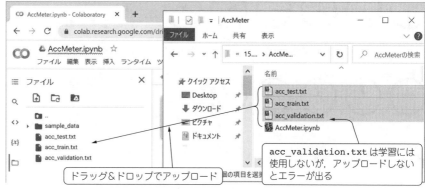

図3-3 3つのテキスト・ファイルをColabにアップロードする

ここでは加速度センサの値から角度を読み取るプログラムと,メータの画像から針の角度を読み取るプログラムを試します.プログラムおよびテスト用データは,本書サポート・ページから入手できます.

加速度センサの値から角度を求める

加速度センサは図2-5に示したように,$\theta°$傾けると$\cos \theta$[G]の値が得られます.結果を分かりやすくするために,学習データacc_train.txtは,0～180°まで,10°おきに傾けたときに得られる加速度センサの値を計算から求めたもの使います(図3-1).

学習がうまくできているかを確認するテストでは,学習に使わなかった幾つかの角度を入力値として予測値を求めます.ここでは,学習データで使わなかった角度を図3-2に示す検証データ(以後テスト・データ)として,acc_test.txtとして使うことにしました.

プログラムはAccMeter.ipynbを使います.このプログラムをColabで開いた後,図3-3に示すように,3つのデータをアップロードします.

- acc_train.txt
- acc_test.txt
- acc_validation.txt

acc_validation.txt(中身はacc_train.txtと同じ)は,学習には使用しませんが,アップロードしないとエラーが表示されます.ちなみにエラーが表示されてもその後の学習には影響しません.

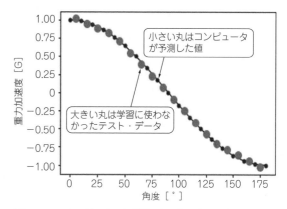

図3-4 テスト・データでも予測はうまくいく

● まずはプログラムを動かしてみる

プログラムを上から順番に実行していくと,最後に図3-4が表示されます.線でつながった小さい丸は学習に使った値,大きい丸で示した値は学習に用いなかった角度(テスト・データ)を入力として,コンピュータが予測した値です.ここから学習に使わなかった値でも,うまく予測できていることが分かります.

ただし,この後の説明用にプログラムを簡易化しているため,初期値によって学習できないときがあります.この場合は出力の値が全て同じ値となるので,その場合はもう1回学習してください.

● 異なるデータでも試せる

このプログラムを使って別のデータを入力として用いる方法を紹介します.acc_train.txtは2列のファイルであり,左側の列に入力データ,右側の列(最後の列)に正解ラベルが書かれています.この値を変

195

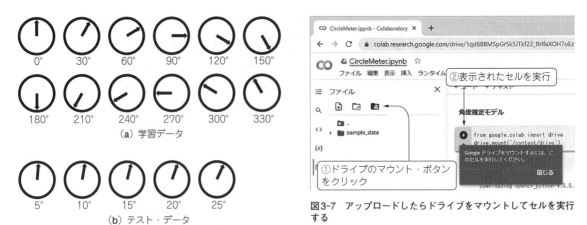

（a）学習データ

（b）テスト・データ

図3-5　入力は2種類の画像データを使う

図3-7　アップロードしたらドライブをマウントしてセルを実行する

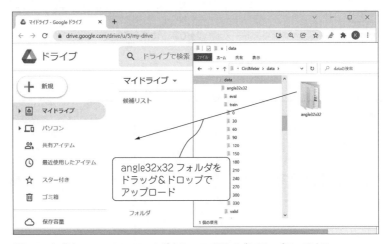

図3-6　まずは**angle32x32**フォルダをGoogleドライブにアップロードする

更することで別の学習データとして使うことができます．

acc_train.txtでは，左側の入力データは1列ですが，2列以上の入力データを用いて学習することもできます．ただし，このプログラムで設定しているニューラル・ネットワーク（以下，ネットワーク）が，cos関数をうまく表せるようなものとなっていますので，そのままではうまく動作しない場合があります．その場合は，この後のプログラムの説明を参考にしてネットワークの設定を変更してください．

メータ表示の画像から 針の角度を求める

プログラムはCircleMeter.ipynbを使います．このプログラムでは，**図3-5**に示す学習データとテスト・データの画像を使います．これらの画像ファイルは，ダウンロードして入手できる筆者提供データ内のCircleMeterフォルダ下のangle32x32フォルダにまとめられています．

画像ファイルの場合は，Colabにアップロードする

のではなく，Googleドライブにアップロードして読み込みます．

Colabは時間がたつと接続が切れて，アップロードしたファイルが消されてしまうので，消された場合はもう一度アップロードする必要があります．それを回避するため，Googleドライブにアップロードして使うようにしておけば，ファイルが消されないので再度使うことができます．

● GoogleドライブとColabを連携してファイルを利用する

Googleドライブのマイディレクトリにファイルをアップロードして利用する方法を説明します．

まずは，**図3-6**に示すようにGoogleドライブを開き，ドラッグ＆ドロップでangle32x32フォルダをGoogleドライブにアップロードします．その後，Colabを起動して，CircleMeter.ipynbをアップロードして，**図3-7**のように使用する準備をします．

次に**図3-7**の「ドライブのマウント」ボタンを押

第10章　数値を予測するのが得意な「回帰問題」をディープ・ラーニングで解く

図3-8　GoogleドライブとColabを連携させる手順1…Google
ドライブに接続をクリック

図3-9　GoogleドライブとColabを連携させる手順2
…アドレスをクリック

図3-10　GoogleドライブとColabを連携させる手順3
…[許可]をクリック

します．すると，連携するためのセルが表示されます
ので，そのセルを実行してGoogleドライブとColabを
連携させます．手順は次の通りです．

①ドライブに接続をクリック（図3-8）
②アップロードしたドライブのアカウントのアドレ
　スをクリック（図3-9）
③[許可]をクリック（図3-10）

　なお，うまくアップロードできていることは**リスト
3-1**のコマンドを実行すると，**図3-11**のようにアッ
プロードしたファイル一覧を表示することで確認でき
ます．これは確認ですので必ずしも実行する必要はあ
りません．以上で準備は整いました．

▶学習データの配置場所

　`train`フォルダには学習データがフォルダに分け
て入っており，このフォルダ名が正解ラベルとなって
います．つまり，メータの例では「0」と書かれたフ
ォルダは0°の画像が入っていることを意味し，「30」
と書かれたフォルダは30°の画像が入っていることを
意味します．

　この例では，それぞれのフォルダの中には**図3-12**

リスト3-1　アップロードしたファイルを表示する

```
import glob
glob.glob('/content/drive/MyDrive/angle32x32/
    train/*/*.jpg') # 入力データのファイル名の取得
```

```
['/content/drive/MyDrive/angle32x32/train/90/
    90_0.jpg',
 '/content/drive/MyDrive/angle32x32/train/60/
    60_0.jpg',
 '/content/drive/MyDrive/angle32x32/train/330/
    330_0.jpg',
 '/content/drive/MyDrive/angle32x32/train/300/
    300_0.jpg',
 '/content/drive/MyDrive/angle32x32/train/30/
    30_0.jpg',
 '/content/drive/MyDrive/angle32x32/train/270/
    270_0.jpg',
 '/content/drive/MyDrive/angle32x32/train/240/
    240_0.jpg',
 '/content/drive/MyDrive/angle32x32/train/210/
    210_0.jpg',
 '/content/drive/MyDrive/angle32x32/train/180/
    180_0.jpg',
 '/content/drive/MyDrive/angle32x32/train/150/
    150_0.jpg',
 '/content/drive/MyDrive/angle32x32/train/120/
    120_0.jpg',
 '/content/drive/MyDrive/angle32x32/train/0/
    0_0.jpg']
```

図3-11　このように表示されればファイルはアップロードでき
ている

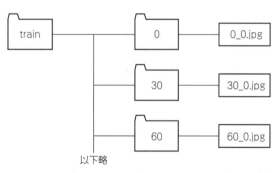

以下略

図3-12　入力データのフォルダ階層…各フォルダに1つの画像
が入っている

のように1つしか画像が入っていませんが，このプロ
グラムを使って他のデータに応用する場合は0°の画
像を多く入れておきます．また，このプログラムでは
アンダーバーで区切られた2つの値のうち左の値で正
解ラベルを見分けています．テスト・データが入って
いる`test`フォルダの中はフォルダ分けをせずに，分
類したい画像を**図3-13**のように入れておきます．

▶ファイルの命名ルール

　ファイルの名前の付け方には次のルールがあります．

● フォルダ名にはアンダーバーを使わない
● ファイル名の最初は正解ラベル（メータの場合は
　角度）を付けた後にアンダーバーを付ける．さら
　に，その後ろに識別番号（適当な番号）を付ける

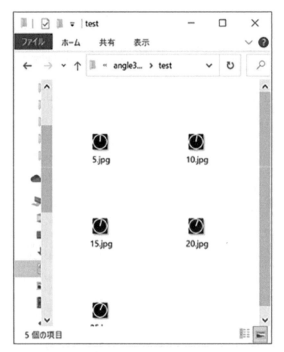

図3-13 テスト・データはフォルダ分けしない

```
angle32x32/eval2¥0_0.jpg 推定角度 -0.00度
angle32x32/eval2¥120_0.jpg 推定角度 120.00度
angle32x32/eval2¥150_0.jpg 推定角度 150.00度
angle32x32/eval2¥180_0.jpg 推定角度 180.00度
angle32x32/eval2¥210_0.jpg 推定角度 210.00度
angle32x32/eval2¥240_0.jpg 推定角度 240.00度
angle32x32/eval2¥270_0.jpg 推定角度 270.00度
angle32x32/eval2¥300_0.jpg 推定角度 300.00度
angle32x32/eval2¥30_0.jpg 推定角度 30.00度
angle32x32/eval2¥330_0.jpg 推定角度 330.00度
angle32x32/eval2¥60_0.jpg 推定角度 60.00度
angle32x32/eval2¥90_0.jpg 推定角度 90.00度
```

図3-14 学習データを入力にした場合の実行結果

```
angle32x32/eval¥10.jpg 推定角度 7.64度
angle32x32/eval¥15.jpg 推定角度 16.96度
angle32x32/eval¥20.jpg 推定角度 24.15度
angle32x32/eval¥25.jpg 推定角度 26.92度
angle32x32/eval¥5.jpg 推定角度 0.56度
```

図3-15 テスト・データを入力にした場合の実行結果

```
angle32x32/eval2¥0_0.jpg 推定角度 0.03度
angle32x32/eval2¥120_0.jpg 推定角度 120.03度
angle32x32/eval2¥150_0.jpg 推定角度 150.03度
angle32x32/eval2¥180_0.jpg 推定角度 180.03度
angle32x32/eval2¥210_0.jpg 推定角度 210.03度
angle32x32/eval2¥240_0.jpg 推定角度 240.03度
angle32x32/eval2¥270_0.jpg 推定角度 270.03度
angle32x32/eval2¥300_0.jpg 推定角度 300.04度
angle32x32/eval2¥30_0.jpg 推定角度 30.02度
angle32x32/eval2¥330_0.jpg 推定角度 330.04度
angle32x32/eval2¥60_0.jpg 推定角度 60.03度
angle32x32/eval2¥90_0.jpg 推定角度 90.03度

angle32x32/eval¥10.jpg 推定角度 8.68度
angle32x32/eval¥15.jpg 推定角度 13.91度
angle32x32/eval¥20.jpg 推定角度 14.33度
angle32x32/eval¥25.jpg 推定角度 21.77度
angle32x32/eval¥5.jpg 推定角度 3.64度
```

図3-16 ネットワークをCNNに変更した場合の実行結果

● プログラムの実行

　プログラム CircleMeter.ipynb を上から順に実行します. 学習がうまくできていることを確認するために, 学習に使った画像を用いて角度を推定します. その結果が図3-14のようになります. 学習に使ったデータを用いた場合は, 小数点2けたまで一致しています.

　最後に, test フォルダにある図3-13に示す5〜25°まで5°刻みの角度の画像を入力した予測結果が図3-15のように表示されます. 学習に使わなかった角度の画像を用いた場合は, 多少の誤差はありますが, そこそこうまく角度を予測できています.

　なお, この結果はネットワークとしてDNN（図2-1のようにDense層だけからなるネットワーク）を使った結果です. ネットワークをCNNに変えた場合は図3-16のような結果になりました. DNNを使った結果より良くない結果となりましたが, そこそこの角度値となりました.

4 プログラムの説明

● 加速度センサの値から角度を求めるプログラム

加速度センサの値を角度に変えるプログラム（AccMeter.ipynb）から説明します.

▶ライブラリのインポート

まずはライブラリのインポートを行います（リスト4-1）. ディープ・ラーニングのフレームワークとしてはTensorFlowを用います.

▶データの読み込み

学習データの読み込みはリスト4-2として行います. 読み込んだデータは最後の1列が正解ラベルとなっています. 本節ではテスト・データを使いませんが, 皆さんが別のデータを使ってこのプログラムを活用する際に使いやすくするために, テスト・データの読み込みプログラムもAccMeter.ipynbには含まれています.

▶ネットワークの登録

リスト4-3でネットワークを登録します. ここでは2層の中間層を持ち, 中間層のノード数を3としています.

そして, activation='relu'とすることで活性化関数にReLUを設定しています. また, kernel_initializerの後ろで初期値を設定しています.

このプログラムではseed=1とすることで毎回同じ結果が出るようにしています. 毎回異なる結果とする場合はseed=1を削除するかseed=Noneとしてください.

出力を求める層はノード数を1とし, 活性化関数は用いません. これが回帰問題を扱うときの特徴となります.

▶モデル設定

リスト4-4ではモデルの設定を行います. 最適化関数（学習の仕方を決める関数）はディープ・ラーニングでよく用いられるAdamを用いました. そして, 損失関数は平均2乗誤差（MSE）を用います. これは出力された値と正解ラベルとして与えられた値の差の2乗を誤差として用いるための設定です. このようにすることで, 正解ラベルに出力が近くなるにつれて損失関数の値が小さくなっていきます.

リスト4-1 ライブラリのインポート…フレームワークはTensorFlowを使う

```
import tensorflow as tf
from tensorflow import keras
import numpy as np
import os
```

リスト4-2 学習データの読み込み…データの最後の1列が正解ラベル

```
# 学習データの作成
with open('acc_train.txt', 'r') as f:
    lines = f.readlines()
# 入力用データと正解ラベル
data = []
for l in lines:
    d = l.strip().split('¥t')
    data.append(list(map(float, d)))
data = np.array(data, dtype=np.float32)
input_data, label_data = np.hsplit(data, [-1])
label_data = label_data[:, 0]    # 次元削減
train_data = np.array(input_data,
                      dtype=np.float32)
train_label = np.array(label_data,
                       dtype=np.float32)
```

リスト4-4 モデルの設定…最適化関数はAdamを用いた

```
model.compile(optimizer='adam',
              loss='mse', metrics=['mse'])
```

リスト4-5 学習する…epochsに学習回数を設定する

```
model.fit(
    train_data,
    train_label,
    epochs=300,    # epoch数
    batch_size=8,
#   callbacks=[tb_cb],#TensorBoardを使う場合
    validation_data=(validation_data,
                     validation_label),
)
```

リスト4-3 ネットワークの登録…2層の中間数でノード数は3とした

```
# ネットワークの登録
model = keras.Sequential(
    [
        keras.layers.Dense(3, activation='relu',kernel_initializer=keras.initializers.
                                    TruncatedNormal(mean=0.0, stddev=0.05, seed=1)),
        keras.layers.Dense(3, activation='relu',kernel_initializer=keras.initializers.
                                    TruncatedNormal(mean=0.0, stddev=0.05, seed=1)),
        keras.layers.Dense(1,kernel_initializer=keras.initializers.TruncatedNormal
                                    (mean=0.0, stddev=0.05, seed=1)),
    ]
)
```

リスト4-6 コメントアウトを外せば学習後にモデルの保存や読み込みもできる

```
# モデルの保存
# model.save(os.path.join('acc_result',
                                'outmodel'))

# モデルの読み込み
# model = keras.models.load_model(os.path.join
                      ('acc_result', 'outmodel'))
```

リスト4-7 学習できているかはテスト・データで確認する

```
with open('acc_test.txt', 'r') as f:
                            # ファイルのオープン
    lines = f.readlines()   # ファイルから読み込み

data = []
for l in lines:
    d = l.strip().split()   # タブでデータを分ける
    data.append(list(map(float, d)))
                            # データの変換と追加
test_data = np.array(data, dtype=np.float32)
```

リスト4-8 テスト・データを使った予測の計算とその値を表示する

```
predictions = model.predict(test_data)
for i, prediction in enumerate(predictions):
    print(f'{prediction[0]}')
```

リスト4-9 予測した結果をグラフ表示する

```
fig = plt.figure()
plt.plot(input_data, label_data,
                    marker="o", markersize=5)
plt.plot(test_data, predictions, marker='o',
            linestyle='None', markersize=10)
```

▶学習

リスト4-5で学習を開始します．epochsにエポック数を設定します．また，コメントアウトを外せばTensorBoardという学習状態を可視化するための設定ができるようになっています．

▶学習後のモデル保存と読み込み

学習が終わった後，モデルを保存したりそのモデルを読み込んだりするためのプログラムも書いています（リスト4-6）．ただし，本節では必要ないのでコメントアウトしています．もし，保存や読み込みが必要な場合はコメントアウトを外して使ってください．

▶学習の確認

学習できていることをテスト・データで確認します（リスト4-7）．テスト・データはデータだけが書かれていて，正解ラベルは書かれていないものを使います．

▶計算結果や重みの表示

リスト4-8で読み込んだテスト・データに対する予測の計算とその値を表示しています．予測した結果はリスト4-9でグラフ表示しています．ここで表示されるのは図3-4のようなグラフです．最後にリスト4-10で重みを表示しています．

リスト4-10 重みを表示する

```
l = model.layers[0]
print(len(l.get_weights()))
print(l.get_weights()[0])
print(l.get_weights()[1])
l = model.layers[1]
print(len(l.get_weights()))
print(l.get_weights()[0])
print(l.get_weights()[1])
l = model.layers[2]
print(len(l.get_weights()))
print(l.get_weights()[0])
print(l.get_weights()[1])
```

リスト4-11 **train**フォルダと**valid**フォルダにあるファイルのリストを作成する

```
train_list = glob.glob
('angle32x32/train/*/*.jpg')
                        # Windows+Anaconda の場合
valid_list = glob.glob
                ('angle32x32/valid/*/*.jpg')
labels = sorted(os.listdir
            ('angle32x32/train'), key=int)
print(labels) # ラベルの表示
```

リスト4-12 リストからアンダーバーで区切られた最初の数字を抜き出してラベルとする

```
train_labels = [re.search(r'¥¥(¥d+)_',
        f).groups()[0] for f in train_list]
                        # Windows+Anaconda の場合
valid_labels = [re.search(r'¥¥(¥d+)_',
        f).groups()[0] for f in valid_list]

# ラベル名を int 型に変換
train_labels_reg = [int(i) for i in
                            train_labels]
valid_labels_reg = [int(i) for i in
                            valid_labels]
```

● メータの画像から針の角度を求めるプログラム

メータの画像から角度を求めるプログラムCirclMeter.ipynbの説明をします．これは先に説明したAccMeter.ipynbとほぼ同じなので，異なる部分だけ説明します．

▶画像の読み込みとラベルの付与

画像を入力とするため，その読み込み方とラベルの付け方が異なります．これはリスト4-11～リスト4-13で行います．

まずはリスト4-11で，trainフォルダとvalidフォルダにあるファイルのリストを作成します．次にリスト4-12でそのリストからアンダーバーで区切られた最初の数字を抜き出して，ラベルとしています．このように取り出すため，フォルダの名前にアンダーバーを使ってはいけません．最後のリスト4-13でファイル・リストとラベルをtf.Tensor形式へ変換することを行っています．このようにすることで高速に実行できるようになっています．

リスト4-13　リストとラベルをtf.Tensor形式へ変換する

```
train_ds = tf.data.Dataset.from_tensor_slices((train_list, train_labels_reg))
valid_ds = tf.data.Dataset.from_tensor_slices((valid_list, valid_labels_reg))

# ファイルのオープンとデータロード，正規化をバッチを生成するたびに行うための関数
def load_and_conversion(paths, labels):
    x = []
    for f in paths:
        raw = tf.io.read_file(f)
        image = tf.image.decode_image(raw, channels=1)
#       image = tf.image.resize(image,(32,32))
        x.append(image.numpy() / 255.0)  # 正規化
    return x, labels

#
# 画像ファイルをtf.Data APIを使ってtf.Tensor型に変換
#
AUTOTUNE = tf.data.experimental.AUTOTUNE
train_ds = train_ds.repeat(1)
train_ds = train_ds.batch(12)  # ミニバッチを作るが バッチトレーニングで行うため，全ての角度のデータを使う
train_ds = train_ds.map(lambda paths, labels:
tf.py_function(load_and_conversion, [paths,labels], Tout=[tf.float32, tf.int32]),
                        num_parallel_calls=AUTOTUNE)  # 画像ファイルの読み込みと変換
train_ds = train_ds.prefetch(buffer_size=AUTOTUNE)
valid_ds = valid_ds.batch(12)
valid_ds = valid_ds.map(lambda paths, labels:
    tf.py_function(load_and_conversion, [paths,labels], Tout=[tf.float32, tf.int32]),
                        num_parallel_calls=AUTOTUNE)  # 画像ファイルの読み込みと変換
```

リスト4-14　ネットワークDNNの定義

```
def angle_model_DNN():
    input = Input(shape=(32, 32, 1),
                                name='input')
    h = Flatten()(input)
    h = Dense(1024, activation='relu',
                        name='dense_1')(h)
    h = Dense(1024, activation='relu',
                        name='dense_2')(h)
    output = Dense(1, activation='linear',
                        name='output')(h)
    return Model(inputs=input, outputs=output)
```

リスト4-15　ネットワークCNNの定義

```
def angle_model_CNN():
    input = Input(shape=(32, 32, 1),
                                name='input')
    h = Conv2D(16, (3,3), activation='relu',
                        padding='same')(input)
    h = MaxPooling2D((2, 2))(h)
    h = Conv2D(32, (3,3), activation='relu',
                        padding='same')(h)
    h = MaxPooling2D((2, 2))(h)
    h = Conv2D(64, (3,3), activation='relu',
                        padding='same')(h)
    h = MaxPooling2D((2, 2))(h)
    h = Flatten()(h)
    h = Dense(1024, activation='relu',
                        name='dense_1')(h)
    output = Dense(1, activation='linear',
                        name='output')(h)
    return Model(inputs=input, outputs=output)
```

なお，この例ではグレー・スケールの画像だけを扱えるようになっています．グレー・スケールへの変換はGazoHenkan.ipynbを使って行います．

▶ネットワーク設定

　ネットワークはDNN（**リスト4-14**）とCNN（**リスト4-15**）の2つを設定しておきます．この後でどちらかを使って実行します．

　DNNは，3層のネットワーク，中間層のノードは1024としています．ディープ・ラーニングでは2の累乗の数を使うと高速化できる場合が多いため，1000ではなく1024を設定しています．

　CNNは畳み込みとプーリングを3回繰り返しています．フィルタの大きさや畳み込みの回数は，経験とトライ＆エラーで決めました．

リスト4-16　コメントアウトを利用して使うネットワークを選択する

```
model = angle_model_DNN()
# model = angle_model_CNN()
model.summary()
```

▶モデルの設定

　モデルは**リスト4-16**で設定しました．コメントアウトをDNNの方に付ければCNNで設定したモデルで学習します．これ以降はAccMeter.ipynbとほぼ同じです．

まきの・こうじ

## 第11章

「回帰問題」を利用した データの補完と予測

足立 悠

前章(第2部10章)に引き続き,本章でもディープ・ラーニングを利用した回帰問題について考えてみましょう.前章では入力した特徴量に対し1つの数値を出力する問題を解きましたが,本章では入力した特徴量に対し複数の数値を出力する問題を解いてみましょう.

1 回帰問題のおさらい

● 回帰問題と分類問題の違い

機械学習の種類は大きく分けて以下の3つがあります.

- 教師あり学習:特徴量と目的変数から状態を予測する
- 教師なし学習:特徴量から状態を要約する
- 強化学習:報酬を獲得する行動を最適化する

ここで教師あり学習は,分類と回帰問題を解くことができます.図1-1のように分類問題では,●と×のクラスを持つ既存データがあるとき,新規データ★のクラスを予測できます.一方,回帰問題では,図1-2のように既存データの挙動から値★を予測できます.それぞれ分類境界と回帰線があり,これらがモデルです.

● 回帰問題を解くアルゴリズム

▶単回帰分析…1つの観測値から1つの予測値を得る

まずは,単回帰分析について考えます.これは例えば,身長から体重を予測する,身長から服の大きさを予測するなどが考えられます.観測値と予測値の関係は,次のように表現できます.また,イメージとしては図1-3のようになります.

$Y=aX+b$

ここで,Yは予測値,Xは観測値,aは回帰係数(傾き),bは切片です.この式の右辺$aX+b$は,回帰線(回帰モデル)を意味します.aとbの値は過去のデータ(のパターン)から決めます.この過程を「学習」と呼ぶ

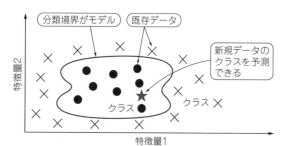

図1-1　分類問題は新規データのクラスを予測する

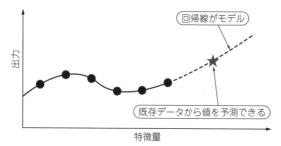

図1-2　回帰問題は過去データのふるまいから値を予測する

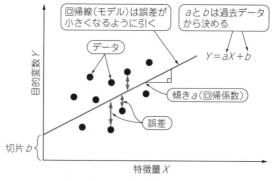

図1-3　単回帰分析では各データとの誤差が最小になる回帰線を引く

ことにします．その場合，Xは特徴量，Yは目的変数とも言えます．回帰線は，それを各サンプルとの距離が短くなるよう，つまり誤差が小さくなるように引きます．

誤差を測る指標として，平均二乗誤差や平均絶対誤差があります．平均二乗誤差は各サンプルの誤差の2乗を，平均絶対誤差は各サンプルの誤差の絶対値を計算することにより，符号の影響を取り除いています．平均二乗誤差（MSE），平均絶対誤差（MAE）をそれぞれ式で書くと以下のようになります．

$$MSE = \frac{1}{n}\sum_{i=1}^{n}(y_i - (ax_i + b))^2$$

$$MAE = \frac{1}{n}\sum_{i=1}^{n}|y_i - (ax_i + b)|$$

ここで，nはサンプル数，y_iはi番目のサンプルの目的変数，x_iはi番目のサンプルの特徴量を表します．ここでは，単回帰の中でも線形なものを想定しました．非線形なものに関しても，基本的には同じように考えます．

▶重回帰分析…複数の観測値から1つの予測値を得る

次に重回帰分析ですが，これは例えば，年齢と体重から身長を予測する，商品数と顧客数から売り上げを予測する，などが考えられます．観測値と予測値の関係は，次のように表現できます．

$$Y = a_1X_1 + a_2X_2 + b$$

ここで，Yは予測値（目的変数），X_1とX_2は観測値（特徴量），a_1とa_2は回帰係数，bは切片を表します．右辺の$a_1X_1 + a_2X_2 + b$は回帰線を意味します．単回帰分析と同じように，回帰線は各サンプルとの誤差が小さくなるように引き，モデルを作成します．

● 分類問題でも回帰問題で解ける場合がある

例えば，k近傍法や決定木は分類問題を解く手法として知られていますが，これらの手法で回帰問題を解くこともできます．ここでは，k近傍法を利用した回帰について考えてみます．

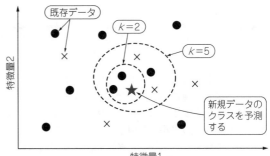
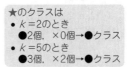

★のクラスは
- $k=2$のとき
  ●2個，×0個→●クラス
- $k=5$のとき
  ●3個，×2個→●クラス

図1-4　新規データのクラスはデータ数の多数決で決める

まず，k近傍法を利用した分類について復習します．新規データのクラスは，正解を持つ既存データのクラスの多数決によって決めます．**図1-4**では，●と×のクラスを持つ既存データがあるとき，新規データ★のクラスを予測する処理を示しています．

さて，新規データから距離が近い（近傍）k個のサンプルのクラスを確認してみます．このとき，データ間の距離は，ユークリッド距離やマンハッタン距離などを利用して測ることができます（**図1-5**）．k近傍法を利用した回帰では，新規データから距離が近いk個のサンプルの平均値をもって予測とします．

◆参考文献◆
(1) Google Colaboratory. https://colab.research.google.com/notebooks/welcome.ipynb?hl=ja
(2) Google Colabの使い方.
https://interface.cqpub.co.jp/ail01/
(3) Scikit-learn. https://scikit-learn.org/stable/
(4) sklearn.datasets.load_digits.
https://scikit-learn.org/stable/modules/generated/sklearn.datasets.load_digits.html
(5) Matplotlib. https://matplotlib.org/
(6) Pandas. https://pandas.pydata.org/
(7) Numpy. https://numpy.org/
(8) TensorFlow. https://www.tensorflow.org/?hl=ja

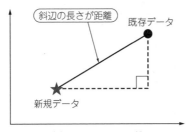
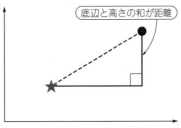

（a）ユークリッド距離　　　　（b）マンハッタン距離

図1-5　データ間距離の測り方

2 実践！欠損画像を補完

部分的に欠損した1枚の画像を思い浮かべてください．このような画像の欠損部分は，さまざまな方法によって補完できます（図2-1）．一例としては，その周囲のピクセル値の平均を利用することが考えられますが，ここではオートエンコーダを利用した回帰問題として，画像の欠損部分の補完について考えてみます．

プログラムは，Colabでノートブックを新規作成し，以降のコードをセルに記述し実行します．筆者提供の体験用プログラム名はcq16_reg-ae_imgs.ipynbです．本書サポート・ページからダウンロードできます．

● オートエンコーダの学習

オートエンコーダ［AE（AutoEncoder）：自己符号化器］は，図2-2のように入力層，中間層，出力層を持つニューラル・ネットワークです．入力層と出力層には，同じ数のノードを準備します．

オートエンコーダは，出力と入力の誤差が小さくなるように，つまり自分自身を再現するように学習します．入力層から中間層に向けての処理は特徴量が持つ情報を圧縮（エンコード）し，中間層から出力層に向けての処理は情報を復元している（デコード）ことになります．

● データの入手

ここでは画像データとして，Scikit-learn[3]が提供しているサンプル・データの1つである，数字画像のデータセットdigits[4]を利用します．Scikit-learnは，機械学習の各種アルゴリズムやモデルの訓練と検証の実装，パラメータを最適化できます．digitsデータセットは以下の情報を含んでいます．

- DESCR：データセットの説明
- data：画像の1次元ピクセル値配列
- images：画像の2次元ピクセル値配列
- target：data，imagesの各画像に対応する画像の数字ラベル
- target_names：画像の数字ラベルの種類

● データの読み込みと描画

学習する特徴量と目的変数は，上に示したdataを利用します．本節では，1枚の画像は8×8ピクセルの大きさであるため，dataのうち1つの配列（1枚の画像にあたる）の長さは64です．また，学習するサンプル（画像の枚数にあたる）は1797個あります（リスト2-1）．

dataの配列を1つ選び，Matplotlib[5]を利用して1次元配列から2次元配列へ変換し描画します（リスト2-2）．Matplotlibは，ヒストグラムや散布図など，データからさまざまなグラフを描画できます．

● 実験に使うデータの作成
▶特徴量

dataのうち，1つの配列は64の長さを持ちます．各配列について，幾つかの要素の値を欠損させて特徴量

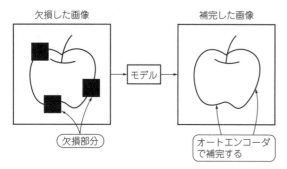

図2-1　本節ではオートエンコーダで画像を補完する

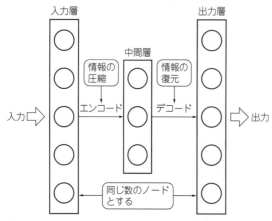

図2-2　オートエンコーダは入力をそのまま出力できるように学習する

リスト2-1　画像の読み込みと情報を表示する

```
from sklearn.datasets import load_digits

digits = load_digits()    # 数字画像データの読み込み
print(dir(digits))          # データセットの内容

print(digits.data.shape)
                    # 画像の特徴量セットのサイズ
print(digits.target.shape)
                    # 画像のラベルセットのサイズ

print(digits.data[0])      # 1枚目の画像ピクセル値
print(digits.target[0])      # 1枚目の画像ラベル
```

リスト2-2　1次元配列を2次元配列に変換して描画する

```python
import matplotlib.pyplot as plt

# 1枚目の画像ファイル表示
plt.imshow(digits.data[0].reshape(8, 8),
                                    cmap='gray')
plt.show()
```

リスト2-3　全ての配列をデータ・フレーム型へ変換する

```python
import pandas as pd

# ピクセル値配列をデータ・フレーム型へ変換
digits = load_digits()
input_df = pd.DataFrame(digits.data)

print(input_df.shape)    # ピクセル値配列の大きさ
input_df.head()          # データの先頭5行を表示
```

リスト2-4　ランダムに3つの列を0にして特徴量を作成する

```python
import numpy as np
import random

max_px_vals = digits.data.max()  # ピクセルの最大値
threshold = max_px_vals/2  # 最大値の半分を閾値とする

# 各画像について，ピクセル値をランダムに欠損させる
for i in range(input_df.shape[0]):
    # しきい値を超える列idを取り出し
    sel_col_ids = np.where(input_df.iloc
                    [i, :]>threshold)[0]
    # ランダムに3つの列idを取り出し
    sel_col_ids = random.sample
                    (sel_col_ids.tolist(), k=3)

    for s in sel_col_ids:
        input_df.iloc[i, s] = 0
                    # 選択した列に値0を代入
```

リスト2-5　特徴量を描画する

```python
# 欠損させた画像を1枚選択して可視化
plt.imshow(np.array(input_df.iloc
        [0, :]).reshape(8, 8, cmap='gray')
plt.show()
```

を作成します．ここでは，処理にPandas[6]とNumPy[7]を利用します．Pandasは表形式のデータに対し，さまざまな処理を適用できます．

まず，全ての配列をデータ・フレーム型へ変換します（**リスト2-3**）．次に，各行（サンプル）について，しきい値を超える値を持つ列idを取得し，その中からランダムに3つ選択します．そして，該当する列idの値を0に置き換え，特徴量を作成します（**リスト2-4**）．特徴量がどのような形をしているか，うち1つを取り出して描画します（**リスト2-5**）．

▶目的変数

dataの各配列をそのまま目的変数として利用します（**リスト2-6**）．この処理もPandasを利用します．特徴量と元の配列を描画したものと比較すると，欠損した箇所が分かります（**図2-3**）．

▶学習と評価データ

リスト2-6　ピクセル値配列をデータ・フレーム型へ変換する

```python
digits = load_digits()
output_df = pd.DataFrame(digits.data)

print(output_df.shape)    # ピクセル値配列の大きさ
output_df.head()          # データの先頭5行を表示
```

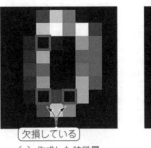 

欠損している

（a）作成した特徴量　　　（b）元の配列

図2-3　この2つを比較すれば欠損箇所が分かる

リスト2-7　目的変数は8割を学習データにし2割を評価データとする

```python
# 全体の8割を学習データとして分割
trainX = input_df.iloc[:1438, :]/max_px_vals
trainY = output_df.iloc[:1438, :]/max_px_vals

# 全体の2割を評価データとして分割
testX = input_df.iloc[1438:, :]/max_px_vals
testY = output_df.iloc[1438:, :]/max_px_vals

print(trainX.shape, trainY.shape)
print(testX.shape, testY.shape)
```

リスト2-8　ネットワークの作成

```python
from tensorflow import keras
from tensorflow.keras.models import Sequential
from tensorflow.keras.layers import Dense

# オートエンコーダを作成
model = Sequential()
# エンコード
model.add(Dense(32, activation='relu',
                        input_shape=(64,)))
model.add(Dense(16, activation='relu'))
model.add(Dense(8, activation='relu'))
# デコード
model.add(Dense(16, activation='relu'))
model.add(Dense(32, activation='relu'))
# 出力層
model.add(Dense(64, activation='sigmoid'))

# 作成したネットワークの確認
model.summary()
```

作成した特徴量と目的変数は，全体の8割を学習データ，残り2割を評価データとして分割し作成します（**リスト2-7**）．

● 回帰モデルの学習

本節では次に示すノード数を持つネットワーク構造を作成します（**リスト2-8**）．入力層と出力層のノード数は，1つの配列（1枚の画像）の長さと同じです．

リスト2-9 学習条件と学習の実行

```
from tensorflow.keras.callbacks import
                              EarlyStopping

# 学習条件の設定
model.compile(loss='mse', optimizer='adam')
early_stopping = EarlyStopping
              (monitor='val_loss', patience=50)

# 学習の実行
hist = model.fit(trainX, trainY,
                  batch_size=64, verbose=1,
                  epochs=1000, validation_
          split=0.2, callbacks=[early_stopping])
```

リスト2-10 誤差の収束過程を描画する

```
plt.plot(hist.history['loss'], label='loss')
                              # 訓練データ
plt.plot(hist.history['val_loss'],
              label='val_loss')  # テスト・データ

plt.xlabel('epoch')   # 横軸ラベルを追加
plt.ylabel('loss')    # 縦軸ラベルを追加
plt.legend()          # 凡例を追加
plt.show()
```

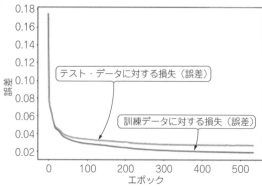

図2-4 エポックごとの訓練とテスト・データの誤差値

- 入力層：64ノード，
- 中間層5つ：それぞれ32ノード，16ノード，
                8ノード，16ノード，32ノード
- 出力層：64ノード

　学習の条件として，誤差は平均2乗誤差を計算し，最適化手法としてAdamを利用します．また，誤差が収束したら学習を早期に停止します．学習データは先に分析したものをセットし，学習データのうち8割を訓練データ，2割をテスト・データとして学習を開始します（**リスト2-9**）．

　学習が終了したら，epoch（エポック）ごとの訓練とテスト・データの誤差の値を描画します（**リスト2-10**）．例として，筆者が得られた結果を**図2-4**に示します．

リスト2-11 学習結果を1つ選んで描画する

```
# モデルを評価データに適用
pred = model.predict(testX)
pred = np.array(pred*max_px_vals, dtype='int')

# 出力画像を1枚選択して可視化
plt.imshow(pred[0].reshape(8, 8), cmap='gray')
plt.show()
```

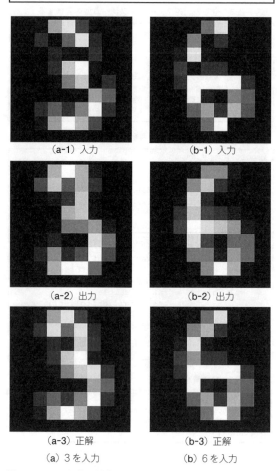

（a-1）入力　　　　　　（b-1）入力

（a-2）出力　　　　　　（b-2）出力

（a-3）正解　　　　　　（b-3）正解

（a）3を入力　　　　　（b）6を入力

図2-5 2つの入力に対する出力画像

● 回帰モデルの評価

　テスト・データに学習したモデルを適用し，出力した結果のうち1つを取り出して描画します（**リスト2-11**）．入力した特徴量と出力結果，目的変数を描画して比較すると，違いが分かります（**図2-5**）．

　出力結果は，特徴量よりも目的変数に近いものになっています．出力結果を，より目的変数に近付ける，つまり誤差を小さくするためにネットワーク構造を深くしてみるなど試してみてください．

あだち・はるか

もっと体験したい方へ
電子版「AI自習ドリル：回帰問題を利用したデータの補完と予測」では，より多くの体験サンプルを用意しています．全11ページ中，5ページは本章と同じ内容です．
https://cc.cqpub.co.jp/lib/system/doclib_item/1575/

第 1 章

人間 vs. 人工知能

牧野 浩二

強化学習はゲームやスポーツにおける行動（プレイ）が，試行錯誤を経て徐々に上達するアルゴリズムです．人間を含む生物が自然と行っているものです．

強化学習は「半教師あり学習」に分類されます．全ての答えを示しながら学習する「教師あり学習」と，答えを教えずに分類する「教師なし学習」の間にあります．最終的な答え（得たい状態）はユーザが設定しますが，答えにたどり着く過程を，自ら考えて行動してくれるアルゴリズムです．今後のAIの主力となることを期待されています．ここでは強化学習のアルゴリズムを，2章に分けて紹介します．

1　できること

強化学習は動くものを扱うことが得意です．そのため，ロボット制御への応用が期待されています．強化学習でロボットを動かした例を以下に示します．ウェブには動画などもアップロードされていますので，検索ワードを付けておきます．

● 倒立振子

倒立振子は「手の上でほうきなどの棒を立てる遊び」のようなものです．**図1-1**のように台車の上に棒を立てたロボットに行わせる問題を強化学習で解くことができます．

検索ワード：倒立振子　強化学習

● ぶつからない自動運転ロボット（図1-2）

自動運転を実現するために，コンピュータに全てのルールを教えることは現実的ではありません．コンピュータが自ら学んでぶつからないようなルールを獲得して移動することが望まれています．これを実現するために強化学習が使われています．

検索ワード：自動運転　強化学習

図1-2　強化学習でできること…自動運転ロボット

● 工場などでかごに入った部品をうまくつかむロボット（図1-3）

工場では，部品が箱に乱雑に入った状態で供給されることがあります．例えば，ばらばらに入ったねじを人間は簡単につかめますが，ロボットにとっては難しい問題でした．さらに，対象がねじのように決まったものではなく，工場で作られた半製品（車のハンドル

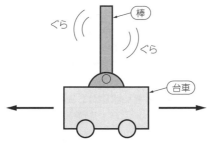

図1-1　強化学習でできること…倒立振子

やアクセル・レバー)のような一般的でないものであれば，さらに難しくなります．これを強化学習を使って実現することも行われています．
検索ワード：バラ積み　ロボット

● 複数ある冷却装置の効率運用
　データ・センタの冷却効率を改善し，消費電力の削減に成功したといった例もあります．
検索ワード：google　強化学習　ロボット

● 囲碁などの対戦ゲーム
　2016年に DeepMind 社(現在はグーグル)が開発したプログラム「AlphaGo」が，プロ囲碁棋士を初めて破り，大きな話題となりました．囲碁は縦横19本ずつの直線が交差する361点に交互に石を打つため，最初の2手だけ考えても先手は361通り，後手は360通りあります．また，全ての考えうる盤面は 2^{361} 通りあります．考えうる盤面の数が膨大すぎるため，最適な手を探ることは困難だと考えられていましたが，強化学習の考え方を応用することで人間よりも強くなったと言われています．
検索ワード：対戦　強化学習

図1-3　強化学習でできること…バラ積みロボット

*　　　*　　　*

　これらの例には強化学習に深層学習(ディープ・ラーニング)を組み込んだ「深層強化学習」も含まれています．将棋やチェスなどの対戦競技も，深層強化学習を取り入れることで，コンピュータが人間のレベルを超えたとされる事例が散見されます．

2　イメージをつかむ

　強化学習は，良い状態と悪い状態を決めておくと，試行錯誤しながら良い状態に至るように自ら行動手順を獲得する学習方法です．

● ある状態になると餌が食べられる
　強化学習のイメージをつかむために，スキナーの箱(Skinner Box)という実験を例にとって説明します．この実験は米国の行動科学者バラス・スキナー(Burrhus Frederic Skinner)によって行われました．
　図2-1のようにボタンが2つ付いている箱の中にネズミが1匹います．1つは電源ボタンで，押すたびにONとOFFが切り替わり，電源がONのときだけランプが点灯します．もう1つは餌ボタンで，電源がONのときに押すと餌が出てきます．
　ネズミはいろいろ試しているうちに，電源をONにしてから餌ボタンを押すと餌を食べられると気付きます．ここで重要なことは次の2点です．
• ネズミには電源をONすることを教えていない
• 電源をONするだけでは嬉しい結果にならない
　これが強化学習のイメージとなります．

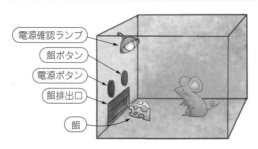
図2-1　ボタンが2つ付いている箱の中にネズミが1匹

電源確認ランプ
餌ボタン
電源ボタン
餌排出口
餌

● 魚を焼いて食べる
　別の例を紹介しましょう．例えば，農耕が始まる前の狩猟時代の人類を考えます．魚を取った後，そのまま食べるとおなかは満たされますが，おなかを壊すことがあります．これは良い状態ではありません．そこで試行錯誤の末，すぐに食べずに，焼くことで空腹も満たされておなかも壊さなくなります(図2-2)．これは良い状態です．
　これは良い状態と悪い状態がある強化学習の例となります．

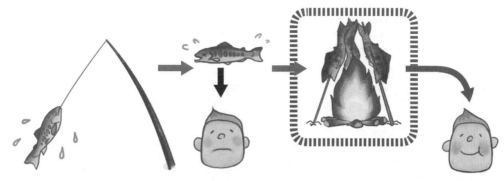

図2-2　すぐに食べずに調理すると安全度が高まる

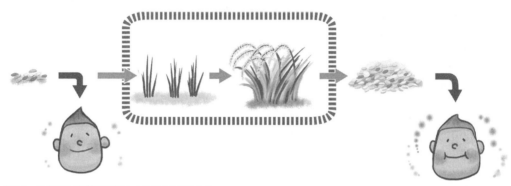

図2-3　すぐに食べずに育てるとより多くを得られる

● 米は育ててから食べる

　農耕時代が始まったときの人類を考えてみましょう．例えば，お米の栽培を考えます．お米は先ほどの魚とは異なり，食べればおなかが満たされて，しかも，おなかを壊しません．しかし，次の年のために食べずにとっておいて育てることで，数粒のお米が何百倍にもなります（図2-3）．

　直近の満足（良い状態）を取らずにおくと，1年先に大きな満足（もっと良い状態）が得られることを，学習によって獲得した例です．

● ゲーム・クリア

　皆さんがゲームをクリアするという行為も，知らず知らずのうちに強化学習を利用しています．クリアするには何度も失敗して（悪い状態），それを避けるような行動をしているうちにクリア（良い状態）できるようになります．強化学習の発展版の深層強化学習を使うと，人間よりもうまくゲームをクリアできます．

もっと体験したい方へ
電子版「AI自習ドリル：強化学習」では，より多くの体験サンプルを用意しています．全20ページ中，13ページは本章と同じ内容です．
https://cc.cqpub.co.jp/lib/system/doclib_item/1320/

3　プログラムを動かしてみよう

　強化学習の体験として，先ほど説明した「スキナーの箱」アルゴリズムを試します．

● 開発環境はウェブ上にある

　開発環境はColabを使います．PC以外に特別なものは必要ありません．まずはChromeブラウザを開き，Googleアカウント（Gmailアドレス）でログインします．検索窓にcolaboratoryと入力し，リンクを開けば準備完了です．

● プログラムの入手と動かし方

　ここで使用するプログラムはskinner_QL.pyです．このプログラムは本書サポート・ページからダウンロードできます．

　ダウンロード・データの中にあるskinner_QL.pyを，Windowsのメモ帳で開きます［**図3-1(a)**］．次に，Ctrl+AとCtrl+Cでプログラムをコピーしておきます．コピーしたらColabの画面で「ノートブックを新規作成」を選択します［**図3-1(b)**］．Ctrl+VでColabに貼り付け，最後に実行ボタン（▶）を押すと結果が表示されます［**図3-1(c)**］．

● プログラムの実行結果

　Colab上で実行すると，**リスト3-1**のように表示されます．この後詳しく説明しますが，このプログラムは10回の学習を行っています．最初は報酬 Rが1ですが，最後には4になっています．なお，このプログラムでは報酬 Rの最大値は4です．スキナーの箱のネズミはちゃんと学習できていることが確認できます．

リスト3-1　スキナーの箱のアルゴリズム skinner_QL.pyの実行結果

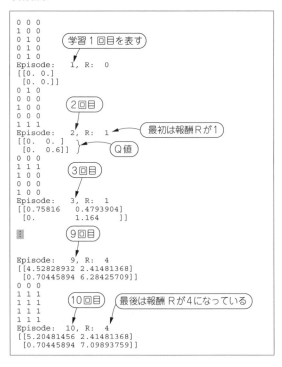

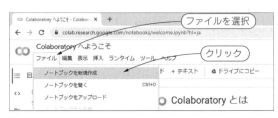

(b) Colab上で「ノートブックを新規作成」を選択する

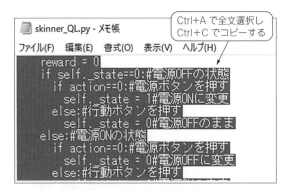

(a) skinner_QL.pyをメモ帳で開きコピーする

図3-1 Colabを使ってプログラムを動かす手順

(c) プログラムを貼り付けて実行する

強化学習の中でもよく使われるQラーニングを例に説明します.

Qラーニングのカギは,「Q値」と呼ばれる「どの行動を選ぶかを決める基準となる値」を自動的に更新することにあります. **リスト3-1**の実行結果では,Episodeの次の行に2つの数字が2行書かれている部分がQ値になります.

2回目の学習後(Episode:2)では,3つが0で1つだけ0.6となっています. この後で説明を行いますが,

この意味は電源がOFFのときは電源ボタンと餌ボタンのどちらを押すかはランダムで選ばれ,電源がONのときは餌ボタンを押す行動が選ばれることを意味しています.

そして,10回学習した後(Episode:10)は,4つの値が0ではなくなっています. この意味は,電源がOFFのときは電源ボタン,電源がONのときは餌ボタンを押す行動が選ばれることを意味しています.

コラム 「スキナーの箱」と「パブロフの犬」の違い　　　　　　　　　　　　牧野 浩二

パブロフの犬とは,動物に餌を与える前に合図として音を出すというもので,これを習慣づけると,合図が鳴るだけで餌がもらえるものだと思い,喜ぶようになるというものです. 先ほどのスキナーの箱も,動物を使い,実験を何度も行うことで覚えさせるという点は同じですが,これには大きな違いがあります.

まず,パブロフの犬は,餌を獲得するために何も行動しません. つまり,受動的な学習となります.

これは「レスポンデント(受動的)条件付け,条件反射」と呼ばれています.

一方,スキナーの箱のネズミは,餌を獲得するために電源を押すという能動的な行動をしています. これは「オペラント(能動的)条件付け」と呼ばれています. 何かを得るために行動するという点が,強化学習の特徴となります.

5 原理

強化学習の原理を説明します．強化学習にはいろいろありますが，ここでは実装が最も簡単なQラーニングを用います．

● **重要な言葉**

強化学習には5つの重要な要素があります．

- 状態
- 行動
- 報酬
- エージェント
- 環境

これをスキナーの箱に当てはめて説明します（**図5-1**）．エージェント（ネズミ）が，与えられた環境（ボタンが付いた箱）にいます．エージェントは環境の状態（電源がONかOFF）を観測します．観測した結果に基づき行動（電源ボタンを押すまたは餌ボタンを押す）します．ある状態である行動をとると報酬（餌）が得られます．報酬が得られた場合だけ良い状態だと分かります．

これを繰り返すことで，報酬につながる動作をだんだん覚えていくのが強化学習の学習方法です．

● **状態遷移図を作る**

強化学習を理解する際には**図5-2**の状態遷移図を用います．これもスキナーの箱を例にとりながら説明します．状態遷移図では，状態は丸印で表し，行動は矢印で表します．

初期状態は電源OFFという「状態」ですので，**図5-3(a)** のように，左の丸に居ることになります．

次に，ネズミが電源ボタンを押す「行動」をしたとします．その結果，電源ONという「状態」になります．**図5-3(b)** に示すように，行動によって状態が変化します．

再度電源ボタンを押したとすると，電源ボタンを押す「行動」をして，電源OFFの「状態」になります．これは**図5-3(c)** に戻ってきたことを意味します．

さて，この状態で餌ボタンを押す行動をすると，電源はOFFのままですので，状態は変わりません．これは**図5-3(d)** の左にある電源OFFから電源OFFに戻る矢印で表されています．

では，電源ONの状態 ［**図5-3(b)**］で餌ボタンを押す行動をしたとしましょう．これは**図5-3(e)** のように，状態は電源ONのまま変わらないので，右にある戻ってくる矢印の行動をとったことになります．ここで今

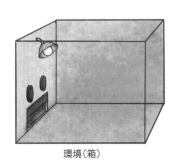

状態の観測
（電源ランプがついているかどうか）

行動
（電源ランプ，餌ボタンを押す）

報酬
（餌をもらう）

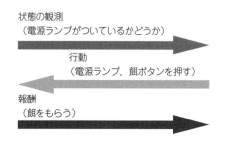

エージェント（ネズミ）

環境（箱）

図5-1 強化学習に重要な要素

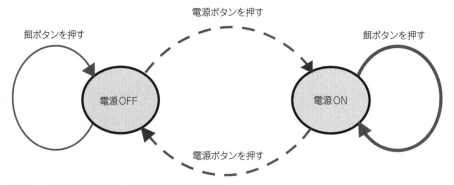

電源ボタンを押す

餌ボタンを押す

餌ボタンを押す

電源OFF

電源ON

電源ボタンを押す

図5-2 強化学習を理解するには状態遷移図が欠かせない

までと異なるのは，餌が得られた点です．この餌が得られたことを「報酬」が得られたと言います．図では餌が得られる動作は太線で表すことにしています．

なお，本章で作るプログラムは5回行動をすると初期状態（電源OFF）から始まるようにしています．

● 状態と行動を数字で表す

プログラムを作る際には，状態と行動を数字で表す方が都合が良いです．

▶状態
0：電源OFF
1：電源ON

▶行動
0：電源ボタンを押す
1：餌ボタンを押す

▶報酬
0：得られなかった場合
1：得られた場合

これを状態遷移図に書き入れると**図5-4**となります．

● ランダム行動を間に挟むε–greedy法

Qラーニングでは，基本的にはQ値に従って行動を決めますが，たまにはランダムな行動をとるように設定しておきます．スキナーの箱はとても簡単な問題でしたが，複雑な問題ではもっと良い行動があるかもしれないからです．

例えば，迷路を探索することを考えると，最初は遠回りの道が見つかったとします．しかし，その道ではない道をランダムにうろうろしていると，もっと短い道が見つかる場合があります．これがε–greedy法のイメージです．ε–greedy法では，最初は高い確率でランダムな行動を許し，徐々にランダムな行動を減らします．人間に当てはめると，若いうちはいろいろやってみようといった感じでしょうか．

強化学習とは，今後得られる報酬を最大化するように一連の行動を学習する枠組みを示したもので，実際の問題に適用するためにさまざまな学習方法が提案されています．その中の1つにQラーニングがあります．Qラーニングは他の方法に比べてアルゴリズムが簡単であり，さまざまな問題に適用できるという特徴があります．

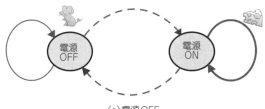

（a）電源OFF

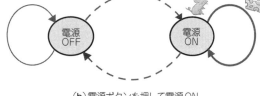

（b）電源ボタンを押して電源ON

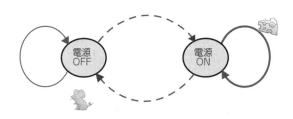

（c）さらに電源ボタンを押して再度電源OFF

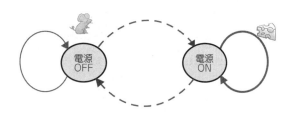

（d）電源OFFの状態で餌ボタンをONしてみる

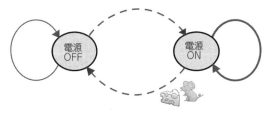

（e）電源ONの状態で餌ボタンをONしたところ報酬が得られた

図5-3　スキナーの箱の中のねずみの状態遷移

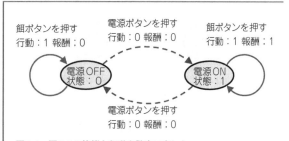

図5-4　図5-3の状態と行動を数字で表した

6 数式で理解するQラーニング

Qラーニングとは，各状態にQ値と呼ばれる道しるべを付ける方法です．道しるべを試行錯誤しながら自動的に更新して作成します．まずQ値とは何かについて説明し，その後Q値を更新する方法をスキナーの箱を例にとり，ネズミの行動と併せて数式と計算で説明します．

Q値とは

Qラーニングで最も重要な役割を果たすのがQ値です．Q値は「ある状態である行動を選ぶ基準」となる値であり，$Q(s, a)$と表します．なお，sは状態，aは行動です．

図5-3にQ値や状態，行動を書き込んだ**図6-1**を用いて説明します．

まず，電源OFFのときには2つの行動をとることができます．前節で状態と行動を数値で表しました．これを使うと電源OFFは$s = 0$となり，電源ボタンを押す行動は$a = 0$，餌ボタンを押す行動は$a = 1$と表すことができます．

▶電源OFF

そこで，電源OFFの状態のときのQ値は以下のように表すことができます．

- $Q(0, 0)$：電源OFFの状態（$s = 0$）で電源ボタンを押す（$a = 0$）場合のQ値
- $Q(0, 1)$：電源OFFの状態（$s = 0$）で餌ボタンを押す（$a = 1$）場合のQ値

▶電源ON

次に電源ONの状態（$s = 1$）を考えます．このときも取りうる行動は2つありますので、Q値は以下のように表すことができます．

- $Q(1, 0)$：電源ONの状態（$s = 1$）で電源ボタンを押す（$a = 0$）場合のQ値
- $Q(1, 1)$：電源ONの状態（$s = 1$）で餌ボタンを押す（$a = 1$）場合のQ値

Q値に従った行動

Q値はエージェントが行動を選ぶ基準として使う値です．ここでは例としてQ値を以下のようにしたとき，ネズミがどのような行動をとるかを考えてみます．

- $Q(0, 0) = 0.8$ ，$Q(0, 1) = 0.2$
- $Q(1, 0) = 0.1$ ，$Q(1, 1) = 0.5$

▶電源OFF

初期状態で電源オフの状態（$s = 0$）にあるとします．このときに参照するQ値は$Q(0, 0)$と$Q(0, 1)$となります．それぞれ0.8と0.2ですので，値が大きいQ値は$Q(0, 0)$です．

このことから0の行動，すなわち電源ボタンを押す行動をとることになります．これにより電源ONの状態になります．

▶電源ON

次に電源ONの状態（$s = 1$）にあるときを考えます．

(a)電源OFF

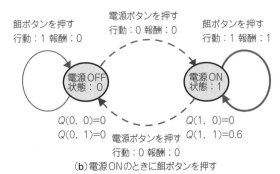

(b)電源ONのときに餌ボタンを押す

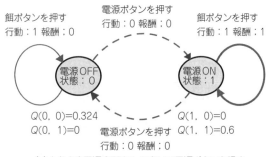

(c)もう1度電源OFFにしておいて電源ボタンを押す

図6-1 図5-3の状態と行動を数字で表した

このときに参照するQ値は$Q(1, 0)$と$Q(1, 1)$となります．値が大きいQ値は$Q(1,1)$ですので，1の行動（餌ボタンを押す行動）をとることになります．

以上のように，Q値を参照することで餌（報酬）が得られる行動が得られます．

Q値の更新の基本式

QラーニングはこのQ値を行動するたびに自ら更新していく学習方法です．Q値を更新するための式を次の式(1)に示します．

$$Q(s, a) \leftarrow (1-\alpha)\,Q(s, a) + \alpha\,(r + \gamma \max Q) \cdots (1)$$

ただし，s：状態，a：行動，r：報酬，α（学習率）とγ（割引率）：0〜1までの定数，$\max Q$：行動aをとった際に遷移する次の状態の中で最も大きいQ値とする．

Q値は式(1)に従ってエージェントが行動するたびに更新されます．しかし，この式を見ただけでどのように更新されるのか分かりにくいかと思います．以下では，スキナーの箱を例にとり，ネズミの行動と合わせて更新の仕方を数値を用いて計算していきます．

● 初期状態

まず，初期状態でのQ値は全て0とします．そして初期状態のQ値を**図6-1(a)**に示します．この図のように各状態にQ値が設定されていて，行動の数だけQ値があります．スキナーの箱の場合は行動として電源ボタンを押す$(a = 0)$と餌ボタンを押す$(a = 1)$の2種類があります．

● 行動1…電源ボタンを押す

早速，ネズミが行動したとします．Q値は道しるべなので，値の大きい方の行動をします．しかし，最初は両方とも0ですから，ランダムで行動を選ぶことになります．ここでネズミは電源ボタンを押したとしましょう．行動する前の状態は電源OFF$(s = 0)$であり，電源ボタンを押した$(a = 1)$ため，電源ON$(s = 1)$に遷移します．この行動では報酬は得られません$(r = 0)$．これにより式(1)に値を当てはめるとQ値は以下のように更新されます．なお，$a = 0.6$，$\gamma = 0.9$としました．

$$Q(0, 0) \leftarrow (1-0.6) \times 0 + 0.6\,(0 + 0.9 \times \max Q)$$
$$\cdots\cdots\cdots\cdots (2)$$

ここで$\max Q$が残っています．これは遷移先のQ値の最大値という意味です．遷移先は**図6-1(a)**の右の丸で囲まれた状態です．Q値はどちらも0 $[Q(1, 0) = 0,\ Q(1, 1) = 0]$ですので，$\max Q$は0となります．

$$Q(0, 0) \leftarrow (1-0.6) \times 0 + 0.6\,(0 + 0.9 \times 0) = 0 \cdots (3)$$

電源OFFの状態$(s = 0)$で電源ボタンを押した$(a = 0)$ときのQ値の更新を**表6-1**に示します．今回の行動ではQ値は変更がありませんでした．

表6-1 行動1によって更新されたQ値

Q（状態，行動）	更新前のQ値	更新後のQ値
$Q(0, 0)$	0	0
$Q(0, 1)$	0	0
$Q(1, 0)$	0	0
$Q(1, 1)$	0	0

● 行動2…餌ボタンを押す

次に電源がONになったときの行動を考えます．この場合もQ値がともに0なので，偶然にネズミが餌ボタンを押したとしましょう．このときは状態が電源ON$(s = 1)$，行動が餌ボタン$(a = 1)$となり報酬が得られますので，以下の式(4)のようになります．なお，$\max Q$は状態遷移図から電源ONの状態ですので，先ほどと同じように$\max Q$は0となります．

$$Q(1, 1) \leftarrow (1-0.6) \times 0 + 0.6\,(1 + 0.9 \times 0) = 0.6$$
$$\cdots\cdots\cdots\cdots\cdots\cdots (4)$$

この後続けて学習してもよいのですが，説明のために初期状態から始めることとします．このときのQ値を書き込んだ状態遷移図は**図6-1(b)**となります．

先ほどと同じように電源ONの状態$(s = 1)$で餌ボタンを押した$(a = 1)$ときのQ値の更新を**表6-2**に示します．今回の行動では報酬が得られたためQ値が更新されました．

表6-2 行動2によって更新されたQ値

Q（状態，行動）	更新前のQ値	更新後のQ値
$Q(0, 0)$	0	0
$Q(0, 1)$	0	0
$Q(1, 0)$	0	0
$Q(1, 1)$	0	0.6

● 行動3…初期状態から始める

もう1度，初期状態から始めた場合もQ値は両方0ですので，ランダムに行動が選ばれます．ここでもたまたま電源ボタンが押されたとします[**図6-1(c)**]．このとき$\max Q$は0.6となります．そこでQ値は以下となります．

$$Q(0, 0) \leftarrow (1-0.6) \times 0 + 0.6\,(0 + 0.9 \times 0.6) = 0.324$$
$$\cdots\cdots\cdots\cdots\cdots\cdots (5)$$

電源ON状態になった後の行動を考えます．電源ボタンを押すQ値は0で，餌ボタンを押すQ値は0.6ですので，餌ボタンを押すことになります．

表6-3 行動3によって更新されたQ値

Q（状態，行動）	更新前のQ値	更新後のQ値
$Q(0, 0)$	0	0.324
$Q(0, 1)$	0	0
$Q(1, 0)$	0	0
$Q(1, 1)$	0	0.6

これを**表6-3**に示します．今回の行動では報酬が得られていないにもかかわらず，行動によって遷移した先のQ値を使ってQ値が更新されました．

● 行動4…Q値が高い方を選ぶ

もう1度，初期状態から始めましょう．**表6-3**に従って行動することを考えます．

▶電源OFF

電源OFFの状態では，

- 電源ボタンを押すQ値である$Q(0, 0)$は0.324
- 餌ボタンを押すQ値である$Q(0, 1)$は0

ですから，電源ボタンを押すQ値の方が高いので，エージェントは電源ボタンを押します．これにより，電源ONになります．

▶電源ON

電源ONの状態では，

- 電源ボタンのQ値である$Q(1, 0)$は0
- 餌ボタンのQ値である$Q(1, 1)$は0.6

であり，比べると餌ボタンのQ値が高いのでエージェントは餌ボタンを押します．このようにして電源ボタンを押すべきかどうかは教えていなくても電源ボタンを押せるようになります．

稿末に演習問題を用意しました．そちらもご覧ください．

7 プログラムの説明

強化学習は便利なライブラリがあるわけではありません．そのため，プログラムを全て作る必要があります．ここではスキナーの箱を対象としたプログラムの説明を行います．フローチャートを**図7-1**に示します．

● プログラムの構成

プログラム（**リスト7-1**）は大きく分けて3つの部分から成り立っています．

▶1. シミュレータ・クラス

環境を設定する部分（シミュレータ・クラス）です．これは外箱に相当します．この部分でボタンを押したり，状態を変えたり，報酬を与えたりします．

▶2. Q値クラス

行動を決める部分（Q値クラス）です．これはネズミに相当します．現在の状態を入力するとQ値に従って行動を出力したり，Q値を更新したりする部分です．

▶3. 実際に行動する部分

実際に行動する部分です．今の状態から行動を決めて，行動によって状態を変化させ，Q値を更新することを行います．決まった回数（5回）を1回の試行（エピソードとも呼ぶ）として，10回試行します．

なお，skinner_QL.pyは本書サポート・ページからダウンロードできますので，Colabで試せます．

● プログラムの中身1…シミュレータ・クラス

スキナーの箱の箱に相当する部分です．それぞれのボタンを押したら状態がどのように変化するのかをシミュレーションし，電源ONのときに餌ボタンを押すと報酬を与えることを行います．ここで使われる変数とメソッドを以下に示します．

▶self._state：状態を表す変数（8行目）

電源OFFのとき0，電源オンのとき1となる変数です．

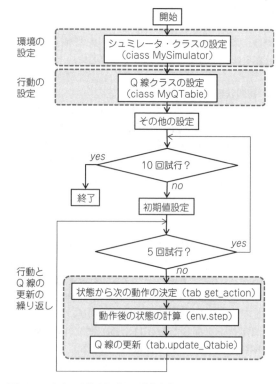

図7-1　スキナーの箱のねずみの動作を作る

▶resetメソッド：初期化

5回行動すると1回の試行が終わったとしてこのメソッドが呼ばれ，初期状態に戻します（7～9行目）．

▶stepメソッド：行動による状態変化

行動（action）を引き数として与えて，状態（self._state）を変化させます．まず報酬を0（reward=0）としています（12行目）．その後，状態遷移図に従ってif文で場合分けが行われています．電源がONのときに餌ボタンを押す（action=1）の場合に

報酬を1(reward=1)にしています(23行目).

　なお,状態遷移図にある全ての行動に対する処理を書いていますが,必要のないコードも書かれています(16,17行目と22行目).例えば電源OFF(self._state=0)のときに行動ボタンを押す(action=1)と,電源OFFの状態(self._state=0)になる部分は状態が変化していないため,書かなくてもよいコードですが,状態遷移図と対応付けるためにあえて書いています.

● プログラムの中身2…Q値クラス

　26〜43行目は,行動の選択とQ値の更新について書かれています.

▶ get_actionメソッド:行動選択

　状態(state)とε-greedy法に必要なランダム行動をとる確率を決める変数(epsilon)を引き数として,次の行動を決めます.まず,0〜1の乱数を発生させて,それがepsilonよりも小さければ,ランダム行動をとります(31行目).この部分がε-greedy法によるランダム行動になります.

　逆に乱数が大きければQ値に従った行動をとります.まずQ値が最大の行動を調べています.少し難しい書き方をしていますが,このようにする理由は同じQ値の場合はランダムに選ぶようにするためです.

　初期状態ではQ値はともに0ですので,電源ボタンを押すのか餌ボタンを押すのかはランダムに選ばれることになります.

▶ update_Qtableメソッド:Q値の更新

　42行目はQ値を更新する部分です.これは,6項で示した式(1)を実装している部分となります.なお,Q値は式ではQ(状態,行動)の順で書かれていますが,プログラムではQ(行動,状態)の順で書かれています.

● プログラム3…実際に行動する部分

　まず,行動を選びます(tab.get_action関数,55行目).そして行動によって状態を変化させます(env.step関数).その後,遷移前の状態(state)と行動(action),行動後に遷移にした状態(next_state)と得られる報酬(rewad)を用いてQ値を更新(tab.update_Qtable関数)します.

　これを5回繰り返すと初期状態に戻ります.この5回の行動をまとめて1試行(エピソード)と呼びます.そして10回試行を繰り返します.

● 結果を読み出す

　Qラーニングでは,Q値を変化させることでうまく動作できるようになります.そこでQ値を保存しておくと,学習を再開させたり,学習結果を使ってテストできたりします.

リスト7-1　ネズミの動作を作る skinner_QL.py

```
01  import numpy as np
02  #シミュレータクラスの設定
03  class MySimulator():
04    def __init__(self):
05      self.reset()
06  #初期化
07    def reset(self):
08      self._state = 0
09      return self._state
10  #行動による状態変化
11    def step(self, action):
12      reward = 0
13      if self._state==0:        #電源OFFの状態
14        if action==0:           #電源ボタンを押す
15          self._state = 1       #電源ONに変更
16        else:                   #行動ボタンを押す
17          self._state = 0       #電源OFFのまま
18      else:                     #電源ONの状態
19        if action==0:           #電源ボタンを押す
20          self._state = 0       #電源OFFに変更
21        else:                   #行動ボタンを押す
22          self._state = 1       #電源ONのまま
23          reward = 1            #報酬が得られる
24      return self._state, reward
25  #Q値クラスの設定
26  class MyQTable():
27    def __init__(self):
28      self._Qtable = np.zeros((2, 2))
29  #行動の選択
30    def get_action(self, state, epsilon):
31      if epsilon > np.random.uniform(0, 1):
                                  #ランダム行動
32        next_action = np.random.choice([0, 1])
33      else:                     #Q値に従った行動
34        a = np.where(self._Qtable[state]
                  ==self._Qtable[state].max())[0]
35        next_action = np.random.choice(a)
36      return next_action
37  #Q値の更新
38    def update_Qtable(self, state, action,
                          reward, next_state):
39      gamma = 0.9
40      alpha = 0.6
41      next_maxQ=max(self._Qtable[:,next_state])
42      self._Qtable[action, state] = (1 - alpha)
            * self._Qtable[action, state] + alpha
                  * (reward + gamma * next_maxQ)
43      return self._Qtable
44
45  def main():
46    num_episodes = 10          #総試行回数
47    max_number_of_steps =5     #各試行の行動数
48    env = MySimulator()
49    tab = MyQTable()
50
51    for episode in range(num_episodes):
                                  #試行数分繰り返す
52      state = env.reset()
53      episode_reward = 0
54      for t in range(max_number_of_steps):
                                  #1試行のループ
55        action = tab.get_action(state, epsilon
                        =1-episode/num_episodes)
                                  #行動の決定
56        next_state, reward = env.step(action)
                                  #行動による状態変化
57        print(state, action, reward)#表示
58        tab.update_Qtable(state, action, reward,
                        next_state)#Q値の更新
59        state = next_state
60        episode_reward += reward   #報酬を追加
61      print(f'Episode:{episode+1:4.0f},
                      R:{episode_reward:3.0f}')
62    print(tab._Qtable)
63    np.savetxt('Qvalue.txt', tab._Qtable)
64
65  if __name__ == '__main__':
66    main()
```

▶Q値の保存

Q値の保存は簡単で，np.savetxt関数で保存するファイル名とQ値を引き数として設定することで実現できます．ここでは，Qvalue.txtというファイル名で保存されます．

学習が終わった後のQ値を確認してみましょう．Colabの左側にあるcontentフォルダの下にQvalue.txtが生成されています．これを開くと，以下のような値が入っています．ただし，実行ごとに異なる値となります．

```
4.94… 2.42…
2.67… 6.91…
```

なお，上記のQ値は以下の順で並んでいます．

```
Q(0, 0) Q(0, 1)
Q(1, 0) Q(1, 1)
```

● 結果の読み取り方

Q値に従うと餌がもらえるかどうか確認してみましょう．まず，初期状態のQ値は，$Q(0, 0)$と$Q(0, 1)$を比べることになり，大きい方の行動をします．それぞれ4.94と2.42となっています．$Q(0, 0)$の方が大きいので0番の行動，つまり電源ボタンを押す行動をし，電源ONの状態に遷移します．

次に電源ONの状態のQ値は，$Q(1, 0)$と$Q(1, 1)$を比べることになり，大きな方を選択します．それぞれ2.67と6.91となっています．$Q(1, 1)$の方が大きいので1番の行動，つまり，餌ボタンを押す行動をし，電源ONの状態は維持したまま報酬が得られます．確かに報酬がもらえる行動が行われていることが分かります．

● 便利な使い方

▶Q値の読み込み（再開）

本節の学習は簡単なのですぐに終わりましたが，学習の内容によってはかなりの時間がかかる場合があります．そこで，保存されていたQ値を用いて学習を再開する場合があります．例えば，Q値を全て0に初期化していた部分（28行目）をQ値を読み出すようにすることで学習を再開させることができます．

```
self._Qtable = np.loadtxt('Qvalue.
txt')
```

このプログラムはskinner_QL_load.pyとして提供します．

ここで学習を再開するときの注意点について示しておきます．Qラーニングではいつも決まった行動が起きないようにε-greedy法によりランダムな動作が起きるようにしています．

リスト7-2　Q値の読み込み（テスト）**skinner_QL_test.py**の一部

```
num_episodes = 1                    #総試行回数
(中略)
    action = tab.get_action(state, 0)
                                    #行動の決定
(中略)
    q_table = tab.update_Qtable(state, action,
              reward, next_state)#Q値の更新
```

ε-greedy法では，最初はランダムに動作する確率を高くしておき，徐々にその確率が小さくなるように設定します．skinner_QL.pyでは，最初はランダムに動作する確率を100％としていて，episode（エピソード数）がnum_episodesになるとその確率が0％となるように，55行目の1-episode/num_episodesの部分で設定しています．そのためskinner_QL.pyで出力されるQ値は，確率が0％まで小さくなった際の値となっています．

学習再開時に，初期値としてQ値を読み込むようにしても，ランダムに動作する確率が100％から始まります．これは無駄の多い学習になってしまいます．そこで最初はランダムに動作する確率を例えば20％にすることを考えます．55行目のランダムに動作する確率を設定している式を(1-episode/num_episodes)*0.2とすることで，episodeが0のときは0.2となり，episodeが大きくなるにつれて徐々に小さくなり，episodeがnum_episodesになったとき0となります．このように学習を再開するときにはε-greedy法でランダムに行動する確率を決める値にも注意を払うようにします．

▶Q値の読み込み（テスト）

学習したQ値を用いて，学習がうまくできているかどうかテストすることもあると思います．簡単な方法は先ほどと同じようにQ値の読み込みを行い，**リスト7-2**のように設定することで実現できます．

まず，試行回数を1にして1回だけ行うようにします．次に，行動を決定する関数（tab.get_action関数）の引き数のランダム行動をする確率を0にすることでランダム行動をしないようにします．そして，Q値の更新を行わないように更新部分（tab.update_Qtable関数）をコメント・アウトします．このプログラムはskinner_QL_test.pyとして提供します．

まきの・こうじ

　　　　　　　　　　　　　　　　　　第1章　人間vs.人工知能

Appendix　練習問題と回答

問題1…ネズミが「電源ボタン→餌ボタン→電源ボタン→餌ボタン」と押したときのQ値の変化を求めよう.

問題2…ネズミが「餌ボタン→電源ボタン→電源ボタン→餌ボタン」と押したときのQ値の変化を求めよう.

問題3…ネズミが「電源ボタン→餌ボタン→餌ボタン→餌ボタン」と押したときのQ値の変化を求めよう.

問題4…ネズミが「電源ボタン→餌ボタン→電源ボタン→電源ボタン」と押したときのQ値の変化を求めよう.

● 回答 1

行動	初期状態	電源ポチ	餌ポチ	電源ポチ	餌ポチ
行動の後の状態	電源 OFF	電源 ON	電源 ON	電源 OFF	電源 OFF
Q(0, 0)	0	0	0	0	0
Q(0, 1)	0	0	0	0	0
Q(1, 0)	0	0	0	0	0
Q(1, 1)	0	0	0.6	0.6	0.6

▶電源 OFF で電源ポチ
$$Q(0,\ 0) \rightarrow 0 \times (1 - 0.6) + 0.6\,(0 + 0.9 \times 0) = 0$$

▶電源 ON で餌ポチ
$$Q(1,\ 1) \rightarrow 0 \times (1 - 0.6) + 0.6\,(1 + 0.9 \times 0) = 0.6$$

▶電源 ON で電源ポチ
$$Q(1,\ 0) \rightarrow 0 \times (1 - 0.6) + 0.6\,(0 + 0.9 \times 0) = 0$$

▶電源 OFF で餌ポチ
$$Q(0,\ 1) \rightarrow 0 \times (1 - 0.6) + 0.6\,(0 + 0.9 \times 0) = 0$$

● 回答 2

行動	初期状態	餌ポチ	電源ポチ	電源ポチ	餌ポチ
行動の後の状態	電源 OFF	電源 OFF	電源 ON	電源 OFF	電源 OFF
Q(0, 0)	0	0	0	0	0
Q(0, 1)	0	0	0	0	0
Q(1, 0)	0	0	0	0	0
Q(1, 1)	0	0	0	0	0

▶電源 OFF で餌ポチ
$$Q(0,\ 1) \rightarrow 0 \times (1 - 0.6) + 0.6\,(0 + 0.9 \times 0) = 0$$

▶電源 OFF で電源ポチ
$$Q(0,\ 0) \rightarrow 0 \times (1 - 0.6) + 0.6\,(0 + 0.9 \times 0) = 0$$

▶電源 ON で電源ポチ
$$Q(1,\ 0) \rightarrow 0 \times (1 - 0.6) + 0.6\,(0 + 0.9 \times 0) = 0$$

▶電源 OFF で餌ポチ
$$Q(0,\ 1) \rightarrow 0 \times (1 - 0.6) + 0.6\,(0 + 0.9 \times 0) = 0$$

● 回答 3

行動	初期状態	電源ポチ	餌ポチ	餌ポチ	餌ポチ
行動の後の状態	電源 OFF	電源 ON	電源 ON	電源 ON	電源 ON
Q(0, 0)	0	0	0	0	0
Q(0, 1)	0	0	0	0	0
Q(1, 0)	0	0	0	0	0
Q(1, 1)	0	0	0.6	1.164	1.69416

▶電源 OFF で電源ポチ
$$Q(0,\ 0) \rightarrow 0 \times (1 - 0.6) + 0.6\,(0 + 0.9 \times 0) = 0$$

▶電源 ON で餌ポチ
$$Q(1,\ 1) \rightarrow 0 \times (1 - 0.6) + 0.6\,(1 + 0.9 \times 0) = 0.6$$

▶電源 ON で餌ポチ
$$Q(1,\ 1) \rightarrow 0.6 \times (1 - 0.6) + 0.6\,(1 + 0.9 \times 0.6) = 1.164$$

▶電源 ON で餌ポチ
$$Q(1,\ 1) \rightarrow 1.164 \times (1 - 0.6) + 0.6\,(1 + 0.9 \times 1.164) = 1.69416$$

● 回答 4

行動	初期状態	電源ポチ	餌ポチ	電源ポチ	電源ポチ
行動の後の状態	電源 OFF	電源 ON	電源 ON	電源 OFF	電源 ON
Q(0, 0)	0	0	0	0	0.324
Q(0, 1)	0	0	0	0	0
Q(1, 0)	0	0	0	0	0
Q(1, 1)	0	0	0.6	0.6	0.6

▶電源 OFF で電源ポチ
$$Q(0,\ 0) \rightarrow 0 \times (1 - 0.6) + 0.6\,(0 + 0.9 \times 0) = 0$$

▶電源 ON で餌ポチ
$$Q(1,\ 1) \rightarrow 0 \times (1 - 0.6) + 0.6\,(1 + 0.9 \times 0) = 0.6$$

▶電源 ON で電源ポチ
$$Q(1,\ 0) \rightarrow 0 \times (1 - 0.6) + 0.6\,(0 + 0.9 \times 0) = 0$$

▶電源 OFF で電源ポチ
$$Q(0,\ 0) \rightarrow 0 \times (1 - 0.6) + 0.6\,(0 + 0.9 \times 0.6) = 0.324$$

人工知能 vs. 人工知能

牧野 浩二

前章では「エージェント」と呼ばれる強化学習で賢くなる個体（プログラム）が1つしかありませんでしたが，本章ではエージェントが2つです．競い合いながら学習します．なお，強化学習は学習方法の枠組みです．別途実装するためのアルゴリズムがいろいろ開発されています．本章では実装が容易でかつ学習手順が直感的に分かりやすいQラーニングを用います．

1 できること（エージェントが複数の場合）

強化学習は，最終的な「良い状態と悪い状態」を与えておくと，自ら途中経路（経過）を学習して，うまく行動するようになる学習方法です．以下に，エージェントが複数の場合の例について説明します．

● 対戦ゲーム

囲碁や将棋，トランプなどの対戦型のゲームでは，大抵の場合，最後に勝ち負けが決まります．しかし，勝つための途中の手は決まっていません．そこで2つの深層強化学習のプログラムが実際に対戦を繰り返しながらお互いに学習し，徐々に強化することが行われています．

勝ち負けがはっきりしているということは，良い状態と悪い状態がはっきりしていることになります．そのため，強化学習に向いた問題と言えます．

対戦ゲーム以外にも，エージェント同士が相互作用するケースはたくさんあります．例えば，次のような意思決定のシミュレーションや生物の進化，協調の仕組みの解明にも用いられています．

● 囚人のジレンマ

囚人のジレンマとは，同じ犯罪に加担した2人の囚人が，それぞれ別の取調室に入っているという設定です．各人が自白（裏切り）するか黙秘（協調）するかで，それぞれの刑期が決まるという問題です（図1-1）．

この自白と黙秘を複数回行う囚人のジレンマ・ゲームは，意思決定を単純化した問題として扱われており，さまざまな戦略（裏切られたら次に裏切るしっぺ返し戦略など）が考えられています．

最良な戦略（自白または黙秘）の獲得のために，2つのエージェントによる強化学習が用いられたという研究もあります．

● 生物の行動

生物はなぜ協調するのか，またはなぜ敵対するのかといった原理的な問題があります．これを解明することは難しいのですが，問題を単純化して複数のエージェントがそれぞれの目的を果たすための行動を強化学習を用いて獲得する過程をシミュレーション上で観察することが行われています．

そして，その観察結果から，その本質を解明しようという研究にも利用されています．本章は逃げるネコと追いかける飼い主を対象としてプログラムで実現します．

図1-1 囚人のジレンマの最適な戦略を立てる際にも強化学習は使われる
この例ではお互い協力して「黙秘」を選択すれば懲役は1年，お互いが自分の利益だけを追求して「自白」を選べば懲役5年となる

		容疑者B	
		自白	黙秘
容疑者A	自白	懲役5年	Bのみ懲役20年
	黙秘	Aのみ懲役20年	懲役1年

2 エージェントが2つのイメージをつかむ

説明のしやすさから，1つのエージェントを用いた強化学習のおさらいから入ります．その後で，1つのエージェントの強化学習と比較しながら，2つのエージェントを用いた対戦型の強化学習の説明をします．

1つのエージェントによる強化学習（第3部第1章の復習）

強化学習では図2-1のように，

- エージェントが環境の「状態を観測」して行動を決める（①行動選択）
- 「行動」すると状態が変わるとともに「報酬」が与えられる（②状態変化）
- 「行動前の状態，行動，報酬，行動後の状態」の4つの情報を使って「学習」する（③学習）

この①～③を繰り返しているうちに，徐々にうまくいく行動を獲得する学習法でした．

● 強化学習における5つの要素

強化学習では，5つの重要な言葉があります．

- エージェント…状態を観測して行動を行い，報酬を得て行動を改善する強化学習の中心的な役割を果たすもの
- 環境…問題設定そのものであり，エージェントに状態を示し，エージェントが行動すると状態を変え，特定の状態になるとエージェントに報酬を与えるもの
- 状態…エージェントが観測する環境の状況

- 行動…エージェントが観測する環境の状況を変えるための動作
- 報酬…良い状態または悪い状態をエージェントに提示するための値

言葉で示すと結構難しいですね．この言葉はこの後たくさん出てきますので，簡単な例題を基にして，言葉の関係のイメージをしっかりつけておきましょう．ここでは「スキナーの箱」と呼ばれるネズミがボタンを手順通りに押すと餌が出てくる図2-1に示す問題に当てはめて説明します．

● 第3部第1章で登場したスキナーの箱

- エージェント（ネズミ）が，与えられた環境（2つのボタンが付いた箱）に居ます．
- エージェントは環境の状態（電源がONかOFF）を観測します．
- 観測した結果に基づき行動（電源ボタンを押すまたは餌ボタンを押す）します．
- ある状態である行動を行う（電源がONしているときに餌ボタンを押す）と報酬（餌）が得られます．
- 報酬が得られた場合だけよい状態だと分かります．

ネズミはこれを繰り返すことで，「電源を押しても報酬は得られないが，電源を押すとその後で報酬が得られる」ことを覚えます．このようにして報酬につながる動作をだんだん覚えていくのが強化学習の学習方法です．

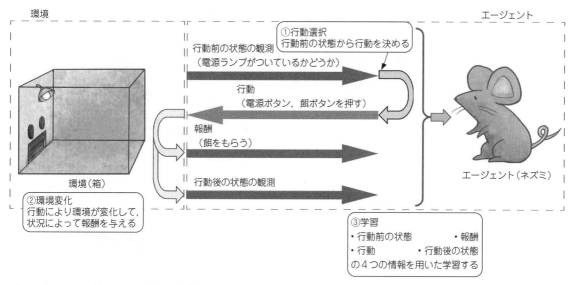

図2-1 ボタンが2つ付いている箱の中にネズミが1匹

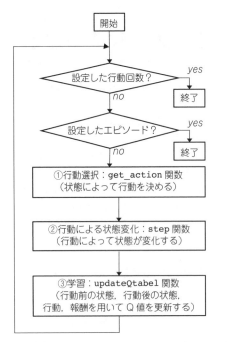

図2-2 第3部第1章で示したスキナーの箱でエージェントが学習する際のフロー

▶ **フローチャートで表す**

　学習の手順をフローチャートで示すと**図2-2**となります.

　図2-2のフローチャートから,行動選択,行動による状態変化,学習を繰り返していることが分かります.

　この1つのエージェントによる強化学習のフローチャートは,後ほど示す2つのエージェントによる強化学習と比較するために示しました.

2つのエージェントによる強化学習

　2つのエージェントによる対戦型では,**図2-1**は**図2-3**のように,交互に行動して1つの環境の状態を変化させます.複雑に見えますが,1つのエージェントの強化学習と2つのエージェントの強化学習の違いは学習するタイミングです.

● **勝敗が決まる前の学習のタイミング**

　図2-1に示した1つのエージェントの場合,自らの行動によって変化した状態を次の状態として学習に用いました.しかし対戦型の場合は,**図2-3**に示すように「相手の行動の後の状態を学習に用いる」こととなります.

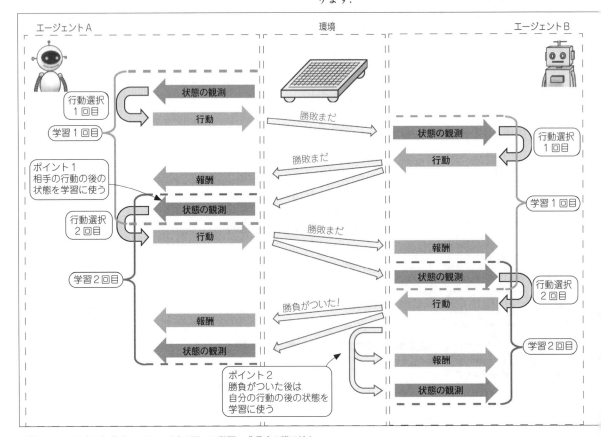

図2-3 2つの人工知能(エージェント)が互いに学習・成長する際の流れ

● 勝敗が決まった後の学習のタイミング

2つのエージェントを用いた場合，勝敗が決まる前は，相手の行動の後の状態を学習に用いました．しかし，勝敗が決まると次の相手の行動がありません．そこで勝敗が決まった場合はその状態を用いて学習をすることとなります．

● 三目並べを例に解説

対戦型の強化学習の手順のイメージをつかむために，三目並べ（○×）ゲームを例に説明します（**図2-4**）．
①**観測**：エージェントAは何も書かれていない盤面を観測します．
②**行動**：エージェントAは左上に○を打ちます．行動後すぐに学習をしない点が1つのエージェントを用いた強化学習と異なる点です．
③**観測**：エージェントBがその状態を観測します．エージェントAが観測するのではない点に気をつけてください．

④**行動**：エージェントBが中心に×を打ちます．
⑤**報酬（0）**：エージェントAは報酬0を得ます．この段階で学習に必要な4つの情報（行動前の状態，行動，報酬，行動後の状態）が得られますので，この盤面を基に学習します．

エージェントAの学習では行動前の状態は何も書かれていない状態（①の観測で得られた状態），行動後の状態は○と×が1つずつ打たれている状態を用いることになります．なお，勝敗が決まっていないので報酬は0として学習します．
⑥**観測**：エージェントAが盤面を観測します．
⑦**行動**：エージェントAが2つ目の○を打ちます．
⑧**報酬（0）**：エージェントBがこのタイミングで学習します．エージェントBの学習では行動前の状態は○が1つ書かれている状態（③の観測で得られた状態），○が2つ×が1つ打たれた状態を用いることになります．なお，この場合も報酬は0です．

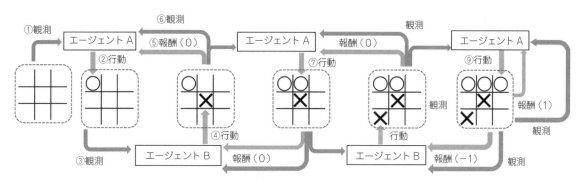

図2-4　三目並べを例に対戦型強化学習のイメージをつかむ

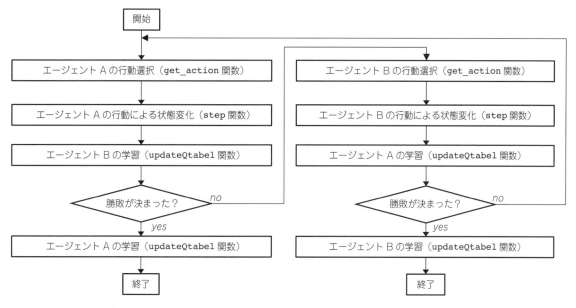

図2-5　三目並べでエージェントが学習する際のフロー

223

⑨**行動**：互いに観測，行動，学習を行った後のエージェントＡの行動に注目します．エージェントＡの行動によって，○が3つ並び，勝敗が決まりました．

⑩**報酬（−1）**：これまでと同じようにエージェントＢが学習を行うタイミングです．勝敗が決まり，エージェントＢは負けましたので，報酬を−1として学習します．

⑪**報酬（1）**：本来ならエージェントＡは，エージェントＢの後に学習するのですが，勝敗が決まりましたのでエージェントＡもこのタイミングで学習します．この点が1つのエージェントとは異なる点です．

▶フローチャート

これをフローチャートで表すと**図2-5**となります．2つのエージェントを用いた場合も行動選択，状態変化，学習の順で処理が行われますが，行動選択と状態変化の後は異なるエージェントが学習を行っている点に特徴があります．そして勝敗が決まると更新が行われる点にも特徴があります．

3　プログラムを動かしてみよう

実際に三目並べをやってみましょう．まずは三目並べのプログラム（`SanMoku.ipynb`）の，「ライブラリの読み込み，シミュレータ・クラス，Q値クラス，学習の実行，対戦の実行」を順に実行します．

最後の「対戦の実行」を実行した後は，以下のように表示されます．読者が0〜8の数字を入力すると，ゲームが進みます．なお，0から8までの数字の位置は以下です．

0	1	2
3	4	5
6	7	8

ゲームを開始します．

[0-8] 1　＃筆者は1番のマスに○を打った

Agent action：0＃エージェントは0番のマスに×を打った

[0-8] 2　＃筆者は2番のマスに○を打った

[grid]

（中略）

Agent action：4　＃エージェントは4番のマスに×を打った

[grid]

[0-8] 8　＃筆者は8番のマスに○を打った

[grid]

Agent action：5＃エージェントは5番のマスに×を打った

[grid]

You loose.　＃筆者が負けた

上記右上 Agent action: 4に注目してください．エージェントは4番のマスに×を打っています．エージェントは5番と8番のマスでリーチとなります．そのため，この次に筆者がどこに○を打ってもエージェントの勝ちです．しっかりと学習していることが見て取れます．

なお，三目並べは本気を出すと引き分けにしかなりませんので，エージェントと対戦する際には，手加減してあげてください．

● だんだん賢くなっていく AI

前項では，コンピュータが学習済みのQ値を用いて，皆さんと対戦しました．このQ値は，三目並べのプログラム SanMoku.ipynb の中の「学習の実行」を実行することで，読者の環境上で育成されていきます．

プログラム上で学習を実行すると，以下の表示が得られます．

```
Training
[47, 464, 475, 13, 1] 1000
[123, 384, 371, 47, 75] 1000
[138, 353, 378, 67, 64] 1000
[164, 286, 328, 45, 177] 1000
（中略）         引き分けの数が増えている
[154, 190, 152, 52, 452] 1000
Training Finish.
```

左から以下を表しています．

- 先手エージェントの勝ち数
- 先手エージェントのペナルティ数
- 後手エージェントの勝ち数
- 後手エージェントのペナルティ数
- 引き分けの数

なお，ペナルティ数とは，既に置かれているところに打ってゲームが終わった回数です．お互いのエージェントが徐々に強くなっていくので，引き分けの数が増えていきます．引き分けだけにならないのは，ランダムな場所に打つ確率を最後まで10％を切らないようにしているためです．

SanMoku.ipynb では，学習の回数に相当するエピソード数を100000に設定していますが，これを10000回に減らして学習し直すと，先ほどの Agent action：4のような，次に横と斜めのどちらでも3つ並ぶような手は打たなくなります．学習回数が増えるとより賢くなっていることを体験いただければと思います．

コラム ゲームのタイプと学習の難しさ 牧野 浩二

有名な対戦ゲームには，リバーシ，囲碁，チェス，将棋があります．これらはコンピュータが人間のレベルを超えたといわれています．リバーシが最も早く超え，将棋が最後に超えたといわれています．ここでは各対戦ゲームにおける状態と行動の数に着目し，その難しさをまとめました．

● リバーシ
駒：2種類
盤面：8×8
指し手：空いている位置かつ置ける位置のみ置ける
状態：$3^{8 \times 8}$
行動：8×8

状態が52488であり，行動は64しかありませんので，全てを探索することもできます．そのため，ここで取り上げる4つのゲームの中では簡単な学習でした．

● 囲碁
駒：2種類
盤面：13×13
指し手：空いている位置のみ置ける
状態：$3^{13 \times 13}$
行動：13×13

状態が20726199と，かなりの数になり，行動の数もリバーシに比べて多くなりました．状態が多くなったことにより学習が難しくなっています．

● チェス
駒：6種類
盤面：8×8
指し手：駒を移動させる
状態：$7^{8 \times 8}$
行動：キング×1，クイーン×1，ビショップ×2，ナイト×2，ルーク×2，ポーン×8のそれぞれの移動できる位置を掛けたものを足し合わせた数

例えば，キングは縦横斜めに1マスだけ移動できますので最大8個の位置，ビショップは斜め一直線に移動しますので最大7^4となります（角にいるときには斜めに最大7個移動できるため）．

以上から理論上，

$$1 \times 8 + 1 \times 7^4 \times 7^4 \times 8 + 2 \times 7^4 + 2 \times 8 + 2 \times 7^4 + 8 \times 2 = 46128052$$

通りの行動が考えられます（ポーンは実際はもっと複雑な行動をする）．ただし，これは用意すべき行動数ですので，盤面の状態によって実際に行動できる数とは異なります．

状態が多いこともさることながら，駒の種類の多さと，駒を移動させるという点で，行動数が多くなっています．理論上考えるべき行動の多さが学習を難しくしています．

● 将棋

駒：8種類

盤面：9×9

指し手：駒を移動させるまたは持ち駒を置く

状態：78×8

行動：王将（玉将），飛車，角行，金将，銀将，桂馬，香車，歩兵のそれぞれの移動できる位置を掛けたものを足し合わせたものに加えて，持ち駒を使う行動

チェスのように駒を移動させるため難しい問題です．加えて相手の駒を取り，持ち駒としてそれを使うというルールがあるため，理論上考えるべき行動が多数あり学習を難しくしました．

5　原理

この記事では強化学習の実装アルゴリズムとしてQラーニングを用います．対戦型を実現するQラーニングの原理を知る前に，「1つのエージェントによるQラーニング」のおさらいをして，それを対戦型に応用します．ここでのエージェントは，学習によって成長するコンピュータの行動を具現化する存在とお考えください．難しければ，コンピュータが操作するプレーヤだと思ってください．

1つのエージェントによるQラーニング

QラーニングはQ値と呼ばれる行動選択の基準となる値を更新することでうまく動作するようになる学習方法です．そのためQ値が重要となります．Qラーニングでは状態をs，行動をaと表し，状態sのときの行動aのQ値は$Q(s, a)$と表します．

● 行動の判断基準 Q値

Q値を説明するために，例えば図5-1のように迷路を移動しているエージェントを考えます．全てのマスには0から順に番号が振られているものとします．な

お，ここでは6がスタート位置，18がゴール位置です．そして，エージェントは上下左右の4方向に動けるものとし，各行動は図中の表に示すように番号が割り当てられています．

Qラーニングでは各マスにQ値を設定します．例えばエージェントが居る7番のマスには，図5-1のように4つのQ値が書かれているものとします．なお，Q値は正の値だけでなく，負の値も設定されます．

Q値はどの行動を取ったらよいかを選ぶ判断基準となり，通常は値が大きな行動を選択することになります．図5-1の場合は$Q(7, 2)$のQ値が一番大きいので2番の行動，つまり下に移動することになります．

● Q値の更新

Q値を更新するための式を式(5-1)に示します．

$$Q(s, a) \leftarrow (1-\alpha) Q(s, a) + \alpha(r + \gamma \max Q) \tag{5-1}$$

ただし，s：状態，a：行動，r：報酬，$Q(s, a)$：状態sのときに行動aを取った際のQ値，αとγ：$0 \sim 1$までの定数とする．

$\max Q$の意味は，行動aを行ったときに遷移する次

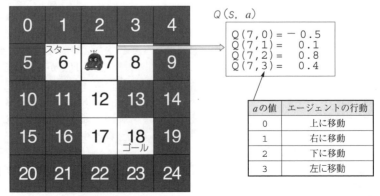

図5-1　迷路を例に1つのエージェントによるQラーニングを説明する

の状態のQ値の最も大きい値です．報酬は**図5-1**の例では壁にぶつかる行動をしたときマイナスの値，ゴールに到達したときにプラスの値が得られるようにしておきます．

● **常にQ値に従って行動するわけではない**

ここでエージェントはQ値が大きい行動を選択すると説明しましたが，この行動だけを選択していると，よりよい行動を見つけることができないことが分かっています．そこでQラーニングでは，ある確率でランダムに行動することが必要とされていて，この記事で説明するプログラムにもある確率でランダムに行動するように設定しています．ランダムな行動を選択する方法はε-greedy法と呼ばれています．

2つのエージェントによる
Qラーニング

● **三目並べで考える…そのルール**

いよいよ対戦型のQラーニングの原理を説明します．例として三目並べのQ値を考えてみましょう．三目並べは**図2-4**のように3×3の9マスの盤面を「状態」として観測しました．各マスは「ブランク，○，×」の3つの状態があります．そのため状態は3^9（＝19683）個あります．

Qラーニングでは，全ての状態に対して番号を振ります．盤面の番号を**図5-2**(a)のように設定し，以下のように決めると，**図5-2**(b)の状態の番号は88となり，**図5-2**(c)では17890となります．

ブランク：0　　○：1　　×：2

三目並べは0～8までの位置に手を打つことができます．そのため，各状態に対して9個のQ値を設定することになります．既に○や×が打たれている位置には手を打つことができませんが，これは学習によって自ら学んでいきますので，Q値の設定のときは9個の行動があるとしておきます．

● **状態としては19683個もある**

以上から，状態が3^9個，行動が9個ですので，Q値は$[3^9, 9]$を2次元配列として持つこととなります．さらに対戦型の強化学習では，各エージェントにQ値を設定する必要がありますので，三目並べでは2つのQ値が必要となります．

● **報酬**

三目並べの報酬を考えます．報酬は**図2-4**に示したように勝敗が付いた際に与えます．さらに○か×が書かれている場所に打とうとした場合には，マイナスの報酬を与えます．これを設定すると，エージェントは○×が書かれている位置には手を打たなくなります．

例えば，**図5-2**(b)のような盤面を考えます．Q値が初めは**表5-1**のように，全て0であったとします．学習を繰り返すと○または×が打たれている部分（ブランクでない部分）のQ値は，**表5-1**に示したようにマイナスとなるため，ランダム行動が起きない限り，その位置に手を打つことがなくなります．なお，この場合はQ値の一番大きい8番の位置に次の手を打つことになります．

表5-1　学習前のQ値と学習後のQ値

	学習前のQ値	学習後のQ値
$Q(88, 0)$	0	-1
$Q(88, 1)$	0	-1
$Q(88, 2)$	0	0.2
$Q(88, 3)$	0	0.5
$Q(88, 4)$	0	-1
$Q(88, 5)$	0	0.3
$Q(88, 6)$	0	0.6
$Q(88, 7)$	0	0.8
$Q(88, 8)$	0	0.9

0	1	2
3	4	5
6	7	8

（a）マスの番号

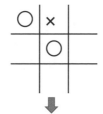

$1 \times 3^0 + 2 \times 3^1 + 0 \times 3^2$
$+ 0 \times 3^3 + 1 \times 3^4 + 0 \times 3^5$
$+ 0 \times 3^6 + 0 \times 3^7 + 0 \times 3^8$
$= 88$

（b）3手目の盤面の状態の番号

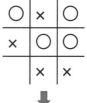

$1 \times 3^0 + 2 \times 3^1 + 1 \times 3^2$
$+ 2 \times 3^3 + 1 \times 3^4 + 1 \times 3^5$
$+ 0 \times 3^6 + 2 \times 3^7 + 2 \times 3^8$
$= 17890$

（c）8手目の盤面の状態の番号

図5-2　エージェントが学習中の各状態には番号を付ける必要がある

6　プログラムの説明

核となる4要素

それではPythonで三目並べを行うプログラムを紹介します．原理を知るためにプログラムを全て作ります．フローチャートは図2-5に示したものを用います．プログラムは大きく分けて4つの部分から成り立っています．

リスト6-1　三目並べのシミュレータ・クラス(Sanmoku.ipynbの一部)

```
01  #シミュレータクラス
02  class MySimulator():
03      def __init__(self):
04          self.reset()
05  #初期化
06      def reset(self):
07          self._state = np.zeros(9,
                        dtype=np.int32)#マスの設定
08          return self._state
09  #行動による状態変化
10      def step(self, action, turn):
11          rewards = [0,0]
12          done = False
13          if self._state[action] != 0:
                #すでに○か×が書かれているところに打った場合
14              done = True
15              rewards[turn] = -1
                #打ったエージェントだけマイナスの報酬
16              return self._state, rewards, done
17          self._state[action] = turn+1
18  #3つ並んだかを判定
19          ptn = [[0,1,2],[3,4,5],[6,7,8],[0,3,6],
                    [1,4,7],[2,5,8],[0,4,8],[2,4,6]]
20          for i in range(8):
21              if self._state[ptn[i][0]] ==
                                    turn+1 and \
22                  self._state[ptn[i][1]] ==
                                    turn+1 and \
23                  self._state[ptn[i][2]] ==
                                    turn+1:
24                  rewards[turn] = 1
                #勝ったエージェントにプラスの報酬
25                  rewards[(turn+1)%2] = -1
                #負けたエージェントにマイナスの報酬
26                  done = True
27                  return self._state,
                                    rewards, done
28          return self._state, rewards, done
29      def show_Board(self):
30          mb = {0:' ', 1:'O', 2:'X'}
31          i=0
32          print(mb[self._state[i*3]], "|",
                    mb[self._state[i*3+1]], "|",
                        mb[self._state[i*3+2]] )
33          print("----------" )
34          i=1
35          print(mb[self._state[i*3]], "|",
                    mb[self._state[i*3+1]], "|",
                        mb[self._state[i*3+2]] )
36          print("----------" )
37          i=2
38          print(mb[self._state[i*3]], "|",
                    mb[self._state[i*3+1]], "|",
                        mb[self._state[i*3+2]] )
```

● 環境設定(シミュレータ・クラス)

1つ目は，環境を設定する部分(シミュレータ・クラス)です．○と×がどこに打たれているかを記憶しておき，エージェントが番号を指定すると，その位置に手を打つことを行います．また，この部分で報酬をエージェントに与えます．

● 行動決め(Q値クラス)

もう1つは行動を決める部分(Q値クラス)です．これが三目並べを行うエージェントに相当します．現在の状態を入力するとQ値に従って行動を出力したりQ値を更新したりする部分です．本章では2つのエージェントを用いるため2つのQ値を扱います．

● 学習の実行

対戦しながら学習する部分です．手を決めて実際に打ち，勝ち負けが決まるまで手番の変更を繰り返しています．このプログラムでは100000回の勝負を行っています．

● 対戦の実行

学習後のエージェントと対戦を行う部分です．学習の時は2つのエージェントで対戦しましたが，人間との対戦なので一方の手を決める部分を人間にしている点と，人間との対戦では学習を行わないようにしている点が異なります．なお，ここでは学習時に表示される勝敗の数や，この後説明する人間との対戦時の盤面の表示部分は省略しています．

プログラムの中身

それではプログラムの中身を説明します．

● ①シミュレータ・クラス(リスト6-1)

三目並べのゲームをシミュレーションする部分です．既に打たれている位置に打ったらマイナスの報酬，勝ったらプラスの報酬，負けたらマイナスの報酬を与えることを行います．まずは，ここで使われる変数とメソッドを以下に示します．

▶self._state…状態を表す長さが9の配列(7行目)

図5-2(a)のように盤面に番号を振り，ブランクのときは0，○のときは1，×のときは2となります．

図5-2(b)，図5-2(c)は，それぞれ以下となります．

[1,2,0,0,1,0,0,0,0]
[1,2,1,2,1,1,0,2,2]

▶resetメソッド…**初期化**(5～8行目)

　ゲーム開始時にこのメソッドが呼ばれ初期状態に戻します.

▶stepメソッド…**行動による状態変化**(9～28行目)

　行動(action)を引数として与えて,状態(self._state)を変化させます.エージェントが2つあるので,どちらのエージェントの行動かを示すために,turn変数を用いています.なお,turn変数は0と1が割り当てられています.そして,エージェントが2つあるので,報酬を[0, 0]としています(11行目).

　13行目のif文は,打つ位置がブランクかをチェックしています.もし,ブランクでないならば,打った方にマイナスの報酬を与えて,done変数をTrueとすることで勝負がついたことが分かるようにしています.

　ブランク位置に打つ場合は17行目のように,

`self._state[action] = turn+1`

として,状態に1または2を代入しています.

　20行目のfor文の中にあるif文は,3つ並んでいるかどうかをチェックしています.3つ並ぶパターンをptn変数に全て書き出しておき,その位置の値が全て同じになっているかチェックすることで,3つ並んでいるかどうかをチェックしています.

　もし,並んでいれば,勝った方にプラスの報酬,負けた方にマイナスの報酬を与えて,done変数をTrueとしています(24～27行目).

● **②Q値クラス(リスト6-2)**

　リスト6-2は行動の選択とQ値の更新について記しています.

▶get_actionメソッド…**行動選択**(14～24行目)

　stateとepsilonを引数として次の行動を決めます.stateは状態のことで,epsilonはε-greedy法に必要なランダム行動を取る確率を決める変数です.

　QラーニングはQ値の大きい行動を取るアルゴリズムです.いったん大きい値が入ると,それ以降ほかの行動をしなくなります.そうすると,もっと効率の良い行動を探さなくなります.そこで,ある確率でランダムに行動する方法がε-greedy法です.

　ε-greedy法では,0～1までの乱数を発生させて,それがepsilonよりも小さければ,ランダム行動を行います.epsilonは学習回数とともに小さくしていきます.逆に発生させた乱数がepsilonよりも大きければQ値に従った行動を行います.

　まず,Q値が最大の行動を調べます.このとき最大のQ値となる行動が複数ある場合があります.そこで,最大のQ値を取る行動をまずリスト化して,その中からランダムで選ぶようにしています.これをPython流の短い書き方で実現しています.

▶update_Qtableメソッド…**Q値の更新**(25～36行目)

　Q値を更新する部分です.これは式(5-1)を実装している部分となります.なお,式ではQ(状態,行動)の順で書かれていますが,Pythonで処理をしやすくするために,プログラムではQ(行動,状態)の順で書かれています.

● **③学習の実行(リスト6-3)**

　図2-5に示したフローチャートに沿って処理が行われます.ここで重要な点は,2つのエージェントがそれぞれ「行動,報酬,行動前の状態」を保存するための変数を設定する点です.例えば報酬は,

`rewards = [0,0]`

として,2つのエージェントの報酬がそれぞれ保存できるようにしています(11行目).ここでは先手のエージェントをエージェント0,後手をエージェント1と呼ぶこととします.なお,このプログラムはフロー

リスト6-2　三目並べのQ値クラス(Sanmoku.ipynbの一部)

```
01  #Q値クラスの設定
02  class MyQTable():
03      def __init__(self, train=True):
04          if train:
05              print("Training")
06              QV0=np.zeros((3**9,9),
                              dtype=np.float32)
07              QV1=np.zeros((3**9,9),
                              dtype=np.float32)
08          else:
09              print("Game Start")
10              QV0=np.zeros((3**9,9),
                              dtype=np.float32)
11              QV1 = np.loadtxt('Q1value.txt')
12          self._QVs = [QV0, QV1]
13  #行動の選択
14      def get_action(self, state, epsilon, turn):
15          qv= self._QVs[turn]
16          s = 0
17          for i in range(9):
18              s = s + state[i]*(3**i)
19          if epsilon > np.random.uniform(0, 1):
                  #徐々に最適行動のみをとる、ε-greedy法
20              next_action =
                      np.random.choice(range(9))
21          else:
22              a = np.where(qv[s]==qv[s].max())[0]
23              next_action = np.random.choice(a)
24          return next_action
25      def update_Qtable(self, act, reward,
                          state, state_old, turn):
26          qv= self._QVs[turn]
27          s = 0
28          so = 0
29          for i in range(9):
30              s = s + state[i]*(3**i)
31              so = so + state_old[i]*(3**i)
32          alpha = 0.5
33          gamma = 0.9
34          maxQ = np.max(qv[s])
35          qv[so,act] = (1-alpha)*qv[so,act]
                      +alpha*(reward + gamma*maxQ);
36          self._QVs[turn] = qv
37      def save_Qtable(self):
38          np.savetxt('Q0value.txt', self._QVs[0])
39          np.savetxt('Q1value.txt', self._QVs[1])
```

リスト6-3　三目並べの学習実行（Sanmoku.ipynbの一部）

```
01  def main():
02      num_episodes = 100000    #総試行回数
03      env = MySimulator()
04      tab = MyQTable()
05      wins = [0,0,0,0,0]
06      for episode in range(num_episodes):
                              #試行数分繰り返す
07          if episode%10000==0:
08              wins = [0,0,0,0,0]
09          state = env.reset()
10          state_old = [state,state]
11          rewards = [0,0]
12          actions = [0,0]
13          epsilon = (1 / (episode + 1))+0.1
14          step = 0
15          while(1):
16              actions[0] =
                tab.get_action(state, epsilon, 0)
17              state_old[0] = np.copy(state)
18              state, rewards, done =
                env.step(actions[0], 0)
19              tab.update_Qtable(actions[1],
                rewards[1], state, state_old[1], 1)
20              if done==True:
21                  tab.update_Qtable(actions[0],
                rewards[0], state, state_old[0], 0)
22                  if rewards[0]==-1:
23                      wins[1]+=1
24                  else:
25                      wins[0]+=1
26                  break
27              step +=1
28              if step==9:
29                  break
30              actions[1] = tab.get_action(state,
                epsilon, 1)
31              state_old[1] = np.copy(state)
32              state, rewards, done =
                    env.step(actions[1], 1)
33              tab.update_Qtable(actions[0],
                rewards[0], state, state_old[0], 0)
34              if done==True:
35                  tab.update_Qtable(actions[1],
                rewards[1], state, state_old[1], 1)
36                  if rewards[0]==-1:
37                      wins[3]+=1
38                  else:
39                      wins[2]+=1
40                  break
41              step +=1
42          if step==9:
43              wins[4]+=1
44          if (episode+1)%10000==0:
45              print(wins,sum(wins))
46
47      tab.save_Qtable()
48      print("Training Finish.")
49
50  if __name__ == '__main__':
51      main()
```

チャートに沿うように，回りくどい方法で書いています．

▶行動

最初のfor文が学習回数になります（6行目）．なお，1回の学習をエピソードと呼びます．その中にあるwhile文の繰り返しの中身が，1回のゲームのシミュレーションをしている部分となります（15行～41行目）．この部分がフローチャートに沿っています．

まず，エージェント0が行動を選び（tab.get_

action関数，16行目）ます．エージェント0の行動選択であることは，tab.get_action関数の3つ目の引数に0を入力することで実現します．そして，エージェント0が行動によって状態を変化させます（env.step関数，18行目）．

▶Q値の更新

その後が対戦型の重要な点となります．エージェント1が，

- 遷移前の状態（state_old）
- 行動（action）
- 行動後に遷移にした状態（state）
- 得られる報酬（rewad）

を用いて，Q値を更新（tab.update_Qtable関数）します（19～41行目）．その後のif文は勝敗が付いているときの処理です．勝敗がついていればエージェント0がQ値の更新をします．これをエージェント1についても行っています．

▶終了と保存

勝負がつかずに9回手を打ったら終了ですので，エージェント0の処理とエージェント1の処理の間のif文で終了させています（28行目）．これを設定する学習回数だけ終わったら，tab.save_Qtable関数を実行してQ値をファイルに保存しています（47行目）．

なお，ダウンロードできるプログラムには［先手の勝ち数，負け数，後手の勝ち数，負け数，引き分け数］対戦数として表示する部分（45行目）も書かれています．

● 学習回数によって強さが変わる

この例では十分強くするために100000回の学習を行いました．学習回数を少なくすると弱くなります．これを利用して強さを変えることを行うことができます．例えば，30000回学習したQ値と50000回学習したQ値，100000回学習したQ値を保存しておき，対戦プログラムを実行するときに選べるようにしておくと，強さを1（弱い）から3（強い）まで選べるようになります．プログラムSanMoku2Level.ipynbを用意しました．

この場合は保存するQ値の名前をQV1value.txtとしてある部分を学習回数に合わせて，Q1value30k.txt，Q1value50k.txt，Q1value100k.txtのようにしておきます．

● ④対戦の実行

人間との対戦を行うためのプログラムをリスト6-4に示します．なお，リスト6-1～リスト6-4に示したSanMoku.ipynbには，

- コンピュータ同士の対戦（リスト6-3）
- 人間とコンピュータとの対戦（リスト6-4）

が含まれています．従って，リスト6-3とリスト6-4

は似ています．**リスト6-4**では，**リスト6-3**で学習して強くなったコンピュータと人間とが対戦することになります．

▶コンピュータ同士の対戦との違い…Q値クラス

Q値クラスは，**リスト6-2**で初期化している部分(6, 7行目)を**リスト6-2**の10, 11行目のように変更し，エージェント1のQ値をファイルから読み取るようにしています．

▶コンピュータ同士の対戦との違い…対戦の実行部分

対戦は1回のみですので，学習を繰り返すfor文を削除しました(**リスト6-3**の6行目，**リスト6-4**の15行目)．

エージェント0の行動を人間に置き換えるためにaction[0]の値をinput関数で得るようにしました(**リスト6-4**の22行目)．プログラムを簡単にする目的で，0〜8以外の数字を入力した場合の処理がないため，それ以外の文字や数字を入力するとエラーとなります．その行動を使って，env.step関数で状態を変化させます(**リスト6-4**の23, 36行目)．

エージェント1の行動選択を行い状態を変化させます．これは学習を行うプログラムと同じです．なお，人間との対戦ではQ値を更新する必要はありませんので，tab.update_Qtable関数(**リスト6-3**の33行目)は削除しました．

盤面を表示する関数を**リスト6-4**の1行〜9行目に用意しました．

● **強さを選択する**

学習回数を変えると強さが変わることを説明しました．ここでは，強さを選んでそれを読み込むように改造する方法を説明します．

なお，Q1value30k.txt，Q1value50k.txt，Q1value100k.txtのファイルがあるものとします．

変更は**リスト6-2**の8〜11行目を**リスト6-5**のように変更することで実現できます．1, 2, 3のいずれかを入力するとそれに合わせたQ値のファイルを読み込むようにしています．ただし，学習回数は適当に選びましたので，思ったほど弱くないかもしれません．

変更後のプログラムがSanMoku2Level.ipynbです．

リスト6-4 人間との対戦(Sanmoku.ipynbの一部)

```
01  def show_InitBoard():
02      i=0
03      print(i*3, "|", i*3+1, "|", i*3+2 )
04      print("----------" )
05      i=1
06      print(i*3, "|", i*3+1, "|", i*3+2 )
07      print("----------" )
08      i=2
09      print(i*3, "|", i*3+1, "|", i*3+2 )
10  def main_play():
11      show_InitBoard()
12      num_episodes = 1   #総試行回数
13      env = MySimulator()
14      tab = MyQTable(False)
15
16      state = env.reset()
17      state_old = [state,state]
18      rewards = [0,0]
19      actions = [0,0]
20      step = 0
21      while(1):
22          actions[0] = int(input('[0-8]'))
23          state, rewards, done =
                            env.step(actions[0], 0)
24          env.show_Board()
25          if done==True:
26              if rewards[0]==-1:
27                  print('Penalty. You lose.')
28              else:
29                  print('You win!!!')
30              break
31          step +=1
32          if step==9:
33              break
34          actions[1] = tab.get_action
                            (state, 0, turn=1)
35          print("Agent action:", actions[1])
36          state, rewards, done =
                            env.step(actions[1], 1)
37          env.show_Board()
38          if done==True:
39              if rewards[1]==-1:
40                  print('Penalty. You win.')
41              else:
42                  print('You loose.')
43              break
44          step +=1
45
46  if __name__ == '__main__':
47      main_play()
```

リスト6-5 強さを選択できるようにするための変更箇所

```
else:
    print("Game Start")
    print("Select Level")
    lv = int(input('[1,2,3]'))
    QV0=np.zeros((3**9,9), dtype=np.float32)
    if lv==1:
        QV1 = np.loadtxt('Q1value30k.txt')
    elif lv==2:
        QV1 = np.loadtxt('Q1value50k.txt')
    else:
        QV1 = np.loadtxt('Q1value100k.txt')
```

もっと体験したい方へ
電子版「強化学習2…人工知能 vs. 人工知能」では，より多くの体験サンプルを用意しています．全20ページ中，15ページは本章と同じ内容です．
https://cc.cqpub.co.jp/lib/system/doclib_item/1326/

7 実践！ネコと飼い主の追いかけっこゲームを作る

ゲームのルール

● ネコと飼い主の追いかけっこ

飼い主とネコの追いかけっこを強化学習で実現してみます．図7-1のように上下左右に動けるネコ（■で表示）と，上下左右に加えて斜めにも動ける飼い主（◆で表示）が居るとします．

飼い主は破線で囲われた周り25マスのどこにネコが居るか分かるものとし，ネコは実線で囲われた周り9マスのどこに飼い主が居るか分かるものとします．例えば図7-1の位置関係にある場合は，飼い主はネコを認識できますが，ネコは飼い主に気づいていないことになります．ネコは飼い主から逃げ，飼い主はネコを捕まえられるかという問題です．

● プログラムの実行結果

ダウンロード・データとして入手できる Owner Cat.ipynb の実行例を図7-2に示します．実行ごとに結果は異なります．ここではネコが下方向に逃げて，飼い主が追いかけていきます．ただし，この図では飼い主は斜め移動を繰り返しています．そして，ネコが偶然に右方向に移動した場合，飼い主がネコを捕まえています．三目並べと違うのは，それぞれのエージェントが異なる動作を行う点です．

前提条件

このゲームの前提条件を整理してみます．

● 状態

観測できる環境の状態が異なります．飼い主は広い範囲を見ることができますが，ネコは近い範囲しか見ることができません．飼い主とネコが同じ範囲を見ることができると，ネコが逃げると飼い主が見失ってしまうため，このような設定にしています．

● 行動

ネコは上下左右の4方向にしか移動できませんが，飼い主は8方向に移動できるようにしています．これも飼い主が捕まえやすくするための設定です．

● 報酬

三目並べでは勝った方に正の報酬，負けた方に負の報酬といった具合に，勝敗によって得る報酬が異なりました．飼い主とネコの問題では，飼い主は捕まえれば（同じ位置に重なれば）正の報酬を得ますが，ネコは捕まると負の報酬を得ることになります．飼い主は正の報酬しか得ず，ネコは負の報酬しか得ない点が異なります．

プログラミング

飼い主用の行動とネコ用の行動を別々にプログラムする必要があります．Q値の更新も，飼い主用とネコ用を用意する必要があります．

● Q値の設定

Q値の設定はリスト7-1のように，異なる大きさのQ値の配列を用意します．更新方法などは三目並べとほぼ同じです．

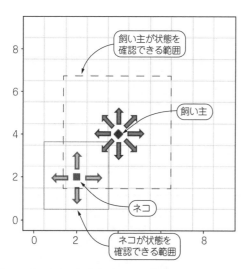

図7-1　ネコと飼い主の追いかけっこを例にQラーニングを紹介する
ネコも飼い主も別々の人工知能が動きを学習する

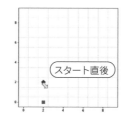 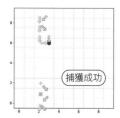

図7-2　筆者提供プログラム OwnerCat.ipynb の実行例

● 行動と報酬

行動とそれによる報酬は**リスト7-2**のように場合分けをしています．turnが0のときはネコ，turnが1のときは飼い主の行動としています．

また，env.get_state関数を用意しています．これは各エージェントから見て，どの位置に他のエージェントが居るかを返すために作成した関数です．

ネコの場合はネコを中心に**図7-3(a)**に示すように番号が割り当てられています．その範囲内に飼い主が居れば，その番号を返します．**図7-3(a)**の場合は6となります．また，飼い主が居なければ10を返すようにしています．飼い主の場合は**図7-3(b)**とします．**図7-3(b)**にネコが居る場合は15となります．その範囲内に飼い主が居なければ25を返すようにしています．

ネコも飼い主も捕まえることで学習が進んでいきます．このシミュレーションでは1000回の繰り返しで学習できました．ネコは飼い主に捕まるとマイナス報酬を得ます．飼い主はネコを捕まえるとプラス報酬を得ます．これだけで追いかけっこができるようになりました．

改造してみよう

ここまでで設定した内容は，筆者が幾つか試してうまく捕獲できた設定でした．ここではネコと人間の見える範囲や移動できる位置を変更してみましょう．うまく設定すればもっとうまくネコを捕獲できるかもしれません．

● 移動範囲を変える1

飼い主の移動範囲を変えてみましょう．**図7-1**の例では斜めに移動できるようにしてありましたが，ここでは斜め移動をやめて，その代わりに**図7-4**に示すように，上下左右に1マスもしくは2マス進めるようにします．これはちょうど人間が網を持ってきたと考えられます．

リスト7-1 異なる大きさのQ値配列を用意（OwnerCat.ipynbの一部）

```python
class MyQTable():
    def __init__(self, train=True):
        QV0=np.zeros((10,4), dtype=np.float32)
                                        #ネコ用
        QV1=np.zeros((26,8), dtype=np.float32)
                                        #飼い主用
        self._QVs = [QV0, QV1]
#行動の選択
    def get_action(self, state, epsilon, turn):
        qv= self._QVs[turn]
        s = state
        if epsilon > np.random.uniform(0, 1):
                    #徐々に最適行動のみをとる，ε-greedy法
            if turn==0:
                next_action =
                        np.random.choice(range(4))
            else:
                next_action =
                        np.random.choice(range(8))
        else:
            a = np.where(qv[s]==qv[s].max())[0]
            next_action = np.random.choice(a)
        return next_action
```

リスト7-2 行動とそれによる報酬（OwnerCat.ipynbの一部）

```python
    def step(self, action, turn):
        done = False
        rewards = [0,0]
        if turn==0:
            tbl = [[-1, 0], [0, -1], [1, 0],
                                        [0, 1]]
        else:
            tbl = [[-1, 0], [-1,-1],[0, -1],
                [1,-1],[1, 0], [1,1],[0, 1],[-1,1]]
        x,y = self._pos[turn][0]+tbl[action][0],
                self._pos[turn][1]+tbl[action][1]

        if x==FS:x=0
        if y==FS:y=0
        if x==-1:x=FS-1
        if y==-1:y=FS-1
        self._pos[turn] = [x,y]

        if turn==0:
            state, done = env.get_state(0,1,3)
        else:
            state, done = env.get_state(1,0,5)

        if done == True:
            rewards = [-1,1]
        return state, rewards, done
```

(A) と (B) はコードの左側に示されている．

0	1	2
3	4	5
6	7	8

(a)ネコが認識できる範囲と番号

0	1	2	3	4
5	6	7	8	9
10	11	12	13	14
15	16	17	18	19
20	21	22	23	24

(b)飼い主が認識できる範囲と番号

図7-3 各エージェントからみた移動できるマスの範囲と番号

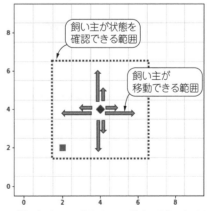

図7-4 飼い主が1マスまたは2マス進めるようにしてみる

変更点は**リスト7-2**の行動を羅列している(A)の部分を，以下に変更するだけです．

```
tbl = [[-1, 0], [-2,-0],[0, -1],
[0,-2],[1, 0], [2,0],[0, 1],[0,2]]
```

この場合はネコを捕獲しやすくなります．

● 移動範囲を変える2

再び飼い主の移動範囲を変えてみましょう．斜めをやめて，上下左右だけにします．これは選択する行動が少ないので，小さい子が追いかけていることに相当するかもしれません．

これは3点変更する必要があります．そのうちの2つの変更点は**リスト7-1**の中で，Q値で設定する行動の数を8から4に変更することと，ランダム行動の数も8から4に変更する点です．変更点を以下に示します．

```
QV1=np.zeros((26,4),
                  dtype=np.float32)
                         #飼い主用
```

```
else:
    next_action =
        np.random.choice(range(4))
```

もう1つの変更点は**リスト7-2**の行動の種類です．これは(A)を以下のように変更します．

```
tbl = [[-1, 0], [0, -1], [1, 0], [0, 1]]
```

結果を**図7-5**に示します．この場合はネコを追いかけることができますが，なかなか捕まえることができなくなります．

図7-2の場合はネコは人間から遠ざかる方向(4方向のうち1方向)に移動しないと捕まってしまいました．これはランダム行動が選択されてかつ4分の3の確率で捕まりました．一方，**図7-5**の場合はネコが人間から遠ざかる方向だけでなく，横方向に移動しても捕ま

らないため，ランダム行動が選択されて，かつ4分の1の確率で捕まることになります．

● 観測できる範囲を広げる

ネコは3×3マスしか観測できませんでした．ここでは飼い主と同じように5マス見れるようにします(**図7-6**)．これはネコが敏感になったことに相当します．

これは**リスト7-1**のQV0を以下のように変更し，

```
QV0=np.zeros((26,4), dtype=np.float32)
```

リスト7-2の(B)を，以下のように変更します．

```
env.get_state(0,1,5)
```

ランダム行動によって捕まることもありますが，飼い主と同じ範囲が見れると，かなり逃げ切れるようになります．

まきの・こうじ

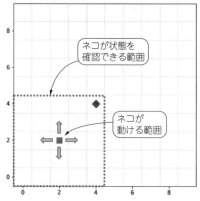

図7-6 ネコが状態を確認できる範囲を5×5マスとした

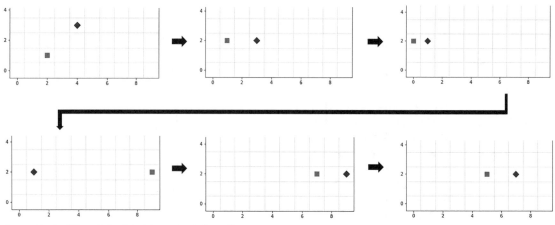

図7-5 飼い主が斜めに移動できなくなったため簡単には捕まらない

第1章

アンケート分析でよく使われる
「ポジ・ネガ解析，単純集計，
クロス集計」

牧野 浩二，足立 悠

● 人工知能とデータ・サイエンスとの関係

データ・サイエンスはAIを活用するために必要なものであり，今後の社会人スキルとして望まれる技術です．AIに入力するデータを扱う方法や，AIから得られたデータを扱うときにも，直接的ではないにしろ，データ・サイエンスの技術が役に立ちます．AIを活用するためにもさまざまなデータ・サイエンスの手法を知っておくことが大切です．

● 本章でトライすること

雑誌やテレビといったメディア，駅前やショッピング・モールといった外出先など，さまざまな場面でアンケートが行われています．アンケートは集めた後，それを活用することが重要です．本章ではアンケート結果を集計する方法として，単純集計，クロス集計，およびポジ・ネガ解析を紹介します．この集計と分析を行うことで，人間がアンケート結果を解析しやすくなります．アンケートはさまざまな場面で利用されていますので，データの分析方法を身に着けることで，仕事や研究に役に立つと思います．

本章ではGoogleスプレッドシートを使います．Googleスプレッドシートでは，Excelとほぼ同じことが無料でできます．ExcelがインストールされていないPCもあるでしょうから，本章ではGoogleスプレッドシートを使いました．

1　できること

● 単純集計…最も基本的な集計法

単純集計とはアンケートの項目ごとに集計した結果のことです．例えばレストランで，「これまでに来店した回数」や「来店のきっかけ」などの，幾つかアンケートを取った項目について，それぞれ円グラフ（図1-1）や棒グラフ（図1-2）で表したものです．図1-1と図1-2から，単純集計を行うことで項目ごとの回答の傾向を把握できます．他方で，単純集計の方法では異なる項目間の関係性は分かりません

▶例1…レストランで「これまでに来店した回数」（図1-1）

▶例2…レストランへの「来店のきっかけ」（図1-2）

● クロス集計…項目間の関係性を調べる集計法

クロス集計は「睡眠時間と年代の関係」（表1-1）や，「会話の頻度と都市規模の関係」（表1-2）のように，異なる2つの項目間の関係性を調べるための集計方法です．さらに表にまとめるだけでなく，表中に網掛けをして強調することも行われています（表1-1）．クロス集計は2つの項目の関係性を，人間が見やすい形にまとめることができるため，さまざまな場面で使われています．

▶例1…睡眠時間と年代の関係（表1-1）

表1-1からは多くの年代で6〜7時間の睡眠が多いことが分かります．他方で40代では6〜7時間の睡眠が少ないことが分かります（5〜6時間の睡眠が多い）．50代以降は，年齢が進むにつれて睡眠時間が延びる傾向にあることが読み取れます．このように，異なる2つの項目の関係性を人間が見やすい形にまとめることができるため，さまざまなところで使われています．

なお，このデータは筆者が作った架空のデータです．

▶例2…会話の頻度と都市規模の関係（表1-2）

「電話やEメールを含めて，普段どの程度，人（同居の家族を含む）と会話するか」という質問に対して，表1-2のように大・中・小都市と町村に分けた場合の比率や，男女の比率を表にしています．表1-2か

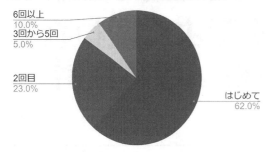

図1-1　単純集計の例1…レストランに「これまでに来店した回数」を円グラフで表現

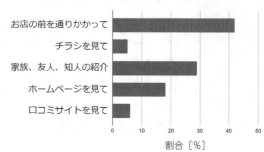

図1-2　単純集計の例2…レストランに「来店したきっかけ」を棒グラフで表現

表1-1　クロス集計の例1…睡眠時間と年代の関係

年齢/睡眠時間	5時間以下	5〜6時間	6〜7時間	7〜8時間	8〜9時間	9〜10時間	10時間以上
10代	2	12	39	29	12	5	1
20代	5	23	33	22	11	4	2
30代	15	29	31	17	4	2	2
40代	18	35	24	15	4	3	1
50代	12	28	34	15	5	3	3
60代	3	7	19	40	21	5	5
70代以上	1	6	12	24	29	23	5

表1-2[1-1]　クロス集計の例2…会話の頻度と都市規模の関係

条　件		毎日[%]	2〜3日に1回[%]	1週間に1回[%]	ほとんど話をしない[%]
都市規模	大都市	89.7	5.0	2.9	2.1
	中都市	93.2	4.3	1.1	1.4
	小都市	91.1	5.9	0.8	2.1
	町村	94.5	2.8	1.0	1.7
性別	男性	91.3	4.8	1.7	2.0
	女性	92.8	4.5	1.1	1.5
年齢別	55〜59歳	94.6	2.2	1.1	1.6
	60〜64歳	93.2	3.6	1.7	1.4
	65〜69歳	91.1	5.6	1.2	2.1
	70〜74歳	92.6	4.6	0.7	2.1
	75〜79歳	89.8	7.0	2.3	0.9
	80歳以上	90	6.0	1.2	2.8

ら以下を読み取ることができます.

　都市規模別にみると,「毎日」は大都市(89.7％)でやや低くなっています. 性別に見ると大きな差はみられません. 年齢別に見ると79歳以下では年齢が下がるほど「毎日」の割合がやや高くなる傾向がみられます.

● ポジ・ネガ解析…自由記述欄の解析

　アンケートにはたいてい,　自由記述欄があります.サンプルとなる文章を10例用意し,それぞれポジティブな単語とネガティブな単語,それ以外の単語がどの程度の割合で含まれているかを調べます.

◆引用文献◆

(1-1) 人や地域とのつながりに関する事項,会話の頻度(Q 35),内閣府.
https://www8.cao.go.jp/kourei/ishiki/h23/sougou/zentai/pdf/2-7.pdf

2 イメージをつかむ

ここではカメラを購入した人に対して，**表2-1**に示すアンケートを取ったとします．なお，このアンケートは筆者が作った架空のデータです．

単純集計

● 5つの項目から1つを選ぶ

アンケートを集計する方法に単純集計があります．単純集計は，回答を項目ごとにまとめることによって，回答の特色や傾向を把握する方法です．この「項目ごと」という点がポイントとなります．

まず，満足度について割合を示したのが**表2-1**です．ここでは満足を5，やや満足を4，普通を3，やや不満を2，不満を1として数字で表しています．

これを図で表したものが，円グラフ［**図2-1(a)**］，棒グラフ［**図2-1(b)**］，および帯グラフ［**図2-1(c)**］です．同じ結果を表しているのですが，印象が異なると思います．特に棒グラフ［**図2-1(b)**］は，分布がよく分かる表し方になっています．

図2-1の(a)～(c)では，アンケート通りに満足から不満までの5段階でグラフを作成しました．それとは異なる集計方法として「2トップ割合」と呼ばれる

方法があります．**図2-2(d)**に示すように，満足とやや満足を1つにまとめ，やや不満と不満を1つにまとめることで，結果を3段階で表示することも行われています．

● 複数を選ぶ

アンケートにおいて「購入時に重視した点」は複数回答できるようにしています．このような質問に対しては，回答者数に占める各項目の割合を，**図2-2**のように棒グラフ［**図2-2(a)**］や折れ線グラフ［**図2-2(b)**］で表す方法が用いられます．

また，商品について5段階評価でたくさんの項目に回答するタイプの質問は，それぞれの項目に対して図2-2(c)のように帯グラフを用いると見やすくなります．

別のまとめ方として，**図2-2(d)**のように各項目の平均値にエラー・バーを付けたグラフも効果的です．なお，エラー・バーはGoogleスプレッドシートでは，

表2-1　満足度（総合評価）についての割合

満足度	1(不満)	2(やや不満)	3(普通)	4(やや満足)	5(満足)
割合 [%]	5	23	39	23	10

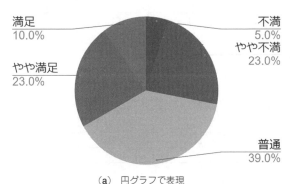

（a）　円グラフで表現

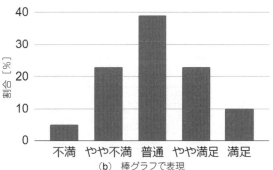

（b）　棒グラフで表現

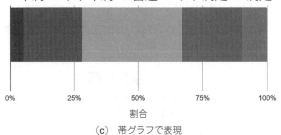

（c）　帯グラフで表現

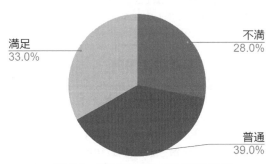

（d）2トップ割合を利用して円グラフで表現

図2-1　「満足度」を異なる種類のグラフでプロット

237

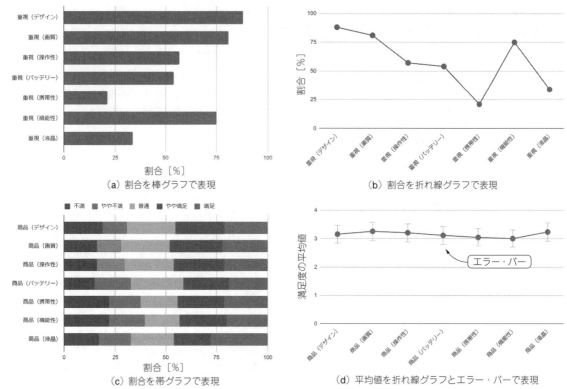

(a) 割合を棒グラフで表現

(b) 割合を折れ線グラフで表現

(c) 割合を帯グラフで表現

(d) 平均値を折れ線グラフとエラー・バーで表現

図2-2 「購入時に重視した点」を異なる種類のグラフでプロット

表2-2 カメラ歴と満足度(総合評価)のクロス集計

カメラ歴／満足度(総合評価)	1(不満)	2(やや不満)	3(普通)	4(やや満足)	5(満足)	総計
1(1年未満)	6.25	21.88	37.50	25.00	9.38	100.00
2(1年以上5年未満)	6.25	31.25	43.75	12.50	6.25	100.00
3(5年以上10年未満)	0.00	30.00	45.00	15.00	10.00	100.00
4(10年以上)	6.25	15.63	34.38	31.25	12.50	100.00
総計	5.00	23.00	39.00	23.00	10.00	100.00

表2-3 性別と満足度(総合評価)のクロス集計

性別／満足度(総合評価)	1(不満)	2(やや不満)	3(普通)	4(やや満足)	5(満足)	総計
1(男性)	2.04	24.49	44.90	18.37	10.20	100.00
2(女性)	7.84	21.57	33.33	27.45	9.80	100.00
総計	5.00	23.00	39.00	23.00	10.00	100.00

固定値を表示することはできますが，値を自由に指定する機能は実装されていません．他方でExcelはエラー・バーの値を標準偏差を用いて計算できます．

クロス集計

カメラ歴と満足度をまとめると表2-2，性別と満足度をまとめると表2-3のようになります．クロス集計のまとめ方として，例えば，それぞれのカメラ歴の人が満足であったのか不満であったのかをまとめて示すことができます．これにより，項目ごとの関連性を示すことができます．表2-2の列の1〜5は不満から

満足を表しています．表2-2の行は，1はカメラ歴が1年未満，2はカメラ歴が1年以上から5年未満，3はカメラ歴は5年以上から10年未満，4はカメラ歴が10年以上を表しています．表2-3の列は表2-2と同じです．表2-3の行は，1は性別が男性，2は性別が女性ということを表しています．

ポジ・ネガ解析

最後に，自由記述を解析した例を示します．これはレビューの文章を10個用意しておき，それぞれのレビューでポジティブな単語とネガティブな単語とそれ

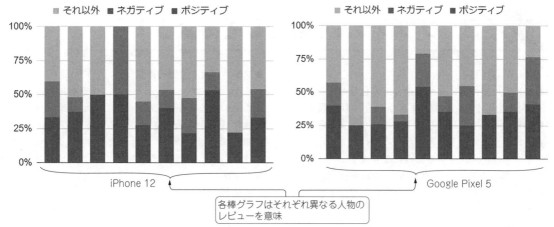

図2-3　ポジ・ネガ解析の例1…自由記述に対して，ポジティブ，ネガティブ，それ以外の単語がどのくらい含まれているかを分析した結果（10人分のレビューに対する結果）

以外の単語がどの程度の割合で含まれているかを調べたものになります．**図2-3**は，価格.com[(2-1)]におけるiPhone 12とGoogle Pixel 5のレビューを解析した結果を示しています．

◆**参考文献**◆
(2-1)　価格.com. https://kakaku.com

コラム　データ・サイエンスとは何か　　　　　　　　　牧野 浩二

● **データ・サイエンスとは[(A)]**

　文献(A)によると，

> データサイエンスは，「データを科学的に扱う」学問分野である．つまり，科学的方法（さまざまなデータの収集，可視化，分析と解析，マイニング，評価，考察など）により，仮説発見・仮説検証を通して，データの生み出されたメカニズム（原因，因果性，モデルなども含む）を明らかにして，その知識体系を築くことである．さらに，意思決定や行動に役立たせることも行う．

　もっと大ざっぱに言うとデータを扱う手法は，ほとんどがデータ・サイエンスに当てはまることになります．つまり，AIに入力するデータを扱う方法や，AIから得られたデータを扱うときにも，直接的ではないにしろ，データ・サイエンスの技術が役に立つことがあります．AIを活用するためにもさまざまなデータ・サイエンスの手法を知っておくことが今後役に立つと考えています．

● **データ・サイエンスと社会人スキルとの関係**

　次に，データ・サイエンスと社会人スキルについて説明します．首相官邸「AI戦略2019」の中で，以下の2つの目標が設定されています[(B)]．

▶**具体目標1**

　文理を問わず，全ての大学・高専生（約50万人卒／年）が，課程にて初級レベルの数理・データサイエンス・AIを習得．

▶**具体目標2**

　多くの社会人（約100万人／年）が，基本的情報知識と，データサイエンス・AIなどの実践的活用スキルを習得できる機会をあらゆる手段を用いて提供．

　このことから，政策としてAIとデータ・サイエンス・スキルの獲得が掲げられています．AIを学ぶと同時に，データ・サイエンス・スキルを学ぶことは，今後の社会人スキルとしても重要なこととなっています．

　以上の理由から，本書ではデータ・サイエンスの分野も取り上げています．

◆**参考文献**◆
(A)橋本 洋志，牧野 浩二；データサイエンス教本 Pythonで学ぶ統計分析・パターン認識・深層学習・信号処理・時系列データ分析，オーム社，2018年12月．
(B)「AI戦略2019 〜人・産業・地域・政府全てにAI〜」，統合イノベーション戦略推進会議決定，首相官邸．https://www8.cao.go.jp/cstp/si/aistratagy2019.pdf

3 プログラムを動かしてみよう1

● ポジ・ネガ解析

　最初に自由記述欄に記された言葉の仕分けを行います．Colab上でPythonのプログラムを作り，自由記述を解析する方法を紹介します．これができると，自由記述に書かれている内容が「ポジティブ」なのか「ネガティブ」なのかが分かるようになります．

　なお，解析を行うプログラム（posinega.ipynb）は本書サポート・ページからダウンロードできます．

● 解析手順

　解析は以下の手順で行います．

- ステップ1：解析する文章を収集
- ステップ2：単語ごとに「ポジティブ」，「ネガティブ」，「それ以外」を設定している辞書を用意
- ステップ3：Colabを準備
- ステップ4：辞書を解析に使いやすい形で読み込む
- ステップ5：Pythonで解析する文章を読み込み，MeCab（形態素解析エンジン）というライブラリを用いて単語に分解
- ステップ6：分けた単語が辞書にあるか，もしあれば「ポジティブ」，「ネガティブ」，「それ以外」であるかを判定し，それぞれの単語の数を表示
- ステップ7：結果をグラフで表示

▶ステップ1：解析する文章の収集

　解析する文章を集めます．ここでは例として，価格.comのレビューから集めることにします．レビューの部分を選択して，メモ帳などに貼り付けます．次のレビューも同様に行いますが，レビューの区切りとして「#####」のように#記号を5つ並べておきます．

　このようにして，以下のような内容が書き込まれたファイルを作成します．

```
（1つ目のレビュー）
#####
（2つ目のレビュー）
#####
（3つ目のレビュー）
#####
（4つ目のレビュー）
#####
以下続く
```

　これに，「review_utf8.txt」という名前を付けて保存します．このとき，文字コードをUTF-8にします．本稿では，ファイルに10個のレビューが保存されているものとして以下で説明する処理を実行します．

▶ステップ2：辞書の用意

　「ポジティブ」，「ネガティブ」，「それ以外」に分けるための辞書を使用します．ここでは，東北大学の乾・鈴木研究室から公開されている日本語の約8千5百個の単語を「ポジティブ」，「ネガティブ」，「それ以外」にタグ付けした辞書データ[3-1]を使用して，単語を評価します．

　この辞書データは以下のような内容が書かれています．ポジティブな単語は「p」，ネガティブな単語は「n」，それ以外は「e」となっています．

```
（前略）
あたしたち　　e　　～である・になる（状態）客観
あたたかさ　　p　　～がある・高まる（存在・性質）
あだ　n　　～である・になる（評価・感情）主観
（後略）
```

　まず，この辞書ファイルをダウンロードします．以下のウェブ・ページを開きます．

```
http://www.cl.ecei.tohoku.ac.jp/Open_
Resources-Japanese_Sentiment_Polarity_
Dictionary.html
```

　その中から日本語評価極性辞書（名詞編）ver.1.0（2008年12月版）/Japanese Sentiment Dictionary（Volume of Nouns）ver. 1.0と書かれた下にある「pn.csv.m3.120408.trim」をクリックしてダウンロードします．

▶ステップ3：Colabの準備

　Colabを開きます．これは，Googleで「google colab」と検索すると上位に表示されます．

　これを開き，トップ画面から「ファイル」→「ノートブックを開く」→「アップロード」をクリックします．そして，本書サポート・ページからダウンロードしたposinega.ipynbを開きます．

　次に，図3-1に示すように①「ファイル」→「ノートブックの新規作成」と進めます．その後，②左側のフォルダ・アイコンをクリックします．そして，③review_utf8.txtとpn.csv.m3.120408.trimをアップロードします．④プログラムは右側のセルに書き込み，セルの左上の実行ボタンを押すと実行できます．

▶ステップ4：辞書の読み込み

　辞書を読み込むためのプログラムをリスト3-1に示します．まず，pn.csv.m3.120408.trimを開いてlines変数に入れます．次に，その中から1行ずつ取り出し，1列目の単語と，2列目の識別子（p,n,e）をそれぞれdict_nameリストとdict_evalリスト

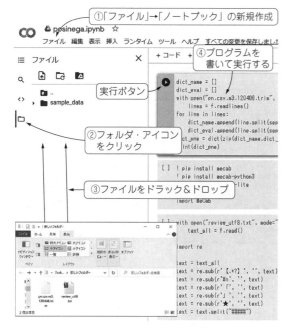

図3-1 Colabの準備

に追加します．そのできたリストを辞書形式にすることで，単語からp, n, eが得られるようにしています．

▶ステップ5：MeCabによる解析

　解析する文書を読み込み，MeCabを利用して単語に分割します．英語は単語の間がスペースで区切られていますが，日本語は単語ごとに分かれていないため，ひと手間かける必要があります．まず，MeCabをインストールするためにリスト3-2を実行します．なお，この実行は1回だけ行います．

リスト3-1　辞書を読み込むためのプログラム

```
dict_name = []
dict_eval = []
with open("pn.csv.m3.120408.trim", mode="r",
                        encoding="utf-8") as f:
    lines = f.readlines()
for line in lines:
    dict_name.append(line.split(sep='\t')[0])
    dict_eval.append(line.split(sep='\t')[1])
dict_pne = dict(zip(dict_name,dict_eval))
```

リスト3-3　解析対象の文章を読み込むプログラム

```
with open("review_utf8.txt", mode="r") as f:
    text_all = f.read()

import re

text = text_all
text = re.sub(r'【.+?】', '', text)
text = re.sub(r'¥n', '', text)
text = re.sub(r'「', '', text)
text = re.sub(r'」', '', text)
text = re.sub(r'★', '', text)
text = text.split("#####")
```

次に，解析する文章を読み込むプログラムをリスト3-3に示します．読み込んだ文章をtext_all変数に入れます．その後，文章の不必要な部分を削除して，各レビューごとにリストを作成するための処理をしています．価格.comのレビューでは【デザイン】などのようにスミカッコで項目をつけてくれています．これはポジティブとネガティブの評価に関わらないので削除しています．また，改行コード，カギかっこ，★も削除します．そして，「#####」を区切りとしてリストを作成しています．これにより，レビューごとにリストが作成されます．

　リストごとに読み込んで単語に分けるためにリスト3-4を実行します．node = mecab.parseToNode(line)とすることで，各リストの解析を行っています．そして，node.surfaceとすることで最初の単語をwに入れています．次のnode.feature.split(',')[0]でその単語の品詞をw_typeに入れています．品詞が名詞の場合その単語を表示します．その後，node = node.nextとすることで次の単語の解析を行う準備をします．これを実行すると，次のように名詞だけ表示されます．

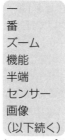

```
一
番
ズーム
機能
半端
センサー
画像
（以下続く）
```

▶ステップ6：単語の判定

　リスト3-4にプログラムを追加して，分けた単語が辞書にあるかどうかを調べ，もしあれば「ポジティブ」，「ネガティブ」，「それ以外」であるかの判定を

リスト3-2　ライブラリMeCabをインストールし，インポートするプログラム

```
! pip install mecab
! pip install mecab-python3
! pip install unidic-lite

import MeCab
```

リスト3-4　読み込んだ文章をリストごとに読み込み，単語へと分割するプログラム

```
mecab = MeCab.Tagger()
for line in text:
    node = mecab.parseToNode(line)
    while node:
        w = node.surface
        w_type = node.feature.split(',')[0]
        if w_type in ["名詞"]:
            print(w)
        node = node.next
```

リスト3-5　単語が「ポジティブ」，「ネガティブ」，「それ以外」であるかの判定を行うプログラム

```
mecab = MeCab.Tagger()
for line in text:
    cnt = {"p":0, "n":0, "e":0}
    node = mecab.parseToNode(line)
    while node:
        w = node.surface
        w_type = node.feature.split(',')[0]
        if w_type in [" 名詞 "]:
            if w in dict_pne:
                c = dict_pne[w]
                if c in cnt:
                    cnt[c] += 1
        node = node.next
    cnt_all = (cnt["p"]+cnt["n"]+cnt["e"])
    print(cnt["p"]/cnt_all, '\t', cnt
        ["n"]/cnt_all, '\t', cnt["e"]/cnt_all)
```

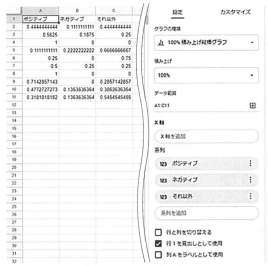

（a）グラフエディタの設定

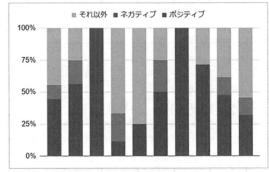

（b）100％ 積み上げ縦棒グラフ

図3-2　アンケートの自由記述欄の内容を「ポジティブ」，「ネガティブ」，「それ以外」に分類した結果（10人分のレビューに対する結果）

行うプログラムを**リスト3-5**に示します．まず，「ポジティブ」，「ネガティブ」，「それ以外」の数を数えるために`cnt = {"p":0, "n":0, "e":0}`とします．そして，`if w in dict_pne:`の部分で辞書にその単語があるかを調べています．もしあれば，それが「ポジティブ」，「ネガティブ」，「それ以外」のどれに当たるかを`c = dict_pne[w]`で調べ，`cnt`の数を1増やしています．これを1つ目のレビューについて行った後，その比率を表示します．この処理を10人分繰り返すことを行います．

▶ステップ7：結果をグラフで表示

ステップ6における**リスト3-5**の実行後に得られた結果を，Googleスプレッドシートを利用し，100％積み上げ縦棒グラフで表します．**図3-2(a)**のように，結果をスプレッドシートにコピーします．コピーしてスプレッドシートにペーストしてもうまくいかない場合があります．その場合は，メモ帳などにペーストして，それをコピーしてからスプレッドシートにペーストすると各値がセルに入ります．次にグラフを作成したい範囲を選択し，上部タブの「挿入」から「グラフ」を選択します．**図3-2(a)**のように，グラフエディタを設定すると，**図3-2(b)**の100％積み上げ縦棒グラフが得られます．

図3-2(b)の10個のグラフはファイルに書かれたレビューの数です．ネガティブな単語が少ないことが分かります．また，ポジティブな単語がそれ以外とほぼ同じくらいですので，かなりポジティブなレビューであることが分かります．

◆引用文献◆
(3-1)東山 昌彦，乾 健太郎，松本 裕治；述語の選択選好性に着目した名詞評価極性の獲得，言語処理学会第14回年次大会論文集，pp.584-587, 2008年．

4 プログラムを動かしてみよう2

● 単純集計

本章第2節に示したデジカメのアンケート結果を例に，図2-1と図2-2のグラフの作り方を説明します．

まず，アンケート結果は表4-1にあるように質問項目を数字にした方が入力も解析もしやすくなります．

表4-1のような100人分のアンケート結果が得られたとします．まず，アンケートにはIDをつけて通し番号を振っておくことをお勧めします．ある項目に注目して解析するために，項目を並び替えることもありますが，通し番号を振っておくと最初の並び順に戻すことができます．

ここでのポイントは，「購入に当たり重視した点」(重視(デザイン)，重視(画質)などの項目)は回答項目に対して選択しなかった場合は0，選択した場合は1で表す点です．

また，人によっては1項目だけ回答しない場合があります．これを全て省いてしまうと，アンケートの数(母数と呼ぶ)が少なくなってしまいます．この場合はそのセルを空白にしておきます．空白セルがあっても，スプレッドシートは，それを含めずに処理を行います．

なお，以降(4項と5項)で説明する処理を行うスプレッドシート(analysis.xlsx)は，本書サポート・ページからダウンロードすることができます．

ダウンロードしたファイルを次の手順に従い，Googleスプレッドシートに読み込みます．まず，ダウンロードしたファイルをGoogle ドライブへアップロードします．次に，アップロードしたファイルを右クリックし，「アプリで開く」-「Google スプレッドシート」を選択します．以上の手順でGoogle スプレッドシートを利用する準備ができました．

表4-1　デジカメのアンケート結果(集計対象のデータ)

ID	性別	年代	カメラ歴	重視(デザイン)	重視(画質)	重視(操作性)	…	商品(液晶)
1	1	1	2	1	1	1	⋮	5
2	2	3	1	1	1	0	⋮	2
3	2	6	4	1	1	1	⋮	3
⋮	⋮	⋮	⋮	⋮	⋮	⋮	⋮	⋮
100	2	1	2	1	1	0	⋮	3

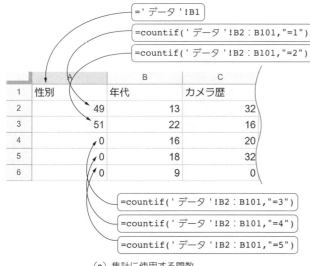

(a) 集計に使用する関数

(b) 項目名を取得

(c) 回答数を取得

図4-1　表4-1のデータを集計する方法

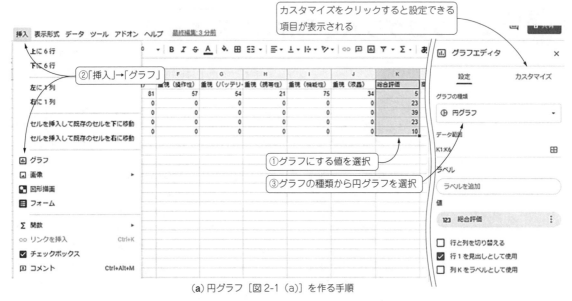

(a) 円グラフ［図2-1（a）］を作る手順

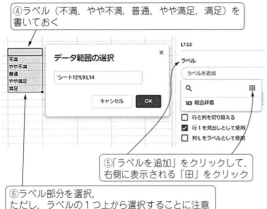

(b) グラフにラベルを追加する手順

図4-2 グラフの作成手順

以降の説明は**表4-1**が「データ」と名前が付けられたシートにあるものとして説明します。

● 準備

それぞれの項目において選択した回答数をまとめます。

最初に新しいシートを作り，そのシートで以下の作業を行います。まず，1行目にシート「データ」の1行目を入力します。このとき，**図4-1（a）**に示すように「=' データ '!B1」として参照で入力します。**図4-1（b）**のように右下の四角をドラッグすると，他の項目についても簡単に参照できます。シート「データ」の1行目をコピーすることで同じ表示になりますが，このように参照で設定しておくと，シート「データ」内の項目を修正した際に，こちらのシート内のデータも修正されるので便利です。

次に回答数を調べます。ここでは**図4-1（a）**のよう

にcountif関数を用います。

countif関数の1つ目の引数はデータの範囲で，2つ目の引数が条件です。条件を「"=1"」とすると，設定したデータの範囲内にある1の個数を数えることができます。同じように「"=2"」として，2の個数も数えることができます。性別は男性と女性の1と2しかありません。他方で満足度を調べるときには1から5まであります。そこで，**図4-1（a）**にあるように，5個のセルを使って1から5までを数えるようにしておきます。その後，**図4-1（c）**のように右下の四角をもって右方向にドラッグすることで，全部の回答数を調べることができます。このデータを使って単純集計を行います。

● 作図

▶円グラフ［図2-1（a）］の作り方

図2-1（a）は，総合評価の部分をグラフにしました。**図4-2（a）**に手順を示します。この段階ではまだ，「満足」や「普通」などのラベルがついていません。そこで，**図4-2（b）**の手順でラベルを追加します。これを行うと図2-1（a）が表示されます。ただし，図2-1（a）はフォントのサイズを変えています。フォント・サイズは上部にあるカスタマイズをクリックすると設定できる項目が表示されます。

▶棒グラフ［図2-1（b）］の作り方

図4-2（a）と同様の手順でグラフエディタを表示し，「グラフの種類」から「縦棒グラフ」を選択します。ラベルを追加するには「X軸を追加」をクリックします。

▶100％積み上げ横棒グラフ［図2-1（c）］の作り方

このグラフを作るときには，ラベルとデータを一緒に指定する必要があります。**図4-3**のように，ラベ

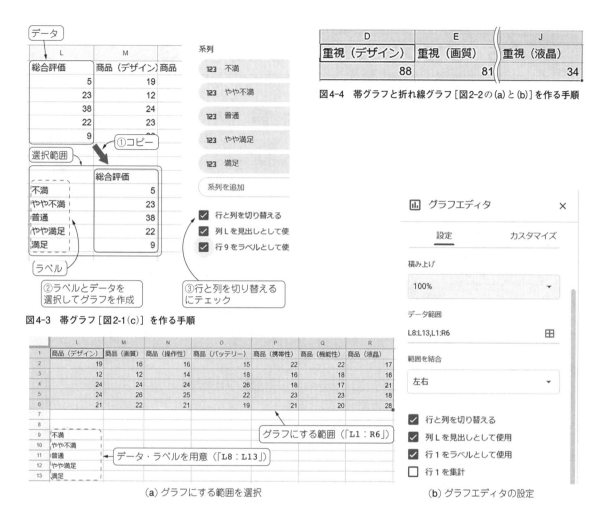

D	E		J
重視（デザイン）	重視（画質）		重視（液晶）
88	81		34

図4-4　帯グラフと折れ線グラフ［図2-2の(a)と(b)］を作る手順

図4-3　帯グラフ［図2-1(c)］を作る手順

	L	M	N	O	P	Q	R
1	商品（デザイン）	商品（画質）	商品（操作性）	商品（バッテリー）	商品（携帯性）	商品（機能性）	商品（液晶）
2	19	16	16	15	22	22	17
3	12	12	14	18	16	18	16
4	24	24	24	26	18	17	21
5	24	26	25	22	23	23	18
6	21	22	21	19	21	20	28
7							
8							
9	不満						
10	やや不満						
11	普通						
12	やや満足						
13	満足						

（a）グラフにする範囲を選択

（b）グラフエディタの設定

図4-5　100％積み上げ横棒グラフ［図2-2(c)］を作る手順

ルの隣にデータをコピー（または参照）します．コピーして貼り付ける際は，右クリック→「特殊貼り付け」→「値のみを貼り付け」のように実施します．次に，この範囲を選び，［グラフの種類］から［100％積み上げ横棒グラフ］を選択します．最後に，［行と列を切り替える］にチェックを入れると図2-1(c)が表示されます．

▶横棒グラフ［図2-2(a)］と折れ線グラフ［図2-2(b)］の作り方

図2-2(a)は，図4-4に示すように「重視」と記載のある項目を選択し，「グラフの種類」で「横棒グラフ」を選択すると表示されます．なお，図2-2(b)は折れ線グラフを選択すると表示されます．

▶100％積み上げ横棒グラフ［図2-2(c)］の作り方

図4-5(a)のように，グラフにする範囲を選択します．次に図4-5(b)のように，グラフの種類で「100％積み上げ横棒グラフ」を選択します．

ラベルの付け方がこれまでと異なります．作成してすぐは，データの範囲が「L1:R6」となっていますので，図4-5(b)のように「L8:L13,L1:L6」に変更します．なお，「L8:L13」はデータ・ラベルが書いてある範囲です（ラベルの1つ上から選択することに注意）［図4-5(a)］．このとき，データ・ラベルの範囲を先に書いておく必要があります．したがって「L1:R6,L8:L13」と書いた場合，ラベルが設定できません．次に，「列Lを見出しとして使用」にチェックを入れます．最後に，「範囲を結合」から「左右」を選択すると図2-2(c)が表示されます．

● 結果の読み取り方

単純集計は，それぞれの項目の傾向はつかめますが，項目どうしの関連性は分かりません．図2-1からカメラの満足度は「普通」が多く，「不満」と「満足」がほぼ同じくらいに分布している傾向があることが分かります．なお，このような分布は特筆すべき傾向ではなくアンケートではよく見られる傾向です．

5 プログラムを動かしてみよう3

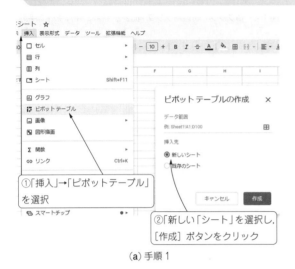

① 「挿入」→「ピボットテーブル」を選択

② 「新しい「シート」を選択し，［作成］ボタンをクリック

(a) 手順1

● クロス集計

クロス集計はピボット・テーブルを使うと簡単にできます．ピボット・テーブルとはデータを集計して，さまざまな視点から分析することのできる機能です．

ここでは表2-2の作成手順を図5-1に示します．図5-1(a)に示すように，シート「データ」において，上部タブの「データ」から「ピボットテーブル」を選択します．新しいシートにチェックが入っている状態で［作成］をクリックします．

次に，図5-1(b)に示すように，「ピボットテーブルエディタ」の項目「行」の右にある［追加］ボタンをクリックし，「カメラ歴」を選択します．

同じように，項目「列」の右側にある［追加］ボタンを押してから「総合評価」を選択します．

そして，値の追加で「総合評価」を選択し，総合評価の集計を「COUNTA」，表示方法を「行集計に対する割合」に選択します．以上の手順で表2-2が作成できます．

● 条件で色を付ける

さらに，ある条件で色を付ける方法を紹介します（図5-2）．ここでは，40％以上のセルと，10％未満のセルに色を付けます．

色付けしたい部分を選択（本章では「B3：F6」を選択）し，上部タブの「表示形式」から「条件付き書式」を選択します．図5-2のように，右側に「条件付き書式設定ルール」が表示されるので，「条件を追加」を選択します．セルの書式設定の条件として「以上」を選択します．その下には40％と，入力します．ここで，

行の［追加］→「カメラ歴」を選択

列の［追加］→「総合評価」を選択

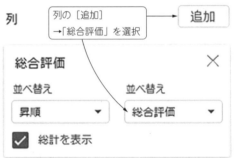

値の［追加］→「総合評価」を選択

「COUNTA」を選択

「行集計に対する割合」を選択

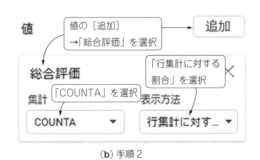

(b) 手順2

図5-1 クロス集計を行う手順

割合を表示している場合には％まで入力することを忘れないようにしてください．その後，色を選びます．

次に，10％未満に色を付ける条件を追加するためには，「条件を追加」をクリックします．設定は「セ

ルの書式設定の条件」として「次より小さい」を選択
します．その下に「10％」と入力します．色を選択
して，最後に［完了］ボタンをクリックします．

● 結果の読み取り方

クロス集計は項目ごとの関連性を調べることができ
ます．ここでは満足度（総合評価）とカメラ歴（**表2-2**）
について関連性を見てみます．

▶満足度（総合評価）とカメラ歴に着目する

満足度（総合評価）とカメラ歴をまとめた**表2-2**に
着目します．満足の列に着目すると10年以上のカメ
ラ歴の人が満足を選択した割合12.5％であり，満足度
が高いことが分かります．また，1年以上5年未満の
人が満足を選択した割合は6.25％ですので，カメラ歴
が10年以上の人は満足度が2倍高いことも分かります．

一方，やや不満に着目すると1年以上5年未満と5
年以上10年未満の人が，ともに30％以上となってい
ることが分かります．

▶満足度（総合評価）と性別に着目する

満足度（総合評価）と性別をまとめた**表2-3**に着目
します．性別と満足度（総合評価）には大きな差が見ら
れません．ただし，やや満足に着目すると，女性の方
が男性よりも9％ほど高くなっていることは，気にな
る点として残しておきます．

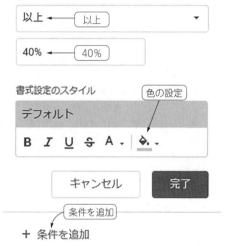

図5-2　セルをある条件のもとで色付けする手順

以上のように，単純集計では分からなかったことが
分かるようになることもクロス集計の強みです．

まきの・こうじ

Appendix　ピボット・テーブルを使いこなす

アンケートを通して多くの人々から意見を回収でき
ても，それをそのまま眺めるだけでは必要な情報を効
率よく得られません．アンケートは目的によって，質
問内容の設計から回答結果の解釈まで，適した手法を
選択すべきです．ここでは，あるアンケートの回答結
果を例に挙げ，実践で使える幾つかの集計や可視化手
法を紹介します．

準備

● 練習用データセットの入手

東京都台東区がオープン・データとして公開してい
る，台東区来訪者アンケート調査結果を利用しましょ
う．以下3つのデータをダウンロードできます[6-1]．

- 台東区来訪者アンケート調査票：アンケートの質
  問内容
- アンケート・コード一覧：アンケートの回答コー
  ドの説明
- 台東区来訪者アンケート調査結果：アンケートの
  回答結果

ここで扱うデータは「台東区来訪者アンケート調査

結果【公開日：令和元年10月18日】（CSV：929KB）」
です．このデータと以降で実施する内容をまとめたフ
ァイル（practice.xlsx）を，本書サポート・ページ
でダウンロードして使います．

ダウンロードしたファイル（practice.xlsx）を自
分のGoogleドライブへアップロードしましょう．ド
ライブ上でこのファイルを右クリックし，「アプリで
開く」-「Google スプレッドシート」を選択します．
以上の手順でGoogle スプレッドシートを利用する準
備ができました．

練習1…単純集計

単純集計では，1つの項目を対象にサンプルの個数
や平均値などの統計量を計算し，回答全体の概要を掴
みます．ここでは，ピボット・テーブル機能を利用し
た単純集計に挑戦してみましょう．

● ピボット・テーブルを利用した単純集計

ピボット・テーブルはシート上部に並ぶメニューの
「挿入」の中にあります．「ピボットテーブル」を選択

し，新しいシートにテーブルを作成します．

新しいシートの右端に，「ピボットテーブルエディタ」が表示されます．エディタ内にある，行の横に配置されている［追加］ボタンをクリックし「問2_年齢」を選択します．同様に値の横に配置されている［追加］ボタンをクリックし，「問2_年齢」を選択します．そして，集計方法に「COUNT」を選択します．この処理を行うことで図6-1が得られます．ここで，図6-1の系列Aにおける回答者の年齢は数値コードで表現されています．例えば，値1は年齢が19歳以下，値2は年齢が20〜24歳，値3は年齢が25〜29歳，値4は，…のように，一定幅の年齢を集約しています．全てのコードと対応する値は，引用文献(6-1)でダウンロード可能な「アンケートコード一覧」を参照してください．

● 単純集計結果の可視化
▶棒グラフ

上記で作成したピボット・テーブルの任意のセルを選択した状態で，シート上部に並ぶメニューにおいて，「挿入」-「グラフ」を選択します．シート内にグラフが表示され，シート右端には，「グラフエディタ」が表示されます．グラフの種類は「縦棒グラフ」，データ範囲は「A1:B15」と設定します．

縦棒グラフ［図6-2(a)］から，各年齢層の回答者数を一覧で確認できます．ピボット・テーブル（図6-1）

からも各年齢層の回答者数は読み取れますが，図6-2のように視覚化するほうが，より全体像を理解しやすいでしょう．

▶円グラフ

次に，表示するグラフの種類を「円グラフ」へ変更してみましょう．円グラフ［図6-2(b)］から各年齢層の回答数が全体に占める割合を確認できます．このように，各値の比率を知りたいとき，円グラフは有効な可視化手法です．

● 直感的に理解しやすい表やグラフに変換する
▶数値コードを文字列へ変換

本章で使用したデータのように，項目の値が数値コードで表現されているとき，事前に数値コードを文字列へ変換しておくと，ピボット・テーブルやグラフ上において，数値コードを対応する文字列へと読み替える必要がなくなります．結果として，より直感的に理解しやすい表やグラフを作ることができます．この変換は，スプレッドシートのIF関数，SWITCH関数，IFS関数を利用して実現できます．

▶IF文のネストによる変換

IF関数は，「もし明日の天気が晴れならば，庭の犬小屋を掃除する．天気が晴れでなければ，部屋を整理整頓する」のように，条件によって処理を分岐したいときに利用します．

スプレッドシート上で，例えば，性別を表現する数値コードの値として，値1を「女性」，値2を「男性」，値999を「不明」の文字列へ変換したいとき，次の例1ようにIF関数を利用して実装します．

```
例1：=IF('03raihousha-kekka'!L2=1, "女性",
IF('03raihousha-kekka'!L2=2, "男性", "不明"))
```

同一のスプレッドシート上に新しいシートを作成し，例1の式を入力することで，次の処理が実行されます（実行結果はシート「文字列変換」を参照）．もし「03raihousha-kekka」シートのL2セルの値が2であれば，新しいセルへ「男性」という文字列を代入します．セルの値が2でなく1であれば，新しいセルへ「女

	A	B
1	問2_年齢	問2_年齢のCOUNT
2	1	138
3	2	305
4	3	292
5	4	271
13	12	273
14	13	152
15	999	16
16	総計	3147

図6-1　年齢ごとの回答者数テーブル

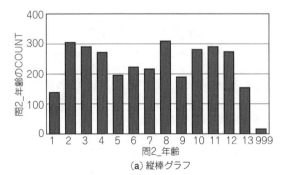

(a) 縦棒グラフ

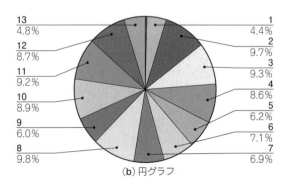

(b) 円グラフ

図6-2　年齢ごとの回答者数の可視化

性」という文字列を代入します．セルの値が1でも2でもなければ，新しいセルへ「不明」という文字列を代入します［図6-3(a)］．

▶ **SWITCH文によって変換**

条件によって分岐したい処理が多すぎるとき，IF関数を利用してこれを実装すると入れ子構造（ネスト）が深くなり，条件式とそれに対応する処理を読みにくくなってしまいます．例えば，「もし明日の天気が晴れならば，庭の犬小屋を掃除する．明日の天気が曇りならば，近所へ買い物に出かける．明日の天気が雨ならば，部屋を整理整頓する．明日の天気が曇時々雨なら，…」のように，条件とそれに対応する処理が多くなればなるほど，IF関数を繰り返し利用することは避けるほうが良いでしょう．

IF関数を利用せず条件分岐を処理する関数の1つに，SWITCH関数があります．SWITCH関数は，ある条件式について複数の処理を分岐したいときに利用します．

スプレッドシート上で，例えば，主要目的を表現する数値コードの値1を「ビジネス」，値2を「観光」，値3を「帰省・知人訪問」，値4を「その他」，値999を「不明」の文字列へ変換するとき，SWITCH関数を利用して次の例2のように実装します．

例2：=SWITCH('03raihousha-kekka'!AD2, 1, "ビジネス", 2, "観光", 3, "帰省・知人訪問", 4, "その他", 999, "不明")

例2の実装は次の処理を実行します．もし「03raihousha-kekka」シートのAD2セルの値が1であれば，新しいセルへ「ビジネス」という文字列を代入します．同様に，セルの値が2であれば「観光」，値が3であれば「帰省・知人訪問」，値が4であれば「その他」，値が999であれば「不明」を代入します［図6-3(b)］．

▶ **IFS文によって変換**

IFS関数もSWITCH関数と同じく，条件式に対応した処理を実行します．SWITCH関数が1つの条件式を定義することに対し，IFS関数は複数の条件式を定義します．そして，各条件式に対応する処理を実行します．

例えば，同伴者の有無について処理したい場合を考えます．同伴者有りのとき，それは誰なのかを0または1で表すフラグを，文字列へ変換するとします［図6-3(c)の左図］．

スプレッドシート上で，各項目につきセルの値が1であれば，新しいセルへ項目名を代入する処理を次の例3のように実装します．

例3：=IFS('03raihousha-kekka'!AT2=1, "一人", '03raihousha-kekka'!AU2=1, "家族", '03raihousha-kekka'!AV2=1, "友人", '03raihousha-kekka'!AW2=1, "職場", '03raihousha-kekka'!AX2=1, "その他")

例3の実装は次の処理を実行します．もし「03raihousha-kekka」シートのAT2セルの値が1であれば，新しいセルへ「一人」という文字列を代入します．同様に，AU2セルの値が1であれば「家族」，AV2セルの値が1であれば「友人」，AW2セルの値が1であれば「職場」，AX2セルの値が1であれば「その他」を代入します［図6-3(c)右図］．

練習2…クロス集計

クロス集計では，2つ以上の項目を対象にサンプルの個数や平均値などの統計量を計算します．この集計方法は，複数の項目を軸とし多角的にデータを見ることで，回答全体の概要を掴むことができます．クロス集計は単純集計と同様に，ピボット・テーブル機能を利用して実装します．

問2_性別	文字列値へ	問2_性別
2		男性
2		男性
2		男性
1		女性
2		男性

(a) IF文ネスト

問4-①_主要目的	文字列値へ	問4-①_主要目的
4		その他
4		その他
2		観光
2		観光
2		観光

(b) SWITCH文

問⑤_0.一人	問⑤_1.家族	問⑤_2.友人	問⑤_3.職場・学校等の団体旅行	問⑤_4.その他	文字列値へ	問⑤_同伴
0	0	0	0	1		その他
0	0	0	1	0		職場
0	0	1	0	0		友人
1	0	0	0	0		一人
0	1	0	0	0		家族

(c) IFS文

図6-3　コードを文字列値へと変換

● ピボット・テーブルを利用したクロス集計

ここでは，前項「練習1…単純集計」で説明した，数値コードを文字列に変換したデータを使用します．対象とするデータは，スプレッドシートにおける「文字列変換」シートにあるデータです．

まず，「文字列変換」シートにおいて，6.2節と同じ手順に従い，新しいシートにピボット・テーブルを作成します．次に「ピボットテーブルエディタ」において，行を「問2_性別」，列を「問4-①_主要目的」として選択します．また，値は「問2_性別」を選択します．そして値の集計は「COUNTA」へと変更します．以上の処理で図6-4が表示されます．

● クロス集計結果の可視化

▶積み上げ縦棒グラフ

前項「練習1…単純集計」で実施した単純集計と同様の手順で，クロス集計の結果からグラフを作成できます．まず，積み上げ縦棒グラフを作成してみましょう．グラフの種類を「積み上げ縦棒グラフ」，データ範囲を「A1:F4」，X軸を「問2_性別」として設定します．また，系列に主要目的の各値(その他，ビジネス，観光，帰省・知人訪問，不明)を設定します．

図6-5(a)に示すように，積み上げ縦棒グラフから性別ごとの回答者数，さらに主要目的ごとの内訳が分かります．

▶100%積み上げ縦棒グラフ

グラフの種類を「100%積み上げ縦棒グラフ」へ変更すると，主要目的ごとの回答者数が各性別に占める割合が分かります．

以上，オープン・データとして公開されているアンケート結果を使った集計や可視化手法を紹介しました．集計軸となる項目を変えてさまざまなクロス集計を実行したり，各種グラフの軸やラベルを調整して体裁を整えたり，いろいろと操作して試してみてください．

◆引用文献◆

(6-1)台東区来訪者アンケート調査結果．
https://www.city.taito.lg.jp/kusei/online/opendata/iryo/raihousha_anke-to.html

あだち・はるか

1	問2_性別 の COUNTA	問4-① 主要目的		
2	問2_性別	その他	ビジネス	観光	帰
3	女性	104	74	929
4	男性	157	43	1459
5	不明	3		57
6	総計	264	117	2445

図6-4　性別×主要目的の回答者数テーブル

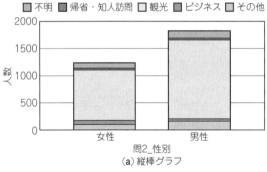

(a) 縦棒グラフ

図6-5　性別×主要目的の回答者数の可視化

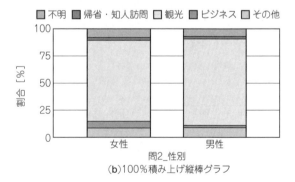

(b)100%積み上げ縦棒グラフ

スライド・パズルと
ルート・パズル「網羅的探索」

牧野 浩二

本章ではゲーム AI を扱います．ひと言で「ゲーム」といっても種類がたくさんありますが，本章で対象とするのは「パズル・ゲーム」です．2種類のパズル・ゲームを取り上げて，これをプログラムで解いてみます．パズル・ゲームを解くために，幅優先探索や深さ優先探索といった探索アルゴリズムを用いるので，各アルゴリズムの概要やプログラムについても説明します．また，パズル・ゲームを解くためのプログラム作成には，ナップザック問題を解くためのプログラムを応用しましたので，ナップザック問題についても触れています．

1 できること

● 網羅的に探索するのはAIの基礎テクニックの1つ

AIは人の役に立つような仕事ができるようになってきました．例えば，レントゲン写真から病気を見分けたり，自動翻訳をしたり，天気を予測したりなど，人間以上の結果を出せることもあります．仕事に使うだけでなく，ゲームにAIを搭載しようという「ゲームAI」もあります．

ゲームAIというと，パックマンやスーパーマリオのようなテレビゲームを解いたり，囲碁や将棋で人間と対戦したりといったものを思い浮かべるかもしれません．他には，6面立体パズルを解くための「DeepCubeA」と呼ばれるものもあり，これらには強化学習や深層強化学習が使われています．

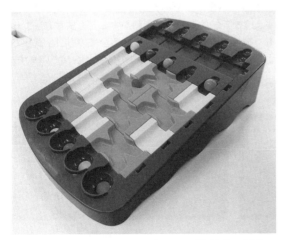

写真1-1　ロジカル・ルート・パズルLR-10[(1)]（くもん出版）

本章ではゲーム AI として，パターンを網羅的に試すことでパズルを解くための手法を紹介します．「これがAI？」と疑問に思う方も居ると思います．

将棋やチェスなどが人間と対戦するためのAIプログラムの初期は，網羅的に探索する方法が採用されていました．しかし，その手数が膨大になりすぎるため，探索する範囲を狭めるための工夫（例えば，最初に香車を動かさないなど）が付け加えられていきました．そのため，網羅的に探索するのはAIの基礎となる方法です．

● 今回扱う2つのパズル

本章ではパズル・ゲームとして以下の2つを取り上げます．

- ロジカル・ルート・パズル
- スライド・パズル

▶ロジカル・ルート・パズル

ロジカル・ルート・パズルは，写真1-1に示すようなパズルで，上から5色の玉を転がして，決まった位置まで到達するルートを作るものです．

このパズルは2種類のブロックがあり（実際には3種類だが，本書では2種類だけ使う），図1-1に示すように，問題ごとにそれぞれ使える数が決められています．このパズルでは最終的な結果だけが重要で配置する順序は必要ありません．

このパズルは全てのピースを置かなければ，答えが出ません．また，置き方の正解は1種類ではなく，数種類ある場合があります．図1-1(a)(b)の答えは1

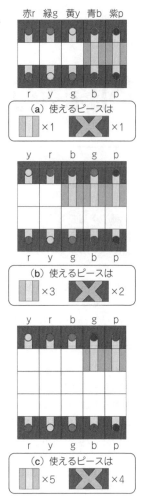

図1-1 ロジカル・ルート・パズルLR-10の遊び方

カラー画像で
確認できます

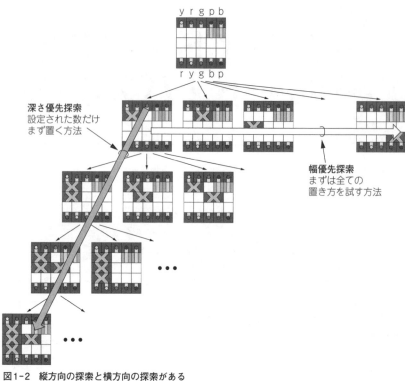

図1-2 縦方向の探索と横方向の探索がある

種類ですが，**図1-1(c)**は6種類の答えがあります．

このパズルでは，1つでも答えが見つかればよいので，**図1-2**の横の太い矢印で示すように，交差するピース全ての置き方を試してから2つ目の交差するピースの置き方を試すよりも，縦の太い矢印で示すように，どんどん置いていった方が答えに早く到達できます．この探索方法は深さ優先探索と呼ばれています．

▶スライド・パズル

図1-3に示すスライド・パズルも，動かし方を網羅的に探索することで答えに到達します．この場合はロジカル・ルート・パズルとは異なり，手順が重要となります．

このパズルでは短い手順で解くことが良い探索方法となっています．そのため，**図1-4**の縦の矢印に示すような連続的にどんどん動かすことを試す方法よりも，横の矢印のように，動かせる全ての方法を試してから次の動かし方を試す方法が良いとされています．この探索方法は幅優先探索と呼ばれています．

初期配置　　　　　　　　　　　　　　　　　　　　　　　　　　　完成

図1-3 スライド・パズル完成までの道のり

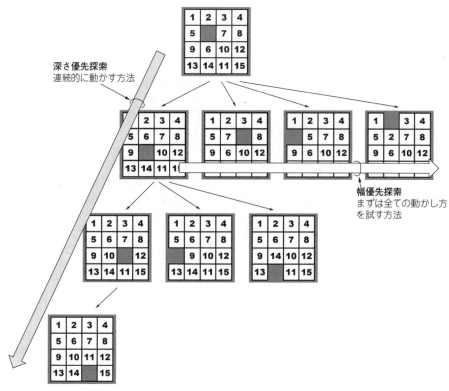

深さ優先探索
連続的に動かす方法

幅優先探索
まずは全ての動かし方
を試す方法

図1-4　スライド・パズルも縦方向の探索と横方向の探索がある

● **紹介する技術の応用範囲**

本章では探索法として，

- 深さ優先探索
- 幅優先探索

の2つを解説することで探索の基礎を学びます．この探索方法は以下のことに応用できます．ただし，本章での方法は基礎的なものですので，これにいろいろな方法[注1]を付け足すことが必要です．

- 最適選択問題

価値と重さのように2種類以上の属性が設定されている幾つかの選択肢をある制約の中で選ぶ問題：ナップザック問題，トラックの輸送，商品選択など

- 配送計画問題

幾つかの場所を効率良く巡る経路を求める：巡回セールスマン問題，宅配便，ごみ収集経路の設計など

- 最適経路問題

ある地点からある地点へ移動するときの最短経路を求める：カーナビ，乗り換え案内など

- 最小木問題

幾つかの場所を最短の経路でつなぐ組み合わせを求める：送電網，石油やガスのパイプラインの設計など

- スケジューリング問題

長さと順番が決まっている複数の選択肢から間を空けずに詰め込む問題：工場の操業計画，勤務表，対戦表など

- 配置問題

さまざまな大きさの物体を隙間なく埋める問題：荷物の積み込み，店舗の配置など

注1：これらの探索法に付け足して，より効率よく探索する手法として，ヒューリスティック探索があります．代表的なものではダイクストラ法やA＊（エースター）といったものがあります．

具体的には，迷路を探索する場合，ゴールに近づく方に探索すると「良い探索である」ことをあらかじめ与えておきます．スライド・パズルでは，本来の位置に近付く方向に動かした場合に「良い探索である」ことをあらかじめ与えておきます．

これらは対象とする問題に合わせて設定する必要があったり，その値が本当に良いものなのか分からないといった問題があるため，使う際には問題をよく理解しておく必要があります．

2 イメージをつかむ

本章では，ロジカル・ルート・パズルとスライド・パズルの2つのパズルを対象とします．また，本章のキー・ポイントとなる探索アルゴリズムの原理を示すために，ナップザック問題についても説明します．

● ロジカル・ルート・パズル…溝をそろえてルートを作成する

ロジカル・ルート・パズルは，全ての組み合わせを試すことで必ず答えが求まります．そして，途中のピースの入れ方には全く影響せず，最後の答えだけが重要となる問題です．そのため，本章の探索問題を扱うのにはちょうど良い問題です．

▶遊び方の例

一例として，以下のルールを定めます．

- 図2-1のように空きマスが3つで2つのマスは決められている
- 決められている部分は直進ピースを使う
- 各問題には使えるピースが決まっている

例えば，図2-1を図2-2に示すピースを使って解く場合は，図2-3の2つの組み合わせを試せば全ての組み合わせになります．この場合は図2-3(b)が正解となり，ゴールまで正しくボールを転がせます．

▶直進／交差ピースの数を増やせば難易度が増す

もう少し難しくした例を図2-4に示します．ここで使えるのは直進ピースが1個，交差ピースが2個です．

また，さらに少し難しくした例を図2-5に示します．ここで使えるのは直進ピースが5個，交差ピースが4個です．これを頭の中で全て行うことはかなり難しいと思います．ルートの作り方としては全部で75のパターンがあり，その中の6個のパターンが答えとなりました．

● スライド・パズル…盤面の数字を昇順にそろえる

スライド・パズルは写真2-1のように1〜15の数字が書かれたマスと，1つの空きマスがあるパズルです．このパズルでは，数字が書かれたマスを空きマス

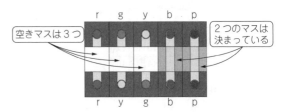

図2-1 本章では空きマス3つと固定されたマス2つがあるとする

(a) 直線ピース　　(b) 交差ピース

図2-2 図2-1を解く場合に使えるピース

(a) 不正解　　　　　　(b) 正解

図2-3 正解にたどり着くためには2つの組み合わせを試せばよい

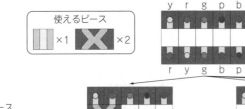

交差ピース
1つ使った場合

 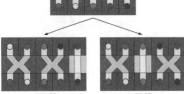 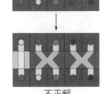 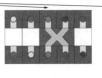

交差ピース
2つ使った場合

不正解　　　　　正解　　　　　不正解

カラー画像で
確認できます

図2-4 難化した例1…使えるピースは全部で3個

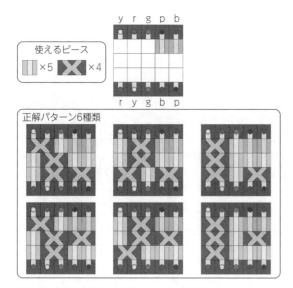

図2-5 難化した例2…使えるピースは全部で9個

写真2-1 スライド・パズルは空き
マスを利用して数字をそろえる

の方向に移動することを繰り返して，ばらばらになっ
た盤面から数字を並べ替えます．

　例えば，**図2-6**のような盤面からでも動かせる組
み合わせを全て行えば必ずそろえることができます．
このパズルの場合は，最終的な順番に並べることがで
きるかどうかだけでなく，その途中経過も知りたいと
ころです．そのため，ロジカル・ルート・パズルより
も少しだけプログラムが複雑になります．また，スラ
イド・パズルには数字だけでなく絵が描かれているも
のもあります．

● **ナップザック問題…あらゆる組み合わせから問題
に沿う最適な組み合わせを探す**

　ナップザック問題は，重さ，価値がバラバラの，複
数の商品を，ナップザックに詰め込むことを想定して
います．その際に重さの制限ギリギリまで，合計の価
値が最大になるように商品を詰め込むには，どのよう
な組み合わせが最適であるかを追求します．

　ナップザック問題はゲームAIではありませんが，
本章で紹介するパズルを解く方法と同じ方法で解くこ
とができ，また問題が単純なのでプログラムが簡単に
書けます．

　そこで，この後ではナップザック問題を例にしてパ
ズルを解くプログラムを説明します．また，ナップザ

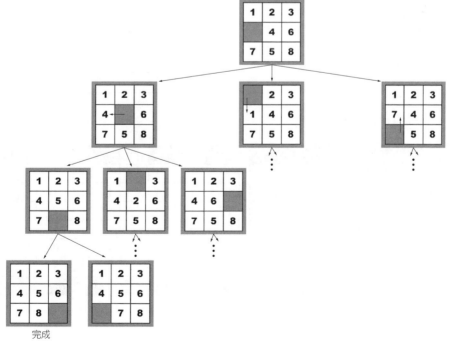

図2-6　スライド・パズルも組み合わせを全て試せば答えにたどり着く

表2-1 12種類の商品における重さと価値

商品名	A	B	C	D	E	F	G	H	I	J	K	L
重さ[kg]	1	2	3	4	5	6	7	8	9	10	11	12
価値[万円]	120	110	90	190	120	200	20	180	110	40	60	20

ック問題は探索問題の基礎的な問題ですので，知っておいて損のない問題となります．

▶問題例

ナップザック問題の中には，例えば重さと価値が異なる数種類の商品があり，決められた重さ以下の組み合わせの中で最大の価値となる組み合わせを探し出す

ものがあります．具体的に言えば，重さと価値が表2-1に示す12種類の商品があり，合計の重さが20kg以下で価値を最大にする組み合わせを求める問題となります．この場合は商品A, B, D, E, Fの5つを選ぶと合計の重さが18kg，価値が最大の740万円となります．

3 プログラムを動かしてみよう

ロジカル・ルート・パズルをプログラムで解く

● 使うプログラムとその実行結果

プログラムはLogicPuzzle.ipynbです．本書サポート・ページからダウンロードできます．

これをColabで実行するとリスト3-1が表示されます．

リスト3-1 ロジカル・ルート・パズルをプログラムで解いた結果

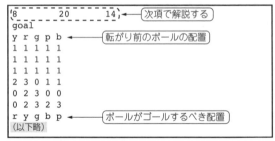

図3-1 数字に移動方向を対応づけてロジカル・ルート・パズルを解く

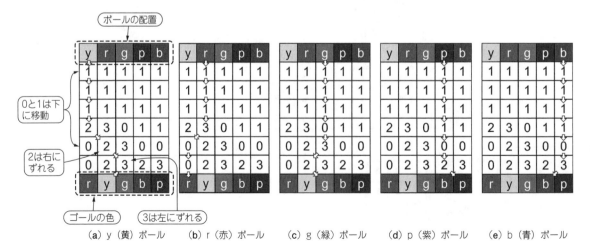

（a）y（黄）ボール　（b）r（赤）ボール　（c）g（緑）ボール　（d）p（紫）ボール　（e）b（青）ボール

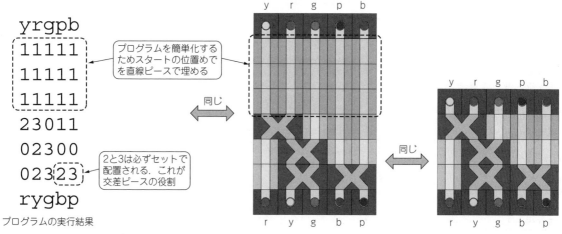

yrgpb

11111
11111
11111
23011
02300
02323

rygbp

プログラムの実行結果

プログラムを簡単化するためスタートの位置めでを直線ピースで埋める

2と3は必ずセットで配置される．これが交差ピースの役割

同じ

同じ

図3-2 プログラムの実行結果とロジカル・ルート・パズルの関係

ここにgoalと書かれた後ろに「y r g p b」という文字が書かれています．上の「y r g p b」はボールの配置を，下の「r y g b p」はボールがゴールすべき位置の色をそれぞれ表しています．そして，0と1はそのまま下に移動することを表していて，2は右にずれ，3は左にずれることを表しています．

実際に試してみると，**図3-1**のように確かに上のボールの色と同じゴールに到達することが分かります．

● **プログラムの実行結果をパズルに当てはめる**

リスト3-1は上の方に1がたくさん並んでいます．ロジカル・ルート・パズルではスタート位置を変えることが可能ですが，プログラムを簡単にするためにスタートの位置までを直線ピースで埋めるものとしています．そのため，出力された結果を実際のロジカル・ルート・パズルで表すと**図3-2**と同じになります．

2と3は必ずセットで配置されるようにプログラムされています．そのため，この部分は交差ピースを表すこととなります．そして，0が埋めるべき部分です．交差ピースを全て正しく配置した後，この部分は直進ピースが入ります．ここでは処理を簡単にするために直進ピースを表すこととしています．

● **プログラムを改造して他の問題を作る**

プログラムの変更点は以下の3つです．
- init_pzl：問題設定
- start_ball：スタートのボールの置き方
- cross_block：交差ブロックの数

レベルによってはスタート位置が下の方になりますが，これをプログラムで設定するのではなく，上部を1で埋めて**図3-2**のように直進ピースで埋められた盤面として設定します．そして，ピースを置く部分は0としておきます．

次に，スタートのボールの置き方を設定します．ここで，y, r, g, p, bはそれぞれ，黄，赤，緑，紫，青を表しています．最後に，交差ピースの数を設定します．

本章で作成するプログラムでは，交差ピースを全て配置して，余った部分に直進ピースを配置することとしました．交差ピースの数を設定しておけば，自動的に直進ピースの数が設定した通りになります．

▶**問題例と設定方法**

ここではロジカル・ルート・パズルの例題を作ってみます．例題はロジカル・ルート・パズルの公式ホームページ，

https://www.kumonshuppan.com/support/
download/logical-route-puzzle/

からダウンロードできます．レベル分けした例題と解答例は以下のようになります．
- 例題 レベル1-1（リスト3-2）
- 例題 レベル3-1（リスト3-3）
- 例題 レベル4-3（リスト3-4）

スライド・パズルをプログラムで解く

● **使うプログラムとその実行結果**

プログラムはSlidePuzzle.ipynbです．これを実行すると，**リスト3-5**のように表示されます．ここで0は空きマスを示していて，これを図で表すと**図3-3**となります．

これは一番下が初期配置で，下から順に動かしていき，一番上がゴールとなります．この場合は4→5→8の順に動かすと順番に並べることができます．

リスト3-2 例題（レベル1-1）と解答例

```
設定：
init_pzl = [[1,1,1,1,1],[1,1,1,1,1],
[1,1,1,1,1],[1,1,1,1,1],[1,1,1,1,1],
[0,0,0,1,1]]
start_ball = ['r', 'g', 'y', 'b', 'p']
cross_block = 1

解答：
0          2          1
goal
r g y b p
1 1 1 1 1
1 1 1 1 1
1 1 1 1 1
1 1 1 1 1
0 2 3 1 1
r y g b p
```

リスト3-3 例題（レベル3-1）と解答例

```
設定：                        2 3 0 1 1
init_pzl = [[1,1,1,1,1],      0 2 3 0 0
[1,1,1,1,1],[1,1,1,1,1],      0 2 3 2 3
[0,0,0,1,1],[0,0,0,0,0],      r y g b p
[0,0,0,0,0]]                  18        20        31
start_ball = ['y', 'r', 'g',  goal
'p', 'b']                     y r g p b
cross_block = 4               1 1 1 1 1
                              1 1 1 1 1
解答例：                       1 1 1 1 1
8        20        14          0 2 3 1 1
goal                          0 2 3 0 0
y r g p b                     2 3 0 2 3
1 1 1 1 1                     r y g b p
1 1 1 1 1                     21        18        35
1 1 1 1 1                     （以下略）
```

リスト3-4 例題（レベル4-3）と解答例

```
設定：                        0 2 3 0 0
init_pzl = [[1,1,1,1,1],      0 0 2 3 0
[0,0,0,0,0],[0,0,0,0,0],      2 3 0 2 3
[0,0,0,0,0],[0,0,0,0,0],      r y g b p
[0,0,0,0,0]]                  1375      71      2097
start_ball = ['y', 'p', 'g',  goal
'b', 'r']                     y p g b r
cross_block = 6               1 1 1 1 1
                              0 0 0 0 0
解答例：                       0 2 3 2 3
1268      68      1930        0 0 2 3 0
goal                          0 2 3 0 0
y p g b r                     2 3 0 2 3
1 1 1 1 1                     r y g b p
0 0 0 2 3                     （以下略）
0 0 2 3 0
```

リスト3-5 スライド・パズルをプログラムで解いた結果

```
goal_id 14
depth 3 id 14
1 2 3
4 5 6
7 8 0
depth 2 id 6
1 2 3
4 5 6
7 0 8
depth 1 id 1
1 2 3
4 0 6
7 5 8
depth 0 id 0
1 2 3
0 4 6
7 5 8
```

● 盤面を変化させる方法

▶ **方法1…乱数のSEEDを変える**

　例えば，リスト3-6に示すようにrandom.seedの引数を変えると，初期配置が変化します．

▶ **方法2…手順を増やす**

　手順の数を変えることもできますが，手順を増やせば増やすほど問題が複雑になります．例えば，リスト3-7のように変更することで手順を3としていたものを10に変えられます．この場合は8手で正解に到達していますが，ランダムで動かすため解くために必要な手順は動かした手順よりも少なくなる場合があります．

▶ **方法3…自分で盤面を設定する**

　これはプログラムにリスト3-8を追加します．なお，適当に配置した場合は解けない問題もあります．

● 盤面の大きさを変える

　size変数を変えることで，盤面の大きさを変えることもできます．これはリスト3-9のように4にすると4×4の大きさの15パズルになります．

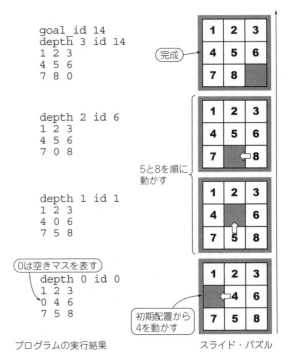

プログラムの実行結果　　　　　　スライド・パズル

図3-3 プログラムの実行結果とスライド・パズルの関係

リスト3-6 random.seedの引数を変えると盤面の初期配置が変化する

```
設定
変更前：
random.seed(1)

変更後：
random.seed(3)

解答
goal_id 14
depth 3 id 14
1 2 3
4 5 6
7 8 0
depth 2 id 6
1 2 3
4 5 6
7 0 8
depth 1 id 1
1 2 3
4 0 6
7 5 8
depth 0 id 0
1 2 3
4 6 0
7 5 8
```

リスト3-7 ループ数を変えれば答えへの手順が多くなる

```
設定                      1 2 3
変更前：                  0 4 6
for i in range(3):       7 5 8
                         depth 4 id 25
変更後：                  0 2 3
for i in range(10):      1 4 6
                         7 5 8
                         depth 3 id 15
解答                      2 0 3
goal_id 242              1 4 6
depth 8 id 242           7 5 8
1 2 3                    depth 2 id 7
4 5 6                    2 3 0
7 8 0                    1 4 6
depth 7 id 149           7 5 8
1 2 3                    depth 1 id 2
4 5 6                    2 3 6
7 0 8                    1 4 0
depth 6 id 85            7 5 8
1 2 3                    depth 0 id 0
4 0 6                    2 3 6
7 5 8                    1 0 4
depth 5 id 45            7 5 8
```

リスト3-8 任意の盤面を作ることもできる

```
設定                   depth 10 id 695      0 5 8
追加：                 1 2 3                4 6 7
init_pzl = [1,2,3,4,0,5,6,7,8]  5 0 6     depth 4 id 27
                       4 7 8                1 2 3
解答                   depth 9 id 421       4 5 8
goal_id 4692           1 2 3                0 6 7
depth 14 id 4692       5 6 0                depth 3 id 16
1 2 3                  4 7 8                1 2 3
4 5 6                  depth 8 id 259       4 5 8
7 8 0                  1 2 3                6 0 7
depth 13 id 2937       5 6 8                depth 2 id 8
1 2 3                  4 7 0                1 2 3
4 5 6                  depth 7 id 158       4 5 8
7 0 8                  1 2 3                6 7 0
depth 12 id 1827       5 6 8                depth 1 id 2
1 2 3                  4 0 7                1 2 3
4 5 6                  depth 6 id 93        4 5 0
0 7 8                  1 2 3                6 7 8
depth 11 id 1126       5 0 8                depth 0 id 0
1 2 3                  4 6 7                1 2 3
0 5 6                  depth 5 id 49        4 0 5
4 7 8                  1 2 3                6 7 8
```

リスト3-9 sizeを変えると盤面が大きくなる

```
設定                  9 10 11 12           depth 1 id 4
変更前：              13 14 15 0           1 2 3 4
size = 3             depth 3 id 32         5 6 7 8
                     1 2 3 4               9 0 10 12
変更後：             5 6 7 8               13 14 11 15
size = 4             9 10 11 12            depth 0 id 0
                     13 14 0 15            1 2 3 4
解答                 depth 2 id 13         5 0 7 8
goal_id 69           1 2 3 4               9 6 10 12
depth 4 id 69        5 6 7 8               13 14 11 15
1 2 3 4              9 10 0 12
5 6 7 8              13 14 11 15
```

● ロジカル・ルート・パズル…最初にある3つの数字の意味

ロジカル・ルート・パズルではリスト4-1のようにパズル部以外に3つの数字が表示されます.

▶1つ目の数字…正解が見つかったときのパターン番号

正解/不正解に関係なく全てのピースを埋めて作ったパターンを1から順に番号を付けていき,正解のパターンとなったときの番号となります.この例では8番目のパターンで正解が見つかったことになります.

▶2つ目の数字…これから探索する残りのパターン数

これから探索する残りのパターンの数を示しています.これはオープン・リストにあるリストの数となります.オープン・リストはこの後で説明します.

▶3つ目の数字…探索が終了したパターンの数

探索が終了したパターンの数を示しています.これはクローズド・リストにあるリストの数となります.クローズド・リストもこの後で説明します.

● スライド・パズル…depthとidの意味

スライド・パズルではリスト4-2のようにパズル部分以外にdepthとidの2つの数字が表示されます.

▶depth…パズルを移動した回数

移動した回数を示していて,リスト4-2の例では3回移動させています.

▶id…盤面のID

盤面の番号を示しています.スライド・パズルでは,新しい盤面になる直前の盤面を覚えておき,それを使って連続した移動を表示するようにしています.そのため,全ての盤面にIDを振っています.

リスト4-2の例では,id0(初期状態)→id1→id6→id14の順にパターンが変化しています.

◆参考文献◆

(1) 知育玩具 ガイドブック・作例集,解答・資料ダウンロード,公文.
https://www.kumonshuppan.com/support/download/logical-route-puzzle/

まきの・こうじ

リスト4-2　スライド・パズルはパズル部以外に**depth**と**id**の2つの数字が表示される

```
goal_id 14          ← 移動した回数
depth 3 id 14
1 2 3               ← 盤面の番号
4 5 6
7 8 0
depth 2 id 6
1 2 3
4 5 6
7 0 8
depth 1 id 1
1 2 3
4 0 6
7 5 8
depth 0 id 0
1 2 3
4 6 0
7 5 8
```

リスト4-1　ロジカル・ルート・パズルはパズル部以外に3つの数字が表示される

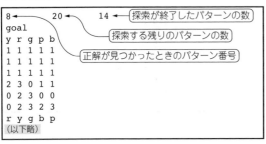

```
8        20        14    ← 探索が終了したパターンの数
goal                     ← 探索する残りのパターンの数
y r g p b                ← 正解が見つかったときのパターン番号
1 1 1 1 1
1 1 1 1 1
1 1 1 1 1
2 3 0 1 1
0 2 3 0 0
0 2 3 2 3
r y g b p
(以下略)
```

ナップザック問題と巡回セールスマン問題を「最適化手法」で解く

牧野 浩二

本章ではナップザック問題と巡回セールスマン問題を扱います．各問題の内容や特徴については後述しますが，この問題を解くには問題の「解」をいかにうまく探索するかがポイントになります．

そこで本章では，分枝限定法や貪欲法といった最適化手法を用いることで，効率良くこれらの問題の解を求める方法を紹介します．

1　できること

● 無駄な経路を通らずに済む組み合わせ最適化

組み合わせ最適化とは，たくさんの選択肢から条件に合ったものを選び出す問題です．組み合わせをうまく選ぶことで，コストが下がったり，利益が増えたりします．

例えば，トラックで荷物を運ぶ場合，組み合わせ最適化はとても重要です．まず，トラックにできるだけたくさん荷物を詰め込めれば，運ぶための往復回数が減るため，配送コストが下がります．そして，幾つかの場所に配送する際には，無駄な経路を通らないように計画すると，配送コストが下がります．

● 全部計算したら膨大な時間が掛かる

このように組み合わせ最適化は実際の問題に直結しています．しかし，選択肢が多くなると，組み合わせの候補が多くなりすぎて，最適なものを見つけるための処理に時間がかかりすぎるようになります．例えば，10種類の品を選択するとなると，$1024 (= 2^{10})$通りの組み合わせがあります．100種類のものがあった場合は約10^{30}通り（10億の3乗）もの組み合わせになります．1秒間に1000万個の組み合わせを調べることができるコンピュータを使っても4×10^{15}年かかります．

本章では分枝限定法を用いて，調べる組み合わせを減らす方法を紹介します．これにより，たくさんの選択肢がある問題も解けるようになります．

● 組み合わせ最適化を解くアルゴリズム

▶ナップザック問題…限られたスペースに最大の価値を詰め込む

本章では，組み合わせ最適化問題としてよく取り上げられるナップザック問題と巡回セールスマン問題を取り上げます．ナップザック問題は価値と重さが異なる数（十）種類の品物があるときに，制限された重さ以下で価値が最大になる組み合わせを探す問題です．これができると以下に役立ちます．

- 離島や宇宙に物資を持って行くことを考えたときに，限られたスペースに最大の価値を詰め込む問題が解ける
- 1日の摂取カロリーを制限しつつ栄養バランスを取るための食材選びに応用できる
- 限られた時間の中で最も利益を高める仕事を選ぶことができる

▶巡回セールスマン問題…最短経路を導き出す

巡回セールスマン問題とは，幾つか巡回するべき場所があり，一筆書きで全てを巡る経路の中で最短の経路を探す問題です．これができると以下に役立ちます．

- 配送コストを下げる
- 基板の穴あけ作業の効率的なパスの設定に利用できる
- できるだけたくさんの観光地を回るルートを策定する

2 イメージをつかむ

■ ナップザック問題

● 重さ/価値が設定された商品から価値を最大にする組み合わせを探す

ナップザック問題とは，重さと価値が設定された多数の商品（実際の問題では100種類を超えることもある）の中から，設定された重さ以下になるようにしつつ価値を最大とする問題です．

● 本章で解く問題とその解

表2-1に示す5種類の商品を対象として，10 kg以下で最大の価値となる組み合わせを探すものとします．これは5種類と少ないですが，人間がやってもなかなか難しい問題かもしれません．

例えば1 kg，2 kg，4 kgの商品を選んだ場合は，合計の重さが7 kgで合計の価値は90万円となります．また，2 kg，4 kg，7 kgの商品を選んだ場合は，合計の価値は140万円となりますが，合計の重さは13 kgとなりますので，この組み合わせを答えとすることはできません．正解は，1 kg，2 kg，7 kgの商品3種類を選んだときで，合計の重さは10 kg，合計の価値は110万円となります．この問題にはもう1つの正解があり，1 kg，4 kg，5 kgの商品を選んだときも最大の価値となります．

● 問題の解き方

本章では図2-1に示すような，全ての組み合わせを調べる方法を基に，探索時間を短くするために工夫した方法を紹介します．最初の2つは1 kgの商品を選

択するかどうかで，左は選択しない，右は選択する場合を表しています．次は2 kgの商品を選択するかどうかです．先ほどと同じように，左は選択しない，右は選択するを表します．

このようにすると，一番下の31〜62番が全ての組み合わせを表しています．例えば，40番は2 kgと7 kgの商品選択となるので合計9 kgで価値が90万円となります．この中で，

> 22，30，34，36，38，42，44，45，46，50，52，54，58，60，61，62

は，10 kgを超えた選択となります．例えば22番は最後の7 kgの商品を選択するまでもなく10 kgを超えているため，その先は調べる必要がありません．同じように30番も10 kgを超えていますので，その先を調べる必要はありません．このように途中でそれ以上調べる必要がないことが分かれば，調べる範囲が狭まります．

▶重い順に選択していくと探索回数が減る

図2-1は重さが軽い順に選択するかどうかを決めたので，それほど効果があるように見えませんでしたが，重い順に選択した場合は図2-2となります．この中で10 kgを超えた商品は，

> 6，12，13，14，22，25，26，27，28，29，30，45，46，51〜62

表2-1 5種類の商品の重さと価値

重さ[kg]	1	2	4	5	7
価値[万円]	20	30	50	40	60

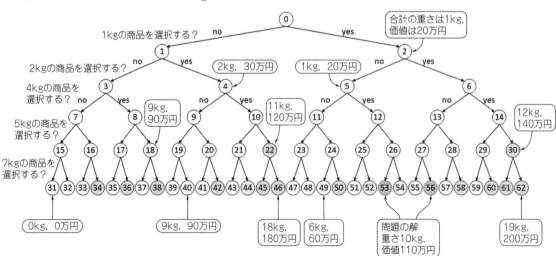

図2-1 問題を木構造で考えて全ての組み合わせを探索する

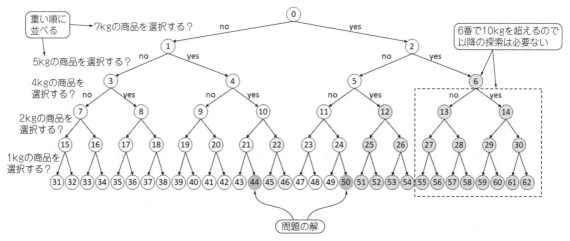

図2-2　図2-1を重い順に並べると探索範囲を狭めることができる

です．6番以降は調べる必要がありませんので，これだけでも探索回数の1/4を減らすことができます．

このように，木構造で表して枝を落としているような処理を行うため，分枝限定法という名前となっています．この後では，もっと効果的に選択範囲を狭める方法を紹介します．

■ 巡回セールスマン問題

● 出発地から目的地への最短ルートを探す

巡回セールスマン問題とは，全ての町を巡る最も短いルートを見つける問題です．

● 本章で解く問題とその「解」

図2-3に示す5つの町を巡る問題を考えます．ここでは，各町間の距離が決められており，これは例えば，0町から1町へは5km，2町から4町は6kmといった具合です．なお，これは模式図ですので，線の長さと設定された距離は対応していないことに気をつけてください．

5種類と少ないですが，人間がやってもなかなか難しい問題かもしれません．

例えば，0→1→2→3→4→0とたどった場合は25kmとなり，0→3→4→1→2→0とたどった場合は37kmとなります．

この場合の正解は0→4→2→3→1→0とたどるルートが最短で，合計の距離は22kmとなります．また，逆順にたどった0→1→3→4→2→0も正解となります．

● 問題の解き方

ルートを全て調べる方法として，図2-4に示す探索を用います．この図では出発を0町としており，最初の4つの矢印は1町～4町のそれぞれに向かうことを示しています．そのため，1番は0→1の順に巡る

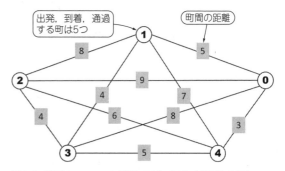

図2-3　巡回セールスマン問題では全ての町を通過した最短ルートを見つける

ことを表しています．その下の矢印はまだ巡っていない町に向かうことを示しています．

これを繰り返すことで，例えば50番は0→2→3→4→1→0の順に巡るルートを示し，この場合は30kmとなります．

▶他に比べて長距離がある場合は効率よく探索できる

ここで，ナップザック問題の図2-2のように枝をカットすることはできないのか，と思う方もいるかと思いますので考えてみましょう．

例えば，0→1→2→3→4→0とたどった場合は25kmとなりますので，3つの町を回った時点でこの距離よりも長くなっていたらその先は打ち切るなどが考えられます．ただし，この例ではとても長い経路がないため，うまくいきません．

これがうまくいくのは，図2-5のように0→2の距離が30といったように，とても長い距離の道がある場合です．この場合は図2-6に示すように2番以降は調べる必要がありませんので，これだけでも探索回数の1/4を減らすことができます．

この巡回セールスマン問題についても，後ほど効果的に選択範囲を狭める方法を紹介します．

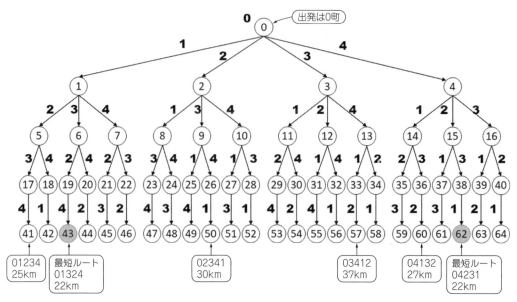

図2-4　巡回セールスマン問題を木構造で考えた場合の例

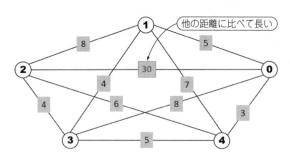

図2-5　他より長い距離を含む問題を考える

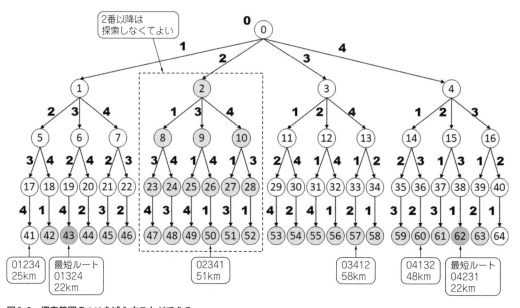

図2-6　探索範囲の1/4を減らすことができる

3 プログラムを動かしてみよう

■ 分枝限定法を利用してナップザック問題を解く

● プログラムと実行結果

使用するプログラムはknapsack_BB.ipynbです．本書サポート・ページから入手できます．

このプログラムでは，表2-1に示す5種類の商品を対象としており，実行するとリスト3-1のように表示されます．この実行結果から，合計の重さが10 kgで，最大の価値が110万円となることが分かります．

● 重さを価値で割った比率を加えてリストを並べ替える

分枝限定法を使う場合，商品の並び方がこの後で示す比率順になります．そのため，商品の並び順の下には [1,20,20.0] や [7,60,8.571428571428571] と書かれています．

最初の1や7は重さ，次の20や60は価値，その次の20.0 (= 20/1) や8.571428571428571 (= 60/7) は比率となります．ここでは比率の大きい順に並べ替えていますので，1 kg，2 kg，4 kg，7 kg，5 kgの順に並んでいます．そして，選択された商品は [1,1,0,1,−1] となり，1が選択された商品，0と−1が選択されなかった商品となります．この場合は，1 kg，2 kg，7 kgの3つの商品が選ばれたことになります．

● 問題の変更方法

問題はプログラム中でリスト3-2のように設定しています．

▶重さを変える

重さの上限はMAX_WEIGHTで設定されています．これをリスト3-3のように10から12に変更して実行するとリスト3-4のように表示されます．ここから1 kg，2 kg，4 kg，5 kgの4つの商品が選ばれ，価値は140万円となります．

▶商品数を変える

ここでは表3-1にあるように3 kgと6 kgの商品を追加しました．これを設定するにはリスト3-5のように変更します．実行するとリスト3-6の結果が得られます．

この結果から，6 kg，4 kgの2つを選ぶと，最大の価値150万円が得られることが分かります．

リスト3-1　ナップザック問題を解くプログラム(knapsack_BB.ipynb)の実行結果

```
答え
商品の並び順
[[1, 20, 20.0], [2, 30, 15.0], [4, 50, 12.5],
    [7, 60, 8.571428571428571], [5, 40, 8.0]]
選択された商品
[1, 1, 0, 1, -1]
合計の重さ
10
最大の価値
110
```

リスト3-2　プログラム中で問題(重さと価値)を設定している箇所

```
MAX_WEIGHT = 10
items=[(1, 20), (2, 30), (4, 50), (5, 40), (7, 60)]
```

リスト3-3　重さの上限を12kgに変更する

```
MAX_WEIGHT = 12
items=[(1, 20), (2, 30), (4, 50), (5, 40), (7, 60)]
```

リスト3-4　重さの上限の変更後に得られた実行結果

```
答え
商品の並び順
[[1, 20, 20.0], [2, 30, 15.0], [4, 50, 12.5],
    [7, 60, 8.571428571428571], [5, 40, 8.0]]
選択された商品
[1, 1, 1, 0, 1]
合計の重さ
12
最大の価値
140
```

表3-1　表2-1に3kgと6kgの商品を追加する

重さ [kg]	1	2	4	5	7	3	6
価値 [万円]	20	30	50	40	60	20	100

リスト3-5　商品数を変更する

```
MAX_WEIGHT = 10
items=[(1, 20), (2, 30), (4, 50), (5, 40),
                (7, 60), (3, 20), (6, 100)]
```

リスト3-6　商品数の変更後に得られた実行結果

```
答え
商品の並び順
[[1, 20, 20.0], [6, 100, 16.666666666666668],
    [2, 30, 15.0], [4, 50, 12.5], [7, 60,
        8.571428571428571], [5, 40, 8.0],
            [3, 20, 6.666666666666667]]
選択された商品
[0, 1, -1, 1, -1, -1, -1]
合計の重さ
10
最大の価値
150
```

■ 分枝限定法を利用して巡回セールスマン問題を解く

● プログラムと実行結果

プログラムはsalseman_BB.ipynbです．このプログラムでは，図2-3に示す5つの町を対象としており，実行するとリスト3-7のように表示されます．この実行結果から最短距離は22kmで，そのときのルートは0→4→2→3→1→0となることが分かります．

ここで，最後は0町に戻るためのルートの距離も足しているところに注意しましょう．

この結果が正しいのかどうかは，図2-3より，

0町から4町に至る距離：3km
4町から2町に至る距離：6km
2町から3町に至る距離：4km
3町から1町に至る距離：4km
1町から0町に至る距離：5km

となり，確かに答えの22kmと一致することが分かります．

● 問題の変更方法

問題はプログラム中でリスト3-8のように設定しています．これは表3-2の意味を持っています．縦列が出発する町，横列が到着する町を表し，それぞれの距離が書かれています．例えば，0町を出発して2町に至る距離は9kmとなります．ここで，プログラム中のmath.infは無限大を表しています．

▶距離と町の数を変える

距離の場合は，例えば図2-5のように0町と2町の距離を30kmに変えるにはリスト3-9のように変更します．

町の数を6個にして，それぞれの距離を図3-1のように設定する場合はリスト3-10のように設定します．

以上の設定でプログラムを実行するとリスト3-11が得られ，最短距離が23kmでルートが0→4→5→2→3→1→0となります．

▶町の配置と各距離を変える

例として，図3-2に示すように8角形の頂点に町を配置した場合を考えます．これはリスト3-12のように設定します．プログラムはsalseman_BB_Graph.ipynbです．

この実行結果はリスト3-13となります．そして，このルートを線で結ぶと図3-3となり，確かに最短になっていることが分かります．

リスト3-7　巡回セールスマン問題を解くプログラム(salseman_BB.ipynb)の実行結果

```
答え
最短距離
22
ルート
[0, 4, 2, 3, 1]
```

リスト3-8　プログラム中で問題(出発する町/到着する町の距離関係)を設定している箇所

```
dist = [
    [math.inf, 5, 9, 8, 3],
    [5, math.inf, 8, 4, 7],
    [9, 8, math.inf, 4, 6],
    [8, 4, 4, math.inf, 5],
    [3, 7, 6, 5, math.inf],
]
```

表3-2　出発する町/到着する町の距離関係

出発する町 \ 到着する町	0町	1町	2町	3町	4町
0町	∞	5	9	8	3
1町	5	∞	8	4	7
2町	9	8	∞	4	6
3町	8	4	4	∞	5
4町	3	7	6	5	∞

リスト3-9　0町と2町の距離を30kmに変える

```
dist = [
    [math.inf, 5, 30, 8, 3],
    [ 5, math.inf, 8, 4, 7],
    [30, 8, math.inf, 4, 6],
    [ 8, 4, 4, math.inf, 5],
    [ 3, 7, 6, 5, math.inf],
]
```

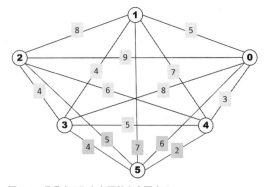

図3-1　通過する町と各距離を変更する

リスト3-10　町の数を6個にし各町との距離も変える

```
dist = [
    [math.inf, 5, 9, 8, 3, 6],
    [5, math.inf, 8, 4, 7, 7],
    [9, 8, math.inf, 4, 6, 5],
    [8, 4, 4, math.inf, 5, 4],
    [3, 7, 6, 5, math.inf, 2],
    [6, 7, 5, 4, 2, math.inf],
]
```

リスト3-12　町を八角形の頂点に配置する

```
MAX_CITY = 8
cities = [(math.cos(math.pi*2*i/MAX_CITY),
               math.sin(math.pi*2*i/MAX_CITY))
                   for i in range(MAX_CITY)]
dist = np.zeros([MAX_CITY,MAX_CITY])

for i in range(MAX_CITY):
    dist[i][i] = math.inf
    for j  in range(i+1,MAX_CITY):
        dist[i][j] = np.sqrt((cities[i]
            [0]-cities[j][0])**2+(cities[i][1]
                               -cities[j][1])**2)
        dist[j][i] = dist[i][j]
```

リスト3-11　町の数と距離を変更後に得られた実行結果

```
答え
最短距離
23
ルート
[0, 4, 5, 2, 3, 1]
```

リスト3-13　リスト3-12の設定から得られた実行結果

```
答え
最短距離
6.122934917841435
ルート
[0, 1, 2, 3, 4, 5, 6, 7]
```

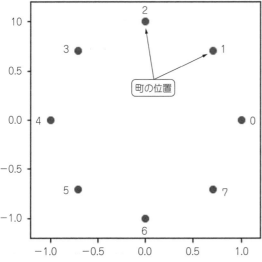

図3-2　8角形の頂点を町の位置とする

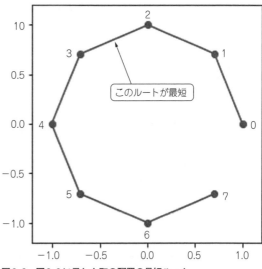

図3-3　図3-2に示した町の配置の最短ルート

4　結果の読み取り方

● ナップザック問題プログラムの実行途中で表示される内容

　プログラムknapsack_BB.ipynbを実行すると，答えが得られる前に**リスト4-1**が表示されます．これらはこの後で示す原理に関係するので，ここで説明しておきます．

▶商品の選択

　bagから始まる行は対象とする選択となります．例えば，[-1,-1,-1,1,-1]は4番目の商品だけ選ぶことが決定していて，その他の商品はまだどちらになるかが決まっていない状態を示しています．

　そして，bagから始まる行の最後の数字はオープン・リストに含まれている組み合わせの数です．

▶選択した商品と価値の下限/上限

　bagの次の行は選択した商品と価値の下限と上限などが示されています．例えば，

`([1,1,1,0,0],4,7,100,125.71428571428571)`

では，価値の下限が100万円，価値の上限が125.7…万円です．

▶選択した商品から派生する選択肢

　addから始まる行はその上の選択したものから派生する選択肢です．例えば，

リスト4-1　ナップザック問題を解く過程で表示される内容

```
bag [-1, -1, -1, -1, -1] 0                    ([1, 1, 0, 1, 0], 4, 8, 90, 107.14285714285714)
([1, 1, 1, 0, -1], 3, 7, 100, 124.0)          add [-1, -1, 0, 1, 0]
add [-1, -1, -1, 0, -1]                        add [-1, -1, 0, 1, 1]
add [-1, -1, -1, 1, -1]                        bag [-1, -1, 1, 1, -1] 2
bag [-1, -1, -1, 0, -1] 1                      ([1, 0, 1, 1, -1], 1, 10, 110, 110.0)
([1, 1, 1, 0, 0], 4, 7, 100, 125.71428571428571)  bag [-1, -1, 0, 1, 0] 1
add [-1, -1, -1, 0, 0]                         8
add [-1, -1, -1, 0, 1]                         None
bag [-1, -1, -1, 1, -1] 2                      bag [-1, -1, 0, 1, 1] 0
([1, 1, 0, 1, -1], 2, 8, 90, 115.0)            ([0, -1, 0, 1, 1], 0, 12, -10, -50.0)
add [-1, -1, 0, 1, -1]                         add [0, -1, 0, 1, 1]
add [-1, -1, 1, 1, -1]                         add [1, -1, 0, 1, 1]
bag [-1, -1, -1, 0, 0] 3                       bag [0, -1, 0, 1, 1] 1
7                                              ([0, -1, 0, 1, 1], 0, 12, -10, -50.0)
None                                           bag [1, -1, 0, 1, 1] 0
bag [-1, -1, -1, 0, 1] 2                       ([0, -1, 0, 1, 1], 0, 12, -10, -50.0)
([1, 1, 0, 0, 1], 2, 10, 110, 110.0)           探索数
max [1, 1, 0, 0, 1] 10 110                      11
bag [-1, -1, 0, 1, -1] 1
```

リスト4-2　巡回セールスマン問題を解く過程で表示される内容

```
1 (18, [[inf, 2, 6, 5, 0], [1, inf, 4, 0, 3], [5, 4, inf, 0, 2], [4, 0, 0, inf, 1], [0, 4, 3, 2,
                                                                  inf]]) [0, -1, -1, -1, -1] -4
21 [0, 1, -1, -1, -1]
25 [0, 2, -1, -1, -1]
26 [0, 3, -1, -1, -1]
21 [0, 4, -1, -1, -1]
2 (21, [[inf, inf, inf, inf, inf], [inf, inf, 4, 0, 2], [5, inf, inf, 0, 1], [4, inf, 0, inf, 0],
                                                                  [0, inf, 3, 2, inf]]) [0, 1, -1, -1, -1] -3
25 [0, 1, 2, -1, -1]
22 [0, 1, 3, -1, -1]
29 [0, 1, 4, -1, -1]
3 (22, [[inf, inf, inf, inf, inf], [inf, inf, inf, inf, inf], [4, inf, inf, inf, 0], [inf, inf, 0,
                                                                  inf, 0], [0, inf, 3, inf, inf]]) [0, 1, 3, -1, -1] -2
22 [0, 1, 3, 2, -1]
29 [0, 1, 3, 4, -1]
4 (22, [[inf, inf, inf, inf, inf], [inf, inf, inf, inf, inf], [inf, inf, inf, inf, 0], [inf, inf,
                                                                  inf, inf, inf], [0, inf, inf, inf, inf]]) [0, 1, 3, 2, -1] -1
22 [0, 1, 3, 2, 4]
5 (22, [[inf, inf, inf, inf, inf], [inf, inf, inf, inf, inf], [inf, inf, inf, inf, inf], [inf, inf,
                                                                  inf, inf, inf], [inf, inf, inf, inf, inf]]) [0, 1, 3, 2, 4] 22
探索数
5
```

リスト4-3　①から④の情報

```
21 [0, 1, -1, -1, -1], 25 [0, 2, -1, -1, -1], 26 [0, 3, -1, -1, -1], 21 [0, 4, -1, -1, -1]
```

```
add [-1,-1,0,1,-1]
```
と，
```
add [-1,-1,1,1,-1]
```
は [-1,-1,-1,1,-1] から派生する選択肢です．

● 巡回セールスマン問題プログラムの実行途中で表示される内容

　プログラム salseman_BB.ipynb を実行すると答えが得られる前にリスト4-2が表示されます．

▶⓪の情報と予測された最短ルートの距離

　1から始まり inf がたくさん含まれているリストに

注目します．これは図2-4の⓪の情報を表していて，括弧の次の18は予測された最短ルートの距離を示しています．

　そして，その後に続くリストはこの後で説明する距離を表すリストに対して，さまざまな処理を加えた後のリストを表しています．

▶①から④の情報と最短ルートの決定

　リスト4-3の内容はそれぞれ，図2-4の①から④の情報を表しています．この中の一番小さい値となる経路が選ばれます．これを-1がなくなるまで繰り返すと一巡する経路が求まります．

　　　　　　　　　　　第3章　ナップザック問題と巡回セールスマン問題を「最適化手法」で解く

5 発展的内容…貪欲法で効率よく

■ ナップザック問題を「貪欲法」で効率よく解く

図2-2では重い順に並べることで枝をカットすることができました．ここでは，貪欲法という方法を応用し，重さ当たりの価値を使って，より効率的に枝をカットすることで探索の数を減らす方法を紹介します．

● 分枝限定法と同じように比率を利用して並べ替える

まず，表5-1のように価値を重さで割ります．そして，それを重さ当たりの価値順に並べます．

例えば，重さの上限が10kgの場合は比率の順に選択していくと図5-1のように，1kg，2kg，4kgを選択することができ，合計の重さが7kgで価値が100万円となります．重さの上限が10kgですので，この場合は3kg重さの余裕があります．

● 商品の一部も選択できるようにする

本当は商品は選ぶ，または選ばないしか選択できませんが，図5-2のようにその商品の一部だけを選択できるとします．そうすると，価値が25.7…万円（＝60×3/7）となります．

こうすることで，7kgの商品を選ばなかったときの価値（100万円）と7kgの商品を3/7だけ選んだ場合の価値の上限（125.7万円）が分かります．

● 解の探索

以上より，図5-3のようにこの商品を選んだ場合と選ばなかった場合の2つに分けることにします．以降で実際に探索してみましょう．

▶①…7kgの商品を選ばない

図5-3の①の状態を考えます．これは，あらかじめ選ばれている商品はないので，重さの上限は10kgとなります．

また，これは先ほどと同じように1kg，2kg，4kgを選択できるので，重さは7kgとなります．このときの価値は100万円となり，これが下限の価値となります．

7kgの商品は選ばないと決めていますので，その次の5kgを3/5だけ選びます．そうすると，上限が124万円（＝40×3/5）となります．この場合は下限と上限が等しくないので，その後で5kgを選んだ場合と選ばなかった場合で考えていきます．

▶②…7kgの商品を選ぶ

図5-3の②の状態を考えます．これは，7kgの商品を選ぶことが決まっていますので，重さの上限は3kg（＝10−7）となります．このとき，比率順に選択していくと1kgの商品と2kgの商品を選ぶことができます．

ここで，アルゴリズム上の問題となりますが，残りの重さは0kgですので，その次の5kgを0/5だけ選びます．この場合は0万円となります．

価値の下限は，

・110万円：1kg，2kg，7kgの商品を選んだとき

となり，価値の上限は，

・110万円：1kg，2kg，7kgの商品を選び5kgの商品を0/5選んだとき

となります．上限と下限が同じになったら探索をやめます．

▶③…7kgの商品を選ばず5kgの商品も選ばない

図5-3の③の状態を考えます．この場合は，1kg，2kg，4kgの商品しか選ぶことができませんので合計の重さが7kgであり，重さの上限が10kgに到達しません．そのため，これ以上の探索はしません．

▶④…7kgの商品を選ばず5kgの商品を選ぶ

図5-3の④の状態を考えます．これは，7kgの商品は選ばず，5kgの商品は選ぶことが決まっていますので，重さの上限は5kg（＝10−5）となります．

この場合は，1kgと2kgの商品を選んだときが下

表5-1 重さと価値の他に比率の要素を加える

重さ[kg]	1	2	4	7	5
価値[万円]	20	30	50	60	40
比率[万円/kg]	20.0	15.0	12.5	8.6	8.0

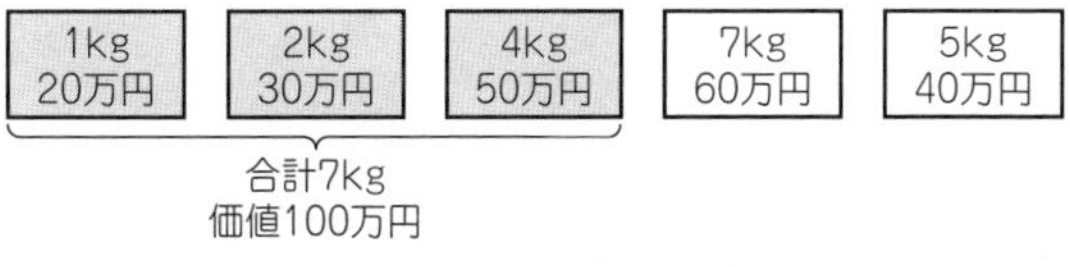

1kg 20万円	2kg 30万円	4kg 50万円	7kg 60万円	5kg 40万円

合計7kg
価値100万円

図5-1 上限が10kgの場合は合計の重さは7kgで価値が100万円になる

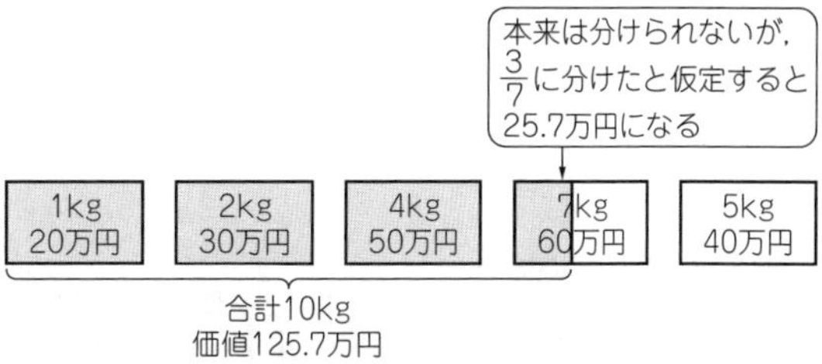

本来は分けられないが，$\frac{3}{7}$に分けたと仮定すると25.7万円になる

1kg 20万円	2kg 30万円	4kg 50万円	7kg 60万円	5kg 40万円

合計10kg
価値125.7万円

図5-2 貪欲法を使う場合は商品の一部も選択できるようにする

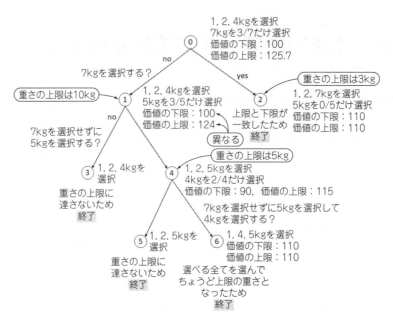

図5-3 枝が少なくなったので探索回数を減らすことができた

限の90万円となります．そして，4kgの商品を2/4だけ選んだ場合の上限は115万円（＝90＋50×2/4）となります．

▶⑤…7kgの商品を選ばず5kgの商品を選び4kgの商品を選ばない

図5-3の⑤の状態を考えます．このときに選択できるのは1kg，2kg，5kgの商品ですので，重さの上限に到達しません．従って，これ以上の探索しません．

▶⑥…7kgの商品を選ばず5kgの商品を選んで4kgの商品を選ぶ

図5-3の⑥の状態を考えます．このときは1kg，4kg，5kgの商品しか選べないのですが，ちょうど上限の重さとなっていますので，これ以上の探索を行いません．

以上から全ての枝が終了しました．図2-1と比べて枝が少なくなったことが分かります．

まきの・こうじ

## 第4章

巡回セールスマン問題を群知能の1つ「アントコロニー最適化」で解く

牧野 浩二

　巡回セールスマン問題を前章と別の方法で解きます．前章の解き方は，基本的には全てを探索するものでした．ただし，これ以上探索しなくてよい部分を「問題に特化した計算式によって得られる値（探索のヒントとなる値）」を使うことで見つけ出し，無駄を省いていました．

　本章は，全て探索するという方針とは異なります．また，探索のヒントとなるような値も使わずに，巡回セールスマン問題を解く方法を紹介します．本章でのアルゴリズム「アントコロニー」は，人間が普段，「何となくうまくいく」といった感覚で得ている組み合わせ解や経路探索と同じように，最も良い値となることは保証できません．ですが，最適に近い値が得られます．

1 できること

● 複数の経路候補から最短経路を見つけるのは大変

　日常生活の中で，カーナビなどで最短経路を探すことはよくあります．また，配送業ではできるだけ短い経路で配送できればコストや時間を削減できます．これらの問題は「組み合わせ最適化問題」と呼ばれ，全ての組み合わせを調べれば必ず最短経路を見つけることができます．

　しかし，経路の数が多くなると，理論的には最短経路を見つけることができますが，現実的には最適な答えを見つけるための時間がかかりすぎる（数年以上など）といった問題が生じます．

● アントコロニー最適化なら最短経路を「徐々に」見つけられる

　本章では群知能の1つである，アリの行動に着目したアントコロニー最適化を紹介します．

　アントコロニー最適化では，アリの行動を模したシミュレーションを行い，最短経路を求める問題や最短となる一巡経路を求める問題を解きます．アリは全体を見渡すことはできませんが，何度も巣と餌場を往復しているうちに最短の経路を通るようになることが知られています．アントコロニー最適化はこの性質を応用しています．

　アントコロニー最適化は問題が大きくなっても（町の数が増えても）計算ができるという利点や，経路が変更になっても今までの結果を使って柔軟に対応できるなどの利点があります．

● アルゴリズムが単純だからプログラムの自作がしやすい

　アントコロニー最適化のアルゴリズムは単純ですので，自分でプログラムを作成することができます．汎用的なアントコロニー最適化のライブラリといったものはありませんので，複雑な問題や特殊な問題を対象とする場合は，プログラム自体を作ることもよいでしょう．プログラムを作るためには原理を知っておくことが重要となります．

● シミュレーション結果が毎回異なるので原理を理解しておく

　メリット以外にデメリットもあります．それは，得られる結果が必ずしも正しいとは限らず，なおかつ，シミュレーションをするたびに異なる結果が得られることです．この結果を正しく使用するには原理を知っておくことが重要となります．原理を知ったうえで正しく使えると強力なツールとなります．

■ アリの行動性質からアントコロニー最適化をイメージする

アントコロニー最適化は**図2-1**のようにアリが餌場と巣を往復するときに，いつの間にか**図2-2**のように最短の距離を通ることを応用した方式です．アントコロニー最適化を利用すれば，後述する最短経路問題や巡回セールスマン問題を解くことができます．

● アリはフェロモンを頼りに行動する

アリは特殊なフェロモンを使って地面に匂いを付けながら歩いています．そして，餌を見つけると，そのフェロモンをたどって巣に戻ると同時に，餌があることを示すフェロモンを残します．他のアリは，そのフ

ェロモンを頼りに巣と餌場の往復を始めます．また，フェロモンは地面に置かれますが，蒸発して薄れていくという性質も持っています．

● 最短経路を見つけるまでの過程

アントコロニー最適化は，アリの行動性質を使って答えを導きます．原理を簡単に示すために，例えば**図2-3**のように水たまりがあり，巣と餌場の経路として近道と遠回りの道があったとします．

最初はどちらの経路にもフェロモンがないので，2匹のアリはそれぞれ別の経路を通ったとします．本章でのアントコロニー最適化では，通った距離に反比例したフェロモンを置くこととします．これにより，**図2-4**のようにそれぞれの経路のフェロモン量は以下と

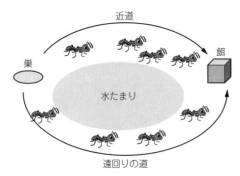

図2-1 最初はどちらの経路も同じくらいのアリが通る

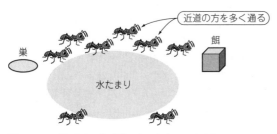

図2-2 しばらくすると近道の方に多くのアリが通る

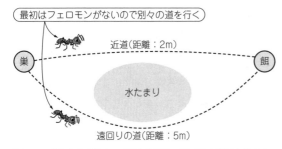

図2-3 水たまりを挟んで近道と遠回りの道がある問題を考える

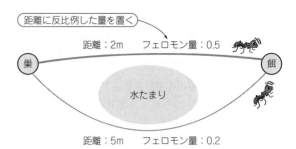

図2-4 2つの道にフェロモンを置く

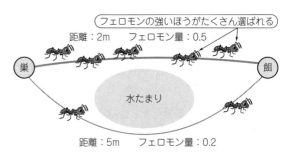

図2-5 アリはフェロモン量をもとに確率で道を選ぶ

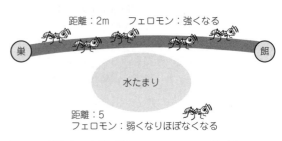

図2-6 近道はアリが多く通るのでフェロモンが強くなる

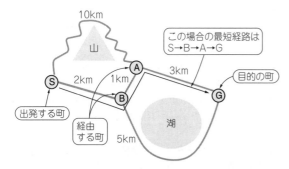

図2-7　最短経路問題の図示…経由地を考慮して出発地から目的地までの最短経路を求める

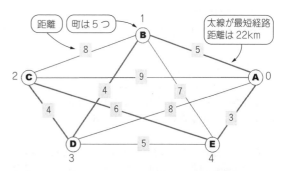

図2-10　巡回セールスマン問題の図示…全ての町を通る最短経路を求める

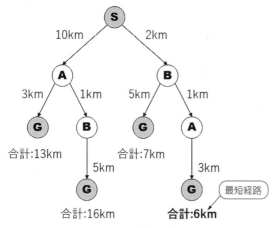

図2-8　図2-7に示した経路の組み合わせは全部で4通り

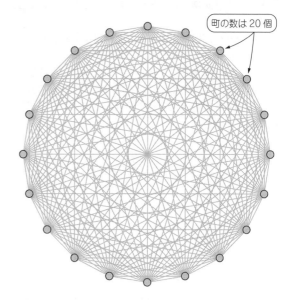

図2-11　町の数が増えればこの問題も解くのが難しくなる

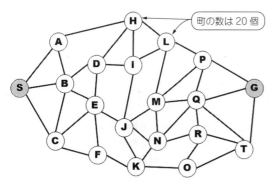

図2-9　町の数が増えればすべての組み合わせを検証するのは困難

なります.

> 近道のフェロモン量：0.5（＝1/2）
> 遠回りの道のフェロモン量：0.2（＝1/5）

次のアリは，フェロモン量を元にした確率で経路を選びます．そのため，**図2-5**のように近道を多くのアリが通ることになります．これにより，近道のフェロモンはどんどん強くなります．

一方，遠回りの道はあまり通りません．そして，フェロモンは時間とともに蒸発していきますので，徐々

に0に近づいていきます．また，**図2-6**のように近道のフェロモン量の割合が大きくなり，さらに近道が選ばれるようになります．これがアントコロニー最適化の簡単なイメージです．

■ アントコロニー最適化で解ける問題

● 最短経路問題

経由地を考慮して出発地から目的地までの距離が最短となる経路を見つける問題です.

例えば，**図2-7**に示すようにS（Start）町からG（Goal）町へ行くためには，A町またはB町を経由していく方法があります．そして，それぞれの経路の長さは違います．この例ではS町からG町へ行く最短経路はS→B→A→Gで距離は合計6kmとなります．これを自動で探し出すのが最短経路問題です.

図2-7は経路が少なかったため，人間が見ても分かりました．また，全ての経路を書き出すと**図2-8**のように4つの経路しかないため，全てを調べること

本章で取り扱う最短経路問題や巡回セールスマン問題は，探索問題と呼ばれています．そして，これらを解くためにさまざまな方法が考えられています．ここでは，大まかに３つの方法を紹介します．

● 全数検索（幅優先探索／深さ優先探索／分枝限定法）

最短経路問題や巡回セールスマン問題は，全ての組み合わせを調べれば必ず答えの出る問題ですが，組み合わせが増えると調べる数が爆発的に増えてしまいます．

これらの問題は，厳密な答えは出ますが解くのに時間がかかりすぎるため，実際の問題に当てはめられない場合が多くあります．そこで，これを解決する方法として，ある値になったらそれ以降の探索を打ち切るなどの工夫をして探索数を減らすことが行われています．

● ヒューリスティック探索［ダイクストラ法／A*（エースター）］

探索問題は全数を検索するには膨大な時間がかかるため，探索時にあるヒントとなる値を設定し，それをうまく使うと探索がぐっと早くなります．

例えば，迷路を探索するときには，やみくもに進むよりもゴールに近づく道を優先した方が答えが早く見つかる場合があります．しかし，このようなヒントとなる値はその問題ごとに設定する必要があり，この値が探索に適した値でないと，答えになかなかたどり着かない問題があります．そのため，この方法は問題ごとにチューニングが必要となります．

● メタヒューリスティック探索（アントコロニー最適化／遺伝的アルゴリズム）

ヒューリスティック探索のようにヒントを使わずに探索する方法がメタヒューリスティック探索です．本稿で取り上げるアントコロニー最適化は，アリの行動を基にして，事前知識なく，かつ全てを調べ上げなくても「最適に近い」経路を見つけることができます．

また，遺伝的アルゴリズムとは問題を生物の遺伝子で表し，
- 生物の交配
- 突然変異
- 淘汰

を模擬することを繰り返し行い，優秀な遺伝子を残すことで「最適に近い」解を得るというものです．

メタヒューリスティック探索では，最も良い答えが得られる保証はないという欠点はありますが，それに近い答えを高速に求めることができるといった利点があります．

もできます．

実際にこれが必要になる場面は，カーナビのように複雑な経路の最短経路を調べるときです．例えば，図2-9のように町の数が20個になった場合には人間が見ても難しくなりますし，数え上げの数も膨大となります．

● 巡回セールスマン問題

巡回セールスマン問題は，全ての町を最短距離の一筆書きで巡る順序を決める問題です．**図2-10**に示すようにA～Eまでの5つの町があり，その距離を線の上に書いていきます．例えばA町からB町への距離は5kmとなります．同じく**図2-10**より，各町の番号［0，4，2，3，1］を一筆書きで最短経路を巡るには，A→E→C→D→B→Aの順に巡ることになり，合計22kmとなります．なお，巡回セールスマン問題では出発点に戻るときの距離も足し合わせることに気を付けてください．

図2-10は想定する町の数が少なかったため，人間でも何とか分かりそうですが，この町の数を20個にすると**図2-11**のようになり，全てに距離が決められているため，とても難しい問題となります．

もっと体験したい方へ
電子版「AI自習ドリル：群知能の1つ「アントコロニー最適化」で探索問題を解く」では，より多くの体験サンプルを用意しています．全18ページのうち，10ページは本章と同じ内容です．
https://cc.cqpub.co.jp/lib/system/doclib_item/1645/

3 プログラムを動かしてみよう

アントコロニー最適化で最短経路問題を解く

● 使用するライブラリとプログラム

ここで使用するライブラリは，aco_rooting と経路をグラフィカルに表示するための NetworkX です．

なお，NetworkX でも最短経路問題を解くことができます．プログラムは ACO_Route.ipynb を実行します．プログラムは本書サポート・ページから入手できます．

本章では，**図3-1**に示す各町の距離だけを設定して最短経路問題を解きますので，プログラム中の「(1)距離で指定」の方を実行してください．

ここで重要な点は，設定するときに方向がある点です．例えば，S町からA町へは行きますが，逆は行けません．ただし，A町とB町はどちらにも矢印が付いていますので，A→BでもB→Aでもどちらでも行くことができます．

● 実行結果

プログラムを実行すると，以下が表示されます．

`ACO-path:['S','A','C','G'],cost:6.0`

S→A→C→Gを通る経路が最短として求まり，その合計距離は6であることが示されています．その後，**図3-2(a)** が表示されます．太線が最短として求まった経路です．

プログラムを進めると，以下の結果と**図3-2(b)** が表示されます．

`Dijkstra-path:['S','A','D','G'],cost:5.0`

これは，ダイクストラ法の結果です．S→A→D→Gが最短経路で合計距離は5となっています．

● ダイクストラ法は一長一短

ダイクストラ法はヒューリスティックな方法ですので，メタヒューリスティックな方法であるアントコロニー最適化よりも良い答えが得られやすいという特徴があります．ただし，ダイクストラ法は経由できる町の数が多くなると，解くために時間がかかるという問題があります．

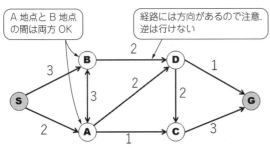

図3-1　本章で解く最短経路問題

ACO

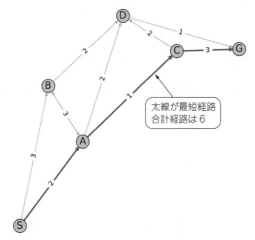

（a）アントコロニー最適化

Dijkstra's algorithm

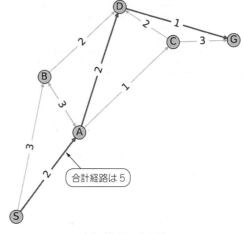

（b）ダイクストラ法

図3-2　プログラムの実行で得られた最短経路

● 町の設定方法
▶各町のつながりを変更する
プログラムを**リスト3-1**に示します．例えば，2行目はS町からA町へ`travel_time`（距離に相当）が2でつながっていることを表しています．このライブラリでは，このように方向があります．

A町とB町のどちらにも行けることを表すには，4行目と5行目のようにA町からB町への設定とB町からA町への設定の両方を設定します．**リスト3-1**では，`travel_time`として同じ値を設定していますが，異なる値にすることもできます．

▶新たな町を追加する
例えば**図3-3**のように新たにE町を追加する場合には**リスト3-2**を追加します．**リスト3-1**，**リスト3-2**では英文字で設定していますが，**リスト3-3**のように数字で設定することもできます．

● 町の配置と経路の追加
これは`ACO_Route.ipynb`プログラム中の「(2)位置で指定」の方を実行することで設定します．ここでのポイントは，2つの町をどのくらいの距離で接続するかという点になります．

プログラムを**リスト3-4**に示します．まず，町の数（`MAX_CITY`）として10を設定し，`cities`に10町の座標をランダムに設定しています．出発地と目的地が近くに配置されることがあるため，出発地は左側，目的地は右側になるような式にしました．その後，各町の距離を求め，1.5よりも小さかった場合は経路を追加するといったことを行っています．

アントコロニー最適化で巡回セールスマン問題を解く

● 使用するライブラリとプログラム
ここで使用するライブラリは，`acopy`と経路をグラフィカルに表示するためのNetworkXです．

なお，NetworkXでも巡回セールスマン問題を解くことができます．

プログラムは`ACO_TSP.ipynb`を実行します．まずは，各町の位置を設定して巡回セールスマン問題を解きますので，プログラム中の「(1)-1 ランダムに配置」の方を実行してください．

このプログラムでは，**図3-4**に示す0～19の番号の付いた20個の町を巡回する問題を扱います．なお，最短経路問題では町から町への方向を指定しましたが，このプログラムでは方向は指定しません．

● 実行結果
プログラムを実行すると**リスト3-5**のように経路と合計距離が表示され，その後に**図3-5**が表示されます．ここで，太線が最短として求まった経路です．

続いて，アントコロニー最適化を使わずに，NetworkXの機能を使って解いた場合の結果として**図3-6**に示す2つの結果が表示されます．この問題設定ではアントコロニー最適化の方が良い結果となっていました．

リスト3-1　各町のつながりを設定する

```
 1  graph = Graph()                                ┌─ どちらにも行ける
 2  graph.add_edge("S", "A", travel_time=2)
 3  graph.add_edge("S", "B", travel_time=3)
 4  graph.add_edge("A", "B", travel_time=3)
 5  graph.add_edge("B", "A", travel_time=3)
 6  graph.add_edge("A", "C", travel_time=1)
 7  graph.add_edge("A", "D", travel_time=2)
 8  graph.add_edge("B", "D", travel_time=2)
 9  graph.add_edge("C", "D", travel_time=2)
10  graph.add_edge("C", "G", travel_time=3)
11  graph.add_edge("D", "G", travel_time=1)
```

リスト3-2　新たに町を追加する

```
graph.add_edge("S", "E", travel_time=2)
graph.add_edge("E", "G", travel_time=2)
```

リスト3-3　数字でも新たに町を追加できる

```
graph = Graph()
graph.add_edge(0, 1, travel_time=2)
graph.add_edge(0, 2, travel_time=3)
graph.add_edge(1, 2, travel_time=3)
```

リスト3-4　町を配置して各町の距離が1.5より小さければ経路を追加する

```
MAX_CITY = 10
random.seed(1)
cities = [(2.0*(i-MAX_CITY/2)/MAX_CITY,
random.uniform(-1,1))for i in range(MAX_CITY)]
graph = Graph()

for i in range(MAX_CITY):
    for j  in range(i+1,MAX_CITY):
        d = np.sqrt((cities[i][0]-cities[j]
        [0])**2+(cities[i][1]-cities[j][1])**2)
        if d<1.5:
            graph.add_edge(i, j, travel_time= d)
```

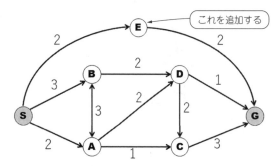

図3-3　新たに町を追加することもできる

Position

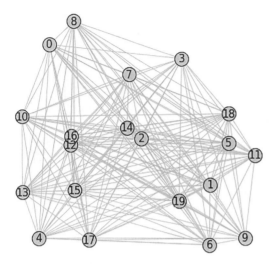

図3-4　本章で解く巡回セールスマン問題

● 町の設定方法

▶町の生成

ランダムに20個の町を生成するには**リスト3-6**のようにします. `MAX_CITY`で都市の最大数を設定し, `cities`に各都市の位置を設定します.

なお, この例では毎回同じ配置となるように

リスト3-5　プログラムを実行すると経路と合計距離が表示される

```
path: [0, 8, 7, 3, 18, 5, 11, 9, 6, 19, 1, 2,
           14, 16, 12, 15, 17, 4, 13, 10]
cost: 8.34653307890112
```

`random.seed`の値を1としています. この値を変えると, **図3-5**とは違う配置になります.

▶町の配置

例えば, 円形状に10個の町を配置する場合は**リスト3-7**のようにします. 実際のプログラムでは, 各町の距離を計算して`networkx`のノード間の重みとして設定します.

● 各町間における距離の設定方法

プログラム中の「(2)距離で指定」を実行します. プログラムを**リスト3-8**に示します. ポイントは, 各町間の距離だけを指定する点です. ここでは, 各町間の距離関係が**図3-7**のようになっているものとします.

まず, 表示しやすくするために, 各町を円環上に配置するように設定しています. 次に, 各町の距離の行列(`dist`)を定義しています. この意味は, 0町から1町への距離は5, 1町から2町への距離は8といった具合です. なお, 本章の問題では行きも帰りも同じ距離としますので, この行列の右上のみを使って設定します.

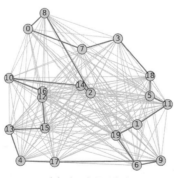

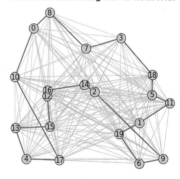

図3-5　アントコロニー最適化で解いた場合の最短経路

（a）ネットワーク1　　（b）ネットワーク2

図3-6　NetworkX の機能を使って解いた場合の最短経路

リスト3-6　町の生成…**MAX_CITY**で都市の最大数を設定し**cities**に各都市の位置を設定する

```
MAX_CITY = 20
random.seed(1)
cities = [(random.uniform(-1,1),random.uniform (-1,1)) for i in range(MAX_CITY)]
```

リスト3-7　町の配置例…円形状に10個の町を配置

```
MAX_CITY = 10
cities = [(math.cos(math.pi*2*i/MAX_CITY),math.sin(math.pi*2*i/MAX_CITY)) for i in range(MAX_CITY)]
```

リスト3-8　各町の距離の行列（dist）を定義し各町間の距離を設定する

```
MAX_CITY = 5
cities = [(math.cos(math.pi*2*i/MAX_CITY),
           math.sin(math.pi*2*i/MAX_CITY))
                    for i in range(MAX_CITY)]

dist = [
    [math.inf, 5, 9, 8, 3],
    [0, math.inf, 8, 4, 7],
    [0, 0, math.inf, 4, 6],
    [0, 0, 0, math.inf, 5],
    [0, 0, 0, 0, math.inf],
]
G = nx.Graph()
for i in range(MAX_CITY):
    G.add_node(i,pos=(cities[i][0],
                      cities[i][1]))

for i in range(MAX_CITY):
    for j  in range(i+1,MAX_CITY):
        G.add_edge(i, j, weight= dist[i][j])
```

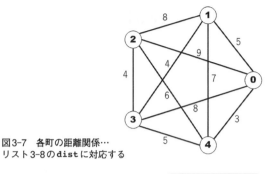

図3-7　各町の距離関係…
リスト3-8の**dist**に対応する

そして，この行列をもとにして各町間の距離を設定しています．これを実行すると**図3-8**が得られ，最短経路の距離は22として求まります．

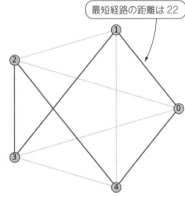

図3-8　図3-7を
アントコロニー最
適化で解いた場合
の最短経路

4　原理

原理を数式を用いて表してみます．アントコロニー最適化は，設定した数のアリが，

- アリがフェロモンに従って経路を選択する
- 通った経路にフェロモンを置く
- 経路に置かれたフェロモンをアップデートする

の3つを繰り返します．ここでは，これら3つのことについて**図4-1**を元に説明していきます．

● フェロモンの置き方

フェロモン量によって経路を選択することを初めに行いますが，フェロモンとはどのようなものかを先に説明しておきます．

図4-1では，以下に示す4つの経路があり，ここでは，a，b，c，dという名前の付いた4匹のアリが偶然この4つの経路を通ったとします．それぞれの合計距離は以下となります．

- S→A→G（アリaの経路）：合計距離 13
- S→A→B→G（アリbの経路）：合計距離 16
- S→B→G（アリcの経路）：合計距離 7
- S→B→A→G（アリdの経路）：合計距離 6

各アリは自分が通った経路にフェロモンを置き，また，

置くフェロモン量 = $Q/$合計距離

です．ここでは$Q = 1$として説明を勧めます．

例えば，S→A→Gを通ったアリは，通った**図4-2**のようにS→AとA→Gにそれぞれ1/13のフェロモンを置きます．そして，通らなかった経路にはフェロモンを置きません．

これを数式で表すと以下となります．

$$\Delta \tau_{SA}^{a} = \frac{1}{13}, \ \Delta \tau_{AG}^{a} = \frac{1}{13}$$
$$\Delta \tau_{AB}^{a} = 0, \ \Delta \tau_{SB}^{a} = 0, \ \Delta \tau_{BG}^{a} = 0$$

ここで，$\Delta \tau$はアリが置くフェロモン量，右上のaはアリの名前，右下のSAはS町からA町を表してい

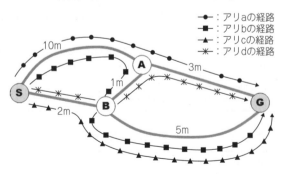

図4-1　4匹のアリがこの4つの経路を通ったとする

ています．そのため上記はアリ a が S 町から A 町に行く道に置くフェロモン量という意味になります．

4匹のアリそれぞれがフェロモンを置くと**図4-3**となります．この例では，経路が単純でしたので，全ての経路を通ることができました．しかし，探索する町が多くなると経路が複雑になり，全ての経路をたどることは難しくなります．

アントコロニー最適化では，全ての道順を通らなくても徐々に最短の経路を見つけ出すという点がポイントです．

● フェロモンの更新

フェロモンの更新は以下の式で行います．「←」は右辺の計算結果で左辺の値を更新することを表しています．

$$\tau_{xy} \leftarrow (1-\rho)\,\tau_{xy} + \sum_{k} \Delta\tau_{xy}^{k}$$

なお，ここでは新たな変数として ρ と τ_{xy} があります．ρ はフェロモンの蒸発量を決める変数，τ_{xy} は X 町から Y 町に行く道に置かれているフェロモンです．

一見難しそうな式ですが，1つずつ読み解けば理解できないものではありません．この式の意味は，蒸発で減ったフェロモンにアリが置いたフェロモンを足すという意味となっています．つまり，

更新後の x 町から y 町間の経路のフェロモン量 (τ_{xy}) ＝蒸発の割合 $(1-\rho)$ ×更新前の x 町から y 町間の経路のフェロモン量 (τ_{xy}) ＋全てのアリが x 町から y 町間に置いたフェロモンの合計 $\left(\sum_{k}\Delta\tau_{xy}^{k}\right)$

ということになります．では，この式をしっかり説明していきます．まず，τ_{xy} は x 町から y 町間の経路のフェロモン量を表しています．

次に，Σ の部分は全てのアリが x 町から y 町間に置いたフェロモンを足し合わせたものに相当します．そして，$(1-\rho)\,\tau_{xy}$ はフェロモンの蒸発を表しています．ただし，ρ は0～1の数で，例えば ρ が0.2だった場合は20％が蒸発してフェロモン量が低くなることを表しています．

▶更新手順

図4-3を例に計算してみましょう．まずは，最初のフェロモンは全て0としていますので，右辺のフェロモン量は0となります．そこで，各町間の経路のフェロモン量は以下のようになります．

$$\tau_{SA} \leftarrow (1-0.2)\times 0 + \left(\frac{1}{13} + \frac{1}{16} + 0 + 0\right) = 0.1399$$

$$\tau_{SB} \leftarrow (1-0.2)\times 0 + \left(0 + 0 + \frac{1}{7} + \frac{1}{6}\right) = 0.309$$

$$\tau_{AB} \leftarrow (1-0.2)\times 0 + \left(0 + \frac{1}{16} + 0 + \frac{1}{6}\right) = 0.229$$

$$\tau_{AG} \leftarrow (1-0.2)\times 0 + \left(\frac{1}{13} + 0 + 0 + \frac{1}{6}\right) = 0.243$$

$$\tau_{BG} \leftarrow (1-0.2)\times 0 + \left(0 + \frac{1}{16} + \frac{1}{7} + 0\right) = 0.205$$

全ての経路のフェロモンを更新すると**図4-4**となります．これだけでもフェロモン量の高い経路をたどると $S \rightarrow B \rightarrow A \rightarrow G$ となり最短経路であることが分かります．

ではもう1度，4匹のアリが同じ経路を通ったとしましょう．ただし，フェロモン量が異なることから，このようなことが起きるのはまれです．この場合の更新式は以下となります．

$$\tau_{SA} \leftarrow (1-0.2)\times 0.139 + \left(\frac{1}{13} + \frac{1}{16} + 0 + 0\right) = 0.251$$

$$\tau_{SB} \leftarrow (1-0.2)\times 0.309 + \left(0 + 0 + \frac{1}{7} + \frac{1}{6}\right) = 0.556$$

$$\tau_{AB} \leftarrow (1-0.2)\times 0.229 + \left(0 + \frac{1}{16} + 0 + \frac{1}{6}\right) = 0.412$$

$$\tau_{AG} \leftarrow (1-0.2)\times 0.243 + \left(\frac{1}{13} + 0 + 0 + \frac{1}{6}\right) = 0.437$$

$$\tau_{BG} \leftarrow (1-0.2)\times 0.205 + \left(0 + \frac{1}{16} + \frac{1}{7} + 0\right) = 0.369$$

このようにしてフェロモンを更新します．

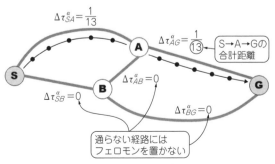

図4-2　S→A→Gを通ったアリが置くフェロモン量

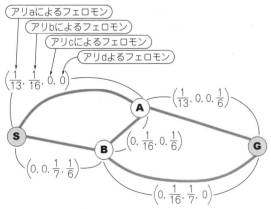

図4-3　フェロモンの置き方は4パターンある

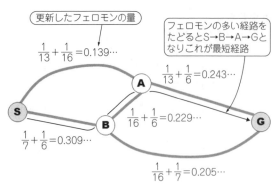

更新したフェロモンの量

$\frac{1}{13}+\frac{1}{16}=0.139\cdots$

フェロモンの多い経路をたどるとS→B→A→Gとなりこれが最短経路

$\frac{1}{13}+\frac{1}{6}=0.243\cdots$

$\frac{1}{16}+\frac{1}{6}=0.229\cdots$

$\frac{1}{7}+\frac{1}{6}=0.309\cdots$

$\frac{1}{16}+\frac{1}{7}=0.205\cdots$

図4-4　全ての経路のフェロモンを更新した結果

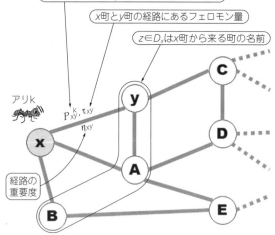

x町にいるアリがy町に行く経路を選ぶ確率

x町とy町の経路にあるフェロモン量

$z\in D_x$はx町から来る町の名前

アリk

P^k_{xy},τ_{xy}

η_{xy}

経路の重要度

図4-5　数式にある変数の意味

● 経路の選び方

最後に，経路に置かれたフェロモン量を元にした経路の選び方は以下の式に従います．

$$P^k_{xy}=\frac{(\tau_{xy})^a(\eta_{xy})^\beta}{\sum_{z\in D_x}(\tau_{xz})^a(\eta_{xz})^\beta}$$

これも一見難しそうな式ですが，1つずつ読み解けば理解できないものではありません．これは**図4-5**と合わせて説明してきます．

▶P^k_{xy}の意味

これはx町にいるアリkがy町に行く経路を選ぶ確率を示しています．これを求めるには，$x\to y$と$x\to A$と$x\to B$のフェロモン量から求まりそうです．これを計算しているのは，式の右辺になります．

▶$(\tau_{xy})^a$と$(\eta_{xy})^\beta$の意味

まずは，分子の$(\tau_{xy})^a$についてです．τ_{xy}はx町とy町の経路にあるフェロモン量で，aはフェロモン量を重視するための重みです．

次に$(\eta_{xy})^\beta$です．η_{xy}はx町とy町の経路の重要度（多くは距離の逆数）で，その経路をどの程度選びやすくするのかをあらかじめ設定しておくと，最短距離を見つけやすくなるといった働きをします．また，βは重要度を重視するための重みです．

例えば，aが1，βが0だった場合は分子は単にτ_{xy}となりフェロモン量となります．

・a，βで重視する要素を決めている

さらにaやβを用いて，フェロモンをどの程度選びやすいかの重みを変えています．aを大きくすればフェロモン重視，βを大きくすればあらかじめ設定しておいた重要度重視で経路を選ぶことになります．

▶$z\in D_x$の意味

これはx町から行ける町の名前となります．例えば**図4-5**の場合は，y，A，Bの3つの町となります．そして，その3つの経路について足し合わせています．

D_xはy，A，Bです．これはX町からY町，X町からA町，X町からB町の3つの値を足し合わせること

になります．これを展開すると以下の式中の分母となります．**図4-5**の場合では以下の式のように書くことができます．

$$P^k_{xy}=\frac{(\tau_{xy})^a(\eta_{xy})^\beta}{(\tau_{xy})^a(\eta_{xy})^\beta+(\tau_{xA})^a(\eta_{xA})^\beta+(\tau_{xB})^a(\eta_{xB})^\beta}$$

▶実際に確率を計算する

図4-4のようにフェロモンが置かれている場合について，S町にいるアリaがA町とB町に行く確率を求めてみます．なお，

$a=0.9$，$\beta=0.05$，$\eta_{SA}=1/10$，$\eta_{SB}=1/2$

とし，**図4-4**より，

$\tau_{SA}=0.139$，$\tau_{SB}=0.309$

とします．これをもとに確率を計算すると，

$$P^k_{SA}=\frac{(0.139)^{0.9}(1/10)^{0.05}}{(0.139)^{0.9}(1/10)^{0.05}+(0.309)^{0.9}(1/2)^{0.05}}$$
$$=0.310\cdots$$
$$P^k_{SB}=\frac{(0.309)^{0.9}(1/2)^{0.05}}{(0.139)^{0.9}(1/10)^{0.05}+(0.309)^{0.9}(1/2)^{0.05}}$$
$$=0.689\cdots$$

となり，A町に行く確率は31.0％，B町に行く確率は68.9％となります．

以上のように数式で表せば，ブラック・ボックスだった部分が少しずつ理解できると思います．ここで説明した内容は，巡回セールスマン問題を解くときに使用するacopyライブラリにおいて，設定できるパラメータの意味が分かるだけでなく，自作プログラムの作成にも役立ちますので，ぜひ理解してください．

まきの・こうじ

あいまいさを数値的に
評価する「ファジィ制御」

牧野 浩二

ファジィ (fuzzy) とは，英語で「あいまいさ」という意味があります．本章のファジィ理論とそこから発展したファジィ制御は，あいまいに物事を設定しておくと「うまく答えを出してくれる」といったものです．特にファジィ制御は，1990年ごろにファジィ炊飯器やファジィ掃除機などのように家電に組み込まれ大活躍をしました．ファジィ理論はあいまいさを扱う理論でしたので，ファジィ理論をうまく使うことで，あいまいさをうまく組み入れて機械を動かすことができるようになりました．これがファジィ制御を搭載した家電がはやった大きな要因でした．現在はディープ・ラーニングがその役割を果たし，AI搭載家電というものがはやっています．

人間はコツや勘，経験などを巧みに使っておいしくご飯を炊いたり，きれいに掃除機をかけたりできます．このコツや勘，経験などはあいまいな感覚ですので数式で表すことが難しいと言われており，現在でもそれを完ぺきに表すことができません．ファジィは枯れた技術と言われることもありますが，まだまだ活躍できる可能性を秘めています．

1 できること

ファジィ理論というものを応用したファジィ制御というものがあり，これを使うと人間の感覚をうまく制御に取り入れることができると言われています．

● 1，扇風機の強弱のしきい値

人それぞれに暑く感じる温度というものは違います．例えば22℃で快適と感じる人がいる反面，寒いと感じる人がいます．28℃は暑いと感じる人がいますが，ちょうどよいと感じる人がいます．それでも，暑かったら扇風機を強くしたいし，涼しくなりすぎたら弱めたいですね．

温度と暑いや寒いの関係を図1-1(a)のようにある温度で区切るのではなく，(b)のように斜めの線で設定できるところがファジィの面白いところであり，良い点でもあります．

こうすることで，例えば28℃は「暑い」と「ちょうどよい」が8：2の割合となる温度と設定できます．さらに，扇風機は回転数を0から100％で調節できるよりも，弱，中，強のように3段階くらいのほうが使いやすいですね．これもファジィでは，図1-2(a)のように弱，中，強の回転数をある値で区切るのではなく，(b)のように斜めの線でできます．

ファジィ制御では，この2つのあいまいな設定から扇風機の回転数を決めることができます．

● 2，炊飯器の火の強弱

1990年代にはファジィを搭載した炊飯器が登場しました．お米をおいしく炊くには，経験と勘が重要となっています．上手な人（イメージですけどすし屋さんやおにぎり屋さん）は，かまどや土鍋でとてもおいしく炊いています．

では，この人たちは釜の温度や内圧，水分量を数値で測って火加減を決めているかと言うとそうではありません．例えば，釜の蓋がカタカタ動く量が大きくなるまで火を強く，カタカタしてきたらそれが少し小さくなるように火を弱くし，カタカタするのが一段落したらしばらく保つなど，経験にもとづくノウハウがあると思います．このカタカタ動くというのは窯の内圧と関係があるものとしましょう．そして，炊飯器ではこの圧力を測れるものとしましょう．

先ほどのように圧力とカタカタ動く頻度は，図1-3のような関係があるとします．そのほかにも水分量のグラフとか水蒸気のグラフとかコツとなりうるデータをあいまいなグラフで表します．この関係性こそが達

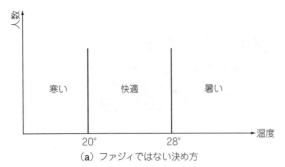

図1-1　室温を暑いと感じるか寒いと感じるか

（a）ファジィではない決め方

（b）ファジィを用いた決め方

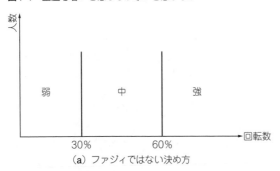

図1-2　扇風機の強弱の設定

（a）ファジィではない決め方

（b）ファジィを用いた決め方

人の炊き方のコツを示しているのです．それらと火加減のグラフをうまく使うと，ファジィ制御で火加減を決めることができ，達人の技に近づきます．

● 3, 鉄道の運行管理

　現在でも鉄道の運行管理というのは大変な問題です．例えば，ある電車が遅れた場合，うまくほかの電車の運行を遅らせないとぶつかってしまいますが，全体としては短時間で遅れを解消したいです．この運行管理は，熟練の経験と勘によって調整していた時代がありました．

　どのような情報を入れて行っていたのか正確に分かる資料は見つかりませんでしたが，仙台市の地下鉄の運行管理などにファジィを取り入れたといった記事がありました[1-1][1-2]．

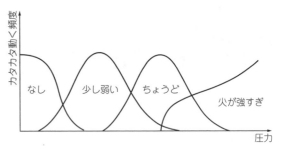

図1-3　ふたのカタカタ動く頻度と圧力の関係

◆参考文献◆
(1-1)仙台市地下鉄の鉄道トータルシステム，日立評論，1988年7月号．
https://www.hitachihyoron.com/jp/pdf/1988/07/1988_07_05.pdf
(1-2)ファジィ理論の実システムへの応用，日本機械学会誌，91巻836号．原稿1988年．
https://www.jstage.jst.go.jp/article/jsmemag/91/836/91_KJ00001465358/_pdf/-char/ja

2 イメージをつかむ

● **年齢で考える**

例えば，未成年者と成人は20歳以上かどうかでスパッと分けることができます（**図2-1**）．これはファジィではありません．では，若者といったらどこで線引きされるでしょうか．人によって若者と定義する年齢は異なり，16歳を若者と呼ぶ人もいれば，20歳や30歳未満を若者とする人もいます．このように，若者の定義は結構あいまいです．

ファジィ理論では若者かどうかはスパッと割り切らずに，**図2-2**のようにあいまいに線引きします．**図2-2**の縦軸は「グレード」と呼ばれ，例えば20歳は若者グレードが0.8，50歳は若者グレードが0.1といった具合に表現されます．

他にも以下のような事柄もスパッと分けることができません．

- かっこいい　・おしゃれ　・おいしい
- 暑い（寒い）　・速い（遅い）

ファジィではこのような問題を扱います．

● **味覚で考える**

おいしい（おいしくない）を，ファジィで考えてみます．レストランで食事をしたとき，食べたものが「お

いしかった」とか「おいしくなかった」などと感じます．これを10点満点で評価しましょう．この10点満点の評価の方法も人それぞれによって違いますが，これをファジィで表すと**図2-3**のようになります．

「おいしい」というグレードは太線のように5点から徐々に増加し，10点で最高となるような線として表します．一方，「おいしくない」というグレードは，「おいしい」の反対の性質として，破線のように表します．そして，「まあまあ」というグレードは5点を中心に実線で表します．この重なりがファジィ特有の考え方となります．

図2-3を用いることで，おいしい，おいしくない，まあまあのグレードを求めることができます．例えば，8点だった場合は「まあまあ」のグレードが0.4，「おいしい」のグレードが0.6となります．なお，ファジィ理論ではこのグラフで表される関数を「メンバシップ関数」と呼びます．

この線の引き方が本当に正しいのか，と疑問に思う方も多いと思います．確かに，これが絶対に正しいという線ではありません．ファジィでは，この線の引き方に人間の勘や経験を入れることができる点が特徴となっています．雰囲気が良いレストランだと，ついつ

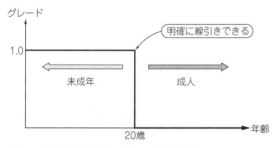

図2-1　明確に割り切れるのはファジィではない

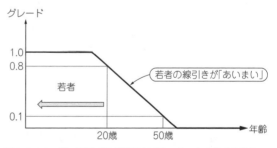

図2-2　ファジィ理論では線引きが「あいまい」なものを扱う

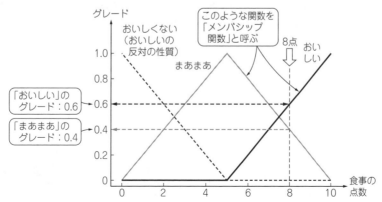

図2-3　食事のおいしさをファジィで表す

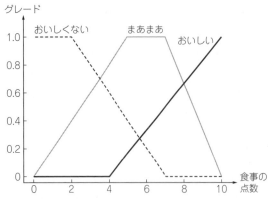
図2-4 あいまいさゆえにメンバシップ関数は変更できる

いおいしく感じてしまうこともありますので，**図2-4**のように「まあまあ」を台形にしたり，「おいしくない」のグレードが1.0の範囲を設定するなど，実態に合わせてメンバシップ関数を変更できます．

● **ファジィ制御の手順**

こんな「あいまい」でよいのかと思うかもしれませんが，ファジィではこのように「あいまい」でもうまく制御できてしまうのです．ファジィ制御は以下の手順で行います．

1，ルール作り
2，メンバシップ関数の作成
3，ファジィ推論
4，非ファジィ化

3 プログラムを動かしてみよう

● **使用するライブラリの準備**

本章で使用するライブラリは**リスト3-1**の通りです．ここで，Pythonでファジィに関する計算をするためのライブラリは幾つかありますが，本稿ではscikit - fuzzy（https://pythohosted.org/scikit-fuzzy/）を用います．Pythonの計算ライブラリとして有名なscikit-learnと名前が似ていますが，別のライブラリです．

scikit-fuzzyをColabで利用するためには，あらかじめインストールしておく必要があります．まずは，以下のコマンドを実行してインストールしてください．

`pip install -U scikit-fuzzy`

次に，日本語の凡例を使う場合は以下もインストールします．

`pip install japanize_matplotlib`

● **食事のおいしさとサービスの良さから支払うチップの額を決める**

ここでは，本章で使用するskfuzzyライブラリの公式ホームページにある，チップの額を決める問題を，ここでの説明用に改変したプログラムchip.ipynbを使います．本書サポート・ページからダウンロードできます．

海外では，食事の後にチップを払うことがあります．チップの額は一律に決まっているのではなく，サービスや食事のおいしさなど複数の要因から決めています．この例では，サービスと食事のおいしさを10点満点で採点すると，0～25ドルの範囲で適切なチップの金額をファジィで決めるものとなっています．

プログラムを最初から順に実行していくと，幾つかグラフが出てきますが，これらは後で説明します．途中で食事の点数（qual_score）とサービスの点数（serv_score）を設定する部分があります．ここでは**リスト3-2**のようにそれぞれ，6.0と9.0を設定しています．

その結果，以下のような tip を表示する部分の下に 16.81…が表示されます．これが払うべきチップとなり，約17ドルと答えが出ます．

支払うチップの額：16.815327793167125

食事とサービスの点数を変えて実行するとチップが変わります．例えば，食事の点数を3.8，サービスの点数を1.2とすると払うべきチップは約8.7ドルとなります．

リスト3-1 本章で使うライブラリ

```
import numpy as np
import skfuzzy as fuzz
import matplotlib.pyplot as plt # グラフ用
import japanize_matplotlib # 日本語用
from IPython import display # 表示用
```

リスト3-2 設定した食事とサービスの点数

```
qual_score = 6.0 # 食事のおいしさの点数
serv_score = 9.0 # サービスの良さの点数
```

第5章 あいまいさを数値的に評価する「ファジィ理論」

4 結果の読み取り方

　上で述べたチップ額の計算で，最初に出てくるグラフは図4-1となります．先ほども述べましたが，これはメンバシップ関数を表しています．

● 線と軸の意味

▶食事のおいしさ

　図4-1(a)が食事の点数(横軸)とそれに対するグレード(縦軸)となります．ここでは3本の線が引かれていて，それぞれの意味は「おいしくない，まあまあ，おいしい」を表しています．例えば食事の点数が6点だった場合は，おいしいグレードが0.2，まあまあグレードが0.8となります．

▶サービスの質

　図4-1(b)はサービスの点数(横軸)とそれに対するグレード(縦軸)となります．ここでも3本の線が引かれていて，それぞれ「いまいち，そこそこ，素晴らしい」を表しています．例えばサービスの点数が2点だった場合は，いまいちグレードが0.6，そこそこグレードが0.4となります．

▶支払うチップの額

　図4-1(c)がチップの値を決めるグラフとなります．これは上の2つとは異なる働きがあり，グレードを決めるのではなく，上の2つから決まったグレードからチップ額を決めるために使います．3本の線にはそれぞれ以下の意味があります．

- 全体として「まあまあ」だったら12.5ドルくらいで，「まあまあ」だと思っても時と場合によっては0～25ドルまでの範囲になるということが実線で示されています．
- 素晴らしかったら25ドルでもよいが，場合によっては12.5ドルにもなるということが太線で示されています．
- 全体的に「いまいち」だったら0ドル(払いたくない)か，それでも最大で12.5ドル払うこともあるということが破線で示されています．

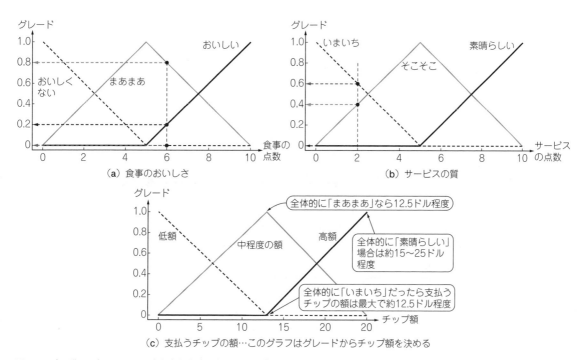

（c）支払うチップの額…このグラフはグレードからチップ額を決める

図4-1　プログラム(chip.ipynb)を実行すると表示されるグラフ

いよいよルールからファジィで値を求める部分になります．ここでは，食事の点数を6.0，サービスの点数を9.0として考えます．繰り返しになりますが，図5-1はチップ額を決めるためのメンバシップ関数を示しています．

● **チップ額を決めるためのルール**

チップ額を決める場合のルールは食事とサービスの2つあります．ファジィではこれをうまく処理します．ルールを以下のように定めます．

IF 食事 IS おいしくない OR サービス IS いまいち THEN 低額
IF サービス IS そこそこ THEN 中程度の額
IF 食事 IS おいしい OR サービス IS 素晴らしい THEN 高額

▶**サービス**

まずは，2番目のルールであるサービスについて考えます．サービスが9点の場合のグレードは，

- いまいち：0
- そこそこ：0.2
- 素晴らしい：0.8

です．次に，そのグレードを用いてチップ額との関係を見ていきます．「そこそこ」のグレードは0.2なので，図5-2のように0.2の所に線を引きます．ファジィでは，このグレードから求めた横線とメンバシップ関数の小さい方の部分が重要となります．そこで，図5-2のように，その下の部分に色を付けておきます．

同じようにして，「素晴らしい」のグレードは0.8なので図5-3のようになります．ここでは食事のおいしさも考慮されていますが，これは後述します．最後に「いまいち」の場合のグレードは0なので図5-4となります．

▶**食事**

食事の「おいしい」のメンバシップ関数から求めたグレードと，サービスの「素晴らしい」のメンバシップ関数とのORを取るというルールは，2つの内のグ

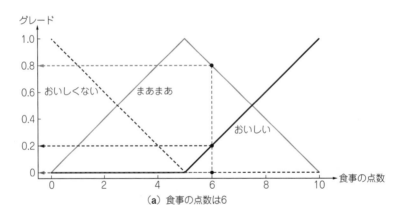

（a）食事の点数は6

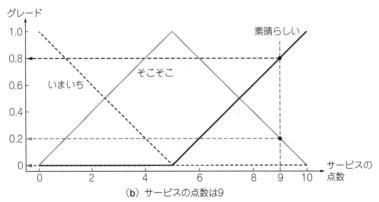

（b）サービスの点数は9

図5-1　ファジィでチップ額を求める場合の食事とサービスの点数

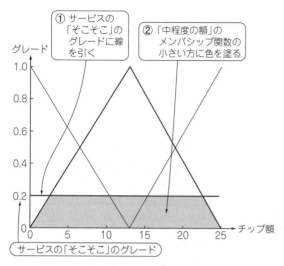

① サービスの「そこそこ」のグレードに線を引く

② 「中程度の額」のメンバシップ関数の小さい方に色を塗る

サービスの「そこそこ」のグレード

図5-2 「そこそこ」のグレードに線を引き，小さい方を塗りつぶす

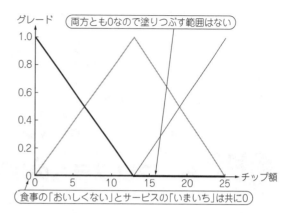

両方とも0なので塗りつぶす範囲はない

食事の「おいしくない」とサービスの「いまいち」は共に0

図5-4 サービスの「いまいち」と食事の「おいしくない」を考慮した塗りつぶし範囲

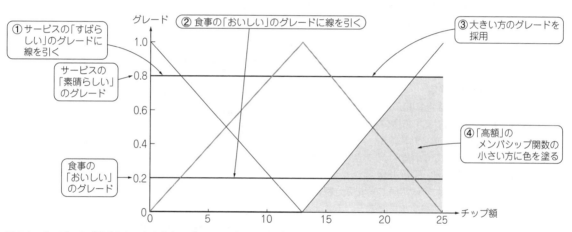

① サービスの「すばらしい」のグレードに線を引く

サービスの「素晴らしい」のグレード

② 食事の「おいしい」のグレードに線を引く

③ 大きい方のグレードを採用

食事の「おいしい」のグレード

④ 「高額」のメンバシップ関数の小さい方に色を塗る

図5-3 サービスの「素晴らしい」と食事の「おいしい」を考慮した塗りつぶし範囲

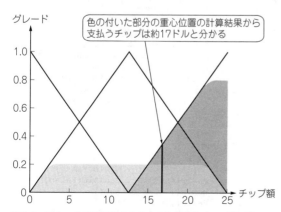

色の付いた部分の重心位置の計算結果から支払うチップは約17ドルと分かる

図5-5 重なった範囲の重心を求めると支払うチップ額が決まる（食事6点，サービス9点）

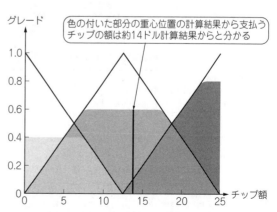

色の付いた部分の重心位置の計算結果から支払うチップの額は約14ドル計算結果からと分かる

図5-6 食事はおいしくてもサービスが悪い（食事9点，サービス3点）場合に支払うチップの額

レードの大きい方を使います．**図5-1**に示すように
それぞれのグレードは0.8と0.2のため，0.8を使います．
すると，**図5-3**の範囲が設定できます．

そして，食事の「おいしくない」のメンバシップ関
数とサービスの「いまいち」のメンバシップ関数との
ORを取るルールも，2つのグレードの大きい方を使
います．これはともに0ですので，**図5-4**のようにな
り**図5-2**や**図5-3**のように範囲は設定されません．

▶定めたルールからチップ額を決める

以上より，色のついた部分を重ねると**図5-5**とな
ります．ファジィでは，この色のついた部分の重心位
置を求めます．この計算は面倒ですが，台形の面積を
求めることを何回か行うことで求めることができます．
その結果，チップは約17ドルとなります．このように，
2つ以上のルールがある場合はOR（値の大きい方）や
AND（値の小さい方）に従って求めます．

その他の例として，食事はとてもおいしいが，サー
ビスが悪いお店を考えてみましょう．「愛想はないが
うまい店」といった感じのお店を想像してください．
この場合は食事の点数を9点，サービスの点数を3点
としました．同じように求めると**図5-6**となり，そ
の結果，チップは約14ドルとなります．

6　プログラムの説明

● 横軸の範囲設定

メンバシップ関数で使う値の範囲（横軸の範囲）の設
定をします（**リスト6-1**）．食事のおいしさ（x_qual）
とサービスの良さ（x_serv）は0〜10点，支払うチッ
プの額（x_tip）は0〜25ドルとします．なお，
arange関数を使っていますので，設定する範囲の最
大の値に1を加えた値を引数に用います．

● メンバシップ関数の設定

メンバシップ関数の設定には，`fuzz.trimf`関数
を使います（**リスト6-2**）．この関数の第1引数はメン
バシップ関数の範囲で，第2引数は3つの値をリスト
化した値です．3つの値でこれまで見てきたような3
角形の山型のメンバシップ関数を作ることができ，
qual_loやqual_hiのように，同じ値を2つ続ける
と片側だけ傾きを持つメンバシップ関数を作ることも
できます．

ただし，この3つの値は整数で設定する必要があり
ます．より細かく設定したい場合は，例えば100倍の
範囲を設定し，100で割って使うことをお勧めします．

同じように，サービスの良さや支払うチップの額の
メンバシップ関数の設定も行います．

リスト6-1　横軸の範囲はarange関数を使って設定する

```
x_qual = np.arange(0, 11, 1)# 食事のおいしさの範囲
x_serv = np.arange(0, 11, 1)# サービスの良さの範囲
x_tip  = np.arange(0, 26, 1)# 支払うチップの額の範囲
```

リスト6-2　メンバシップ関数の設定は`fuzz.trimf`関数を使う

```
# 食事のおいしさ
qual_lo = fuzz.trimf(x_qual, [0, 0, 5])
qual_md = fuzz.trimf(x_qual, [0, 5, 10])
qual_hi = fuzz.trimf(x_qual, [5, 10, 10])

# サービスの良さ
serv_lo = fuzz.trimf(x_serv, [0, 0, 5])
serv_md = fuzz.trimf(x_serv, [0, 5, 10])
serv_hi = fuzz.trimf(x_serv, [5, 10, 10])

# 支払うチップの額
tip_lo = fuzz.trimf(x_tip, [0, 0, 13])
tip_md = fuzz.trimf(x_tip, [0, 13, 25])
tip_hi = fuzz.trimf(x_tip, [13, 25, 25])
```

リスト6-3　設定したメンバシップ関数はプロットする

```
#3 つのグラフの設定
fig, (ax0, ax1, ax2) = plt.subplots(nrows=3,
                              figsize=(8, 9))
# 食事のおいしさのメンバシップ関数
ax0.plot(x_qual, qual_lo, 'b', linewidth=1,
           linestyle="--", label=' おいしくない ')
ax0.plot(x_qual, qual_md, 'g', linewidth=1,
           linestyle="-", label=' まあまあ ')
ax0.plot(x_qual, qual_hi, 'r', linewidth=3,
           linestyle="-", label=' おいしい ')
ax0.set_title(' 食事のおいしさ ')
ax0.legend()
# サービスの良さのメンバシップ関数
ax1.plot(x_serv, serv_lo, 'b', linewidth=1,
           linestyle="--", label=' いまいち ')
ax1.plot(x_serv, serv_md, 'g', linewidth=1,
           linestyle="-", label=' そこそこ ')
ax1.plot(x_serv, serv_hi, 'r', linewidth=3,
           linestyle="-", label=' すばらしい ')
ax1.set_title(' サービスの質 ')
ax1.legend()
# 支払うチップの額のメンバシップ関数
ax2.plot(x_tip, tip_lo, 'b', linewidth=1,
           linestyle="--", label=' 低額 ')
ax2.plot(x_tip, tip_md, 'g', linewidth=1,
           linestyle="-", label=' 中程度の額 ')
ax2.plot(x_tip, tip_hi, 'r', linewidth=3,
           linestyle="-", label=' 高額 ')
ax2.set_title(' 支払うチップの額 ')
ax2.legend()

# 右と上の軸を削除
for ax in (ax0, ax1, ax2):
    ax.spines['top'].set_visible(False)
    ax.spines['right'].set_visible(False)
    ax.get_xaxis().tick_bottom()
    ax.get_yaxis().tick_left()

plt.tight_layout()
```

リスト6-4 `fuzz.interp_membership`関数で食事とサービスのグレードを計算する

```python
# 食事のおいしさのグレードの計算
qual_level_lo = fuzz.interp_membership(x_qual,
                         qual_lo, qual_score)
qual_level_md = fuzz.interp_membership(x_qual,
                         qual_md, qual_score)
qual_level_hi = fuzz.interp_membership(x_qual,
                         qual_hi, qual_score)

# サービスの良さのグレードの計算
serv_level_lo = fuzz.interp_membership(x_serv,
                         serv_lo, serv_score)
serv_level_md = fuzz.interp_membership(x_serv,
                         serv_md, serv_score)
serv_level_hi = fuzz.interp_membership(x_serv,
                         serv_hi, serv_score)
```

リスト6-5 求まったグレードからルールを適用する

```python
#1つ目のルール
# 食事がおいしくないのグレードとサービスがいまいちのグレード
                          の大きい方を求める
active_rule1 = np.fmax(qual_level_lo,
                          serv_level_lo)
# そのグレードと低額のメンバシップ関数の小さい方の範囲を設定
tip_activation_lo = np.fmin(active_rule1,
              tip_lo)  # removed entirely to 0

#2つ目のルール
# サービスがまあまあのグレードと中程度の額のメンバシップ関数
                          の小さい方の範囲を設定
tip_activation_md = np.fmin(serv_level_md,
                          tip_md)

#1つ目のルール
# 食事がおいしいのグレードとサービスが素晴らしいのグレードの
                          大きい方を求める
active_rule3 = np.fmax(qual_level_hi,
                          serv_level_hi)
# そのグレードと高額のメンバシップ関数の小さい方の範囲を設定
tip_activation_hi = np.fmin(active_rule3,
                          tip_hi)
```

リスト6-6 ルール適用後に範囲を可視化する

```python
# 描画のために0の配列を作っておく
tip0 = np.zeros_like(x_tip)

# 可視化
fig, ax0 = plt.subplots(figsize=(8, 3))

ax0.fill_between(x_tip, tip0,
  tip_activation_lo, facecolor='b', alpha=0.4)
ax0.plot(x_tip, tip_lo, 'b', linewidth=0.5,
                          linestyle='--', )
ax0.fill_between(x_tip, tip0,
  tip_activation_md, facecolor='g', alpha=0.4)
ax0.plot(x_tip, tip_md, 'g', linewidth=0.5,
                          linestyle='--')
ax0.fill_between(x_tip, tip0,
  tip_activation_hi, facecolor='r', alpha=0.4)
ax0.plot(x_tip, tip_hi, 'r', linewidth=0.5,
                          linestyle='--')
ax0.set_title('Output membership activity')

# 右と上の軸を削除
for ax in (ax0,):
    ax.spines['top'].set_visible(False)
    ax.spines['right'].set_visible(False)
    ax.get_xaxis().tick_bottom()
    ax.get_yaxis().tick_left()

plt.tight_layout()
```

リスト6-7 最後にチップ額を決めて表示する

```python
# すべての範囲を統合
aggregated = np.fmax(tip_activation_lo,
                     np.fmax
(tip_activation_md, tip_activation_hi))

# 非ファジィ化 (支払う額の計算)
tip = fuzz.defuzz(x_tip, aggregated,
                          'centroid')
tip_activation = fuzz.interp_membership(x_tip,
             aggregated, tip)  # for plot

print("支払うチップの額 ", tip)
```

● メンバシップ関数のプロット

設定したメンバシップ関数を可視化する方法を示します．リスト6-3では，3つのグラフを作り，それぞれのグラフは3つのメンバシップ関数が書かれています．これを実行すると図4-1が表示されます．ここで，食事のスコア（qual_score）は6.0，サービスのスコア（serv_score）は9.0と設定しています．

● グレードの計算

食事のおいしさとサービスの良さのグレードを`fuzz.interp_membership`関数で求めます（リスト6-4）．第1引数はスコアの範囲，第2引数はメンバシップ関数で設定したグレード，第3引数は設定したスコアです．

● ルールの適用と範囲の描画

求めたグレードを基にしてルールの適用を行います（リスト6-5）．まずは，1つ目のルールを書いている部分について説明します．食事がおいしくないグレードとサービスがいまいちのグレードの大きい値を`np.fmax`関数で求めます．次に，そのグレードと支払うチップの額のメンバシップ関数の中の低い額とを比較し，値が小さい方の範囲を`np.fmin`関数で求めています．

2つ目のルールでは，サービスがそこそこのグレードを調べます．そのグレードと支払うチップの額のメンバシップ関数の中の中程度の額とを比較し，値が小さい方の範囲を求めています．1つ目のルールと異なる点はサービスのグレードしか使用しない点です．

3つ目のルールは1つ目のルールと同じで，食事がおいしいとサービスが素晴らしいに関するグレードを用いて，支払う額のメンバシップ中の高額の値を求めています．

以上から求めた範囲を可視化します（リスト6-6）．

リスト6-8　重心位置の可視化

```
# 可視化
fig, ax0 = plt.subplots(figsize=(8, 3))

ax0.plot(x_tip, tip_lo, 'b', linewidth=0.5,
                        linestyle='--', )
ax0.plot(x_tip, tip_md, 'g', linewidth=0.5,
                        linestyle='--')
ax0.plot(x_tip, tip_hi, 'r', linewidth=0.5,
                        linestyle='--')
ax0.fill_between(x_tip, tip0, aggregated,
               facecolor='Orange', alpha=0.4)
ax0.plot([tip, tip], [0, tip_activation],
               'k', linewidth=1.5, alpha=0.9)
ax0.set_title('Aggregated membership and
                           result (line)')

# 右と上の軸を削除
for ax in (ax0,):
    ax.spines['top'].set_visible(False)
    ax.spines['right'].set_visible(False)
    ax.get_xaxis().tick_bottom()
    ax.get_yaxis().tick_left()

plt.tight_layout()
```

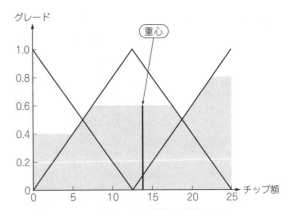

図6-1　リスト6-8の実行で重心位置を可視化できる

これを実行すると図4-2の支払うチップの額を示す縦線のないグラフが得られます.

● チップ額の計算

　いよいよ支払うチップの額を求めます(リスト6-7).まずは,それぞれの範囲の大きい方を求めて重ね合わせます.これはちょうど図4-2の網掛け部分に相当します.そして,網掛け部分の重心位置を fuzz.defuzz 関数で求めます.これを「非ファジィ化」と呼びます.その後,重心位置を図で示すための値を求めています.

　以上から,支払うチップの額が計算され表示されます.重心位置の可視化はリスト6-8で行い,これを実行すると図6-1が得られます.ここではファジィの手順の説明のために,図6-1を別に表しました.可視化を2つに分ける必要はないため,図4-2のように設定することもできます.また,可視化の部分は必ずしも実行する必要はありません.

まきの・こうじ

第4部 第6章

ファジィ制御の応用…エアコンの温度制御

牧野 浩二

アルゴリズム「ファジィ」の2回目です．前章はファジィを用いてチップ額を決める問題を紹介しました．本章ではファジィ制御を家電製品に応用した例として，エアコンの制御を紹介します．温度は人によって感じ方がさまざまですので，これをファジィで考えてみます．

1 ファジィ制御は計算量が少ない

現在のAIブームに乗って，AI搭載の掃除機やエアコンなどのAI家電が数多く発売されています．ファジィ制御は1990年代に大流行し，今のAI家電とは比べ物にならないくらいのブームを巻き起こしました．

ファジィ制御が大流行した理由の1つに，マイコンでも扱える計算量の少なさがあります．一方，人工知能を搭載した家電はたいていの場合，インターネットにつなぐ必要があるなど計算量の多い手法となっています．

ファジィ制御はどの程度の計算量かというと，図1-1に示すように三角形と横に引いた直線で囲まれた台形の面積を求める計算が最も計算量の多い部分となります．

さらに簡易化するために図1-2のように，それぞれの三角形を1本の線で表すことで，台形の面積を求

めずに計算する方法も開発されていました．たったこれだけで，人間が行うようにうまく制御をするのがファジィ制御です．

AIブームを牽引しているディープ・ラーニングを組み込むことで進化した強化学習の歴史と，ファジィ制御の歴史は第2次ブームまでは似ています．そして，ディープ・ラーニングをマイコンで動かす試みが始まっています[1]．マイコンで動かすディープ・ラーニングに，マイコンで動くファジィを組み合わせた第3次ブームが近い未来に到来するかもしれません．

◆参考文献◆

(1-1) TensorFlow Lite for Microcontrollers.
https://www.tensorflow.org/lite/microcontrollers?hl=ja

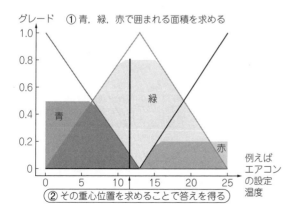

図1-1 ファジ制御の計算と言えば台形の面積を求めることくらい

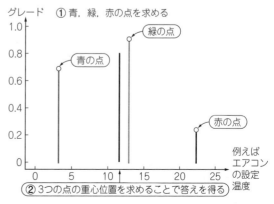

図1-2 マイコンの負荷を減らすために台形の面積を求めずに簡素化する方法もあった

2 イメージをつかむ

本章でファジィ制御するエアコンは，図2-1のように出力を0〜100％で変えることができる「つまみ」が付いたものとします．これが図2-2のように温度ごとに何％を出力するか決まっていれば話は簡単です．

人間は「暑い」と感じたら，冷却のつまみを「強」にし，「寒い」と感じたらつまみを「弱」にし，「快適」と感じたらつまみを「中」にしたいですね．暑いや寒いなどは人間の感覚ですし，つまみの弱，中，強というのも人間の感覚です．ファジィ制御では，人間の感覚をルールに取り入れていることになります．

● ルールを決める

まずは，ファジィ制御でのルールを次のように定め，これを複数作ることになります．

IF 「変数」IS 「集合」THEN「行動」

これは，もし「変数」が「集合」に含まれるならば設定した「行動」をせよ，という意味になります．ここで変数とか集合とか言われると難しく感じるかもしれませんが，次のようにエアコン制御に当てはめると簡単になります．

> IF 温度 IS 寒い THEN つまみを弱にする
> IF 温度 IS 快適 THEN つまみを中にする
> IF 温度 IS 暑い THEN つまみを強にする

● 本章で扱うメンバシップ関数

本章のファジィでは図2-3(a)のように，「暑い」と「快適」が混在した温度があるような問題や，つまみの中と強も出力ごとに決まっているのではなく，図2-3(b)のように中と強が混在した出力があるような問題を扱います．

メンバシップ関数とは，横軸にとった事柄や値が「どの程度当てはまるか(グレード)」をグラフで表したものです．

図2-3(a)に示すメンバシップ関数を例にすると，25℃までは全く熱いと思わないので，暑いグレードは0％となります．27.5℃では，暑いと感じるレベルは20％くらいとしているためグレードは0.2となります．このグレードは感覚的なものであり，どんなときでも27.5℃で「20％ほど暑い」と感じるわけではなく，「なんとなく20％くらいの暑さである」のように，かなり適当に決めます．

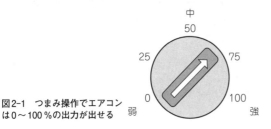

図2-1 つまみ操作でエアコンは0〜100％の出力が出せる

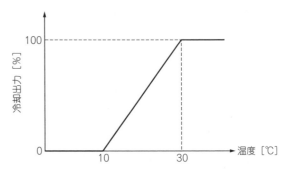

図2-2 温度の感じ方は人それぞれ…温度に応じて制御するだけではダメ

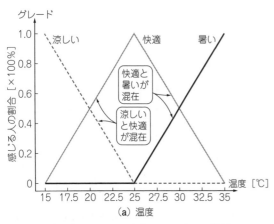

（a）温度

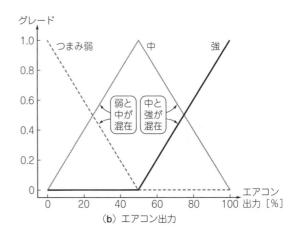

（b）エアコン出力

図2-3 本章で考えるエアコン制御のメンバシップ関数

3 プログラムを動かしてみよう

● 実行環境の準備

本書サポート・ページからプログラムをダウンロードします．今回使うプログラムはaircon.ipynbです．ウェブ・ブラウザGoogle ChromeでColabを開き，ダウンロードしたipynbという拡張子のファイルをColab上で開きます．

● ライブラリの準備

前章でも述べましたが，使用するライブラリはリスト3-1の通りです．ファジィのライブラリはsckit-fuzzy（https://pythohosted.org/scikit-fuzzy/）を使っています．次のコマンドを実行し，あらかじめインストールしておいてください．

`pip install -U scikit-fuzzy`

日本語の凡例を使う場合は次もインストールします．

リスト3-1 必要なライブラリ

```
import numpy as np
import skfuzzy as fuzz
import matplotlib.pyplot as plt  #グラフ用
import japanize_matplotlib  #日本語用
from IPython import display  #表示用
```

`pip install japanize_matplotlib`

● ファジィを用いてエアコン制御…室温に対するエアコン出力を求める

▶プログラムを実行する

aircon.ipynbを実行します．最初の部屋の温度を決める変数（init_temp）がありますが，ここでは34℃としています．なお，このプログラムでは初期温度は34℃までしか設定できません．

▶表示されるグラフ

このプログラムで作成するグラフは2つあります．1つは温度に対してつまみをどのようにしたらよいのかを表すグラフです．もう1つは，34℃から25℃に変化するまでの温度の時間変化を表すグラフです．これが制御の例になります．

プログラムを実行すると，最初に出てくるグラフは図2-3で，途中に図3-1が表示され，最後に図3-2が表示されます．

図3-1は横軸が温度で縦軸がファジィで決めたエアコン出力（つまみ位置）を表しています．図3-2（a）は横軸が時間，縦軸が温度を表しています．図3-2（b）は横軸が時間，縦軸がエアコンの出力を表しています．

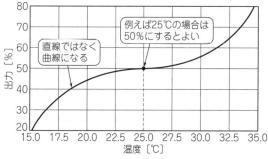

図3-1 途中に表示されるグラフから温度に対するエアコン出力が分かる

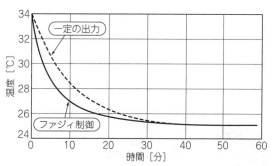

図3-3 出力を一定にした場合よりファジィ制御のほうが早く冷える

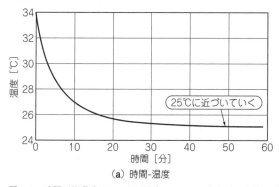

（a）時間-温度

図3-2 時間が経過するにつれて温度／エアコン出力が一定値に近づく

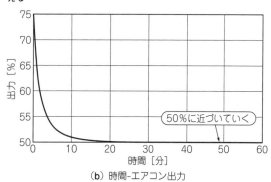

（b）時間-エアコン出力

図3-3はファジィの効果です．次項で説明します．

4　結果の読み取り方

● **あいまいさを表すメンバシップ関数**

　図2-3のグラフは，温度からグレードを決める部分となります．繰り返しになりますが，暑いと感じる温度は人それぞれです．28℃でも暑いと感じる人がいる一方で，快適と思う人もいます．そのあいまいさを図2-3(a)で表しています．図2-3(b)がグレードからエアコンの出力を決める部分になります．

● **グラフから読み取る**

▶**温度とエアコン出力の関係**

　図3-1は，例えば25℃のときには出力を50％にするとよい，といったことが分かります．また，温度と出力が直線的になるのではなく，曲がっています．こ

れで温度とつまみの関係を計算したことになります．

▶**経過時間と温度／エアコン出力の変化**

　図3-2(a)からは時間が経つにつれて温度が25℃，図3-2(b)からは時間が経つにつれてエアコン出力が50％に近づいていく様子が分かります．

　出力を一定とした場合の温度変化とファジィ制御の温度変化とを比較した結果が図3-3です．ファジィ制御を使うと早く冷やせることをが分かります．

▶**温度に対する最適なつまみ位置**

　図4-1から温度が32℃のときエアコン出力は約62.4％，温度が18℃のときエアコン出力は約37.5％となることが分かります．理由は次項で解説します．

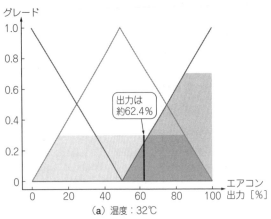

(a) 温度：32℃

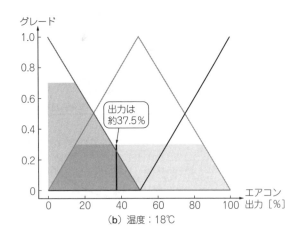

(b) 温度：18℃

図4-1　室温に対するエアコン出力をファジィ制御で求めた

5　原理

● **やること…最適なエアコン出力を求める**

　前章で解説した支払うチップ額を求める問題と同様の手法で，室温が32℃だった場合のエアコン出力(冷風)を求めます．

● **エアコン制御のルール**

　今回のエアコンの制御では，次のルールとしています．

IF 温度 IS 寒い THEN つまみを弱
IF 温度 IS 快適 THEN つまみを中
IF 温度 IS 暑い THEN つまみを強

● **最適なエアコン出力を求める手順**

▶**ステップ1…定めた温度に線を引きグレードを求める**

　図5-1(a)のように32℃の位置に縦線を引き，それぞれのグレードを次のように求めます．

- 暑いのグレード：0.7
- 快適のグレード：0.3
- 寒いのグレード：0.0

▶**ステップ2…各グレードに線を引いて色塗り**

　そのグレードを用いてつまみ位置との関係を見ていきます．暑いのグレードは0.7なので，図5-1(b)のように0.7の所に線を引きます．ファジィでは，このグレードから求めた横線とつまみ「強」のメンバシップ

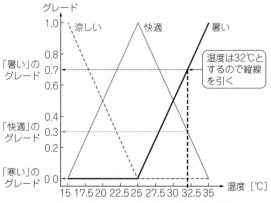

（a）ステップ1：あらかじめ決めた温度に縦線を引く

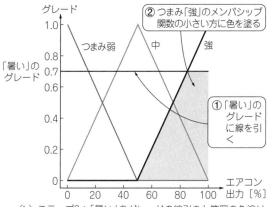

（b）ステップ2：「暑い」のグレードの線引きと範囲の色塗り

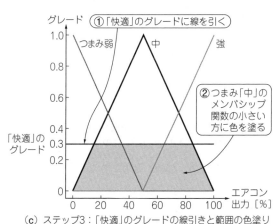

（c）ステップ3：「快適」のグレードの線引きと範囲の色塗り

図5-1　温度に対するつまみ位置を決める手順

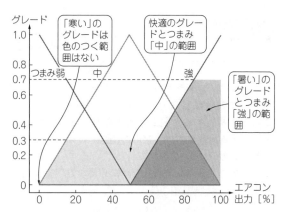

図5-2　色のついた範囲を重ね，最後に重心を求めればつまみ位置が決まる

関数に関する線の小さい方の部分が重要となります．また，その下の部分に色を付けておきます．

　同じようにして，快適のグレードは0.3なので，横線を引いて，つまみ「中」のメンバシップ関数と比較して小さい方の部分に色を付けると図5-1（c）となります．寒いのグレードは0.0ですので，色がつく部分はありません．

▶ステップ3…色を塗った部分を重ねて重心位置を求める

　全ての色のついた部分を重ねると図5-2となります．ファジィではこの色のついた部分の重心位置を求めます．この計算は面倒ですが，台形の面積を求めることを何回か行うことで求められます．その重心位置を計算して図中に示したのが先ほどの図4-1（a）です．以上から，最適なエアコン出力は約62.4％と求めることができます．

　同じ手順で室温が18℃だった場合は約37.5％となります．なお，23.4℃のように整数でなくても入力として扱うことができます．

6 プログラムの説明

それではプログラムの説明に入ります．まず，メンバシップ関数は**リスト6-1**のように設定しました．これを可視化すると**図2-3**が得られます．また，気温に対する最適なエアコン出力（**図4-1**）を求めるプログラムは**リスト6-2**として行っています．以下ではこのエアコン出力を求めるために必要な処理を説明します．

● 室温とエアコン出力の関係

まずは，**図3-1**に示した室温とエアコン出力（冷風）の関係を求めるプログラムを説明します．プログラムは**リスト6-3**に示します．これは設定した温度範囲の温度を1つずつ調べていき，それをpower変数に保存し，グラフとして表示しています．そのためにまず，温度のグレードを計算しています．次に，各グレードと出力のメンバシップ関数の小さい方の範囲を設定し，その範囲を統合します．そして，その範囲から非ファジィ化を行い，出力を計算しています．

● 経過時間と温度／エアコン出力の関係

まずは室温変化を求める必要があります．室温の変化を求める数式は複雑なものもありますが，ここでは簡単な方法として次の式で変化するものとします．

$y + T\dot{y} = Ku$

ここで，yが温度，$\dot{y}$は温度変化，uは入力を表します．TとKは定数です．この数式の意味は温度yが入力uと温度変化$\dot{y}$で決まることを意味します．Tによって温まりにくさを設定することができ，Kによってエアコン出力を温度に変換するための設定ができます．プログラムでは簡単のためTは10，Kは1としています．

これを実現するためのプログラムを**リスト6-4**に示します．実行すると**図3-2**が得られます．このときのメンバシップ関数の領域が変化する様子を**図6-1**に示します．また，この変化の様子をアニメーションで確認することもできます．

リスト6-1　温度およびエアコン出力のメンバシップ関数を設定する

```
# 温度
temp_lo = fuzz.trimf(x_temp, [15,15,25])
temp_md = fuzz.trimf(x_temp, [15,25,35])
temp_hi = fuzz.trimf(x_temp, [25,35,35])
# 出力
power_lo = fuzz.trimf(x_power, [0, 0, 50])
power_md = fuzz.trimf(x_power, [0, 50, 100])
power_hi = fuzz.trimf(x_power, [50, 100, 100])
```

リスト6-2　エアコン出力の範囲を重ねる

```
# 温度のグレードの計算
temp_level_lo = fuzz.interp_membership(x_temp,
                          temp_lo, now_temp)
temp_level_md = fuzz.interp_membership(x_temp,
                          temp_md, now_temp)
temp_level_hi = fuzz.interp_membership(x_temp,
                          temp_hi, now_temp)

# 各グレードと出力のメンバシップ関数の小さい方の範囲を設定
power_activation_lo = np.fmin(temp_level_lo,
                          power_lo)
power_activation_md = np.fmin(temp_level_md,
                          power_md)
power_activation_hi = np.fmin(temp_level_hi,
                          power_hi)

# すべての範囲を統合
aggregated = np.fmax(power_activation_lo,
              np.fmax(power_activation_md,
                   power_activation_hi))

# 非ファジィ化（出力の計算）
power = fuzz.defuzz(x_power, aggregated,
                       'centroid')
```

リスト6-3　温度とエアコン出力の関係を描画する

```
power = []# グラフ描画用変数

for temp in x_temp:# 設定した温度範囲を繰り返し文で調べる
  # 温度のグレードの計算
  temp_level_lo = fuzz.interp_membership
                     (x_temp, temp_lo, temp)
  temp_level_md = fuzz.interp_membership
                     (x_temp, temp_md, temp)
  temp_level_hi = fuzz.interp_membership
                     (x_temp, temp_hi, temp)
  # 各グレードと出力のメンバシップ関数の小さい方の範囲を設定
  power_activation_lo = np.fmin(temp_level_lo,
                          power_lo)
  power_activation_md = np.fmin(temp_level_md,
                          power_md)
  power_activation_hi = np.fmin(temp_level_hi,
                          power_hi)
  # すべての範囲を統合
  aggregated = np.fmax(power_activation_lo,
                np.fmax(power_activation_md,
                   power_activation_hi))
  # 非ファジィ化（出力の計算）
  now_power = fuzz.defuzz(x_power, aggregated,
                         'centroid')
  # グラフ用に値を保存
  power.append(now_power)

# 可視化
fig, ax0 = plt.subplots(figsize=(8, 3))
ax0.set_xlabel("温度（度）")
ax0.set_ylabel("出力（%）")
ax0.plot(x_temp,power)
plt.tight_layout()
```

リスト6-4　経過時間と温度／エアコン出力の関係を描画する

```
init_temp = 34# 初期温度の設定
T = 10
K = 1

time_range = np.arange(0,60,1)
now_temp = init_temp
temp = []# グラフ描画用変数（温度）
power = []# グラフ描画用変数（出力）

for ti in time_range:# 設定した時間まで繰り返し文で調べる
    # 温度の保存
    temp.append(now_temp)
    # 温度のグレードの計算
    temp_level_lo = fuzz.interp_membership
                    (x_temp, temp_lo, now_temp)
    temp_level_md = fuzz.interp_membership
                    (x_temp, temp_md, now_temp)
    temp_level_hi = fuzz.interp_membership
                    (x_temp, temp_hi, now_temp)
    # 各グレードと出力のメンバシップ関数の小さい方の範囲を設定
    power_activation_lo = np.fmin(temp_level_lo,
                                  power_lo)
    power_activation_md = np.fmin(temp_level_md,
                                  power_md)
    power_activation_hi = np.fmin(temp_level_hi,
                                  power_hi)
```

```
    # すべての範囲を統合
    aggregated = np.fmax(power_activation_lo,
                         np.fmax(power_activation_md,
                                 power_activation_hi))
    # 非ファジィ化（出力の計算）
    now_power = fuzz.defuzz(x_power, aggregated,
                            'centroid')
    # 出力つまみの値から実際の出力へ
    U=(100-now_power)/50*25
    # 温度変化の計算
    now_temp =  (T*now_temp+K*U)/(1+T)
    # 出力の保存
    power.append(now_power)

# 可視化
fig, (ax0, ax1) = plt.subplots(nrows=2,
                               figsize=(8, 6))
ax0.set_xlabel("時間（分）")
ax0.set_ylabel("温度（度）")
ax0.plot(time_range,temp)
ax1.set_xlabel("時間（分）")
ax1.set_ylabel("出力（%）")
ax1.plot(time_range,power)
plt.tight_layout()
```

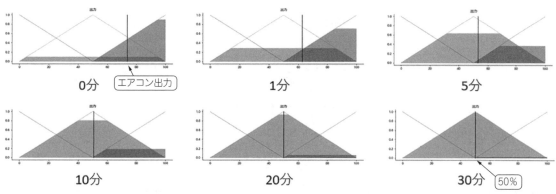

図6-1　メンバシップ関数の領域が変化する様子．時間経過とともにエアコン出力が50％に近づいていく

リスト6-5　メンバシップ関数の数を変更する（ここでは5個）

```
power_lo2 = fuzz.trimf(x_power, [0, 0, 25])
power_lo = fuzz.trimf(x_power, [0, 25, 50])
power_md = fuzz.trimf(x_power, [25, 50, 75])
power_hi = fuzz.trimf(x_power, [50, 75, 100])
power_hi2 = fuzz.trimf(x_power, [75, 100, 100])
```

● **メンバシップ関数を増やすと一定温度に早く達する**

　ここでメンバシップ関数を5つにしてみましょう．
プログラムaircon_5rule.ipynbをダウンロード・
データとして提供します．設定は**リスト6-5**のよう
に行います．そして，**リスト6-6**を追加して可視化
すると**図6-2**が得られます．

　注意すべき点として，全ての範囲を統合する部分が
あります．これは**リスト6-7**のように2つずつ
np.fmax関数を取る必要があります．なお，これを

リスト6-6　リスト6-5で設定したものを描画する

```
ax2.plot(x_power, power_lo2, 'k',
                 linewidth=1.5, label='弱弱')
ax2.plot(x_power, power_lo, 'b',
                 linewidth=1.5, label='弱')
ax2.plot(x_power, power_md, 'g',
                 linewidth=1.5, label='中')
ax2.plot(x_power, power_hi, 'y',
                 linewidth=1.5, label='強')
ax2.plot(x_power, power_hi2, 'r',
                 linewidth=1.5, label='強強')
ax2.set_title('POWER')
ax2.legend()
```

用いた場合は**図6-3**となり，3個のルールを用いたフ
ァジィ制御よりもさらに早く一定の温度になります．

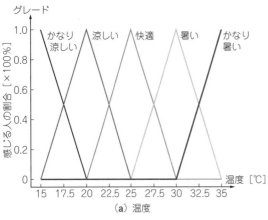

図6-2　メンバシップ関数を5つにした場合の実行結果

リスト6-7　範囲を重ねるときは2つずつ`np.fmax`関数を使う

```
aggregated = np.fmax(power_activation_lo,
                     np.fmax(
                     np.fmax(power_activation_md, power_activation_hi),
                     np.fmax(power_activation_lo2, power_activation_hi2)))
```

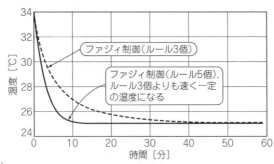

図6-3　ルールの個数で温度変化も変わる
ルール3個よりもルール5個の方が温度変化が速い

7　発展的内容…対応表を活用

● 湿度も考慮したエアコン出力を考える

　快適に過ごせるかどうかは温度だけでなく湿度も関係しています．実際に，不快指数[注1]（*DI*）というものがあり，次に示すように温度と湿度から計算されるものです．

$$DI = 0.81T + 0.01H \times (0.99T - 14.3) + 46.3$$

　ここで，Tは乾球気温［℃］，Hは湿度［％］です．これまでのエアコン出力は温度だけで決めていましたが，湿度も考えてエアコン出力を決めた方が快適に過ごせそうです．

● ルールが増えたら対応表を活用する

　ここで，湿度を5段階，温度を5段階に分けるメンバシップ関数を用いた場合には，25個のルールが必要となります．これを全て書き出すのは大変です．そこで，図7-1のように2次元の表を作り，この表に従い自動的にルールを生成する方法がsckit-fuzzyには用意されています．

▶本章で使う対応表

　ここでのメンバシップ関数は図7-2のように等分されたものを使います．そして，その範囲を−1〜1までで指定します．これは，それぞれの問題によってその値を変更します．例えばエアコンの制御の温度に直すときには，−1が15℃，1が35℃となるように20を掛けてから15を足します．

注1：https://keisan.casio.jp/exec/system/1202883065

温度＼湿度	nb	ns	ze	ps	pb
nb	nb	nb	ns	ns	ze
ns	nb	ns	ns	ze	ps
ze	ns	ns	ze	ps	ps
ps	ns	ze	ps	ps	pb
pb	ze	ps	ps	pb	pb

図7-1　温度と湿度の対応表

リスト7-1　メンバシップ関数の設定

```
#値の範囲（-1～1までの範囲としておく）
universe = np.linspace(-1, 1, 5)

#ファジィの入力（温度と湿度）と出力
temp = ctrl.Antecedent(universe, '温度')
humidity = ctrl.Antecedent(universe, '湿度')
power = ctrl.Consequent(universe, '出力')

#各メンバシップ関数の名前
names = ['nb', 'ns', 'ze', 'ps', 'pb']

#メンバシップ関数の作成
temp.automf(names=names)
humidity.automf(names=names)
power.automf(names=names)
```

リスト7-2　設定したメンバシップ関数の確認方法

```
temp.view()
humidity.view()
power.view()
```

● ルールの表現

まずは変数範囲の設定をし，次にファジィの入出力を決めます．ここではtempを温度，humidityを湿度の入力とし，powerを出力とします．そして，5つのメンバシップ関数の名前を決めます．この名前の決め方は好きなように決めることができますが，伝統的に次の文字を使うことが多いです．

- **nb**：negative big（負の大きい数）
- **ns**：negative small（負の小さい数）
- **ze**：zero（零）
- **ps**：positive small（正の小さい数）
- **pb**：positive big（正の大きい数）

最後に5つの名前を設定したので，5つのメンバシップ関数を自動的に作ります．

● プログラム

▶メンバシップ関数の設定

プログラムaircon_table.ipynbをダウンロード・データとして提供します．

リスト7-3　5つのルールを決める

```
rule0 = ctrl.Rule(antecedent=(
              (temp['nb'] & humidity['nb']) |
              (temp['ns'] & humidity['nb']) |
              (temp['nb'] & humidity['ns'])),
       consequent=power['nb'], label='rule nb')

rule1 = ctrl.Rule(antecedent=(
              (temp['nb'] & humidity['ze']) |
              (temp['nb'] & humidity['ps']) |
              (temp['ns'] & humidity['ns']) |
              (temp['ns'] & humidity['ze']) |
              (temp['ze'] & humidity['ns']) |
              (temp['ze'] & humidity['nb']) |
              (temp['ps'] & humidity['nb'])),
       consequent=power['ns'], label='rule ns')

rule2 = ctrl.Rule(antecedent=(
              (temp['nb'] & humidity['pb']) |
              (temp['ns'] & humidity['ps']) |
              (temp['ze'] & humidity['ze']) |
              (temp['ps'] & humidity['ns']) |
              (temp['pb'] & humidity['nb'])),
       consequent=power['ze'], label='rule ze')

rule3 = ctrl.Rule(antecedent=(
              (temp['ns'] & humidity['pb']) |
              (temp['ze'] & humidity['pb']) |
              (temp['ze'] & humidity['ps']) |
              (temp['ps'] & humidity['ps']) |
              (temp['ps'] & humidity['ze']) |
              (temp['pb'] & humidity['ze']) |
              (temp['pb'] & humidity['ns'])),
       consequent=power['ps'], label='rule ps')

rule4 = ctrl.Rule(antecedent=(
              (temp['ps'] & humidity['pb']) |
              (temp['pb'] & humidity['pb']) |
              (temp['pb'] & humidity['ps'])),
       consequent=power['pb'], label='rule pb')
```

リスト7-4　ルールとシミュレーションの設定

```
#ルールの設定
system = ctrl.ControlSystem(rules=
         [rule0, rule1, rule2, rule3, rule4])
#シミュレーションの設定
sim = ctrl.ControlSystemSimulation
        (system, flush_after_run=21 * 21 + 1)
```

まずはメンバシップ関数を設定します（**リスト7-1**）．これを実行すると**図7-2**が表示されます．設定したメンバシップ関数は**リスト7-2**を実行することで確認できます．

▶ルールとシミュレーションの設定

図7-1のルールを次のように設定します．例えば，**リスト7-3**に示すrule0は次の3つのセルのOR（大きい方の値を採用）を取ります，

- 温度がnbで湿度がnbのセル
- 温度がnsで湿度がnbのセル
- 温度がnbで湿度がnsのセル

そして，それを出力nbに適用することを意味しています．その後，**リスト7-4**のように5つのルールの設定とシミュレーションの設定をします．

これは例えば，温度0.2，湿度－0.3を入力したとき

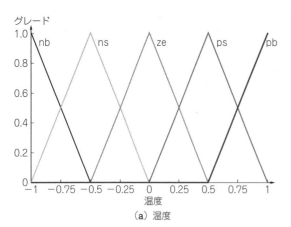

（a）温度

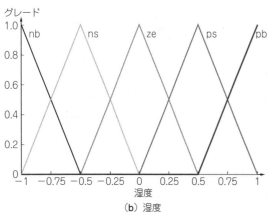

（b）湿度

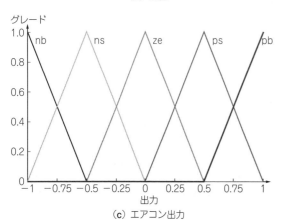

（c）エアコン出力

図7-2　メンバシップ関数は等分されたものとする

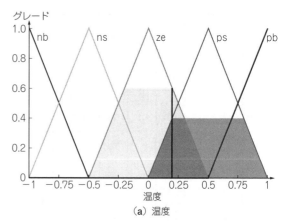

（a）温度

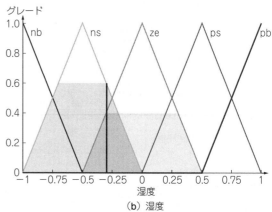

（b）湿度

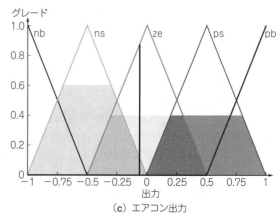

（c）エアコン出力

図7-3　温度0.2，湿度-0.3のメンバシップ関数

リスト7-5　シミュレーションの設定例：温度0.2，湿度-0.3

```
sim.input['error'] = 0.2
sim.input['delta'] = -0.3
sim.compute()
print(sim.output['output'])
```

リスト7-6　結果の表示範囲を設定する

```
temp.view(sim=sim)
humidity.view(sim=sim)
power.view(sim=sim)
```

はリスト7-5として表すことができます．そして，この計算で出力を求めることができます．範囲などは，リスト7-6とすることで図7-3として表示できます．

　以上のメンバシップ関数やルールを変えることで，より人間の判断に近い操作ができるようになります．

まきの・こうじ

索 引

著者略歴

牧野 浩二（まきの こうじ）

1975年　神奈川県横浜市生まれ

（学歴）

1994年　神奈川県立横浜翠嵐高等学校卒業

2008年　東京工業大学 大学院理工学研究科 制御システム工学専攻 修了 博士（工学）

（職歴）

2001年　株式会社本田技術研究所 研究員

2008年　財団法人高度情報科学技術研究機構 研究員

2009年　東京工科大学 コンピュータサイエンス学部 助教

2013年　山梨大学 大学院総合研究部工学域 助教

2019年　山梨大学 大学院総合研究部工学域 准教授

これまでに地球シミュレータを使用してナノカーボンの研究を行い，Arduinoを使ったロボコン型実験を担当した．マイコンからスーパーコンピュータまでさまざまなプログラミング経験を持つ．人間の暗黙知（分かってるけど言葉に表せないエキスパートが持つ知識）の解明に興味を持つ．

足立 悠（あだち はるか）

メーカやITベンダにおいてシステムエンジニアやデータアナリストとして経験を積み，データ分析支援や機械学習モデル開発などを中心に活動してきた．また，雑誌記事の執筆やセミナ講師も務める．

本書のダウンロード・データは以下の本書サポート・ページから取得できます.
https://interface.cqpub.co.jp/bookai2024

Pythonが動く Google Colab で AI自習ドリル

2024 年 5 月 1 日　初版発行

© 牧野 浩二, 足立 悠 2024
(無断転載を禁じます)

著　者　　牧野 浩二, 足立 悠
発行人　　櫻田 洋一
発行所　　CQ出版株式会社
〒112-8619　東京都文京区千石 4-29-14
☎(03)5395-2122（編集）
☎(03)5395-2141（販売）

ISBN978-4-7898-4518-2

定価はカバーに表示してあります
乱丁，落丁はお取り替えします

編集担当　安達 はるか
DTP　ケイズ・ラボ株式会社
イラスト　神崎 真理子　水本 沙奈江　シェリーカトウ
印刷・製本　三共グラフィック株式会社
Printed in Japan